U0223590

国家出版基金资助项目

俄罗斯数学经典著作译丛

复变函数引论

FUBIAN HANSHU YINLUN

［苏］普里瓦洛夫 著

《复变函数引论》翻译组 译

哈尔滨工业大学出版社
HARBIN INSTITUTE OF TECHNOLOGY PRESS

内 容 简 介

本书以莫斯科学派的逻辑方法组织复变函数内容,从基础知识到理论延拓,共分十三章,分别为:复数、复变数与复变函数、线性变换与其他简单变换、柯西定理和柯西积分、解析函数项级数及解析函数的幂级数展开式、单值函数的孤立奇异点、留数理论、毕卡定理、无穷乘积与它对解析函数的应用、解析开拓、椭圆函数理论初步、保角映射理论的一般原则,以及单叶函数的一般性质.基础知识讲解细致、全面,很好地构建了复变函数基础框架,拓展理论清晰、广泛,为复变函数的进一步学习和物理应用埋下了伏笔.

本书可作为数学专业学生、教师的教学参考书,也可为物理、工程专业的学生及科研人员提供理论参考。

图书在版编目(CIP)数据

复变函数引论/(苏)普里瓦洛夫著;《复变函数
引论》翻译组译. —哈尔滨:哈尔滨工业大学出版社,
2024.5

(俄罗斯数学经典著作译丛)

ISBN 978 - 7 - 5767 - 1434 - 0

Ⅰ.①复…　Ⅱ.①普…②复…　Ⅲ.①复变函数
Ⅳ.①O174.5

中国国家版本馆 CIP 数据核字(2024)第 100104 号

FUBIAN HANSHU YINLUN

策划编辑	刘培杰　张永芹
责任编辑	聂兆慈
封面设计	孙茵艾
出版发行	哈尔滨工业大学出版社
社　　址	哈尔滨市南岗区复华四道街 10 号　邮编 150006
传　　真	0451 - 86414749
网　　址	http://hitpress.hit.edu.cn
印　　刷	辽宁新华印务有限公司
开　　本	787 mm×1 092 mm　1/16　印张 25　字数 504 千字
版　　次	2024 年 5 月第 1 版　2024 年 5 月第 1 次印刷
书　　号	ISBN 978 - 7 - 5767 - 1434 - 0
定　　价	98.00 元

◎ 目 录

1

3

引论

在数学中必须考虑的运算可以分为两类：正的运算与逆的运算．例如，对应于加法运算的逆运算是减法，对应于乘法的是除法，对应于正整数次乘方的就是开方．

对两个任意的正整数施行加法运算，结果总还是得到正整数；换句话说，从自然数系出发，通过正运算加法，不会超出这个系的范围．但逆运算 —— 减法就超出了自然数系的范围，并且只有在把零与负整数合并到自然数系之后，这个逆运算的施行才成为永远可能．第二个逆运算 —— 除法，为了它自己能够施行该运算，就要求有一个更广泛的数的概念，这个更广泛的概念是借助于分数的引进才完成的．全部整数与分数合起来称为有理数，这个有理数系，对于加法、减法、乘法与除法等前面四个代数基本运算来说，是封闭的．也就是说，对任意两个有理数（除了用零除）施行这些运算中的任何一个时，结果得到的将依旧是这个系中的元素 —— 有理数．最后，逆运算 —— 开方 —— 甚至在最简单的二次方根的情形，就一方面给出非有理实数的例子，即所谓无理数，而另一方面给出 $y\sqrt{-1}$ 形式的数，其中 y 表示实数．$y\sqrt{-1}$ 形式的数，其中 y 是任意一个不等于零的实数，称为纯虚数．

1

从以上所提到的这些例子就已经可以看出，逆运算使数的概念有逐渐扩充的必要．假如现在来看比开平方根还要更复杂一些的逆运算——解 $ax^2+bx+c=0$ 形式的二次方程，其中 a,b 与 c 都是实数，那么就会看到，它的根将是 $x+y\sqrt{-1}$ 形式的数，其中 x 与 y 都表示实数．这样的数称为复数．当 $y=0$ 时复数退化成实数，而当 $x=0,y\neq 0$ 时它就成为纯虚数．复数的全体，包含了全部实数，是一个对于所有的数学运算来说都封闭的数域．例如，在代数学中大家都知道，任一个复系数的 n 次方程的根全部是复数．在复数域中能够施行所有的数学运算而使运算结果不至于超出这个数域的范围，这一点，在很大程度上说明了这种数在数学中所具有的巨大的意义．

在本书中我们将研究复变数 $z=x+y\sqrt{-1}$ 的函数的性质，其中 x 与 y 都是独立的实变数．复变函数有它自己的很多应用，一方面是在各种实用数学科目上，如理论物理、流体动力学、弹性理论、天体力学等；另一方面是在纯粹数学的各个分支上，如代数、解析数论、微分方程等．除此之外，复变函数理论是一种异常谐和一致而且具有完整的逻辑系统的理论建筑，通晓这个理论中的一些基本问题是数学教育的内容之一．

为了指出复变函数方法的力量，现在只来表述在纯粹数学范围内借助于这种方法而做成的某些巨大成果：素数分布方面的最困难的问题就建立在与某一个复变函数的零点的分布关系上；关于任意一个正整数表示为有限个数的任意次方之和的华林（Waring）问题也是在复变函数方法的基础上解决的；天体力学方面最困难的问题，所谓"三体"问题，其一般形式也还是由于吸取了复变分析的方法而解决的．最后还可以从读者所熟知的一些基本数学分支中举出许多例子来说明复变函数所具有的巨大意义与它的特殊作用．

以下仅限于少数几个例子的叙述．例如，关于每一个代数方程至少有一个复数根的命题是代数学的基本定理．复数在有理函数的积分与常系数线性微分方程求解的问题中所具有的意义，在积分学中，也是众所周知的．还必须指出，许多古典分析的问题，只是由于复变分析的出现才得到了明确的形式并找到了完全的解答．例如，大家所知道的欧拉（Euler）恒等式 $e^{ix}=\cos x+i\sin x$①就曾经用来揭示如下所述的伯努利（Bernoulli）与莱布尼茨（Leibniz）的论证：

由于

$$\arctan x=\int_0^x \frac{\mathrm{d}x}{1+x^2}$$

把分式 $\dfrac{1}{1+x^2}$ 分解为部分分式

---

① 以后用记号 i 表示 $\sqrt{-1}$．

$$\frac{1}{1+x^2} = \frac{1}{2i}\left(\frac{1}{x-i} - \frac{1}{x+i}\right)$$

积分后,求出

$$\arctan x = \frac{1}{2i}\ln\frac{x-i}{i+x}$$

令 $x=1$,得到

$$\arctan 1 = \frac{\pi}{4} = \frac{1}{2i}\ln\frac{1-i}{i+1} = \frac{1}{4i}\ln\left(\frac{1-i}{i+1}\right)^2 = \frac{1}{4i}\ln(-1) =$$

$$\frac{1}{8i}\ln(-1)^2 = \frac{1}{8i}\ln 1 = 0$$

这就是说 $\frac{\pi}{4} = 0$.

欧拉指出了指数函数 e^z 的周期性之后就揭示了这个论证. 事实上,用 $-iz$ 来代替欧拉恒等式中的 x,得到

$$e^z = \cos(-iz) + i\sin(-iz) = \cos iz - i\sin iz \tag{1}$$

在这个等式中用 $z+2\pi i$ 代替 z,有

$$e^{z+2\pi i} = \cos(iz - 2\pi) - i\sin(iz - 2\pi) = \cos iz - i\sin iz = e^z \text{①}$$

也就是说,当用 $z+2\pi i$ 代替 z 时,函数 e^z 不改变它的数值,换句话说,$2\pi i$ 是这个函数的周期. 因此,从等式 $e^z = w$ 所确定的自然对数 $z = \ln w$,对应于一个确定的 w 的值,由于 e^z 的周期性,就有无穷多个不同的数值,其中每两个值彼此相差一个 $2\pi i$ 的倍数. 当 $w > 0$ 时,$z = \ln w$ 有一个数值是实数,所有其他的数值全是虚数. 当 $w < 0$ 时,$z = \ln w$ 的数值无例外的全是虚数. 所以,对数函数是多值的,假如取 $\ln 1 = 2\pi i$,伯努利与莱布尼茨的论证就无从立足了.

欧拉恒等式揭露出三角函数与指数函数之间的关系,另外,如果在公式(1)中用 $-z$ 代替 z,则有

$$e^{-z} = \cos iz + i\sin iz \tag{2}$$

对恒等式(1)与(2)施用加法与减法,就得到

$$\cosh z = \frac{e^z + e^{-z}}{2} = \cos iz, \quad \sinh z = \frac{e^z - e^{-z}}{2} = -i\sin iz$$

这些公式给出了双曲正弦函数与双曲余弦函数通过三角函数的表达式,而这样一来,从普通三角函数的公式出发就可以得到全部的双曲三角函数的公式.

还要从幂级数的理论中指出一个事实,它的完满的解释只有从复变函数的观点才能给出来. 在分析中大家都知道,展开式

$$\frac{1}{1+x^2} = 1 - x^2 + x^4 - x^6 + \cdots$$

① 这里利用了复变函数中的正弦函数与余弦函数的周期性. 这将在第二章,§4 第 7 段中证明.

只有当 x 的值满足不等式 $|x|<1$ 时才成立. 如果限制在实变量 x 的范围, 就没有可能去发现原来函数的性质和它的级数只有在 x 的值适合条件 $-1<x<1$ 时才收敛这一事实之间的关系. 因为事实上, 函数 $\dfrac{1}{1+x^2}$ 对于从 $-\infty$ 到 $+\infty$ 的范围内的任何 x 的值都是确定的, 而且自变量的值 -1 与 $+1$ 对于它又并非是什么特别的数值. 因此我们不能了解为什么级数 $1-x^2+x^4-x^6+\cdots$ 当 x 的值满足不等式 $x\leqslant-1$ 与 $x\geqslant1$ 时就不再收敛. 然而, 如果在复数域中考虑这个现象, 它的背景就完全可以弄清楚了. 实际上, 分式 $\dfrac{1}{1+x^2}$ 的分母当 $x=\pm i$ 时为零, 从而自变量的这两个值对于我们的函数来说是它的奇异值. 若把复数 $\alpha=a+bi$ 表示为以 a 与 b 为坐标的平面上的点, 则由于上面指出的两个奇异点与坐标原点的距离等于 1, 我们可以断定: 给定的函数在以坐标原点为圆心、以 1 为半径的圆的内部没有奇异点, 而在它的圆周上却有奇异点. 这种情况将在后面加以证明, 这样就决定了给定的级数当 x 的值的模大于 1 时的发散性.

最后关于本书的计划如下: 在前几章中将研究一些在实数分析中已知的基本概念与运算在复数域中的推广, 例如: 极限、导数、积分等; 这样一来, 类似于实数域中的情形, 将建立一系列研究复变函数的分析工具. 在这个基础上, 我们才来研究所谓解析函数的一类可导的复变函数的基本性质, 也就是说, 来阐明这类函数的理论的最重要部分.

§1 复数及其运算

1. 复数概念

具有一定顺序的一对实数 a 与 b 称为一个复数 $\alpha:\alpha=(a,b)$. 假如 $b=0$,我们可以把这相应的一对简记作 a,就是说规定 $(a,0)=a$. 所以,全部实数是全部复数的一部分. 在作为一对实数引进了复数的概念之后,我们来确定这些数的基本运算法则.

一方面,因为全部实数是全部复数的一部分,所以,当建立复数的基本算术运算时,我们必须要求,对于实数应用这些运算所得到的数,与在实数的算术中所得到的数相同. 另一方面,如果希望在分析的问题中使得复数有广泛的应用,还应当要求所引进的基本运算能够适合实数算术中的一般公理.

2. 复数的加法与乘法

我们用下面的等式来确定复数 $\alpha=(a,b)$ 与 $\beta=(c,d)$ 的加法

$$\alpha+\beta=(a+c,b+d) \tag{Ⅰ}$$

将这个定义应用到两个实数 a 与 c 上,得到

$$(a,0)+(c,0)=(a+c,0)=a+c$$

这表示对于加法来说,满足了引进运算法则时的第一个要求.

用下面的等式来定义两个复数 α 与 β 的乘法

$$\alpha\beta=(ac-bd,ad+bc) \tag{II}$$

将这个定义应用到两个实数 a 与 c 上,便成为

$$(a,0)(c,0)=(ac,0)=ac$$

这表示乘法运算与实数的算术运算没有矛盾.由定义(I)与(II),容易验证复数的加法运算与乘法运算遵循大家所知道的算术的五个法则:

(1)加法交换律

$$\alpha+\beta=\beta+\alpha$$

(2)乘法交换律

$$\alpha\beta=\beta\alpha$$

(3)加法结合律

$$\alpha+(\beta+\gamma)=(\alpha+\beta)+\gamma$$

(4)乘法结合律

$$\alpha(\beta\gamma)=(\alpha\beta)\gamma$$

(5)乘法对于加法的分配律

$$\alpha(\beta+\gamma)=\alpha\beta+\alpha\gamma$$

建议读者自己去检验所有这些法则在复数域中的正确性.

数对 $(0,1)$ 代表用字母 i 来表示的数,它在复数的运算中起着特殊的作用.作这个实数对的平方,也就是它的自乘,从定义(II)得到

$$(0,1)(0,1)=(-1,0)=-1$$

即 $i^2=-1$,这就是我们起初采用记号 $i=\sqrt{-1}$ 的理由.注意到这一点,我们就可以把所有的复数写成

$$\alpha=(a,b)=(a,0)+(0,b)=(a,0)+(b,0)(0,1)=a+bi$$

就是说任何复数 $\alpha=(a,b)$ 都可以表示成实数 a 与纯虚数 bi 之和的形式.

习惯上称 a 为复数 α 的实数部分,并且记作 $R(\alpha)$(来自法文 reelle),称 b 为 α 的虚数部分的系数,并记作 $I(\alpha)$(来自法文 imaginaire).显然,当 $I(\alpha)=0$ 时,复数 α 变成实数,当 $R(\alpha)=0$ 时,α 就变成纯虚数.按照定义,两个复数相等,是指它们的实数部分彼此相等,同时虚数部分也彼此相等.

实数部分相同而虚数部分的符号相反的两个复数称为是共轭的,记作

$$\alpha=a+bi, \quad \bar{\alpha}=a-bi$$

作为等式(II)的特殊情形,我们指出两个共轭复数的乘法法则

$$\alpha\bar{\alpha}=a^2+b^2$$

在算术中任何数与它相加结果都不变的数称为加法的模,这个数就是 0. 同样,数 1 是乘法的模,任何数与它相乘结果都不变. 我们要指出,在复数域中,也存在着一个加法的模(数 0)与一个乘法的模(数 1).

实际上,设 δ 是加法的模,那就是说

$$\alpha + \delta = \alpha \tag{1}$$

其中 α 是任意一个复数. 我们要证明这样的数 δ 是存在的而且是唯一的. 在等式 (1) 的两边加上一个数 $-\alpha = \alpha \cdot (-1)$,我们就得到 $\delta = 0$.

又令 ε 是乘法的模,就是说

$$\alpha \cdot \varepsilon = \alpha \tag{2}$$

其中 $\alpha \neq 0$. 在等式 (2) 的两边乘以一个数 $\beta = \dfrac{\bar{\alpha}}{a^2 + b^2}$,我们就得到

$$\frac{1}{a^2 + b^2} \cdot \bar{\alpha}\alpha \cdot \varepsilon = \frac{1}{a^2 + b^2} \cdot \bar{\alpha}\alpha$$

由于 $\bar{\alpha}\alpha = a^2 + b^2$,就推出 $\varepsilon = 1$.

根据定义 (Ⅱ),假如两个乘数中的一个是零,那么这两个数的乘积也是零. 逆命题也成立:假如两个复数的乘积等于零,那么两个因子中至少有一个是零. 事实上,设 $\alpha \cdot \xi = 0, \alpha \neq 0$. 在等式两边各乘以一个数 $\beta = \dfrac{\bar{\alpha}}{a^2 + b^2}$,我们就得到 $\xi = 0$.

3. 复数的减法与除法

我们确定减法是加法的逆运算. 按照这个定义,称适合等式

$$\alpha + z = \beta \tag{3}$$

的 z 是复数 $\beta = c + di$ 与 $\alpha = a + bi$ 之差.

我们要指出:在复数域中应用减法运算的结果也是唯一的,事实上,在等式 (3) 的两端加上数 $-\alpha$,我们就得到

$$z = \beta + (-\alpha) = \beta - \alpha = c - a + (d - b)i$$

最后,我们定义除法是乘法的逆运算. 按照定义,我们了解符号 $\dfrac{1}{\alpha} (\alpha \neq 0)$ 是满足等式

$$\alpha \cdot z = 1 \tag{4}$$

的数 z.

在等式 (4) 两端各乘以数 $\dfrac{\bar{\alpha}}{a^2 + b^2}$,就得到

$$z = \frac{\bar{\alpha}}{a^2 + b^2}$$

7

我们用 $\dfrac{\beta}{\alpha}$ 来记复数 β 与 α 的商,规定

$$\frac{\beta}{\alpha} = \frac{1}{\alpha} \cdot \beta$$

这样,除用零作除数以外,在复数域中除法也唯一地规定了.

与等式(Ⅰ)与(Ⅱ)比较,等式

$$(a - bi) + (c - di) = (a + c) - (b + d)i$$
$$(a - bi)(c - di) = (ac - bd) - (ad + bc)i$$

指出了:在两个复数的和或积中,如果把加项或因子用它们的共轭数来代替,那么结果就得到原来的和或积的共轭数.减法与除法分别是加法与乘法的逆运算,同样的结论对减法与除法也成立.因此,如果我们把每一个复数的共轭数对应于原来的复数,就得到一个把整个复数系变成自己的变换,而这个变换具有这样的性质:假如把等式

$$\alpha + \beta = \gamma, \quad \alpha - \beta = \gamma, \quad \alpha \cdot \beta = \gamma, \quad \frac{\beta}{\alpha} = \gamma$$

中的数用它们的象来代替,那么这些等式依旧成立.由此可知,如果把每一个复数用它的共轭数来代替,那么关于复数的那些两端包含着加、减、乘、除运算的方程依旧成立.

§2 复数的几何表示法·关于模与辐角的定理

1. 复数的几何表示法

我们可以借助平面上以 a 与 b 为坐标的点来画出每一个复数 $\alpha = (a, b)$(图 1).数 α 称为这个点的附标.以后我们常把具有附标 α 的点也记作 α.这个用它的点来代表复数的平面称为复数平面.对应于数 0 的坐标原点简称原点.在这样的复数表示法下,横轴上的点代表实数,而纵轴上的点就代表纯虚数.因此横轴称为实轴而纵轴称为虚轴.复数还可以用从原点出

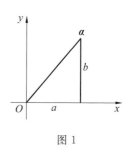

图 1

发、终点在点 α 的矢量来表示(图 1).在这样的复数表示法下,实数部分 a 与虚数部分的系数 b 就成为代表矢量的支量.

2. 复数的加法与减法的几何意义

为了给两个复数 α 与 β 的加法以几何意义,我们用对应的矢量来表示这两

个数. 于是和数 **α**＋**β** 可以表示为它的支量等于 **α** 与 **β** 的对应支量之和的矢量（按照加法的定义），也就是说，数 **α**＋**β** 可以用以矢量 **α** 与 **β** 为边的平行四边形的对角线来表示（图 2）.

由于 **β**－**α**＝**β**＋（－**α**），我们只要按照平行四边形规则来加矢量 **β** 与 －**α**，结果就可以得到代表 **β**－**α** 的矢量（图 3）.

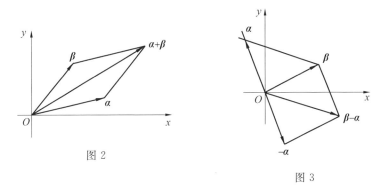

图 2

图 3

3. 模与辐角的概念

在给出复数的乘法与除法的几何意义之前，我们先要熟悉复数的三角形式表示法. 从原点到 α 的距离也就是 α 的长是

$$r = \sqrt{a^2 + b^2} = \sqrt{\alpha \cdot \bar{\alpha}}$$

这个正数 r 称为复数 α 的模，并记作 ｜α｜；在 α 为实数的情形，显然它的模就是它的绝对值. 以 r 为半径、坐标原点为圆心的圆周上的点所表示的数都具有同一个模 r. 数 0 是唯一的以零为模的复数.

矢量 **α** 的方向是由 x 轴的正方向与该矢量的方向间的交角确定的；φ 表示由 x 轴的正方向转到与矢量 **α** 的方向一致时所成的角度，如果转动是按逆时针方向，那么所成的角是正的，否则便是负的. 这个数 φ 称为复数 α 的辐角，并记作 arg α（图 4），显然

$$\tan \varphi = \frac{b}{a}$$

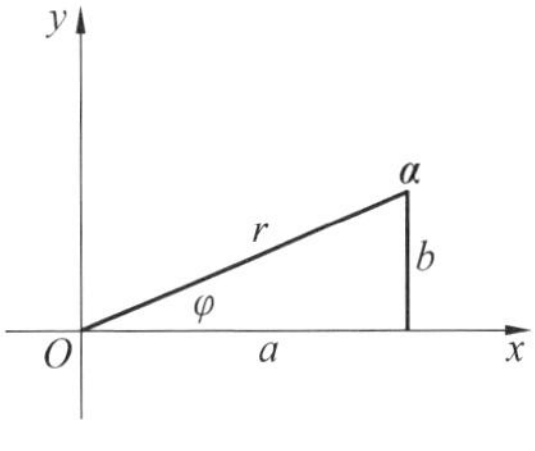

图 4

对于每一个数 α，它的辐角 φ 可以有无穷多个数值，彼此各差 2π 的若干倍. 数 0 是唯一的复数，它的辐角没有定义. 由于 r 与 φ 是点 $\alpha = (a, b)$ 的极坐标，我们有 $a = r\cos \varphi, b = r\sin \varphi$，因此

$$\alpha = r(\cos \varphi + i\sin \varphi)$$

复数的这个形式称为三角形式.

4. 关于模与辐角的定理

作两个复数

$$\alpha = r(\cos \varphi + i\sin \varphi)$$
$$\beta = \rho(\cos \psi + i\sin \psi)$$

的乘积,我们得到

$$\alpha\beta = r\rho(\cos \varphi + i\sin \varphi)(\cos \psi + i\sin \psi) =$$
$$r\rho[\cos(\varphi + \psi) + i\sin(\varphi + \psi)]$$

由此我们断定

$$|\alpha\beta| = |\alpha||\beta|, \quad \arg(\alpha\beta) = \arg \alpha + \arg \beta \tag{5}$$

就是说两个复数的乘积的模等于它们的模的乘积,两个复数的乘积的辐角等于它们的辐角之和.

当利用矢量来表示复数时,可以说乘积 $\alpha\beta$ 的矢量是从因子 α 的矢量旋转一个角度 $\arg \beta$ 并伸长到 $|\beta|$ 倍得到的.特别情形:当 $|\beta|=1$ 时,乘法变成了只是旋转.例如:乘以 i 相当于旋转 $90°$,而乘以 -1 相当于旋转 $180°$. 在 $\arg \beta = 0$ 的情形(β 是正数),乘法就变成仅仅是伸长.等式(5)很容易推广到任意个数目的复数因子的乘积 $\alpha\beta\gamma\cdots\lambda$. 对于这样的乘积有下面的等式

$$|\alpha\beta\gamma\cdots\lambda| = |\alpha|\cdot|\beta|\cdot|\gamma|\cdot\cdots\cdot|\lambda|$$
$$\arg(\alpha\beta\cdots\lambda) = \arg \alpha + \arg \beta + \cdots + \arg \lambda$$

特别是,假如所有的因子彼此都相等时,就有

$$|\alpha^n| = |\alpha|^n, \quad \arg(\alpha^n) = n\arg \alpha \tag{6}$$

等式(6)给出了所谓棣莫弗(De Moivre)公式

$$[r(\cos \varphi + i\sin \varphi)]^n = r^n(\cos n\varphi + i\sin n\varphi) \tag{6'}$$

设 $\alpha = r(\cos \varphi + i\sin \varphi)$,我们定义 $\sqrt[n]{\alpha}$ 为一个自乘 n 次后等于 α 的复数.这个数的模显然等于 $\sqrt[n]{r}$,它的辐角等于 $\dfrac{\varphi + 2k\pi}{n}$,其中 k 是任意的整数.令 $k = 0, 1, 2, \cdots, n-1$,得到表达式 $\sqrt[n]{\alpha}$ 的 n 个不同的辐角值.所以 $\sqrt[n]{\alpha}$ 按照下列公式有 n 个不同的值

$$\sqrt[n]{\alpha} = \sqrt[n]{r}\left(\cos \frac{\varphi + 2k\pi}{n} + i\sin \frac{\varphi + 2k\pi}{n}\right) \quad (k = 0, 1, 2, \cdots, n-1)$$

从几何的意义来看: $\sqrt[n]{\alpha}$ 的这 n 个值显然可以用一个内接于以坐标原点为圆心 $\sqrt[n]{r}$ 为半径的圆周的正多角形的顶点来表示.

由于按照定义

$$\beta = \frac{\beta}{\alpha} \cdot \alpha$$

从式(5)得到

$$|\beta| = \left|\frac{\beta}{\alpha}\right| \cdot |\alpha| \qquad 与 \qquad \arg \beta = \arg\left(\frac{\beta}{\alpha}\right) + \arg \alpha$$

于是

$$\left|\frac{\beta}{\alpha}\right| = \frac{|\beta|}{|\alpha|} \tag{7}$$

这就是说两个复数的商的模等于它们的模的商,并且

$$\arg\left(\frac{\beta}{\alpha}\right) = \arg \beta - \arg \alpha \tag{8}$$

即两个复数的商的辐角等于被除数与除数的辐角之差.

从图 2 我们可以看到,两个复数之和的模小于或等于它们的模的和,因为在三角形中,任一边的长小于其他两边的长之和(等号在三角形退化成一条线段时才能成立)

$$|\alpha + \beta| \leqslant |\alpha| + |\beta| \tag{9}$$

从图 3 我们可以看出,两个复数之差 $\beta - \alpha$ 可以用起点为 α、终点为 β 的矢量来表示.因为这个矢量与以原点为起点、$\beta - \alpha$ 为终点的矢量等价.因此,差 $\beta - \alpha$ 的模等于点 α 与 β 间的距离;并且,两个复数之差的模大于或等于它们的模之差

$$|\beta - \alpha| \geqslant |\beta| - |\alpha| \tag{10}$$

这是因为在三角形 $O\alpha\beta$(图 3)中,边 $\alpha\beta$ 的长大于其他两边的长之差(等号只在三角形退化成为一条线段时才成立).

5. 数 $\frac{1}{\alpha}$ 的几何表示法

我们来指出如何从点 α 作出点 $\frac{1}{\alpha}$.为此,我们首先作一个表示 $\beta = \frac{1}{\alpha}$ 的点.

因为 $|\beta| = \frac{1}{|\alpha|}$,即 $|\alpha| \cdot |\beta| = 1$ 并且 $\arg \beta = -\arg \overline{\alpha} = \arg \alpha$,所以点 β 可以如下从点 α 用颠倒它的矢量半径的变换来得到:以坐标原点为圆心作单位圆,联结圆心 O 与点 α,得一条直线,从点 α 引垂直于该连线的直线,交圆周于点 T;最后,过点 T 引圆的切线,它和直线 $O\alpha$ 的交点即为所求的点 β(图 5).

实际上,一方面,从三角形 $OT\beta$(图 5)可以看出 $\frac{|\beta|}{1} = \frac{1}{|\alpha|}$,即 $|\alpha| \cdot |\beta| = 1$;另一方面,显然有 $\arg \beta = \arg \alpha$.

11

这样的两点 α 与 β 称为关于以原点为圆心、1 为半径的圆周互相对称[①]. 注意到 $\dfrac{1}{\alpha}=\bar\beta$，我们取点 β 关于实轴的对称象点，就得到所求的点 $\dfrac{1}{\alpha}$（图 5）.

6. 复数的积与商的几何作图

我们来考虑满足条件

$$\frac{\alpha''-\alpha}{\alpha'-\alpha}=\frac{\beta''-\beta}{\beta'-\beta}\tag{11}$$

的六个复数 $\alpha,\alpha',\alpha'',\beta,\beta',\beta''$.

数 α,α',α'' 是一个三角形的顶点；数 β,β',β'' 是另一个三角形的顶点（图 6）.

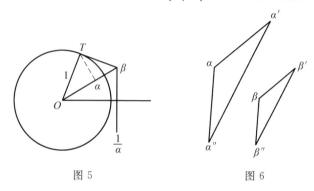

图 5　　　　　　　　图 6

条件（11）说明了这样的事实：这两个三角形彼此相似并且有同一方位. 事实上，从条件（11）的两端各减去 1 就得到

$$\frac{\alpha''-\alpha'}{\alpha'-\alpha}=\frac{\beta''-\beta'}{\beta'-\beta}$$

各取其模以后，我们得到下面的关系：

$$|\,\alpha''-\alpha\,|:|\,\alpha'-\alpha\,|:|\,\alpha''-\alpha'\,|=|\,\beta''-\beta\,|:|\,\beta'-\beta\,|:|\,\beta''-\beta'\,|$$

这就是说，$\triangle\alpha\alpha'\alpha''$ 的边与 $\triangle\beta\beta'\beta''$ 的对应边成比例，这就证明了这两个三角形相似. 我们现在要证明我们的三角形是有同一方位的，就是说，如果点 α'' 是在 $\alpha\alpha'$ 方向的右面，那么点 β'' 也在 $\beta\beta'$ 方向的右面；又假如点 α'' 位于 $\alpha\alpha'$ 方向的左面，那么点 β'' 也就出现在 $\beta\beta'$ 的左面. 换句话说，顶点 $\alpha\alpha'\alpha''$ 与 $\beta\beta'\beta''$ 的方向是相同的. 事实上，从条件（11）可以得到

$$\arg(\alpha''-\alpha)-\arg(\alpha'-\alpha)=\arg(\beta''-\beta)-\arg(\beta'-\beta)$$

---

① 　当我们取一圆心为原点、半径为 R 的圆周并进行同样的作图法时，我们从点 α 就得到点 $\beta=\dfrac{R^2}{\bar\alpha}$. 点 α 与 β 称为关于所取的圆周相互对称.

因为数 $\alpha''-\alpha$ 由矢量 $\overrightarrow{\alpha\alpha''}$ 表示,所以 $\arg(\alpha''-\alpha)$ 规定了这个矢量对于实轴的方向.同样的结论对于 $\arg(\alpha'-\alpha)$,$\arg(\beta''-\beta')$,$\arg(\beta'-\beta)$ 也成立.因此,假如点 α'' 是在矢量 $\overrightarrow{\alpha\alpha'}$ 方向的右面,也就是说 $\arg(\alpha''-\alpha) < \arg(\alpha'-\alpha)$,那么从上面的等式就可以断定 $\arg(\beta''-\beta) < \arg(\beta'-\beta)$,也就是说,点 β'' 是在矢量 $\overrightarrow{\beta\beta'}$ 的右面.假如点 α'' 位于矢量 $\overrightarrow{\alpha\alpha'}$ 的左面,类似的结论同样成立.

假如点 $\alpha,\alpha',\alpha'',\beta,\beta',\beta''$ 中已给定五个点,例如最初的五个点,那么很容易作出第六个点

$$\beta'' = \beta + (\beta'-\beta)\frac{\alpha''-\alpha}{\alpha'-\alpha} \tag{$11'$}$$

为此,只需要作出具有已知边 $\beta\beta'$ 的三角形 $\beta\beta'\beta''$,使它与三角形 $\alpha\alpha'\alpha''$ 相似并有同一方位即可.

特别地,取 $\beta=0$,$\alpha=0$,$\alpha'=1$,我们得到乘积 $\beta'\cdot\alpha''$ 的作法,若取 $\beta=0$,$\beta'=1$,$\alpha=0$,就得到商 $\dfrac{\alpha''}{\alpha}$ 的作法.

§3 极   限

1. 极限理论的基本原则

当我们引进了复数概念并且确定了复数的代数基本运算之后,我们应该从事无穷小分析(复数域中的极限过程)的基本运算的研究.全部实数的极限理论可以建立在一个原则上,这个原则从它的几何形式来说是这样的:

假定在数轴上给定了一串区间 $i_1,i_2,\cdots,$ $i_n,\cdots$,其中每一个包含它后面的一个,又设当号码 n 无限增大时这些区间的长度趋近于零,则必有而且只有一个点属于这个给定的区间序列中的所有的区间(图7).

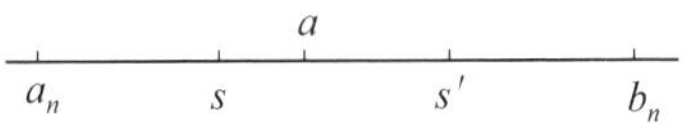

图 7

注意:两个不同的点 s 与 s' 不可能同属于所有的区间.事实上,如果不然的话,所有区间 i_n 的长度就不能小于 s 与 s' 间的正距离,而这是不可能的,因为当 n 无限增大时区间 i_n 的长度趋近于零.因此不可能有两个不同的点属于我们的区间序列中的所有的区间.至于有这样一个点存在,是在无理数理论中证明了的.这个原则说明了数轴的连续性.

这个原则很容易扩充到复数平面上来.假定在平面上给定了一串矩形 r_1,$r_2,\cdots,r_n,\cdots$,它们的边都与坐标轴平行,并且其中每一个包含着它后面一个,又设当号码 n 无限增大时,矩形 r_n 的对角线的长度趋近于零(图8),则必有而且

13

只有一个点属于给定矩形序列中的所有的矩形.

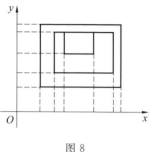

为了证明这个原则,我们考虑所有这些矩形 r_n 在实轴与虚轴上的投影.在实轴上我们得到一串区间 $i_1,i_2,\cdots,i_n,\cdots$,其中每一个包含着它后面的一个;在虚轴上我们同样得到一串区间 $j_1,j_2,\cdots,j_n,\cdots$,每一个包含着它后面的一个.因为根据条件,当 n 无限增大时矩形 r_n 的对角线长趋近于零.按照上面提到的原则,在实轴上存在一点 a^*,

图 8

属于所有的区间 i_n.根据同一原则,在虚轴上也存在唯一一个点 b^*,属于所有的区间 j_n.显然,在平面上以 a^*,b^* 为坐标的点就属于所有的矩形 r_n.

这样的点是唯一的,也就是说不可能存在两个不同的点属于所有的矩形 r_n.事实上,如果不然的话,这样两点间的距离应当不大于矩形 r_n 的对角线长,而这是不可能的,因为根据条件,后者当 n 无限增大时趋近于零.

我们把这个原则作为复数极限理论发展的基础.

2. 极限点概念

假定有一个无穷复数序列

$$z_1,z_2,\cdots,z_n,\cdots \tag{12}$$

我们称数 z 为给定的数列(12)的极限数,是指它满足下面的条件:对于任一无论怎样小的正数 ε,不等式 $|z-z_n|<\varepsilon$ 对于无穷多个自然数 n 都成立.假如把数 $z_1,z_2,\cdots,z_n,\cdots,z$ 看成复数平面上的点,那么极限数的定义还可以赋予几何的形式.我们称以 z 为圆心的任意一个圆为点 z 的一个邻域.注意到 $|z-z_n|$ 是点 z 与 z_n 间的距离,假如在点 z 的无论怎样小的邻域内部都有无穷多个点属于给定的数列(12),我们就说 z 是点列 $z_1,z_2,\cdots,z_n,\cdots$ 的一个极限点.换句话说,在极限点 z 的周围数列 $z_1,z_2,\cdots,z_n,\cdots$ 中的点形成凝聚状态(图9).

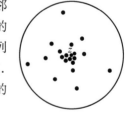

图 9

附注 数列(12)中彼此相等的数由同一点所表示,这种点称为重点.一个点的重复次数等于它所代表的那些相等数的个数.特别情形,一个点的重复次数可以是无穷的,如果在给定的数列中有无穷多个数彼此相等,那么每一个点都被算作它的重复次数那么多个点.例如点列 $1,0,3,0,5,0,7,0,\cdots$ 就有唯一的极限点 0.

点列也可以是没有极限点的,例如点列 $1,2,3,\cdots,n,\cdots$ 就是这样.同样有情形,一个点列有几个极限点,例如点列 $1,1/2,1/3,2/3,1/4,3/4,1/5,4/5,\cdots$ 就有两个极限点 0 与 1,而且第一个极限点不属于这个点列,而第二个极限点却是这个点列中的点.

3.有界的与无界的复数序列

上面引进的数列的例子 $1,2,3,\cdots,n,\cdots$ 是没有极限点的,它的特征是这个数列的点趋向无穷远. 如果一个复数列中所有的数 z 的模都小于某一个正数 M,即

$$|z| < M$$

我们就称这个复数列是有界的. 否则就称为是无界的. 我们注意,在有界点列的情形,存在着一个以原点为圆心、充分大的常数 M 为半径的圆,在它里面包含着给定的点列中所有的点(图 10).

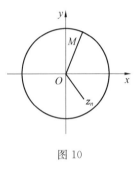

像我们在上例中看到的那样,无界点列可以没有极限点.但是在有界点列的情形下,这种现象就不可能出现,这个结论从波尔查诺－魏尔斯特拉斯定理可以推出来.

图 10

4.波尔查诺－魏尔斯特拉斯定理

每一个有界的无穷点列至少有一个极限点.利用上面第一段所提到的"矩形套"的原理,我们来证明这个极限理论的基本定理.

假定

$$z_1,z_2,\cdots,z_n,\cdots \tag{12}$$

是一个有界点列.这个点列中所有的点都在某一个矩形 r_1 中间,矩形的边平行于坐标轴.平分矩形 r_1 的每一边并联结对边的中点,我们就把矩形 r_1 分成四个全等的矩形(图 11),在这四个矩形中至少有一个含有给定的点列(12)中无穷多个点,因为否则在矩形 r_1 中也只有点列(12)的有限个点了.我们设这个矩形为 r_2,

图 11

并且用同样的方法再分它为四个全等的矩形,它们中间至少有一个,我们设它为 r_3,又含有给定的点列(12)中无穷多个点;再分 r_3 为四个全等的矩形,我们又可找出一个新的矩形 r_4;等等.这个步骤继续地进行下去,我们得到一个矩形的无穷序列 $r_1,r_2,r_3,\cdots$,其中每一个矩形包含着它后面的一个,它们的对角线的长趋近于零,并且使得在每一个矩形 r_n 中有无穷多个给定的点列中的点(每一个点都看作它的重复次数那么多个点).根据第一段中"矩形套"的基本原理,我们断定有一个点存在,它属于所有的矩形 r_n.这个点就是给定的点列的极限点.事实上,以这个点为圆心作一个半径为任意小的数 ε 的圆周,我们就可以

看到,从某一个充分大的自然数 n 开始,所有的矩形 r_n 都包含在这个圆周内部,同时因为在每一个矩形 r_n 中有给定的点列的无穷多个点,所以在这个圆周内部也就有无穷多个这种点. 因此上面求出的那个点是给定的点列(12)的一个极限点,这就证明了我们的定理.

5. 复数序列的收敛概念

以上我们仅仅指出了任何一个有界数列至少有一个极限数.

如果一个有界数列

$$z_1, z_2, \cdots, z_n, \cdots \tag{12}$$

有唯一的极限数 z,我们就说这个数列收敛于数 z,并用下面的记号来表示

$$\lim_{n \to \infty} z_n = z$$

因而,按照定义,一个收敛点列要满足下面两个条件:

(1) 这个数列是有界的.

(2) 这个数列有唯一的极限点.

回忆第二段所说的极限点的定义,我们容易利用不等式来表示数列收敛于数 z 的意义:对于任一个无论怎样小的正数 ε,从充分大的 n 开始,不等式 $|z - z_n| < \varepsilon$ 都成立,或者,也就是

$$\lim_{n \to \infty} |z - z_n| = 0$$

从几何的意义来说:如果点列 $\{z_n\}$ 的几乎所有的点(除有限数目的点以外的所有的点)都在点 z 的无穷小的邻域内,那么点列 $\{z_n\}$ 收敛于 z.

6. 极限理论的基本定理

利用已建立的复数序列的极限概念,我们可以在复数域中引进关于实数序列的极限的一些已知定理. 例如,假如两个给定的复数序列

$$z_1, z_2, \cdots, z_n, \cdots; z'_1, z'_2, \cdots, z'_n, \cdots \tag{13}$$

分别收敛于数 z 与 z',那么作一个新数列

$$w_1, w_2, \cdots, w_n, \cdots \tag{14}$$

其中令 $w_n = z_n \pm z'_n$,或 $w_n = z_n \cdot z'_n$,或 $w_n = \dfrac{z_n}{z'_n}$(在最后的情形假定 $z'_n \neq 0$),我们可以断言数列(14)是收敛的,有极限 w,并且 $w = z \pm z'$ 或 $w = z \cdot z'$ 或 $w = \dfrac{z}{z'}$(在最后的情形假定 $z' \neq 0$),也就是说

$$\lim_{n \to \infty} (z_n \pm z'_n) = \lim_{n \to \infty} z_n \pm \lim_{n \to \infty} z'_n$$

$$\lim_{n \to \infty} z_n \cdot z'_n = \lim_{n \to \infty} z_n \cdot \lim_{n \to \infty} z'_n$$

$$\lim_{n \to \infty} \frac{z_n}{z'_n} = \frac{\lim z_n}{\lim z'_n} \quad (\lim z'_n \neq 0)$$

这些极限理论的基本定理的证明,我们不再叙述,因为它和实数的极限理论相应命题的证明是类似的.

7. 柯西判别法

在极限的基本理论中,柯西曾经给出一个验证数列收敛性的判别法. 这个柯西判别法是这样描述的:复数序列

$$z_1, z_2, \cdots, z_n, \cdots \tag{12}$$

收敛的必要且充分的条件是,对于任一个无论怎样小的正数 ε,一定存在一个自然数 $N = N(\varepsilon)$,使不等式 $|z_{N+m} - z_N| < \varepsilon$ 对任意的自然数 m 都成立.

从几何的意义来看,这个判别法意味着:点列 $\{z_n\}$ 只有在这样的情形下是收敛的,就是从 $N = N(\varepsilon)$ 开始,它所有的点都在以点 z_N 为圆心、ε 为半径的圆内.

这个条件的必要性是非常容易证明的. 事实上,假如 $\lim\limits_{n \to \infty} z_n = z$,便可以找到这样一个数 $N = N\left(\dfrac{\varepsilon}{2}\right)$,使得当 $n \geqslant N\left(\dfrac{\varepsilon}{2}\right)$ 时下面的不等式成立

$$|z - z_n| < \frac{\varepsilon}{2}$$

注意到 $z_{N+m} - z_N = (z_{N+m} - z) + (z - z_N)$,我们有

$$|z_{N+m} - z_N| \leqslant |z_{N+m} - z| + |z - z_N|$$

根据条件我们得到

$$|z - z_N| < \frac{\varepsilon}{2}, \quad |z_{N+m} - z| < \frac{\varepsilon}{2}$$

因此对于所有的 $m \geqslant 0$,有

$$|z_{N+m} - z_N| < \frac{\varepsilon}{2} + \frac{\varepsilon}{2} = \varepsilon$$

这就是我们所需要的.

我们来证明判别法的充分性. 当柯西条件成立时,我们知道从点 z_N 开始点列(12)的所有的点都在一个以 z_N 为圆心、ε 为半径的圆内. 因此我们的点列(12)是有界的. 剩下只需要证明,这个点列不能有两个不同的极限点 A 与 B. 事实上,假如相反,我们取 $\varepsilon < \dfrac{1}{2}\overline{AB}$. 对应于这个数 ε,有自然数 $N = N(\varepsilon)$ 使 $|z_{N+m} - z_N| < \varepsilon$,这就是说所有点列(12)的点从 z_N 开始,都在以 z_N 为圆心、ε 为半径的圆内(图12). 在这个圆外只可能有点列(12)的有限个点,因而两个极限点 A 与 B 都必须在这个圆内或者在圆周上. 在这样的情形下,它

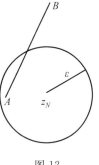

图 12

17

们间的距离 $\overline{AB}$ 就应该不大于圆的直径 2ε，但是我们预先取定了 $\overline{AB} > 2\varepsilon$，从而产生了矛盾. 所以当柯西条件成立时，数列(12)收敛，因为它是有界的而又不能有多于一个的极限点，根据波尔查诺－魏尔斯特拉斯定理，它只能有一个极限点.

§4　复数球面·无穷远点

1. 复数在球面上的表示法·无穷远点

设

$$z_1, z_2, \cdots, z_n, \cdots \tag{12}$$

是一个点列. 众所周知，如果在以原点为圆心、任意大的数为半径的圆外，总有这个点列中的点，这个点列就称为是无界的. 我们也知道一个无界点列可以没有极限点. 在这种情形，我们说点列(12)趋向无穷. 用符号来表示，写作

$$\lim_{n \to \infty} z_n \to \infty \tag{15}$$

这个等式就表示无穷数列(12)没有极限数.

为了给等式(15)以简单的几何意义，我们要用球面上的点来表示复数. 为此，我们取一个与平面在原点 O 相切的球面(图13). 那么通过点 O 的球的直径 OP 就与平面垂直，并且与球面交于第二个点 P，我们把点 P 称为极点. 每一个复数 z 可以看作平面上的一个点，用直线 Pz 联结这个点与极点，这条直线与球面有(异于 P 的)另一个唯一的交点，我们就用这个唯一确定的点来表示复

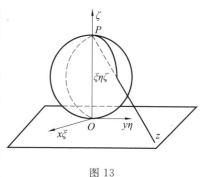

图 13

数 z，称为 z 在球面上的象. 这样一来，每一个复数就由球面上的某一点来表示. 反之，除极点 P 以外，对于球面上每一个点，平面上有一个唯一的点对应它，这个点就是通过点 P 和那个被考虑的点的直线与平面的交点. 所以，除极点 P 以外，球面上每一个点代表了某一个复数. 这样，我们就在平面上的点与球面上(除点 P 以外)的点之间建立了一个双方连续的一一对应. 这个球面，在它上面去掉了点 P 以后，就成为全体复数的象. 现在我们来观察点 P 与球面上另外的点有什么相互的关系. 假如数列 $\{z_n\}$ 趋向无穷，即 $\lim_{n \to \infty} z_n \to \infty$，那么 z_n 在球面上的象就无限制地接近于点 P. 把点 P 作为无穷的象就显得很自然，而平面上与它对应的那个唯一的点就称为这个平面的无穷远点.

这样,在复数平面上我们承认有唯一的无穷远点(它在球面上的象是点 P),这与射影几何的平面不同,在那里是考虑无穷远直线,也就是说有无穷多个不同的无穷远点.

上述变换称为球极投影,用这个变换,我们建立了球面上的点与平面上包括它的唯一的无穷远点在内的点之间的一个一一对应.这个用它的点代表了全体复数及无穷的球面称为复数球面或黎曼球面.把复数映射到球面上来代替复数平面的优越性是:这里能把平面上的唯一的无穷远点明显地表示出来.

假如把球面上点 P 的邻域理解为任一个圆周所包围的含有 P 的球面的一部分,而这个圆周所在的平面和 OP 相互垂直,那么在平面上应当把无穷远点的邻域理解为这个球面部分的球极投影,也就是说,以坐标原点为圆心的任一圆周的外部.于是,点列(12)收敛于无穷远点的条件,可以表示成完全类似于第 3 节第 5 段中的条件的形式:假如点列 $\{z_n\}$ 中几乎所有的点(就是说除有限个点以外所有的点)都在无穷远点的任意邻域内,我们就称这个点列收敛于无穷远点.

在以后的叙述中,假如没有相反的说明,我们总用字母 z 表示平面上的任一个普通的点,而这种点的全体称为复数平面.复数平面连同无穷远点在一起就称为扩大了的复数平面.我们应当注意,平面的无穷远点与原点一样,没有确定的辐角.

2. 球极投影的公式

在上一段中,我们谈了球极投影的几何构造,现在我们要来推演这个变换的公式,也就是说要解决下面的问题:已知复数,要确定球面上对应点的坐标,以及这个问题的逆.为了解决这个问题,我们选取一个空间的坐标系 $O\xi\eta\zeta$ 使 $O\xi$ 与 $O\eta$ 合于复数平面上的 x 轴与 y 轴,而 $O\zeta$ 则沿着直径 OP 的方向(图13),并为简单计,我们取直径的长作为单位长.

复数 $z = x + \mathrm{i}y$ 在平面上以坐标为 x,y 的点为代表.假定这个复数在球面上的象的坐标是 ξ,η,ζ. 因为球面的球心是点 $\left(0,0,\dfrac{1}{2}\right)$,而它的半径等于 $\dfrac{1}{2}$,所以 ξ,η,ζ 应当满足下列球面方程

$$\xi^2 + \eta^2 + \left(\zeta - \frac{1}{2}\right)^2 = \frac{1}{4}$$

即

$$\xi^2 + \eta^2 = \zeta(1 - \zeta) \tag{16}$$

又因为 $(0,0,1),(\xi,\eta,\zeta)$ 与 $(x,y,0)$ 这三点在一条直线上,所以它们的坐标应当满足关系式

19

$$\frac{\xi - 0}{x - 0} = \frac{\eta - 0}{y - 0} = \frac{\zeta - 1}{0 - 1} \tag{17}$$

从等式(17)就可以用 ξ, η, ζ 来表示 x 与 y. 例如,比较第一个比式与第三个比式,然后再比较第二个比式与第三个比式,我们可求出

$$x = \frac{\xi}{1 - \zeta}, \quad y = \frac{\eta}{1 - \zeta}, \quad z = \frac{\xi + \mathrm{i}\eta}{1 - \zeta} \tag{18}$$

公式(18)给出了用球面上对应点的坐标来表示平面上点的坐标的式子. 为了得到上面公式的逆,我们注意

$$x^2 + y^2 = \frac{\xi^2 + \eta^2}{(1 - \zeta)^2} = \frac{\zeta}{1 - \zeta} \tag{18'}$$

从而求出

$$\zeta = \frac{x^2 + y^2}{x^2 + y^2 + 1} \tag{19}$$

已知 ζ,从公式(18)立刻可以确定出 ξ 与 η,即

$$\xi = \frac{x}{x^2 + y^2 + 1} \tag{19'}$$

$$\eta = \frac{y}{x^2 + y^2 + 1} \tag{19''}$$

公式(19)(19')与(19'')给出了球面上点的坐标通过复数的分量 x 与 y 的表达式.

3. 球极投影的基本性质

现在我们要证明下面球极投影的一个非常重要的性质:在球极投影的变换下,平面上任一圆周都变成球面上的圆周,反之亦然. 这里必须要注意的是:在这个定理的化简了的叙述中,应当广义地了解"圆周"一词,应当把直线算作半径是无穷大的圆周一起包括在内.

事实上,xOy 平面上任一圆周的方程的形式是

$$A(x^2 + y^2) + Bx + Cy + D = 0 \tag{20}$$

其中 A, B, C 与 D 都是实数. 特别地,当 $A = 0$ 时,方程(20)就表示一条直线. 为了确定在球面上的对应曲线,把方程(20)中的 x 和 y 用它们通过 ξ, η, ζ 的表达式来替换. 根据公式(18)与(18'),我们就得到

$$A\frac{\zeta}{1 - \zeta} + B\frac{\xi}{1 - \zeta} + C\frac{\eta}{1 - \zeta} + D = 0$$

或

$$B\xi + C\eta + (A - D)\zeta + D = 0 \tag{21}$$

这个得到的方程(21)是一次的,所以表示一个平面. 因此,坐标 ξ, η, ζ 要满足两个方程:(16)与(21). 从而,点 (ξ, η, ζ) 在球面(16)与平面(21)的交线上,也就

是说在球面上形成一个圆周.

反之,很容易知道球面(16)的任一个圆周都变成复数平面的圆周,这是因为利用数 A,B,C 与 D 的任意性,我们总可以把任一个平面的方程表示成(21)的形式.显然,当 $A=0$ 时,平面(21)通过点 $P(0,0,1)$,所以只有在球面的圆周通过球面的极点的情形下,这个圆周才变成平面上的直线.

从几何上来看,这个事实也是显然的:因为对应于平面上直线的球面上的圆周,必须经过平面上的无穷远点的象即点 P.

4. 保角性

让我们来考虑在球面上相交于某一点 M 的两条曲线,并设这两条曲线在交点的切线处构成一个交角 α(图14).我们要证明这两条曲线的球极投影在点 M 的投影 M' 的切线同样构成交角 α.也就是说,对于球极投影,角的值保持不变.为此,我们首先注意:当曲线的割线趋近于曲线的切线时,割线的投影就趋近于切线的投影,而同时也趋近于这条曲线的

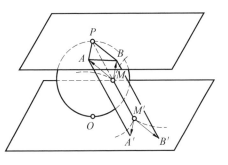

图 14

投影的切线.由此可见,球面曲线的切线的投影就是这条曲线的投影的切线.现在,让我们延长这两条球面曲线的切线,使它们与球面在点 P 的切平面相交于点 A 和 B.显然,三角形 APB 全等于三角形 AMB,这是因为 AB 是这两个三角形的公共边,$AP=AM$ 是从同一点出发到球面的两条切线,同样 $BP=BM$.因此 $\angle APB=\angle AMB=\alpha$.但由于曲线的投影的切线中一条是平面 PAM 与投影平面的交线,另一条是平面 PBM 与投影平面的交线,它们各与 AP 及 BP 平行,从而它们之间的交角等于 $\angle APB=\alpha$,这就是我们要证明的.

§5 级   数

1. 收敛级数与发散级数的概念

我们来考虑无穷级数

$$u_1+u_2+\cdots+u_n+\cdots \qquad (22)$$

它的所有项都是复数,作这个级数的前 n 项之和

$$s_n=u_1+u_2+\cdots+u_n \qquad (23)$$

当 $n=1,2,3,\cdots$ 时,我们得到一个对应于级数(22)的无穷复数序列 $s_1,s_2,\cdots,$ $s_n,\cdots$. 反之,已知数列 $\{s_n\}$,也容易写出与它对应的其前 n 项之和等于 s_n 的级数

$$s_1+(s_2-s_1)+\cdots+(s_n-s_{n-1})+\cdots$$

如果对应于级数(22)的数列 $\{s_n\}$ 收敛,我们就说这个级数收敛,并且称这个数列的极限为级数(22)的和.因此,当 n 趋向无穷时级数(22)的前 n 项之和 (23)如果收敛,$\lim s_n=s$,那么这个级数就称为是收敛的.数 s 就是给定的无穷级数的和.如果级数(22)的前 n 项之和 s_n 不收敛,那么级数(22)就称为是发散的.

在发散级数的情形,可能有两种情况发生,或者是它的前 n 项的和 s_n 趋向无穷,或者是 s_n 不趋向任何一个确定的极限.在第一种情形,级数称为是正常发散的,在第二种情形,则称为是振动的.从上述可知:级数(22)的收敛或发散的问题与对应的复数序列(23)的收敛或发散问题等价.例如,级数

$$1+q+q^2+\cdots+q^n+\cdots$$

当 $|q|<1$ 时收敛,当 $|q|>1$ 时正常发散.事实上,这个级数的前 n 项之和 s_n 可以表示成

$$s_n=1+q+q^2+\cdots+q^{n-1}=\frac{1-q^n}{1-q}=\frac{1}{1-q}-\frac{q^n}{1-q}$$

因为 $|q^n|=|q|^n$,所以在 $|q|<1$ 的情形,当 n 无限增大时,数 q^n 趋近于零.但在 $|q|>1$ 的情形它却趋近于无穷.因此,我们有

$$\lim_{n\to\infty}s_n=\frac{1}{1-q}\quad 当\ |q|<1,\quad \lim_{n\to\infty}s_n\to\infty\quad 当\ |q|>1$$

2. 收敛级数的一个必要条件

假定级数(22)是收敛的,则我们不难证明当 n 无限增大时它的一般项 u_n 趋近于零.事实上,因为数列 $\{s_n\}$ 收敛,所以有

$$\lim_{n\to\infty}s_{n+1}=s\quad 与\quad \lim_{n\to\infty}s_n=s$$

因而

$$\lim_{n\to\infty}(s_{n+1}-s_n)=\lim_{n\to\infty}u_{n+1}=0$$

这也就是

$$\lim_{n\to\infty}u_n=0\tag{24}$$

因此,任何一个收敛级数的一般项当它的下标 n 无限增大时都趋近于零.等式(24)表示了无穷级数收敛性的一个必要条件.因此,在这个条件不成立的情形下,级数就一定是发散的.例如级数 $1+q+q^2+\cdots+q^n+\cdots$,当 $|q|\geqslant 1$ 时是发散的,这是因为,当 $|q|>1$ 时,q^n 趋近于无穷,而 $|q|=1$ 时,q^n 的模又常等于1.所以当 $|q|\geqslant 1$ 时,随 n 的无限增大一般项 q^n 总不趋近于零.在上一段中,我们

已经知道当 $|q|>1$ 时,这个级数是正常发散的.当 $|q|=1$ 时,除 $q=1$ 的情形是正常发散外,这个级数是振动的.因为在这个情形下,级数的前 n 项的和 $s_n=\dfrac{1-q^n}{1-q}(q\neq 1)$ 当 n 无限增大时并不趋近于无穷.

上面所建立的收敛条件(24)是必要的但并不是充分的,也就是说在级数发散的情形下,这个条件仍可能满足,例如,关于调和级数

$$1+\frac{1}{2}+\frac{1}{3}+\cdots+\frac{1}{n}+\cdots$$

的分析就清楚地指出了这一点.

3.绝对收敛级数的概念

在复数项级数的理论中,绝对收敛级数的概念是非常重要的.代替级数(22),我们来考虑一个新的级数

$$|u_1|+|u_2|+\cdots+|u_n|+\cdots \tag{22'}$$

它的项是级数(22)的项的模.正项级数(22')收敛性的研究比级数(22)的收敛性的研究要简单得多.事实上,级数(22')的前 n 项之和 —— 我们把它记作 σ_n —— 当 n 增大时永不减少,从而,要么就是对于任意的 n,σ_n 始终保持有界,要么就是当 n 无限增大时它趋向无穷大.在第一种情形,非减数列 $\{\sigma_n\}$ 有唯一的极限,因此,级数(22')就收敛.在第二种情形这个级数发散.所以,正项级数的收敛性可以描述为:它的前 n 项的和组成一个有界数列.利用这个事实,在级数理论中就可以导出关于这种级数的收敛性的各种不同的充分条件.

至于级数(22)与(22')间的关系可以从下面的定理得到:

假如以给定的级数(22)的项的模为项所作成的级数(22')收敛,那么给定的级数(22)也就收敛.简单地说,也就是从级数(22')的收敛性可以推出级数(22)的收敛性.

当证明这一定理时我们要利用柯西关于收敛性的充分必要条件(第 3 节第 7 段).注意到

$$|s_{N+m}-s_N|=|u_{N+1}+u_{N+2}+\cdots+u_{N+m}|\leqslant$$
$$|u_{N+1}|+|u_{N+2}|+\cdots+|u_{N+m}|$$

我们把上式后面的和表示成 $\sigma_{N+m}-\sigma_N$ 的形式,就得到

$$|s_{N+m}-s_N|\leqslant\sigma_{N+m}-\sigma_N \tag{25}$$

根据定理的条件,级数(22')是收敛的,因而,由柯西条件的必要性,对于无论怎样小的正数 ε,都可以找到一个 $N=N(s)$,使 $\sigma_{N+m}-\sigma_N<\varepsilon$,其中 m 是一个任意的正整数,由不等式(25)得出

$$|s_{N+m}-s_N|<\varepsilon$$

上面这个不等式对于任一个 $\varepsilon>0$ 都成立,而 $N=N(\varepsilon)$ 与 $m\geqslant 0$ 无关.由柯西条件的充分性就可以推出给定的级数(22)是收敛的.

23

假如由级数(22)的项的模所组成的级数(22′)是收敛的,我们就称级数(22)是绝对收敛的或无条件收敛的.以上所证明的定理指出:每一个绝对收敛的级数都是收敛的.不过要注意,这个结论的逆却可以不对,换句话说,有收敛而并不绝对收敛的级数存在.这种级数称为是条件收敛的.级数 $1-\dfrac{1}{2}+\dfrac{1}{3}-\dfrac{1}{4}+\cdots$ 可以作为条件收敛级数的例子.从级数理论中知道这个级数是收敛的;但它的项的模所组成的级数是调和级数,却是发散的.级数 $1-\dfrac{1}{2^2}+\dfrac{1}{3^2}-\dfrac{1}{4^2}+\cdots$ 是绝对收敛级数的一个例子.

绝对收敛的级数在分析中具有重要的意义,因为我们马上就会看到,它们的基本运算完全合乎有限和的运算规律.

4. 级数的加法与减法

假设给定了两个复数项的级数

$$u_1+u_2+\cdots+u_n+\cdots \tag{22}$$

$$u_1'+u_2'+\cdots+u_n'+\cdots \tag{26}$$

把这两个级数的对应项相加(或相减),就得到一个新的级数

$$(u_1\pm u_1')+(u_2\pm u_2')+\cdots+(u_n\pm u_n')+\cdots \tag{27}$$

称为这两个给定的级数之和(或差).假如这两个给定的级数收敛,并且分别有和 s 与 s',那么级数(27)也收敛,并且有和 $S=s\pm s'$.事实上,用 s_n 与 s_n' 分别来记级数(22)与(26)的前 n 项之和,我们就有

$$s=\lim_{n\to\infty}s_n,\quad s'=\lim_{n\to\infty}s_n'$$

由此可得

$$s\pm s'=\lim_{n\to\infty}(s_n\pm s_n')$$

因为

$$s_n\pm s_n'=(u_1\pm u_1')+(u_2\pm u_2')+\cdots+(u_n\pm u_n')$$

是级数(27)的前 n 项之和,所以等式 $s\pm s'=\lim\limits_{n\to\infty}(s_n\pm s_n')$ 肯定了我们上面所提到的结论的正确性.

这样一来,任意两个收敛级数可以逐项相加或相减.因此,加减法的运算范围就扩大到所有的(条件或无条件)收敛的无穷级数族.但乘法运算情形就是另一回事,一般说来,它是不适用于条件收敛的级数的.

5. 关于二重级数的一个定理

从一个给定的无穷级数

$$u_1+u_2+u_3+\cdots+u_n+\cdots \tag{22}$$

可以作出(并且可以有无穷多种不同的方法)无穷多个级数,使原来级数的每

一项 u_n 在一个而且只在一个新的级数内. 例如我们可以如下把级数(22)分列成无穷多个级数

$$u_1 + u_2 + u_4 + u_7 + u_{11} + \cdots$$
$$u_3 + u_5 + u_8 + u_{12} + \cdots$$
$$u_6 + u_9 + u_{13} + \cdots$$
$$u_{10} + u_{14} + u_{19} + \cdots$$
$$\vdots$$

一般说来, 把级数(22)分列成无穷多个级数总可以如下表示

$$\begin{cases} u_{\alpha_1} + u_{\alpha_2} + u_{\alpha_3} + \cdots \\ u_{\beta_1} + u_{\beta_2} + u_{\beta_3} + \cdots \\ u_{\gamma_1} + u_{\gamma_2} + u_{\gamma_3} + \cdots \\ \quad\vdots \end{cases} \tag{28}$$

我们来证明下面这个定理:如果级数(22)绝对收敛, 并且有和 s, 那么(28)中的每一个级数也同样绝对收敛;又假如把(28)中各级数的和分别记作 $s_1, s_2, s_3, \cdots$, 那么级数

$$s_1 + s_2 + s_3 + \cdots \tag{29}$$

也绝对收敛, 并且它的和就等于 s.

附注 这个定理中所说的性质只有在绝对收敛的条件下才成立. 一般来说, 对于条件收敛的级数我们就不能断言它的一部分也一定收敛. 例如级数 $1 - \frac{1}{2} + \frac{1}{3} - \frac{1}{4} + \cdots$ 是收敛的, 然而级数 $1 + \frac{1}{3} + \frac{1}{5} + \cdots$ 与 $-\frac{1}{2} - \frac{1}{4} - \frac{1}{6} - \cdots$ 却都是发散的.

我们首先来证明级数 $|u_{\alpha_1}| + |u_{\alpha_2}| + \cdots$ 是收敛的. 事实上, 它的部分和(最初若干项之和)始终小于一个有限数

$$\sigma = |u_1| + |u_2| + |u_3| + \cdots$$

因此, (28)中的第一个级数是绝对收敛的. 我们同样可以证明(28)中每一个级数都是绝对收敛的. 现在我们要说明级数(29)也绝对收敛. 把下面的不等式相加

$$|s_1| \leqslant |u_{\alpha_1}| + |u_{\alpha_2}| + \cdots[1]$$

---

[1] "和的模不大于各项的模之和"这一定理不难证明对于绝对收敛的级数来说也对. 事实上, 令
$$\sigma = v_1 + v_2 + v_3 + \cdots + v_n + \cdots \quad \text{与} \quad \sigma_n = v_1 + v_2 + \cdots + v_n$$
我们就有
$$|\sigma_n| \leqslant |v_1| + |v_2| + \cdots + |v_n|$$
从而
$$|\sigma_n| \leqslant |v_1| + |v_2| + \cdots + |v_n| + |v_{n+1}| + \cdots$$
对任何 n 都成立, 于是
$$|\sigma| \leqslant |v_1| + |v_2| + \cdots + |v_n| + |v_{n+1}| + \cdots$$

$$| s_2 | \leqslant | u_{\beta_1} | + | u_{\beta_2} | + \cdots$$
$$\vdots$$
$$| s_m | \leqslant | u_{\mu_1} | + | u_{\mu_2} | + \cdots .$$

我们得到

$$| s_1 | + | s_2 | + \cdots + | s_m | \leqslant \sigma$$

因为这个不等式对于任何 m 都成立,所以由此就得到了级数(29)的绝对收敛性.

现在接下来只需要证明绝对收敛级数(29)的和等于原来级数(22)的和 s. 为此,只需要证明当 m 无限增大时差 $s - (s_1 + s_2 + \cdots + s_m)$ 趋近于零即可. 让我们来估计这个差的模. 因为 s 是给定的级数(22)的和,而 $s_1, s_2, \cdots, s_m$ 是(28)中前 m 个级数的和,所以我们可以断言

$$| s - (s_1 + s_2 + \cdots + s_m) | \leqslant | u_{v_1} | + | u_{v_2} | + \cdots$$

其中 $v_1, v_2, \cdots$ 是给定的级数中所有那些在(28)的前 m 个级数中没有出现的项的号码. 对于任一自然数 n,我们可以取 m 充分大,使得所有的号码 $v_1, v_2, \cdots$ 都比 n 大.

显然,在这样的情形下,我们就有

$$| s - (s_1 + s_2 + \cdots + s_m) | \leqslant | u_{n+1} | + | u_{n+2} | + \cdots$$

由于给定的级数绝对收敛,所以当 n 充分大时,我们就可以断定

$$| u_{n+1} | + | u_{n+2} | + \cdots < \varepsilon$$

其中 ε 是一个充分小的正数. 因此,从一个充分大的 m 开始,不等式

$$| s - (s_1 + s_2 + \cdots + s_m) | < s$$

总成立,这就证明了级数(29)收敛于和 s.

6. 级数的项的重排

在绝对收敛的级数中,它的项可以任意地重新排列而并不改变这个级数的和. 事实上,把级数(22)的项重排以后,我们得到一个新的级数

$$u_{a_1} + u_{a_2} + u_{a_3} + \cdots \tag{30}$$

其中 $\alpha_1, \alpha_2, \alpha_3, \cdots$ 表示依照某种顺序重写出来的全部自然数. 令 $s_1 = u_{a_1}, s_2 = u_{a_2}, \cdots$,根据前段中证明的定理,我们知道,假如级数(22)绝对收敛,那么新的级数(30)也绝对收敛,而且这个新级数的和依旧等于 s.

在级数理论中大家都知道,一般说来,条件收敛级数不能任意重新排列它的项而同时又不变更它的和. 不但如此,而且有一个命题存在,根据这个命题,复数项的条件收敛级数可以分成两类. 对于第一类级数中的每一个级数,都有这样一条直线存在,使得这条直线上任一点所代表的数都是通过重新排列这个级数的项来得到的一个新的收敛级数的和;同时这种重排也得不到这样的级

数,使得代表它的和的点不在这条直线上. 对于第二类的级数,重排它的项可以得到新的收敛级数具有任意预先指定的和. 我们已知的级数 $1 - \dfrac{1}{2} + \dfrac{1}{3} - \dfrac{1}{4} + \cdots$ 是第一类级数的例子,而级数 $1 + i - \dfrac{1}{2} - \dfrac{i}{2} + \dfrac{1}{3} + \dfrac{i}{3} - \dfrac{1}{4} - \dfrac{i}{4} + \cdots$ 则是第二类级数的例子.

7. 级数的乘法

设给定了两个级数

$$u_1 + u_2 + u_3 + \cdots \tag{22}$$
$$u_1' + u_2' + u_3' + \cdots \tag{26}$$

我们来作一个新级数

$$u_1 u_1' + (u_1 u_2' + u_2 u_1') + \cdots + (u_1 u_n' + u_2 u_{n-1}' + \cdots + u_n u_1') + \cdots \tag{31}$$

这个级数称为这两个给定的级数的乘积.

我们要证明下述命题:假如给定的级数(22)与(26)都绝对收敛,并且分别有和 s 与 s',那么新的级数(31)也就绝对收敛,并且有和 $S = s \cdot s'$.

为了证明这个命题,我们考虑由级数(22)与(26)的所有项中各取一项的乘积

$$u_1 u_1', u_1 u_2', u_2 u_1', u_1 u_3', u_2 u_2', \cdots \tag{32}$$

我们要证明以(32)中的数为项的级数是绝对收敛的. 为此,只需证明任何一个 $|u_1 u_1'| + |u_1 u_2'| + |u_2 u_1'| + \cdots + |u_k u_s'|$ 形式的和始终保持小于一个常数即可. 我们用 n 表示在这个和中出现的级数(22)与(26)的项的最大的号码. 容易知道这个和不大于下面的乘积

$$(|u_1| + |u_2| + \cdots + |u_n|)(|u_1'| + |u_2'| + \cdots + |u_n'|)$$

因而也就更加小于 $\sigma \cdot \sigma'$,这里我们假定 $\sigma = |u_1| + |u_2| + |u_3| + \cdots, \sigma' = |u_1'| + |u_2'| + |u_3'| + \cdots$. 因此,对于以(32)中的数为项的那个级数便可以应用在第 5 段中所证明的二重级数的定理,只要令

$$s_1 = u_1 u_1', \quad s_2 = u_1 u_2' + u_2 u_1', \quad \cdots$$
$$s_n = u_1 u_n' + u_2 u_{n-1}' + \cdots + u_n u_1', \quad \cdots$$

根据这个定理,级数(31)绝对收敛. 因此接下来只需要证明级数(31)的和等于 $s \cdot s'$,为此,我们重新组合(32)的项,令 $s_1 = u_1 u_1' + u_1 u_2' + u_1 u_3' + \cdots; s_2 = u_2 u_1' + u_2 u_2' + u_2 u_3' + \cdots; \cdots$. 根据第 5 段的一般定理,级数 $s_1, s_2, \cdots$ 都绝对收敛,在第一个级数中括出 u_1,就可以看出它的和 s_1 等于 $u_1 \cdot s'$. 同样我们有 $s_2 = u_2 \cdot s'$,等等. 最后,级数 $s_1 + s_2 + \cdots$ 或 $u_1 s' + u_2 s' + \cdots$ 是绝对收敛的,它的和显然等于

$$(u_1 + u_2 + \cdots) \cdot s' = s \cdot s'$$

根据第 5 段的定理,这个和与级数(31)的和完全一样.

27

因此，我们看到了关于有限和的一些基本运算，譬如：项的顺序的变更或它们的乘法，在绝对收敛的条件下，也适用于无穷级数．但是，如果把两个条件收敛的级数相乘，一般说来，结果都会得到发散级数．因此，关于级数乘法的定理并不适用于条件收敛的级数．

不过，今后我们还会看到，如果知道了两个条件收敛级数相乘的结果得到一个收敛级数，那么上面所说的定理对于这两个条件收敛级数还是成立的．

关于级数理论的叙述，我们这里只限于研究收敛级数的基本性质．在数学分析中发散级数也同样具有广泛的应用．像任何收敛级数联系着一个称为它的和的确定的数那样，我们可以用各种不同的有规则的方法来确定各种范围大小不同的发散级数族中的和的概念．不过发散级数理论的叙述已经超出了本书的范围．

习　　题

1.利用棣莫弗公式把 $\cos nx$ 与 $\sin nx$ 展开成 $\sin x$ 与 $\cos x$ 的乘幂．

答：$\cos nx = \cos^n x - \binom{n}{2}\cos^{n-2}x\sin^2 x + \binom{n}{4}\cos^{n-4}x\sin^4 x - \cdots.$

$\sin nx = n\cos^{n-1}x\sin x - \binom{n}{3}\cos^{n-3}x\sin^3 x + \binom{n}{5}\cos^{n-5}x\sin^5 x - \cdots.$

2.满足 $|z| + R(z) \leqslant 1$ 的点 z 位于何处？

答：在抛物线 $r = \dfrac{1}{1+\cos\varphi}$ 的内部及其上．

3.把表达式 $\sqrt{1+\mathrm{i}}$ 表示成复数形式．

答：$\sqrt{1+\mathrm{i}} = \pm\sqrt[4]{2}\left(\cos\dfrac{\pi}{8} + \mathrm{i}\sin\dfrac{\pi}{8}\right).$

4.假如 $x + y\mathrm{i} = \sqrt{a+b\mathrm{i}}$，试确定 x 与 y．

答：$x = \pm\sqrt{\dfrac{\sqrt{a^2+b^2}+a}{2}}$，$y = \pm\sqrt{\dfrac{\sqrt{a^2+b^2}-a}{2}}$，如果 b 是正的，则符号应该取作相同；如果 b 是负的，则应该取不同的符号．

5.问：满足下面关系的 z 位于何处？

(1) $|z| \leqslant 2$；(2) $|z| > 2$；(3) $R(z) > \dfrac{1}{2}$；(4) $R(z^2) = a$；(5) $|z^2 - 1| = a > 0$；(6) $\left|\dfrac{z-1}{z+1}\right| \leqslant 1$；(7) $\left|\dfrac{z-z_1}{z-z_2}\right| = 1.$

答：(4) 双曲线，在 $a = 0$ 时是一对直线．(5) 卡西尼卵形线．(6) 包括边界在内的右半平面．(7) 线段 $z_1 z_2$ 的垂直平分线．

6.什么时候 z_1, z_2, z_3 三点在一条直线上?

答:差比 $\dfrac{z_1 - z_3}{z_2 - z_3}$ 是实数时.

7.什么时候 z_1, z_2, z_3, z_4 四点在一个圆周上?

答:交叉比 $\dfrac{z_1 - z_3}{z_2 - z_3} : \dfrac{z_1 - z_4}{z_2 - z_4}$ 是实数时.

8.验证恒等式 $|z_1 + z_2|^2 + |z_1 - z_2|^2 = 2(|z_1|^2 + |z_2|^2)$.这个方程表达了什么样的几何命题?

答:平行四边形中对角线平方之和等于邻边平方之和的两倍.

9.什么样的点 z 分线段 $z_1 z_2$ 成 $\lambda_1 : \lambda_2$ 的比例?

答:$z = \dfrac{\lambda_2 z_1 + \lambda_1 z_2}{\lambda_1 + \lambda_2}$.

10.假定三角形的三个顶点为 z_1, z_2, z_3.如果(1)在每一个顶点各有质量 λ;(2)在顶点的质量分别为 $\lambda_1, \lambda_2, \lambda_3$,问重心的位置各如何?

答:(1)$z = \dfrac{z_1 + z_2 + z_3}{3}$;(2)$z = \dfrac{\lambda_1 z_1 + \lambda_2 z_2 + \lambda_3 z_3}{\lambda_1 + \lambda_2 + \lambda_3}$.

11.假定 n 个质点 $z_1, z_2, \cdots, z_n$ 的质量分别为 $\lambda_1, \lambda_2, \cdots, \lambda_n$,试证明其重心位于点 $z = \dfrac{\lambda_1 z_1 + \lambda_2 z_2 + \cdots + \lambda_n z_n}{\lambda_1 + \lambda_2 + \cdots + \lambda_n}$.

12.假定 z_1, z_2, z_3 三点适合下列条件:

$$z_1 + z_2 + z_3 = 0 \quad \text{与} \quad |z_1| = |z_2| = |z_3| = 1$$

试证明 z_1, z_2, z_3 是内接于单位圆的一个等边三角形的顶点.

13.如果 $z_1 + z_2 + z_3 + z_4 = 0$,并且 $|z_1| = |z_2| = |z_3| = |z_4| = 1$,那么联结这四点 z_i 就构成一个内接于单位圆的矩形.

14.假定 $z_1, z_2, \cdots, z_n, \cdots$ 是任意一个点列,z_0 是它的一个极限点.试证明从点列 $\{z_i\}$ 中总可以选出一个部分点列 $z_1', z_2', \cdots, z_n', \cdots$,使 $z_n' \to z_0$.

15.试证明从条件 $z_n \to z_0$ 可以推出 $z_n' = \dfrac{z_1 + z_2 + \cdots + z_n}{n} \to z_0$.又当 $z_0 \to \infty$ 时,上述结论还正确吗?

16.证明无穷级数 $\displaystyle\sum_{n=1}^{\infty} c_n$ 对于任意选择的正整数 $p_1, p_2, \cdots, p_n, \cdots$ 都有

$$\lim_{n \to \infty} (c_{n+1} + c_{n+2} + \cdots + c_{n+p_n}) = 0$$

时,才收敛.

复变数与复变函数

第 二 章

§1 复 变 函 数

1. 复变函数的概念

我们来考虑一个复数集合 E. 我们同意集合 E 中的每一个数都可以用复数 $z=x+\mathrm{i}y$ 来表示;这样,我们就说 z 是一个复变数,而 E 称为它的变化域. 从几何的意义来说,复变数 z 的变化域 E 可以用复数平面或复数球面上的点集合来表示. 我们同意把这个点集合也记作 E 并且也称它是复数 z 的变化域. 当我们利用复数球面来表示数集合 E 时,还可以考虑无穷远点也属于 E 的情形,换句话说,数集 E 中包含无穷的情形. 如果对于复变数 z 的每一个可能取的数值,或者说对于集合 E 中的每一个数,都能按照一定的规律有复数值 $w=u+\mathrm{i}v$ 和它对应,我们就说 w 是独立复变数 z 的一个函数,用符号 $w=f(z)$ 表示. 如果 $z=x+\mathrm{i}y$,那么 u 与 v 都是实变数 x 与 y 的实函数. 所以,把 w 当作复变数 z 的函数来研究的工作可以转化为去研究 x 与 y 的两个实函数 u 与 v 的工作. 对于复变数 z 的每一个值,变数 w 可能有几个不同的值和它对应. 如果是这样,w 就称为复变数 z 的一个多值函数. 于是,在前面所说的情形,就称为单值函数. 以后如果我们不做相反的申明,那么即是研究单值函数.

对于变数 z 的变化域 E 中的每一点,有一个确定的复数 w 和它对应.把后者看成复数平面或复数球面上的点时,我们得到一个点集合 E'.这样,把 w 作为复变数 z 的函数来研究,从几何的意义来看,就转化为去建立点集合 E 与 E' 间的对应关系,由于这个对应关系使集合 E 中的每一点有集合 E' 中的一个确定的点和它对应.在这种情形下,我们说点集合 E 映射到了点集合 E' 上.在这里,E' 中的某些点可能是多重点,也就是说可能有某些 w 的值对应于不止一个 z 的数值.当我们把集合 E 与 E' 的点之间的对应设想为把集合 E' 映射到集合 E 上时,对于在点集合 E' 中变化的复变数 w 的每一个值,我们就得到 z 的一个或多个(有限个或无穷多个)数值.从而,反过来 z 也可以看作是复变数 w 的函数.这个函数称为函数 $w = f(z)$ 的反函数.假如对于复变数 z 的不同的数值,对应的函数 w 的数值也不同,那么集合 E 与 E' 间的映射关系就是双方单值的,也就是说,对于集合 E 中的每一个点,集合 E' 中有唯一的一点和它对应,而且反过来对于 E' 中的每一个点,E 中也有唯一的一点和它对应.在这种情形下,z 看作 w 的反函数时,就仍旧是一个单值函数.不过一般说来,单值函数的反函数可能是多值的甚至是无穷多值的.更甚于此,一个单值函数的反函数对于独立变数的每一个值可能有无穷多个值乃至于这些值可以作成一条连续曲线.例如 $w = |z|$ 是复变数 z 的一个单值函数.当我们把 z 看作 w 的函数时,可以看出,对于一个给定的 w 的值 c,就有无穷多的 z 的值和它对应,使 $|z| = c$,也就是说这些值作成整个的一个圆周.不过,对于可导函数族,这种现象就不会发生,而关于可导函数族理论的叙述正是本书的主要任务.

2.区域的概念·若尔当曲线

在上一段里,我们定义复变函数 $w = f(z)$ 是确定在某一个任意的点集合 E 上的.今后我们几乎毫无例外地将采取所谓平面区域作为这样的集合 E,至于平面区域的定义,我们现在就要讲到.首先来说明一个集合的内点的概念.

假如以 P 为圆心的一个足够小的圆周内的点全部属于集合 E,点 P 就称为集合 E 的一个内点.例如当考虑介于两个同心圆间的全部的点时,我们就得到纯粹由内点组成的一个集合.但是如果在这个集合中加上了(一个或者两个)圆周上的点时,那就会得到一个含有不是它的内点的集合:那些在圆周上的点就不是内点.

我们称平面上的点集合 G 为一个区域,假如它满足下面的两个条件:

(1)G 纯粹由内点组成.

(2)对于集合中任意的两点,总可以用足够多的线段组成的折线把它们联结起来,并使得折线上所有的点都属于这个集合.

这样一来,上面例子中的第一个集合就是一个区域,加上任一个圆周上的

31

任一点后,就不再是区域了.给定了一个区域 G,平面上所有的点对于这个区域来说可以分为两类.我们把所有区域 G 的点归入第一类,而把所有不属于 G 的点则归入第二类.显然,不属于区域 G 的点 Q(第二类的点)可以有两种类型:或者是以点 Q 为圆心的一个足够小的圆周内的点全部不属于区域 G,这样的点 Q 我们称为区域 G 的外点,或者是以点 Q 为圆心的无论怎样小的圆周内总有区域 G 的点,这样的点 Q 我们称为区域 G 的边界点.区域 G 的边界点全体称为 G 的边界.区域无边界的唯一的例子是整个复变数的平面.因此,如果不考虑这种情形,就可以说一切区域都有边界.值得注意的是,区域 G 不一定常有外点.例如平面上所有不在实数轴的区间 $[-1,1]$ 上的点的全体组成一个没有外点的区域.

由区域 G 及其边界所组成的集合称为闭区域,记作 $\bar{G}$.

弄清楚了区域的概念之后,我们现在来确定在约当意义上的连续曲线的概念.设 $x(t)$ 与 $y(t)$ 是变数 t 的实连续函数,t 在区域 $\alpha \leqslant t \leqslant \beta$ 上变化.方程

$$x = x(t), \quad y = y(t) \quad (\alpha \leqslant t \leqslant \beta) \tag{1}$$

给出一个连续曲线的参数表达式.假如我们要求参数 t 的两个不同的数值(可能除对应于曲线的起点与终点的数值 $t = \alpha$ 与 $t = \beta$ 之外)总对应曲线上两个不同的点,那么我们的曲线就不会有重点.这样的曲线我们称为约当曲线或简称为连续曲线.假如我们令 $z = x + iy$,使 $z(t) = x(t) + iy(t)$,那么曲线的分析表达式可以写成一个方程

$$z = z(t) \quad (\alpha \leqslant t \leqslant \beta) \tag{1$'$}$$

当参数 t 在区间 $[\alpha,\beta]$ 上渐增地改变时,点 z 描画出一个约当曲线,它的起点是 $z(\alpha)$,终点是 $z(\beta)$.这样,曲线 $(1')$ 上的正方向就可以确立起来.

从几何的意义来看,约当曲线显然表示平面上的一个点集合,它是直线段的一个双方单值且双方连续的映射象.假如约当曲线的起点与终点互相重合,也就是说 $z(\alpha) = z(\beta)$ 时,它就称为是闭的.正如约当所指出的,一个没有重点的连续闭曲线分平面为两个区域:一个是不包含无穷远点的,称为给定的曲线的内部,另一个是包含无穷远点的,称为给定的曲线的外部.给定的曲线是这两个区域的公共边界.我们将规定曲线上的正方向如下:当点 $z(t)$ 沿这个方向移动时曲线的内部是在点 $z(t)$ 的左边.一个闭约当曲线在几何上可以看作一个圆周的双方单值且双方连续的映射象.事实上,不失一般性,我们可以假定 $\alpha = 0, \beta = 2\pi$,并把参数 t 看作圆周上点的辐角.闭约当曲线的内部区域具有一个值得注意的性质:在这个区域内,我们无论怎样画一条连续闭曲线,它的内部还同样属于这个区域.

一般说来,我们称具有这个性质的区域是单连通的,而称不具有上述性质的区域是复连通的.例如,一个多边形内部的平面部分是一个单连通区域,它的

边界就是这个多边形. 相反地,这个多边形外部的平面部分是复连通的,因为环绕这个多边形的一条闭约当曲线的内部就不完全属于这个区域. 由圆环 $r <$ $|z-z_0| < R$ 中的点 z 所组成的区域也是复连通的.

对于扩大了的平面上的区域,单连通性的概念稍扩充. 那就是说,这样的区域就称为单连通的,如果这个区域内的每一条闭约当曲线的内部或者是外部(包括无穷远点在内)属于这个区域. 例如,多边形的外部是单连通的还是复连通的,将根据我们把无穷远点包括在内或者不包括在内而定.

我们已经知道在任一个闭约当曲线内部的平面部分是一个单连通区域,它的边界就是这条约当曲线. 当我们考虑以若干条闭约当曲线为边界的区域时,就得到复连通区域的例子. 例如,假定 $I_0, I_1, \cdots, I_n$ 都是闭约当曲线,并且 I_1, $I_2, \cdots, I_n$ 中的每一条都在所有其余的曲线之外,而它们全体又都位于 I_0 的内部(图 15).

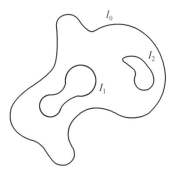

图 15

平面上同时在曲线 I_0 的内部与所有曲线 $I_1, I_2, \cdots, I_n$ 的外部的点的集合构成一个区域,它的边界是全部曲线 $I_0, I_1, \cdots, I_n$ 上的点所组成的集合. 例如满足不等式 $r < |z-z_0| < R$ 的点 z 所组成的点集合就构成一个区域,它的边界由两个同心圆组成,它们的半径是 r 与 R,共同的圆心是点 z_0. 当 $n=0$ 时我们就回到上述最简单的情形——单连通区域. 反之,在 $n>0$ 的情形,区域内就有内部不完全属于这个区域的连续闭曲线存在. 因此,以某 $n+1$ 条闭曲线为边界的区域是复连通的,事实上是 $n+1$ 连通的. 例如,在圆环内部的点集合是一个双连通区域,图 15 所示的区域是三连通的,等等.

假如一个区域的所有的点都在某一个以坐标原点为圆心,以一个充分大的常数为半径的圆内,这个区域就称为是有界的. 在相反的情形就称为是无界的. 以后如果没有相反的申明,"区域"一词,我们将理解为任意一个有界的或无界的平面区域,单连通的或者复连通的,但不包含无穷远点,并将用 G 来记它. 由区域 G 的点与它的边界点所组成的点集合我们将称为一个闭区域,并记作 $\bar{G}$.

3. 复变函数的连续性

假设给定了一个确定在平面区域 G 内的单值复变函数 $w=f(z)$,又 z_0 是 G 内一点. 我们说,当 z 趋向 z_0 时函数 $f(z)$ 趋近于极限 A,是指 $f(z)$ 满足下面的条件:对于每一个任意小的正数 ε,可以确定一个正数 $\delta = \delta(\varepsilon)$,使得不等式 $|f(z)-A| < \varepsilon$ 对于所有满足不等式 $|z-z_0| < \delta$ 的点 $z(z \neq z_0)$ 都成立.

用符号记作

$$\lim_{z \to z_0} f(z) = A \tag{2}$$

在特别情形，如果 $A = f(z_0)$，函数 $f(z)$ 就称为在点 z_0 是连续的，也就是说，按照定义，$f(z)$ 在点 z_0 连续是说对于每一个任意小的正数 ε 都有正数 $\delta = \delta(\varepsilon)$ 存在，使得不等式

$$| f(z) - f(z_0) | < \varepsilon \tag{3}$$

对于所有满足不等式

$$| z - z_0 | < \delta \tag{4}$$

的点 z 都成立，或者简单说就是

$$\lim_{z \to z_0} f(z) = f(z_0) \tag{2'}$$

这个定义在几何上表示对于在以 z_0 为圆心，以足够小的正数 δ 为半径的圆 $| z - z_0 | < \delta$ 内所有的点 z，对应的函数值 $w = f(z)$ 都在以 $w_0 = f(z_0)$ 为圆心，以任意小的正数 ε 为半径的圆 $| w - w_0 | < \varepsilon$ 内. 我们可以把连续性的定义叙述得更简单一些：函数 $w = f(z)$ 称为在点 z_0 连续，是指点 z_0 总有一个充分小的邻域，使域内所有的点的对应函数值都在点 $w_0 = f(z_0)$ 的一个事先任意指定的任意小的邻域内.

在区域 G 内每一点都连续的函数称为在区域 G 内是连续的，例如，$w = z^n$ 在平面上每一点 z_0 都是连续的. 事实上，设 $w_0 = z_0^n$，我们有

$$w - w_0 = z^n - z_0^n = (z - z_0)(z^{n-1} + z^{n-2} z_0 + \cdots + z_0^{n-1})$$

取等式两边的模，我们得到不等式

$$| w - w_0 | = | z - z_0 | | z^{n-1} + z^{n-2} z_0 + \cdots + z_0^{n-1} | \leqslant$$
$$| z - z_0 | (r^{n-1} + r^{n-2} r_0 + \cdots + r_0^{n-1})$$

其中 $r = | z |, r_0 = | z_0 |$. 现在考虑点 z_0 的一个 δ 邻域，很明显，对于这个邻域内所有的点 z，不等式 $r = | z | < OM = r_0 + \delta$ 成立（图 16）. 因此，我们有

$$| w - w_0 | \leqslant | z - z_0 | [(r_0 + \delta)^{n-1} + (r_0 + \delta)^{n-2} r_0 + \cdots + r_0^{n-1}] \leqslant$$
$$n\delta (r_0 + \delta)^{n-1}$$

于是，我们显然可以选取任意小的 δ，使得 $| w - w_0 |$ 小于任意预先给定的正数 ε. 因而 $w = z^n$ 是整个 z 平面上的连续函数.

因为复变函数的连续性的定义在形式上与实变函数连续性的定义相同，所以在复数域中连续函数四则运算定理的证明与在实变分析里的证明是一样的. 因此，在一点 z_0（或在一个区域 G 内）连续的两个函数 $f(z)$ 与 $\varphi(z)$ 之和、差、积在这一点（在这个区域内）依然连续；同样，它们之商在 z_0（或在一个区域 G 内）也

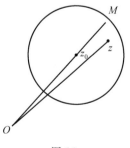

图 16

是连续的,只要 $\varphi(z_0) \neq 0$(只要在区域 G 内 $\varphi(z) \neq 0$). 利用这些定理我们就可以得出结论,例如说,任一有理整函数 $w = a_0 z^n + a_1 z^{n-1} + \cdots + a_n$ 都在整个 z 平面上连续;还有,任一有理函数 $w = \dfrac{a_0 z^n + a_1 z^{n-1} + \cdots + a_n}{b_0 z^m + b_1 z^{m-1} + \cdots + b_m}$ 除去使分母为零的点外,在 z 平面上的每一点都连续.

例 1 当 $z = f(\cos \varphi + \mathrm{i} \sin \varphi)$ 时,其中 $r > 0, 0 \leqslant \varphi < 2\pi$, $f(0) = 0$, $f(z) = \varphi$. 这是一个确定在整个 z 平面上的单值函数,在除去正半实轴上的点外的任一点都连续. 但它在正半实轴上的点上是否也连续呢?显然,不是这样,因为如果不然,那么对于点 $z_0 = r$ 的一个充分小的邻域内所有的点 z,就应该有 $|f(z) - f(r)| < \varepsilon$,亦即 $|f(z)| < \varepsilon$,但这个关系不能成立,如果 z 是在一条满足 $\varphi > \varepsilon$ 的半射线上的话. 我们要注意,当 z 沿正实数轴趋近于点 $z_0 = r$ 时($\varphi = 0$),连续性的条件却是满足的,因为对于这样的点永远有 $|f(z_0) - f(z)| = 0$,所以 $|f(z_0) - f(z)| < \varepsilon$. 不过由函数 w 在点 z_0 上的连续性的定义要求,当点 z 从任一方向趋近 z_0 时函数值 w 都要趋近 w_0.

例 2 $w = |z| = \sqrt{x^2 + y^2}$. 这个函数在整个 z 平面上都是连续的,因为,显然有 $\lim\limits_{z \to z_0} |z| = |z_0|$.

例 3 $w = \arg z$. 这是一个确定在除 $z = 0$ 外的整个 z 平面上的函数,并且是多值函数,因为每一个矢量都有无穷多个方向角,彼此之间差 2π 的一个倍数. 当点 z 描画一个内部包含坐标原点的圆周时,则按正方向在圆周上绕一圈 $w = \arg z$ 就增加 2π,绕 n 圈就增加 $2n\pi$. 如果点 z 描画出来的圆周使原点在圆周之外,那么 $w = \arg z$ 在经过绕圈之后仍旧取原来的值. 实际上,z 经过圆周绕圈之

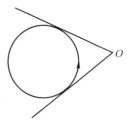

图 17

后 $w = \arg z$ 只能够取与原来的值差一个 2π 的倍数的值. 然而(图 17),矢量 z 永远在圆周的经过原点的两条切线所作成的角内;因而经过绕圈后,$\arg z$ 所取的值与它原来的值之差不能超过两条切线间的夹角. 由于这个夹角小于 π,所以经过绕圈以后 $\arg z$ 应当回到原来的值. 由此可见,$w = \arg z$ 在平面上任一点 $z(z \neq 0)$ 的一个不含原点的邻域内都可以考虑作一个单值的连续函数. 类似地,我们可以证明 $w = \arg z$ 在任一个不包含原点的单连通区域内都是单值的连续函数.

有时候我们考虑在区域 G 的边界点上也确定了的函数 $w = f(z)$,换句话说,确定在整个闭区域 $\overline{G}$ 上的函数 $w = f(z)$. 于是,对于函数在边界点 z_0 上的连续性我们是这样了解的:连续性的条件(3),(4)只要求对于属于 $\overline{G}$ 的点满足,换句话说,区域 $\overline{G}$ 外的点不在考虑之列. 在闭区域 $\overline{G}$ 所有的点上都连续的函数称为在 $\overline{G}$ 上是连续的.

同样地,也可以讨论函数沿着一条曲线的连续性,我们是这样了解的:连续性的条件(3),(4)只要求对于曲线上的点满足,函数在其他点上的值我们不加考虑.

例如,在例1中函数 $f(z)$ 沿着正半实轴在它上面的每一点上都是连续的,因为在这些点上它永远等于零,虽然这个函数在正半实轴的任一点上并没有通常的连续性.

4. 关于一致连续性的定理:海涅－波莱尔预备定理

在有界的闭区域 $\overline{G}$ 上连续的函数 $w = f(z)$ 具有以下定理所述的性质:

对于无论怎样小的一个正数 ε,都有一个正数 $\delta = \delta(\varepsilon)$ 存在,使得区域 $\overline{G}$ 的任意两点 z' 和 z'',只要它们的距离 $|z' - z''| < \delta$,对应的函数值之差就满足不等式

$$|w' - w''| = |f(z') - f(z'')| < \varepsilon$$

这个性质就是所谓函数在闭区域 $\overline{G}$ 上的一致连续性.因此,上面的定理可以改述如下:任一个在有界闭区域 $\overline{G}$ 上连续的(即在 $\overline{G}$ 的每一点上都连续)函数在 $\overline{G}$ 上是一致连续的.

从函数在 $\overline{G}$ 的每一点上连续的条件可知,对于任意的 $\varepsilon > 0$,都有一个以 z 为圆心、ρ_z 为半径的圆存在,使这个圆内的任意两点 z' 和 z'' 都有 $|f(z') - f(z'')| < \varepsilon$.当 z 变动时,半径 ρ_z 也跟着改变,因而产生下述疑问:半径 ρ_z 是否会变得小于任意小的正数呢? 上述定理否定了这个疑问,它断言 ρ_z 可以算作是大于某一个正常数的.这个定理的证明建立在下面普遍称为海涅－波莱尔预备定理的辅助定理上:

如果有界闭区域 $\overline{G}$ 的每一点 z 都是一个圆 K_z 的圆心,那么在这些圆中必然可以找到有限多个来把区域 $\overline{G}$ 盖住,换句话说,$\overline{G}$ 的每一点至少属于这有限多个圆中的一个圆的内部.

为了证明这个定理,我们首先用一个正方形 Q_1 把区域 $\overline{G}$ 拦住,并且使 Q_1 的边平行于坐标轴.用平行于坐标轴的线段把 Q_1 分成四个全等的正方形.我们假定定理的断言对于区域 $\overline{G}$ 不对,那么它对于在这四个正方形上,$\overline{G}$ 的四个子集合中至少有一个是不对的.我们把这个子集合所在的正方形记作 Q_2,并且再把它用同样的方式分成四个全等的正方形;我们同样又得到一个 Q_3.继续这种分法,我们得到 Q_n,它包含区域 $\overline{G}$ 的一个部分,而且对这一部分来说我们的定理是不对的,也就是说,$\overline{G}$ 的这一部分必须用无穷多个 K_z 才能盖住.假设 z_0 是属于所有这些正方形 Q_n 的那一点(第一章,§3,第4段).那么,当 n 充分大时,在 z_0 的任一邻域内必包含正方形 Q_n,因而也就一定包含 $\overline{G}$ 的点.因此点 z_0 属于 $\overline{G}$,于是它也就是圆 K_{z_0} 的圆心.把这个圆的半径记作 ρ.选这样大的一个 n,使

得正方形 Q_n 的对角线小于 ρ，于是我们看到，所有属于 Q_n 的 $\overline{G}$ 的点都被 K_{z_0} 盖住了，但是在另一方面，根据我们最初的假设，必须有无穷多个圆 K_z 才能把它们盖住. 这是一个矛盾，它证明了预备定理的正确性.

附注　如果我们把区域 $\overline{G}$ 换成连续曲线或更普遍地换成任一个有界闭点集，很明显，预备定理仍然是对的. 平面上的点集合称为是有界的，是当它完全包含在平面上的一个有限部分时；平面上的点集合称为是闭的，是指它包含它自己的全部极限点. 所谓一个点集合的极限点 z 是平面上的这样一点，在它的任一邻域内部含有点集合内与 z 不同的点.

现在我们回到关于一致连续性定理的证明. 以区域 $\overline{G}$ 的每一点 z 为圆心、ρ_z 为半径画一个圆，使得对于这个圆内的任意两点 z' 与 z''，都有 $|f(z') - f(z'')| < \varepsilon$；我们可以这样做是根据函数 $f(z)$ 在 $\overline{G}$ 的每点上的连续性的假定. 我们现在假定，对于区域 $\overline{G}$ 的每一点 z 相应的 K_z 是以 z 为圆心、以 $\frac{1}{2}\rho_z$ 为半径的圆. 根据海涅－波莱尔预备定理，在这些圆中必有有限多个圆存在，它们已经把 $\overline{G}$ 盖住. 假定 δ 是这有限多个圆中最小的圆的半径；我们说，这个 δ 就满足定理中所要求的条件. 事实上，如果 $|z' - z''| < \delta$ 并且点 z' 在以 ζ 为圆心、$\frac{1}{2}\rho_\zeta$ 为半径的圆内，那么 $\delta \leqslant \frac{1}{2}\rho_\zeta$，因之点 z' 和 z'' 必在以 ζ 为圆心、ρ_ζ 为半径的圆内. 由此可知，$|f(z') - f(z'')| < \varepsilon$，而这就证明了我们的定理.

§2　函数项级数

1. 一致收敛级数的概念

设有一级数

$$u_1(z) + u_2(z) + \cdots + u_n(z) + \cdots \tag{5}$$

它所有的项都是确定在某个区域 G 内的复变数 z 的单值函数；并且假定这个级数在 G 的每一点 z 都是收敛的. 在这种情况下级数 (5) 的和 s 在区域 G 的每一点上都唯一地确定了，因而它表示出区域 G 内的一个单值区域 $s(z)$. 假定收敛级数 (5) 所有的项都是区域 G 内的连续函数，于是我们会提出下述疑问：级数的和 $s(z)$ 是否是连续函数呢？很容易举例说明，连续函数的收敛级数的和可以是一个不连续的函数. 让我们先在实变数范围内举一个例子. 假设 $0 \leqslant x \leqslant 1$，作一个级数，使它的前 n 项之和 $s_n(x)$ 等于 x^n. 这就是级数

$$x + (x^2 - x) + \cdots + (x^n - x^{n-1}) + \cdots$$

如果 $0 \leqslant x < 1$，那么当 n 无限增大时，$s_n(x) = x^n$ 趋近于零；但如果 $x = 1$，那么 $s_n(x) = 1$，所以 $\lim\limits_{n \to \infty} s_n(1) = 1$. 因此，当 $0 \leqslant x < 1$ 时，我们所讨论的级数的和等于零，而当 $x = 1$ 时，它却等于 1. 这样一来，和 $s(x)$ 在 $x = 1$ 有一个间断点，虽然给定的级数在区间 $0 \leqslant x \leqslant 1$ 的每一点上都收敛，而且它所有的项都是连续函数. 这个例子当然也可以从复变数的观点来看，只要我们注意到 $x = R(z)$.

作为另外一个例子我们来考虑级数

$$z + (z^2 - z) + \cdots + (z^n - z^{n-1}) + \cdots$$

这里设 $|z| < 1$ 或 $z = 1$. 当 $|z| < 1$ 时，级数前 n 项之和 $s_n(z) = z^n$ 在 n 无限增大时趋近于零，因为 $|s_n(z)| = |z|^n$. 如果 $z = 1$，那么 $s_n(1) = 1$，因而 $\lim\limits_{n \to \infty} s_n(1) = 1$. 因此，在圆 $|z| < 1$ 内的任一点上级数的和 $s(z)$ 都等于零，而在圆周上的点 $z = 1$ 上，它却等于 1. 在这里，像在前面的例子里一样，函数 $s(z)$ 在 $z = 1$ 有一个间断点，但另一方面，它却是一个收敛的连续函数级数的和.

因此，要想收敛的连续函数级数的和仍旧是一个连续函数，我们就必须对这个级数加上某些另外的限制. 级数的一致收敛性的条件就是这种限制之一. 假定级数 (5) 在区域 G 的每一点上都收敛. 用 $s_n(z)$ 代表它的前 n 项之和，我们来考虑差 $s(z) - s_n(z)$. 由于级数的收敛性，对于 G 的任一点，当 n 无限增大时这个差都趋近于零. 这就是说，当 $n \geqslant N(s, z)$ 时，下面的不等式成立

$$|s(z) - s_n(z)| < \varepsilon \tag{6}$$

其中 ε 是充分小的正数. 当点 z 在 G 内变动时，$N(\varepsilon, z)$ 可能会取得无穷大的值. 在这种情形，就不可能找到一个数 $N = N(\varepsilon)$，使得当 $n \geqslant N(\varepsilon)$ 时，不等式 (6) 对于 G 内所有的点都成立. 另一种可能性是，对于区域 G 内所有的点，$N(\varepsilon, z)$ 都小于某一个定数 $N(\varepsilon)$. 在这种情况下，当 $n \geqslant N = N(\varepsilon)$ 时，不等式 (6) 就对于 G 内所有的点都成立；我们就说给定的级数 (5) 在区域 G 内一致地收敛于函数 $s(z)$.

因此，按照定义，级数 (5) 在区域 G 内一致地收敛于函数 $s(z)$，是指对于任一个无论怎样小的正数 ε，都一定可以找到这样一个正整数 $N = N(\varepsilon)$，使得当 $n \geqslant N$ 时不等式 $|s(z) - s_n(z)| < \varepsilon$ 对于区域 G 内的无论哪一点 z 都成立.

换句话说，在级数一致收敛的情形，我们可以用前 n 项之和来逼近级数的和 $s(z)$ 到任意精确的程度 ε，并且 $n \geqslant N = N(\varepsilon)$ 对于所有的 z 都可以取得完全一样.

在上面的例子里 $|s(z) - s_n(z)| = |z^n| = |z|^n$，设 $|z| < 1$. 要想不等式 $|s(z) - s_n(z)| < \varepsilon$ 成立，就必须要求 $|z|^n < \varepsilon$，从而 $n > \dfrac{\ln \dfrac{1}{\varepsilon}}{\ln \dfrac{1}{|z|}}$. 用 $N(\varepsilon, z)$

代表数值 $\dfrac{\ln \dfrac{1}{\varepsilon}}{\ln \dfrac{1}{|z|}} + 1$ 内所包含的最大整数,不难看出,不等式(6)当 $n \geqslant N(\varepsilon,$

$z)$ 时是成立的.但是当 $|z|$ 趋近于 1 时,$N(\varepsilon, z)$ 趋向无穷大,因而就不可能找到比每一个 $N(\varepsilon, z)$ 都大的一个正整数 N,其中 $|z| < 1$.因此,这个级数在圆 $|z| < 1$ 内不是一致收敛的.然而,这个级数在任一个圆 $|z| \leqslant r (< 1)$ 上是一致收敛的.事实上,因为 $\ln \dfrac{1}{|z|} \geqslant \ln \dfrac{1}{r}$,于是

$$\frac{\ln \dfrac{1}{\varepsilon}}{\ln \dfrac{1}{|z|}} \leqslant \frac{\ln \dfrac{1}{\varepsilon}}{\ln \dfrac{1}{r}}$$

因此,当我们用 $N = N(\varepsilon)$ 代表 $\dfrac{\ln \dfrac{1}{\varepsilon}}{\ln \dfrac{1}{r}} + 1$ 内所包含的最大整数时,我们就有

$N(\varepsilon, z) \leqslant N = N(\varepsilon)$,这里 z 是任意的,只要它适合 $|z| \leqslant r$ 的关系.

2. 关于级数的和的连续性的定理

如果级数(5)在区域 G 内是一致收敛的,并且这个级数所有的项在 G 的某一点 z_0 上都是连续的,那么这个级数的和在点 z_0 上也是连续的.

推论 区域 G 内的连续函数级数如果在 G 内一致收敛,那么它的和也是 G 内的一个连续函数.

事实上,因为级数所有的项在区域 G 的每一点上都是连续的,所以根据定理,级数的和在 G 的每一点上也都是连续的,即在整个区域内是连续的.

为了证明定理,我们用 $z_0 + h$ 代表区域 G 的任一点,我们来看一看当 z 从点 z_0 变到点 $z_0 + h$ 时,级数的和 $s(z)$ 是如何变化的,也就是说,我们要估计差 $s(z_0 + h) - s(z_0)$ 的模.

用 $s_N(z)$ 代表级数(5)的前 N 项之和,于是这个差可以写作

$$s(z_0 + h) - s(z_0) = [s(z_0 + h) - s_N(z_0 + h)] + [s_N(z_0 + h) - s_N(z_0)] + [s_N(z_0) - s(z_0)]$$

由此我们得到

$$|s(z_0 + h) - s(z_0)| \leqslant |s(z_0 + h) - s_N(z_0 + h)| + |s_N(z_0 + h) - s_N(z_0)| + |s(z_0) - s_N(z_0)| \tag{7}$$

根据给定的级数的一致收敛性,对于任意的 $\varepsilon > 0$,我们可以取正整数 $N = N\left(\dfrac{\varepsilon}{3}\right)$,使得对于区域 G 的任一点 z,不等式 $|s(z) - s_N(z)| < \dfrac{\varepsilon}{3}$ 都成立.特别

说来,设 $z=z_0$ 与 $z=z_0+h$,我们得到两个不等式

$$| s(z_0) - s_N(z_0) | < \frac{\varepsilon}{3} \tag{8}$$

$$| s(z_0+h) - s_N(z_0+h) | < \frac{\varepsilon}{3} \tag{9}$$

另一方面,我们要注意,$s_N(z)$ 在点 z_0 上是连续的,因为它是有限多个在点 z_0 上连续的函数之和(第二章,§1,第 3 段),因此,当 $| h |$ 充分小,$| h | < \delta = \delta\left(\frac{\varepsilon}{3}\right)$ 时,我们有

$$| s_N(z_0+h) - s_N(z_0) | < \frac{\varepsilon}{3} \tag{10}$$

最后,把不等式(8),(9),(10)加起来并利用不等式(7),我们就得到

$$| s(z_0+h) - s(z_0) | < \frac{\varepsilon}{3} + \frac{\varepsilon}{3} + \frac{\varepsilon}{3} = \varepsilon$$

只要 $| h | < \delta$. 这就证明了函数 $s(z)$ 在点 z_0 上的连续性.

3. 一致收敛级数的判别法

我们常常利用下述的简单判别法来判断级数(5)的一致收敛性:

如果级数(5)所有的项在区域 G 内都满足条件

$$| u_n(z) | \leqslant a_n \tag{11}$$

其中 a_n 都是正常数,而且数项级数

$$a_1 + a_2 + \cdots + a_n + \cdots \tag{12}$$

是收敛的,那么给定的级数(5)在区域 G 内就是一致收敛的(并且是绝对收敛的).事实上,级数

$$| u_1(z) | + | u_2(z) | + \cdots + | u_n(z) | + \cdots$$

在 G 的每一点 z 上都是收敛的,因为它的每一项都不大于收敛级数(12)中相当的项 a_n. 因此级数(5)在区域 G 的每一点 z 上都是绝对收敛的. 用 $s(z)$ 与 $s_n(z)$ 分别表示级数(5)的和与它的前 n 项之和,我们得到

$$| s(z) - s_n(z) | \leqslant | u_{n+1} | + | u_{n+2} | + \cdots \leqslant a_{n+1} + a_{n+2} + \cdots \tag{13}$$

按照假设,级数(12)是收敛的,所以它的余项 $a_{n+1} + a_{n+2} + \cdots$ 将小于 ε,不管是怎样的 $\varepsilon > 0$,只需要 $n \geqslant N = N(\varepsilon)$ 充分大就行.

因此,由不等式(13)我们得到

$$| s(z) - s_n(z) | < \varepsilon, \text{只要 } n \geqslant N = N(\varepsilon)$$

这里,N 不依赖于区域 G 的点 z. 这就证明了级数(5)在区域 G 内的一致收敛性. 作为一个例子,我们来考虑级数

$$z + (z^2 - z) + \cdots + (z^n - z^{n-1}) + \cdots$$

它在 $|z| \leqslant r(r<1)$ 的一致收敛性我们已经证明了(第二章,§2,第1段).在这里,$u_n(z)=z^n-z^{n-1}$,因而

$$|u_n(z)| = |z^n - z^{n-1}| = |z|^{n-1}|z-1| \leqslant r^{n-1}(r+1) = a_n$$

因为以 $a_n = r^{n-1}(r+1)$ 为一般项的级数当 $r<1$ 时是收敛的,所以根据上面的判别法,我们所考虑的级数当 $|z| \leqslant r(r<1)$ 时应当是一致收敛的(而且是绝对收敛的).

§3　幂　级　数

1. 幂级数的收敛区域的概念

在复变函数理论中,所谓幂级数族有特别的重要性.

下列形式的级数

$$c_0 + c_1 z + c_2 z^2 + \cdots + c_n z^n + \cdots \tag{14}$$

称为幂级数,其中系数 $c_0, c_1, \cdots, c_n, \cdots$ 都是复数常数,而 z 是一个独立复变数.

级数(14)是级数(5)当 $u_n(z) = c_n z^n$ 时的特殊情形.平面上所有使幂级数(14)收敛的点 z 组成的集合称为这个幂级数的收敛区域.显然,每一个级数(14)当 $z=0$ 时都是收敛的,这就是说,原点永远在收敛区域内.很自然地,我们会产生下面的疑问:是否有这样的幂级数存在,它的收敛区域仅仅是由原点一点做成的? 级数

$$1 + z + 2^2 z^2 + \cdots + n^n z^n + \cdots$$

可以作为这种级数的一个例子,它的一般项 $n^n z^n$ 当 $z \neq 0$,并且 n 无限增大时趋近于无穷大,因为从某一个充分大的 n 开始 $n|z|>2$,因而,$|n^n z^n| = (n|z|)^n > 2^n$. 由此可见,这个级数对于任何的 $z \neq 0$ 都是发散的.把这种类型的级数放在一边,我们假设级数(14)在某一个异于零的点 z_0 上是收敛的;在这种情形下就有下面的定理:

2. 阿贝尔第一定理

如果幂级数(14)当 $z=z_0$ 时收敛,那么对于每一个点 z,$|z|<|z_0|$,级数也都收敛并且是绝对收敛.

利用几何学的术语,阿贝尔的这个命题可以叙述如下:如果幂级数(14)在点 z_0 上收敛,那么这个幂级数在以坐标原点为圆心通过点 z_0 的圆内的任一点上都绝对收敛(图18).

根据假设,级数

$$c_0 + c_1 z_0 + c_2 z_0^2 + \cdots + c_n z_0^n + \cdots$$

是收敛的,所以,$\lim\limits_{n\to\infty} c_n z_0^n = 0$(第一章,§5,第2段). 这个式子表明,代表数 $c_n z_0^n$ 的点聚集在原点的某一个邻域内,换句话说,对于任何的 n 我们都有

$$|c_n z_0^n| < g \qquad (15)$$

其中 g 是一个正常数. 把给定的级数(14)改写成下面的形式

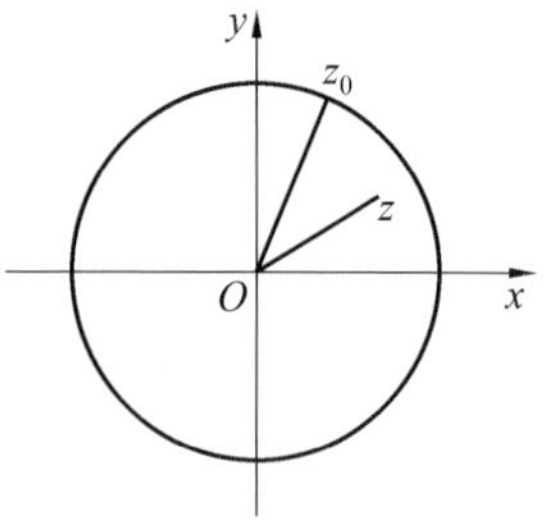

$$c_0 + c_1 z_0 \left(\frac{z}{z_0}\right) + c_2 z_0^2 \left(\frac{z}{z_0}\right)^2 + \cdots + c_n z_0^n \left(\frac{z}{z_0}\right)^n + \cdots$$

于是由(15)得到

$$|c_n z^n| = |c_n z_0^n| \cdot \left|\frac{z}{z_0}\right|^n < g \left|\frac{z}{z_0}\right|^n = g k^n$$

其中 $k = \left|\dfrac{z}{z_0}\right| < 1$,因为按照假设,有 $|z| < |z_0|$. 这样一来,级数(14)每一项的模都比几何级数

$$g + gk + \cdots + gk^n + \cdots$$

中相应的项小. 但因为这个级数的公比 $k < 1$,所以它是收敛的,因而由原级数所有项的模组成的级数也是收敛的;由此可见给定的级数(14)绝对收敛.

3. 收敛圆

利用上段中的阿贝尔定理,我们可以弄清楚任一个幂级数的收敛区域的结构. 首先,如我们已经知道的,有这样的幂级数存在,它们的收敛区域只是一个原点. 其次,也有这样的幂级数存在,它们在平面的每一点上都是收敛的,即它们的收敛区域是整个平面. 根据阿贝尔定理,这样的级数在平面的每一点上都绝对收敛. 作为一个例子,我们来考虑级数

$$1 + \frac{z}{1} + \frac{z^2}{2^2} + \cdots + \frac{z^n}{n^n} + \cdots$$

对于任何的 z,从某个充分大的 n 开始总可以使 $\dfrac{|z|}{n} < \dfrac{1}{2}$,所以从这时起,这个级数的一般项的模 $\left|\dfrac{z^n}{n^n}\right| = \left(\dfrac{|z|}{n}\right)^n$ 都小于 $\left(\dfrac{1}{2}\right)^n$. 因此,除去前面的有限多项外,级数所有的项的模都小于几何级数

$$1 + \frac{1}{2} + \frac{1}{2^2} + \cdots$$

中相应的项,因而所考虑的级数对于任何 z 都是绝对收敛的.

最后,我们把既不属于第一类又不属于第二类的级数归入第三类. 现在我们来研究第三类级数的收敛区域. 这种类型的级数一方面有不为零的收敛点,

图 18

另一方面也有发散点. 我们来考虑实轴的正的半段, 在这半段上任意取一个异于零的收敛点 A, 再取一个发散点 B. 因为我们所讨论的级数属于第三类, 根据阿贝尔定理, 在这个正半实轴上点 A 和 B 是存在的, 我们把线段 AB 记作 I_1. 把线段 I_1 平分成两段, 设 A_1 为平分点. 于是下面的两种情形必居其一: 或者是级数在点 A_1 收敛, 或者在点 A_1 发散. 在第一种情形取 $A_1 B$ 为第二条线段 I_2, 在第二种情形取 $A A_1$ 为第二条线段 I_2. 与线段 I_1 一样, 线段 I_2 的左端点是级数的收敛点, 而右端点是级数的发散点. 然后, 再把 I_2 平分成两段, 如果分点是收敛点, 就把 I_3 取作 I_2 的右半段, 如果分点是发散点, 就把 I_3 取作 I_2 的左半段. 无限制地继续进行这种操作, 我们就得到一个无穷的线段序列: $I_1, I_2, I_3, \cdots,$ $I_n, \cdots$, 其中每一个线段都包含在它前面的一个线段内, 并且当 n 无限增大时, I_n 的长度 $\left(\text{等于} \dfrac{I_1 \text{ 的长度}}{2^n}\right)$ 趋近于零. 此外, 我们还要注意, 每一个线段 I_n 的左端点都是级数的收敛点而右端点都是发散点. 根据区间套原则(第一章, §3, 第1段), 有一个属于所有这些线段 I_n 的点存在; 我们把这一点记作 M.

通过点 M 以坐标原点为圆心画一个圆(图 19), 于是我们看到, 给定的级数在这个圆内的每一点都是绝对收敛的. 事实上, 设 z' 是这个圆内的任意一点. 我们在半径 OM 上取这样的一个点 M', 它是圆的内点同时又是某一条线段 I_n 的左端点, 并且适合条件 $\overline{Oz'} < \overline{OM'}$. 因为在点 M' 上给定的级数收敛, 所以根据阿贝尔定理, 级数在点 z' 上是绝对收敛的. 另一方面, 在圆外的每一点 z'' 上级数都是发散的. 事实上, 我们在射线 OM 上取这样的一个点

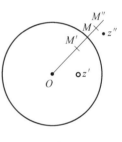

图 19

M'', 它是圆的外点同时又是某一条线段 I_n 的右端点, 并且适合条件 $\overline{Oz''} > \overline{OM''}$. 因为在点 M'' 上级数发散, 所以根据阿贝尔定理, 级数在点 z'' 上也发散. 令 $R = OM$, 我们可以把上面所谈到的概述如下:

有这样一个以坐标原点为圆心、R 为半径的圆存在, 使得给定的幂级数在这个圆内收敛(而且绝对收敛), 在这个圆外发散.

要想让这个命题对于任意的幂级数都对, 只需把前两种类型的级数包括进来. 在第一种情形(收敛区域只由一个原点组成)可以设 $R=0$, 而在第二种情形(级数在整个平面上都收敛)就必须设 $R \to +\infty$.

这个以 R 为半径的圆称为幂级数的收敛圆, 而 R 则称为它的收敛半径. 根据上面的论述, 每一个幂级数都有一个确定的收敛半径, 并且 $0 \leqslant R \leqslant +\infty$. 至于在收敛圆的圆周上的点 $(0 < R < +\infty)$, 却可能在有些点上级数收敛而在另外一些点上级数又发散.

在上面我们已经指出了, 每一个幂级数(14)都有一个确定的收敛半径 R.

43

我们现在的任务是要从幂级数的系数来确定它的收敛半径.这个问题的全部解决可以借助于非负实数序列的上极限的概念,这个概念我们应当预先搞清楚.

4.上极限的概念

假设给定了一个非负实数序列[①]

$$a_1, a_2, a_3, \cdots, a_n, \cdots \tag{16}$$

数列(16)有时会是无界的,换句话说,在数列(16)中总有大于任意预先给定的正数的数.在这种情形下,我们说数列(16)的上极限 l 等于 $+\infty$. 第二种情形是,数列(16)是有界的:$a_n < A$,即代表(16)中的数的所有的点都在一个有限区间 $[0, A]$ 上.如我们所已知的,一个有界点列至少总有一个极限点(第一章,§3,第4段);一般说来,点列(16)所有的极限点组成的集合是一个在区间 $[0, A]$ 上的无穷集合(把它记作 E).我们知道,在区间上的有限多个点中,总有一个点在其他所有的点的右边.但在有限区间上的无穷点集的情形,那就不一定有最右边的点.例如区间 $[0, 1]$ 上的点集:$\frac{1}{2}, \frac{2}{3}, \frac{3}{4}, \frac{4}{5}, \cdots$ 就没有最右边的点.不过,在这里对于我们所考虑的极限点集合 E 来说,不是这种情形.

事实上,不难证明,有界点列(16)的极限点所组成的集合 E 有一个最右边的点.为此,把线段 OA 记作 I_1,并且把它平分成两段,令 A_1 为分点.于是下面两种情形必有一个成立:或者线段 A_1A 包含给定的序列中无穷多个点,或者它不包含无穷多个点.在第一种情形下取 A_1A 作为第二条线段 I_2,在第二种情形则取 OA_1 作为第二条线段.和 I_1 一样,线段 I_2 也包含给定的序列的无穷多个点.现在再把线段 I_2 平分成两段,如果 I_2 的右半段包含给定的序列中无穷多个点,那么取右半段为 I_3,如果 I_2 的右半段只包含序列中有限个点(特别说来,可能根本不包含(16)的点),那么取左半段为 I_3.无限制地继续进行这种操作,我们得到一个无穷的线段序列 $I_1, I_2, I_3, \cdots$,其中每一条线段都包含在它前面的一个线段内,而且当 n 无限增大时,线段 I_n 的长度 $\left(\text{等于} \dfrac{I_1 \text{的长度}}{2^n}\right)$ 趋近于零.此外,我们还要注意,每一条线段 I_n 都包含给定的点列中的无穷多个点,而且在它的右边只可能有有限多个点列中的点.

根据区间套原则(第一章,§3,第1段),有一个属于所有线段 I_n 的点存在,我们把它记作 A_*.

现在我们来证明,A_* 就是给定的序列的最右边的极限点.为此,我们首先要指出在 A_* 右边的点不可能是序列的极限点,其次,A_* 是序列的一个极限

[①] 在这里我们只考虑非负数序列的上极限,因为在下面的讨论中这已经够用了.

点. 事实上, 假定 A' 是 A_* 右边的一个点. 当 n 充分大时, 点 A' 必在 I_n 的右边. 但是在 I_n 的右边只可能有有限多个序列中的点, 所以点 A' 不可能是序列的极限点. 但很明显, 点 A_* 本身是序列的一个极限点, 因为它的任一个邻域都包含线段 I_n (只要 n 充分大), 而在 I_n 上有无穷多个序列中的点.

因此, 有界点列 (16) 的极限点集合 E 有最右边的一点. 与 "最右边" 的极限点相应的数是数列 (16) 的极限数中最大的一个. 这样一来, 我们就证明了有限数 l 的存在性, 它是有界的非负数数列 (16) 的极限数中最大的一个. 根据以上的讨论, 任一个非负数列都有一个最大极限 l, 有限或等于 $+\infty$, 即 $0 \leqslant l \leqslant +\infty$. 我们称它是这个数列的上极限, 用符号记作 $l = \overline{\lim_{n \to \infty}} a_n$. 因为一个非负数数列的任一个极限数都不小于零, 所以当 $l = 0$ 时序列 (16) 必收敛于零.

5. 收敛半径的判定

从幂级数 (14) 的系数出发, 作数列

$$|c_1|, \sqrt{|c_2|}, \sqrt[3]{|c_3|}, \cdots, \sqrt[n]{|c_n|}, \cdots \tag{17}$$

这个数列的各项都被看作非负的实数.

用 l 表示数列 (17) 的上极限 $l = \overline{\lim_{n \to \infty}} \sqrt[n]{|c_n|}$. 于是幂级数 (14) 的收敛半径 R 由下列公式决定

$$R = \frac{1}{l} \tag{18}$$

这个公式称为柯西 – 阿达马公式.

附注 在公式 (18) 中当 $l = 0$ 时, 我们必须令 $R \to +\infty$, 而当 $l \to +\infty$ 时, 必须命 $R = 0$.

对于公式 (18) 所下的结论, 我们分三种情形来研究:

(1) $l \to +\infty (R = 0)$.

(2) $l = 0 (R \to +\infty)$.

(3) $0 < l < +\infty (R = \frac{1}{l})$.

在 (1) 的情形 ($l \to +\infty$), 数列 (17) 无界. 我们需要证明幂级数 (14) 在除零以外的任何一点都是发散的. 假设不然, 设幂级数 (14) 在某一点 $z_0 \neq 0$ 处收敛, 于是 $\lim_{n \to \infty} c_n z_0^n = 0$ (第一章, §5, 第 2 段). 因此, 有这样一个正常数 g 存在, 使 $|c_n z_0^n| < g (n = 0, 1, 2, \cdots)$. 这里, 我们还可以假定 g 大于 1. 在这个不等式的两边取 n 次根, 就得到 $\sqrt[n]{|c_n|} |z_0| < \sqrt[n]{g}$, 于是 $\sqrt[n]{|c_n|} < \frac{g}{|z_0|}$, 因为 $\sqrt[n]{g} < g$ ($g > 1$). 这样一来, 数列 (17) 就应该是有界的. 这个矛盾证明了级数 (17) 在任一点 $z \neq 0$ 处都是发散的.

在情形(2)($l=0$)，我们是要证明在任何一点 $z=z_0$ 上级数(14)都收敛.因为数列(17)收敛于零，所以从一个充分大的 n 开始，就有

$$\sqrt[n]{|c_n|} < \varepsilon$$

比如说

$$\sqrt[n]{|c_n|} < \frac{1}{2|z_0|}$$

因此

$$\sqrt[n]{|c_n|} \cdot |z_0| < \frac{1}{2}$$

或者，自乘 n 次，得

$$|c_n||z_0|^n = |c_n z_0^n| < \frac{1}{2^n}$$

因为以 $\frac{1}{2^n}$ 为一般项的级数是收敛的，所以一般项是 $c_n z_0^n$ 的级数也就绝对收敛.

最后，我们假定 l 是一个非零的有限数，于是，要得到公式(18)就不要证明级数(14)对于任一个 $z=z_1$，$|z_1| < \frac{1}{l}$ 都绝对收敛，而对于任何 $z=z_2$，$|z_2| > \frac{1}{l}$，级数都发散.

因为 l 是数列(17)的上极限，所以从一个充分大的 n 开始，有

$$\sqrt[n]{|c_n|} < l + \varepsilon \tag{19}$$

其中 ε 是一个无穷小的正数.注意到 $l|z_1| < 1$，再令 $\varepsilon = \frac{1-l|z_1|}{2|z_1|}$.不等式(19)就变成

$$\sqrt[n]{|c_n|} < l + \frac{1-l|z_1|}{2|z_1|} = \frac{1+l|z_1|}{2|z_1|}$$

或者

$$\sqrt[n]{|c_n|} \cdot |z_1| < \frac{1+l|z_1|}{2} = q < 1 \tag{20}$$

不等式(20)的两边都自乘 n 次，就得到

$$|c_n| \cdot |z_1|^n < q^n, \quad \text{或即} \quad |c_n z_1^n| < q^n \tag{21}$$

因为以 $q^n (q<1)$ 为一般项的级数是收敛的，所以根据(21)，给定的级数在点 $z=z_1$ 上绝对收敛.

另一方面，由 l 是数列(17)的极限数的定义推知，有无穷多个 n 的值使

$$\sqrt[n]{|c_n|} > l - \varepsilon \tag{22}$$

其中 ε 是一个无穷小的正数.

注意到 $l\mid z_2\mid>1$，再令 $\varepsilon=\dfrac{l\mid z_2\mid-1}{\mid z_2\mid}$．不等式（22）就可以改写成

$$\sqrt[n]{\mid c_n\mid}>\frac{1}{\mid z_2\mid}\quad\text{或}\quad\sqrt[n]{\mid c_n\mid}\cdot\mid z_2\mid>1$$

再自乘 n 次，得到

$$\mid c_n\mid\cdot\mid z_2\mid^n>1\quad\text{或即}\quad\mid c_nz_2^n\mid>1$$

因为后面这个不等式对于无穷多个 n 的值都成立，所以当 n 无限增加时 $c_nz_2^n$ 不能趋近于零．由此可见，给定的级数（14）在点 $z=z_2$ 上是发散的（第一章，§5，第 2 段）.

例 1　级数 $1+z+z^4+z^9+\cdots$ 的收敛半径等于 1．事实上，这里当 n 是平方数时 $c_n=1$，而其他情形，$c_n=0$．因此，相应地，我们有 $\sqrt[n]{\mid c_n\mid}=1$ 或 0．于是数列（17）的极限数是 0 和 1．从而 $l=1,R=1$.

例 2　级数

$$1+\frac{z}{1^s}+\frac{z^2}{2^s}+\cdots+\frac{z^n}{n^s}+\cdots$$

的收敛半径等于 1．事实上

$$\sqrt[n]{\mid c_n\mid}=\frac{1}{n^{\frac{s}{n}}}=\frac{1}{\mathrm{e}^{\frac{s\ln n}{n}}}$$

因为当 $n\to\infty$ 时 $\dfrac{\ln n}{n}$ 趋近于 0，所以 $\sqrt[n]{\mid c_n\mid}$ 趋近于 1．因此 $l=1,R=1$.

例 3　级数

$$1+\frac{z}{1}+\frac{z^2}{2!}+\cdots+\frac{z^n}{n!}+\cdots$$

在整个 z 平面上收敛．事实上，$(n!)^2=(1\cdot n)[2(n-1)]\cdots(n\cdot1)$．这个等式右端的每一个括弧都不小于 n，因为

$$a(n-a+1)-n=(a-1)(n-a)\geqslant0\quad(a=1,2,\cdots,n)$$

因此我们得到 $(n!)^2>n^n$ 或即 $n!>(\sqrt{n})^n$，也就是 $\sqrt[n]{n!}>\sqrt{n}$，即

$$\sqrt[n]{\frac{1}{n!}}<\frac{1}{\sqrt{n}}$$

由此可知 $\lim\limits_{n\to\infty}\sqrt[n]{\mid c_n\mid}=0$，即 $l=0$.

所以 $R\to+\infty$.

例 4　类似地可以证明级数

$$1-\frac{z^2}{2!}+\frac{z^4}{4!}-\cdots\quad\text{与}\quad z-\frac{z^3}{3!}+\frac{z^5}{5!}-\cdots$$

都在整个 z 平面上收敛，而级数 $1+z+2!\,z^2+\cdots+n!\,z^n+\cdots$ 只在零点收敛

47

$(R=0)$.

我们已经指出过,幂级数在它自己的收敛圆的圆周上可以有种种不同的情形. 在例 2 中令 $s=0,1,2$,我们得到三个级数,都有 $R=1$

$$1+z+z^2+\cdots,\quad 1+\frac{z}{1}+\frac{z^2}{2}+\cdots,\quad 1+\frac{z}{1^2}+\frac{z^2}{2^2}+\cdots$$

第一个级数在圆周 $|z|=1$ 所有的点上都发散;最后一个级数在圆周所有的点上都收敛,而第二个级数在这个圆周的有些点上收敛(例如,当 $z=-1$),而在另一些点上却又发散(例如,当 $z=1$ 时)[①].

关于幂级数在收敛圆的圆周上的收敛问题的研究,有许多从各种不同的观点出发来阐明这个问题的工作.

6. 幂级数的一致收敛性

我们已经知道,幂级数

$$c_0+c_1z+c_2z^2+\cdots+c_nz^n+\cdots \tag{14}$$

在它的收敛圆内任何一点都绝对收敛. 现在产生下述疑问:级数(14) 在它的收敛圆内,即当 $|z|<R$ 时,是否还是一致收敛的? 这个问题的答案是否定的. 例如,级数

$$\frac{1}{1-z}=1+z+z^2+\cdots$$

当 $|z|<1$ 时就不一致收敛. 事实上,在一方面我们有 $|1+z+z^2+\cdots+z^N|<N+1$,这与 z 无关,只要 $|z|<1$,而另一方面,当 $z(|z|<1)$ 趋近于 1 时,函数 $\frac{1}{1-z}$ 趋向无穷. 因此,差 $\frac{1}{1-z}-(1+z+z^2+\cdots+z^N)$ 的模就不能小于任何事先给定的与 $z(|z|<1)$ 无关的正数. 不过,任何幂级数在圆 $|z|\leqslant r$ 上都一致收敛,只要 $r<R$. 事实上,$|c_nz^n|=|c_n||z^n|\leqslant|c_n|r^n$,又因为以 $|c_n|r^n$ 为一般项的数项级数是收敛的($r<R$),所以根据一致收敛级数的判别法(第二章,§2,第 3 段),给定的级数是一致收敛的.

注意到幂级数(14)的项都是连续函数,从以上所证明的,(根据关于一致收敛级数的和的连续性的定理) 我们得出下列结论:

对于任何 $r<R$,幂级数的和总在圆 $|z|\leqslant r$ 上连续,换句话说,幂级数在圆 $|z|<R$ 内连续. 因此,只要 $R>0$,幂级数就是它自己的收敛圆内的连续函数.

---

① 我们可以证明这个级数仅当 $z=1$ 时才发散,而在圆周 $|z|=1$ 的其余各点上都收敛.

7. 阿贝尔第二定理

我们已经知道,幂级数
$$P(z) = c_0 + c_1 z + c_2 z^2 + \cdots + c_n z^n + \cdots \tag{14'}$$
可以在它的收敛圆圆周的点上收敛. 在任何这样的一点 z_0,$|z_0| = R$,函数 $P(z)$ 都有一个确定的有限值,这就引起下述疑问:这些值 $P(z_0)$ 与函数在收敛圆内的点 z 上的值 $P(z)$ 有什么样的联系?

下述的阿贝尔定理回答了这个问题:

假如幂级数(14')在收敛圆圆周的一点 z_0 上收敛,那么当 z 沿着半径 Oz_0 趋向 z_0 时,级数的和 $P(z)$ 就趋向极限 $P(z_0)$
$$\lim_{z \to z_0} P(z) = P(z_0)$$

换句话说,级数(14')的和 $P(z)$ 是在半径 Oz_0 上 z 的连续函数.

我们可以假定收敛半径为 1 并且 $z_0 = 1$,这并不失去定理的一般性. 事实上,设 $z = z_0 \zeta$,就得到 $P(z) = P(z_0 \zeta) = Q(\zeta)$,这个变形后的级数 $Q(\zeta)$ 的收敛半径就是 1,因为不等式 $|z| < |z_0|$ 与不等式 $|\zeta| < 1$ 等价;并且对应于点 $z = z_0$ 的点是正 $\zeta = 1$. 同时,因为按照已知条件,级数(14')当 $z = z_0$ 时收敛,所以 $Q(\zeta)$ 当 $\zeta = 1$ 时的确是收敛的. 为简单起见,我们还可以假定 $P(1) = 0$,因为如果不然的话,我们总可以用 $P(z) - P(1)$ 来代替 $P(z)$. 所以,我们假定给定的级数(14')的收敛半径 $R = 1$,又它在点 $z = 1$ 收敛,且其值为 0. 我们只要去证明,当 $z < 1$ 并且始终为正时,有
$$\lim_{z \to 1} P(z) = 0 \tag{23}$$
我们来研究一个辅助级数
$$\frac{1}{1-z} = 1 + z + z^2 + \cdots + z^n + \cdots \tag{24}$$
它的收敛半径也等于 1. 由于级数(14')和(24)当 $|z| < 1$ 时绝对收敛,所以把它们相乘是可能的,这就得到
$$\frac{P(z)}{1-z} = (c_0 + c_1 z + c_2 z^2 + \cdots)(1 + z + z^2 + \cdots) =$$
$$c_0 + (c_0 + c_1)z + (c_0 + c_1 + c_2)z^2 + \cdots$$
或即
$$\frac{P(z)}{1-z} = s_0 + s_1 z + s_2 z^2 + \cdots + s_n z^n + \cdots \tag{25}$$
其中 $s_n = c_0 + c_1 + c_2 + \cdots + c_n$ 是级数 $P(1)$ 的部分和. 级数(25)的收敛半径也是 1. 事实上,它的收敛半径显然不能小于 1,因为这个级数是由两个收敛半径等于 1 的级数相乘得到的;而另一方面,R 又不能大于 1,因为假如不然,级数

$$P(z) = (1-z) \cdot \sum_{n=0}^{\infty} s_n z^n \tag{26}$$

的收敛半径就大于 1,而这是不可能的.

要想计算 $P(z)$ 的值,用 m 代表一个暂时是任意的自然数,把(26)改写成

$$P(z) = (1-z) \sum_{n=0}^{m} s_n z^n + (1-z) \sum_{n=m+1}^{\infty} s_n z^n \tag{27}$$

假定 ε 是一个给定的任意小的正数.我们把 m 取得足够大使得当 $n > m$ 时有不等式 $|s_n| < \dfrac{\varepsilon}{2}$ 成立,这是可能的,因为 $\lim\limits_{n \to \infty} s_n = 0$.利用 z 是小于 1 的正数,由等式(27)就得到

$$|P(z)| < (1-z)M + \frac{\varepsilon}{2}(1-z) \sum_{n=m+1}^{\infty} z^n$$

其中

$$M = |s_0| + |s_1| + \cdots + |s_m|$$

不依赖于 z. 因为 $\sum\limits_{n=m+1}^{\infty} z^n = \dfrac{z^{m+1}}{1-z}$,所以上述的不等式可以写作

$$|P(z)| < (1-z)M + \frac{\varepsilon}{2} z^{m+1} < (1-z)M + \frac{\varepsilon}{2} \tag{28}$$

到现在为止,z 是任意一个小于 1 的正数.现在规定 $1 - z < \dfrac{\varepsilon}{2M}$,由(28)就有

$$|P(z)| < \frac{\varepsilon}{2} + \frac{\varepsilon}{2} = \varepsilon$$

这就证明了定理的正确性.

分析上面的证明,读者会发觉,就是当 z 用任意方式逼近 z_0,只要它永远在一个以 z_0 为顶点,Oz_0 为分角线的小于 π 的角内时,定理都是正确的.

阿贝尔定理在分析上有许多应用.例如,我们都知道 $\ln(1+x) = x - \dfrac{x^2}{2} + \dfrac{x^3}{3} - \cdots (-1 < x < 1)$.当 $x = 1$ 时,这个级数是 $1 - \dfrac{1}{2} + \dfrac{1}{3} + \cdots$,所以是收敛的,根据阿贝尔定理,这个级数的和等于

$$\lim_{x \to 1} \ln(1+x) = \ln 2 \quad \text{即} \quad \ln 2 = 1 - \frac{1}{2} + \frac{1}{3} - \cdots$$

利用阿贝尔定理,我们可以把绝对收敛级数的乘法定理扩充到条件收敛级数的情形.事实上,假如有两个复数项的收敛级数

$$\begin{aligned} s &= u_1 + u_2 + u_3 + \cdots + u_n + \cdots \\ s' &= u_1' + u_2' + u_3' + \cdots + u_n' + \cdots \end{aligned} \tag{29}$$

我们作它们的乘积

$$w_1 + w_2 + w_3 + \cdots + w_n + \cdots \tag{30}$$

其中,我们令 $w_n = u_1 u_n' + u_2 u_{n-1}' + \cdots + u_n u_1'$.

我们假定级数(30)收敛并且用 S 表示它的和. 在这种情形下我们可以证明 $S = s \cdot s'$,换句话说,任何两个收敛级数(29)可以按照我们所熟知的规则(第一章,§5,第7段)相除,只要得到的级数(30)是收敛的.

为了证明起见,我们作两个幂级数

$$\sum_{n=0}^{\infty} u_n z^n \quad \text{和} \quad \sum_{n=0}^{\infty} u_n' z^n \tag{29'}$$

因为当 $z=1$ 时,按照假设这两个级数都收敛,所以当 $|z|<1$ 时,它们都是绝对收敛的(第二章,§3,第2段). 于是,我们可以按照熟知的规则把它们乘起来(第一章,§5,第7段)

$$\sum_{n=0}^{\infty} u_n z^n \cdot \sum_{n=1}^{\infty} u_n' z^n = \sum_{n=1}^{\infty} w_n z^n \tag{31}$$

因为按照假设,级数(29)和(30)收敛,所以按照阿贝尔第二定理就有

$$\lim_{z \to 1} \sum_{n=1}^{\infty} u_n z^n = \sum_{n=1}^{\infty} u_n, \quad \lim_{z \to 1} \sum_{n=1}^{\infty} u_n' z^n = \sum_{n=1}^{\infty} u_n', \quad \lim_{z \to 1} \sum_{n=1}^{\infty} w_n z^n = \sum_{n=1}^{\infty} w_n$$

于是,由等式(31)取极限就得到

$$\sum_{n=1}^{\infty} u_n \cdot \sum_{n=1}^{\infty} u_n' = \sum_{n=1}^{\infty} w_n$$

或即 $s \cdot s' = S$.

§4 复变函数的微分法·初等函数

1. 导数概念

假设 $w = f(z)$ 是确定在 z 平面上的区域 G 内的一个单值函数. 复变函数的可导性的定义在形式上和实变函数的可导性的定义是完全一样的. 我们说,函数 $w = f(z)$ 在区域 G 内的点 z 是可导的,是指当 z 固定,$\Delta z = h$ 以任何方式趋近于零时,比值

$$\frac{\Delta w}{\Delta z} = \frac{f(z+h) - f(z)}{h} \tag{32}$$

(其中 $z+h$ 是区域内的任意一点)都趋向一个确定的有限极限. 这个确定的极限,我们称为函数 $f(z)$ 在点 z 的导数,并且用 $f'(z)$ 表示,所以

$$\lim_{\Delta z \to 0} \frac{\Delta w}{\Delta z} = \lim_{h \to 0} \frac{f(z+h) - f(z)}{h} = f'(z) \tag{33}$$

51

等式(33)指出:对于一个无论怎样小的 $\varepsilon > 0$ 与给定的一点 z 我们总可以找到一个对应的正数 $\delta = \delta(\varepsilon)$,使得不等式 $\left| \dfrac{f(z+h) - f(z)}{h} - f'(z) \right| < \varepsilon$ 成立,只需要 $|h| < \delta$.

当函数 $w = f(z)$ 在点 z 可导时,我们就说它在这一点是单演的.

2. 在一个区域内解析的函数的概念

如果函数 $w = f(z)$ 在区域 G 内每一点都是单演的,我们就说它在区域 G 内是解析的.因此,按照定义,我们说一个单值函数在区域 G 内是解析的,是指它在区域 G 内的每一点上都有一个确定的有限导数.

因此,根据以上定义,函数只能在一个区域内解析.不过,对于这个区域内的个别的点,我们也说,在这些点上函数是解析的.这就需要特别注意:按照定义,函数在一个点上是解析的,就是说它必须在这个点的某个邻域内是解析的.例如函数 $w = zR(z)$ 在整个平面上都是连续的,又因为在 $z = 0$,比值 $\dfrac{\Delta w}{\Delta z} = \dfrac{hR(h)}{h} = R(h)$ 随 h 一起趋近于 0,所以函数有导数,并且这个导数等于 0.因此这个函数在零点是单演的,但是这个函数在零点却不是解析的,因为在平面上另外任何一点,这个函数都不可导.事实上,比值

$$\frac{f(z+h) - f(z)}{h} = \frac{(z+h)R(z+h) - zR(z)}{h} =$$

$$z \frac{R(z+h) - R(z)}{h} + R(z+h)$$

当 $z \neq 0$ 而 h 趋近于 0 时,不趋近于确定的极限.因为假定令 $h = h_1 + h_2 \mathrm{i}$,于是比值

$$\frac{R(z+h) - R(z)}{h} = \frac{h_1}{h_1 + h_2 \mathrm{i}}$$

这个比值在 $h_2 = 0$ 而 h_1 趋近于 0 时的极限是 1,而在 $h_1 = 0$,h_2 趋近于 0 时的极限却是 0.

以上这个例子给出了一个在整个平面上连续但除 $z = 0$ 外就没有一点可导的函数.取 $w = R(z)$,与前面一样,我们可以证明这个函数在整个平面上连续但没有一点是可导的.$w = \bar{z} = x - y\mathrm{i}$ 也可以作为连续但没有一点可导的函数的另一个例子.这样,我们看到了在复数平面上举出一个连续但处处没有导数的函数的例子是最容易的.这种函数的构成是如此简单的事实,就说明了复变函数在一点的可导性比在实变函数的情形是要求得更多的.事实上,我们假定函数 $w = f(z)$ 在点 z 可导,就是说比值 $\dfrac{f(z+h) - f(z)}{h}$ 的极限是一个不依赖于动

点 $z+h$ 逼近固定点 z 的方向的一个数.函数在一个区域内每一点都可导就要求得更多一些.于是很清楚,一个区域内的解析函数应该具有一系列的特殊性质,这些性质仅仅为全部复变函数中的一部分所具有.本书的基本任务就是要弄明白这种函数的这些特殊的基本性质.由于复变函数的导数的定义在形式上完全与实变函数的情形相同,所以我们熟知的微分学中的全部关于导数的计算规则都不难搬到复数领域中来.特别是,由此可知整有理函数在整个平面上都是解析的;而有理函数除去那些使它的分母为零的点外,在整个复数平面上也都是解析的.

3.微分概念

和导数的情形一样,复变函数的微分概念在形式上与实变函数情形完全一样.

由于复变函数 $w=f(z)$ 在点 z 的导数的定义是

$$\lim_{\Delta z \to 0} \frac{\Delta w}{\Delta z} = f'(z)$$

我们有

$$\frac{\Delta w}{\Delta z} = f'(z) + \eta \tag{34}$$

这里 η 随 Δz 一起趋近于零,从等式(34)我们得到

$$\Delta w = f'(z)\Delta z + \eta \Delta z \tag{35}$$

公式(35)指出函数的无穷小改变量 Δw 是两个无穷小量 $f'(z)\Delta z$ 与 $\eta \Delta z$ 之和.这两个无穷小量有不同的性质.它们中的第一个是 Δz 与一个不依赖于 Δz 的量 $f'(z)$ 的乘积,当 $f'(z) \neq 0$ 时,与 Δz 是同级无穷小量;而第二个无穷小量与 Δz 的比值 η 随 Δz 一起趋近于 0,换句话说,它是一个比 Δz 高级的无穷小量.

公式(35)的第一项 $f'(z)\Delta z$ 称为改变量 Δw 的线性部分,或者称为函数 w 的微分,记作

$$\mathrm{d}w = f'(z)\Delta z \tag{36}$$

在特别情形,当 $w=z$ 时,从等式(36)得到: $\mathrm{d}z = 1 \cdot \Delta z$,这就是说,自变量的微分就等于它自己的改变量.在公式(36)中用 $\mathrm{d}z$ 代替 Δz 得到

$$\mathrm{d}w = f'(z)\mathrm{d}z \tag{36'}$$

于是

$$f'(z) = \frac{\mathrm{d}w}{\mathrm{d}z} = \frac{\mathrm{d}f(z)}{\mathrm{d}z} \tag{37}$$

这就是说,函数的微分等于它的导数和自变量的微分的乘积;而导数等于函数的微分与自变量的微分之比.

公式(35)是在函数 $w=f(z)$ 在点 z 有有限导数的假定下得到的.所以,当

53

Δz 是无穷小量时,Δw 也是无穷小量,这就说明:给定的函数在点 z 上是连续的,换句话说,一个函数如果在一点可导,它在这一点也就必然是连续的.

4. 柯西－黎曼(C.-R.) 条件

假设 $w=f(z)=u+vi$ 是复变函数 $z=x+yi$ 的一个确定在区域 G 内的单值函数.当实变数 x,y 的二元函数 u 与 v 给定时,这个函数也就完全确定.一般说来,如果函数 u 与 v 互相独立,那么函数 $f(z)$ 通常是不可导的,即使函数 u 与 v 对 x 与 y 的所有偏导数都存在.

例如,在前面所举的例子中,$w=\bar{z}=x-yi$ 连续,并且 $u=x,v=-y$ 对 x 和 y 的一切偏导数都存在,但它却是一个到处都不可导的函数.因此,如果函数 $f(z)$ 是可导的,它的实部 u 与虚部的系数 v 应当不是互相独立的,而必须适合一定的条件,我们下面就来研究这种条件.

假如函数 $f(z)$ 在某一点 z 有一个确定的有限导数.于是,就有

$$\lim_{\Delta z \to 0} \frac{\Delta w}{\Delta z} = \lim_{\substack{\Delta x \to 0 \\ \Delta y \to 0}} \frac{\Delta u + \mathrm{i}\Delta v}{\Delta x + \mathrm{i}\Delta y} = f'(z) \tag{38}$$

因为 $\Delta z = \Delta x + \mathrm{i}\Delta y$ 可以用任意方式趋近于零,所以特别地我们可以令 $\Delta y = 0$,而令 Δx 趋近于零.在几何上(图 20)这表示:我们令动点 $z + \Delta z$ 沿着平行于实轴的直线趋近于 z.在这种情形下,等式(38)给出

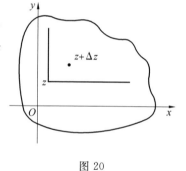

图 20

$$\lim_{\Delta x \to 0} \frac{\Delta u + \mathrm{i}\Delta v}{\Delta x} = f'(z)$$

或即

$$\lim_{\Delta x \to 0} \frac{\Delta u}{\Delta x} + \mathrm{i} \lim_{\Delta x \to 0} \frac{\Delta v}{\Delta x} = f'(z)$$

也就是

$$\frac{\partial u}{\partial x} + \mathrm{i} \frac{\partial v}{\partial x} = f'(z) \tag{39}$$

类似地,取 $\Delta x = 0$,也就是令动点 $z + \Delta z$ 沿着平行于虚轴的直线趋近于 z(图 20),从等式(38)得到

$$\lim_{\Delta y \to 0} \frac{\Delta u + \mathrm{i}\Delta v}{\mathrm{i}\Delta y} = f'(z)$$

或即

$$-\mathrm{i} \lim_{\Delta y \to 0} \frac{\Delta u}{\Delta y} + \lim_{\Delta y \to 0} \frac{\Delta x}{\Delta y} = f'(z)$$

也就是

$$-\mathrm{i}\frac{\partial u}{\partial y}+\frac{\partial v}{\partial y}=f'(z) \tag{39'}$$

因为等式(39)和(39′)的右边相同,所以它们的左边也应该相等,即

$$\frac{\partial u}{\partial x}+\mathrm{i}\frac{\partial v}{\partial x}=-\mathrm{i}\frac{\partial u}{\partial y}+\frac{\partial v}{\partial y} \tag{40}$$

比较等式(40)两边的实部与虚部,我们得到

$$\frac{\partial u}{\partial x}=\frac{\partial v}{\partial y}, \qquad \frac{\partial u}{\partial y}=-\frac{\partial v}{\partial x} \tag{C.-R.}$$

由此可见,如果函数 $w=u+vi$ 在点 $z=x+yi$ 是可导的,那么在这一点函数 u 与 v 的偏导数一定存在,而有它们适合 C.-R. 条件. 这些条件称为函数在点 z 单演的条件,是由柯西与黎曼发现的.

我们已经指出 C.-R. 条件是函数 $w=f(z)$ 在点 z 单演的必要条件. 现在我们证明它们还是充分条件. 为此我们要假定函数 u,v 在点 $z=x+yi$ 是可导的,换句话说

$$\Delta u=\frac{\partial u}{\partial x}\mathrm{d}x+\frac{\partial u}{\partial y}\mathrm{d}y+\eta_1$$

$$\Delta v=\frac{\partial v}{\partial x}\mathrm{d}x+\frac{\partial v}{\partial y}\mathrm{d}y+\eta_2$$

其中 η_1 和 η_2 是比 $\sqrt{\mathrm{d}x^2+\mathrm{d}y^2}$ 高级的无穷小量.

于是我们可以写

$$\frac{\Delta w}{\Delta z}=\frac{\Delta u+\mathrm{i}\Delta v}{\Delta x+\mathrm{i}\Delta y}=\frac{\dfrac{\partial u}{\partial x}\mathrm{d}x+\dfrac{\partial u}{\partial y}\mathrm{d}y+\mathrm{i}\left(\dfrac{\partial v}{\partial x}\mathrm{d}x+\dfrac{\partial v}{\partial y}\mathrm{d}y\right)}{\mathrm{d}x+\mathrm{i}\mathrm{d}y}+\frac{\eta_1+\mathrm{i}\eta_2}{\mathrm{d}x+\mathrm{i}\mathrm{d}y}$$

根据 C.-R. 公式把 $\dfrac{\partial u}{\partial y},\dfrac{\partial v}{\partial y}$ 分别换为 $-\dfrac{\partial v}{\partial x}$ 与 $\dfrac{\partial u}{\partial x}$,又由于比值 $\dfrac{\eta_1+\mathrm{i}\eta_2}{\mathrm{d}x+\mathrm{i}\mathrm{d}y}=\eta_3$

当 $\sqrt{\mathrm{d}x^2+\mathrm{d}y^2}$ 是无穷小时是无穷小量,于是比值 $\dfrac{\Delta w}{\Delta z}$ 成为

$$\frac{\Delta w}{\Delta z}=\frac{\dfrac{\partial u}{\partial x}\mathrm{d}x-\dfrac{\partial v}{\partial x}\mathrm{d}y+\mathrm{i}\dfrac{\partial v}{\partial x}\mathrm{d}x+\mathrm{i}\dfrac{\partial u}{\partial x}\mathrm{d}y}{\mathrm{d}x+\mathrm{i}\mathrm{d}y}+\eta_3$$

或即

$$\frac{\Delta w}{\Delta z}=\frac{\partial u}{\partial x}+\mathrm{i}\frac{\partial v}{\partial x}+\eta_3$$

让 Δz 趋近于 0(或者令 $|\Delta z|=\sqrt{\mathrm{d}x^2+\mathrm{d}y^2}$ 趋近于 0),取上述等式的极限,就得到

$$f'(z)=\lim_{\Delta z\to 0}\frac{\Delta w}{\Delta z}=\frac{\partial u}{\partial x}+\mathrm{i}\frac{\partial v}{\partial x}$$

总结以上的结果,得到:如果 $w=f(z)$ 是区域 G 内的解析函数,那么 C.-R. 条件

在这个区域内的每一点都成立;反之,如果 C.-R. 条件在区域 G 内到处成立,并且函数 u 与 v 在区域 G 内是可导的,那么函数 $w=u+vi$ 就是 G 内的解析函数.

在这里,我们自然会提出疑问:是否单只 C.-R. 条件在区域 G 内到处成立(不要函数 u 与 v 是可导函数这个辅助条件)就已经是函数 $w=u+vi$ 在区域 G 内解析的充分条件?用一个简单的例子就不难证明并非这样.事实上,假定

$$w=\begin{cases} \mathrm{e}^{-\frac{1}{z^4}}, \text{当 } z\neq 0 \\ 0, \text{当 } z=0 \end{cases}$$

在平面上每一个异于 0 的点 z,函数 w 都是可导的,因而在每一个这样的点 C.-R. 条件都成立.但不难指出,就是在原点,C.-R. 条件也成立.

事实上,当 $z=0$ 就有

$$\frac{\partial u}{\partial x}+\mathrm{i}\frac{\partial v}{\partial x}=\lim_{\Delta x\to 0}\frac{\mathrm{e}^{-\frac{1}{(\Delta x)^4}}}{\Delta x}=\lim_{\Delta x\to 0}\frac{1}{\Delta y\mathrm{e}^{\frac{1}{(\Delta x)^4}}}=0$$

故

$$\left(\frac{\partial u}{\partial x}\right)_0=\left(\frac{\partial v}{\partial x}\right)_0=0$$

类似地得到,当 $z=0$ 时

$$\frac{\partial u}{\partial y}+\mathrm{i}\frac{\partial v}{\partial y}=\lim_{\Delta y\to 0}\frac{\mathrm{e}^{-\frac{1}{(\Delta y)^4}}}{\Delta y}=\lim_{\Delta y\to 0}\frac{1}{\Delta x\mathrm{e}^{\frac{1}{(\Delta y)^4}}}=0$$

故 $\left(\frac{\partial u}{\partial y}\right)_0=\left(\frac{\partial v}{\partial y}\right)_0=0$.这样,函数 u 与 v 的四个偏导数在原点都等于零,所以 C.-R. 条件在原点也成立.因此,对于我们所讨论的函数来说,C.-R. 条件在整个 z 平面上都成立.但是,这个函数在平面上却并不到处都是解析的,在原点,它甚至还不是连续的.要想证明这一点,只需要令点 z 沿直线 $y=x$ 逼近原点.于是

$$z=x+y\mathrm{i}=(1+\mathrm{i})x, \quad z^4=(1+\mathrm{i})^4x^4=-4x^4, \quad \mathrm{e}^{-\frac{1}{z^4}}=\mathrm{e}^{\frac{1}{4x^4}}$$

当 x 趋近于 0 时,$\mathrm{e}^{\frac{1}{4x^4}}$ 趋向无穷.在这个例子中,虽然对于给定的函数来说,C.-R. 条件在平面上每一点都成立,但函数在平面上甚至还不是到处都是连续的.

如果限制在连续函数的情形,就可以证明[1]在区域 G 内 C.-R. 条件到处成立是给定的函数在区域内解析的必要且充分条件.不过,这一定理的证明已经超出了本书的范围.

---

[1] 见 Looman, *Göttinger Nachrichte*, 1923,但其证明有缺点,完全的证明由 Д. Е. Меньшов 于 1933 年得到.

5. 共轭调和函数

在以后,我们将要证明在区域 G 内的解析函数具有任何级数的导函数. 因此,在特别情形,对于解析函数来说,在区域 G 内它的 u 与 v 都有连续的二级偏导函数. 现在我们来研究应该如何选择 u 与 v 才能使函数 $u + vi$ 在所讨论的区域内是解析的.

把 C.-R. 条件中的第一个式子对 x 求导数,第二个式子对 y 求导数,得到

$$\frac{\partial^2 u}{\partial x^2} = \frac{\partial^2 v}{\partial x \partial y}, \quad \frac{\partial^2 u}{\partial y^2} = -\frac{\partial^2 v}{\partial y \partial x}$$

这些等式加起来,就有

$$\Delta u = \frac{\partial^2 u}{\partial x^2} + \frac{\partial^2 u}{\partial y^2} = 0 \tag{41}$$

方程 $\Delta u = 0$ 称为拉普拉斯方程,而每一个适合这个方程的函数称为一个调和函数. 因此,u 是区域 G 内的调和函数. 同样可以证明,v 也是区域 G 内的调和函数. 为此,只要把 C.-R. 条件的第一个式子对 y 求导数,第二个式子对 x 求导数,并且相减,就得到

$$\Delta v = \frac{\partial^2 v}{\partial x^2} + \frac{\partial^2 v}{\partial y^2} = 0$$

当然,对于任意选取的两个在区域 G 内的调和函数 u 与 v,函数 $u + vi$ 就一般说来在这个区域内还不一定是解析的. 要想 $u + vi$ 在单连通区域 G 内解析,显然必须如下这样做:任取一个调和函数来作为 u, v 之一,例如,作为 u,然后,v 就可以从下列方程来确定

$$\frac{\partial v}{\partial x} = -\frac{\partial u}{\partial y}, \quad \frac{\partial v}{\partial y} = \frac{\partial u}{\partial x} \tag{C.-R.}$$

注意,因为 $\Delta u = 0$,表达式

$$\frac{\partial v}{\partial x} dx + \frac{\partial v}{\partial y} dy = -\frac{\partial u}{\partial y} dx + \frac{\partial u}{\partial x} dy$$

是一个全微分. 因此,用求积法所确定的 v 除掉一个附加的常数外是唯一的

$$v = \int -\frac{\partial u}{\partial y} dx + \frac{\partial u}{\partial x} dy$$

这样确定的调和函数 v 称为调和函数 u 的共轭调和函数.

6. 幂级数的微分法

我们已经指出过,每一个多项式都是整个平面上的解析函数. 现在我们来证明,幂级数(多项式对于它来说只不过是特殊情形)在它的收敛圆内是解析函数;而且它的导函数可以用逐项微分的方法来得到. 我们首先注意:由逐项微分一个给定的级数 $f(z) = c_0 + c_1 z + c_2 z^2 + c_3 z^3 + \cdots$ 得到的级数 $\varphi(z) = c_1 +$

$2c_2 z + 3c_3 z^2 + \cdots$ 具有与原级数相同的收敛圆. 事实上

$$\varlimsup_{n\to\infty} \sqrt[n]{|(n+1)c_{n+1}|} = \varlimsup_{n\to\infty} \left[(n+1)^{\frac{1}{n}} \cdot \left(\sqrt[n+1]{|c_{n+1}|}\right)^{\frac{n+1}{n}}\right] =$$

$$\varlimsup \cdot \sqrt[n+1]{|c_{n+1}|} = \varlimsup \sqrt[n]{|c_n|}$$

由此按照柯西-阿达马公式,我们知道这两个级数的收敛半径相等. 现在假定 z_0 是收敛圆内任意一点. 在收敛圆内画一个圆周 $|z|=r$, 使点 z_0 在这个圆的内部, 再假设 z_1 是这个圆内的另一点. 表达式 $\dfrac{f(z_1)-f(z_0)}{z_1-z_0}$ 可以写成

$$\frac{(c_0+c_1 z_1+c_2 z_1^2+c_3 z_1^3+\cdots)-(c_0+c_1 z_0+c_2 z_0^2+c_3 z_0^3+\cdots)}{z_1-z_0}=$$

$$c_1+c_2(z_1+z_0)+c_3(z_1^2+z_1 z_0+z_0^2)+\cdots$$

令 n 充分大使得

$$(n+1)|c_{n+1}|r^n+(n+2)|c_{n+2}|r^{n+1}+(n+3)|c_{n+3}|r^{n+2}+\cdots$$

小于 $\dfrac{\varepsilon}{3}$, 表达式 $\dfrac{f(z_1)-f(z_0)}{z_1-z_0}-\varphi(z_0)$ 可以写作

$$\left\{\left[c_1+c_2(z_1+z_0)+\cdots+c_n(z_1^{n-1}+z_1^{n-2}z_0+\cdots+z_0^{n-1})\right]-\right.$$
$$\left.(c_1+2c_2 z_0+\cdots+nc_n z_0^{n-1})\right\}+$$
$$\left\{c_{n+1}(z_1^n+z_1^{n-1}z_0+\cdots+z_0^n)+c_{n+2}(z_1^{n+1}+z_1^n z_0+\cdots+\right.$$
$$\left.z_0^{n+1})+\cdots\right\}-\left\{(n+1)c_{n+1}z_0^n+(n+2)c_{n+2}z_0^{n+1}+\cdots\right\}$$

当 $z_1 \to z_0$ 时,上式中第一个大括弧趋近于零,因此只要 z_1 在 z_0 的充分小的邻域内,就可以使得这个大括弧的模小于 $\dfrac{\varepsilon}{3}$. 要估计第二个大括弧的模,我们分别求各项的模,然后用较大的数 r 来代替 $|z_1|$ 和 $|z_0|$. 由此知道这个模小于 $(n+1)|c_{n+1}|r^n+(n+2)|c_{n+2}|r^{n+1}+\cdots$,即小于 $\dfrac{\varepsilon}{3}$. 完全同样地,用模的和来代替和的模,并且用较大的 r 代替 $|z_0|$,第三个大括弧内的模也小于 $\dfrac{\varepsilon}{3}$. 因此,$\left|\dfrac{f(z_1)-f(z_0)}{z_1-z_0}-\varphi(z_0)\right|<\varepsilon$,只要 z_1 在 z_0 的充分小的邻域内,由此可见,$\lim\limits_{z_1\to z_0}\dfrac{f(z_1)-f(z_0)}{z_1-z_0}$ 存在,而且等于 $\varphi(z_0)$,换句话说

$$f'(z)=c_1+2c_2 z_0+3c_3 z_0^2+\cdots$$

7. 指数函数、三角函数与双曲函数

我们已经知道,幂级数

$$1+\frac{z}{1}+\frac{z^2}{2!}+\cdots,\quad z-\frac{z^3}{3!}+\frac{z^5}{5!}-\cdots,\quad 1-\frac{z^2}{2!}+\frac{z^4}{4!}-\cdots$$

在整个 z 平面上都是绝对收敛的(第二章,§3,第 5 段).这些级数的和,我们已经知道,都是在整个 z 平面上解析的函数.假如 z 取实数值 x,我们在数学分析中已经熟知,这些级数的和分别是 $\mathrm{e}^x, \sin x, \cos x$.现在我们同意对于任一个复数值 z,这些级数的和也分别用 $\mathrm{e}^z, \sin z, \cos z$ 来表示,换句话说,我们令

$$\mathrm{e}^z = 1 + \frac{z}{1} + \frac{z^2}{2!} + \cdots + \frac{z^n}{n!} + \cdots$$

$$\sin z = z - \frac{z^3}{3!} + \frac{z^5}{5!} - \cdots + (-1)^{k-1} \frac{z^{2k-1}}{(2k-1)!} + \cdots$$

$$\cos z = 1 - \frac{z^2}{2!} + \frac{z^4}{4!} - \cdots + (-1)^k \frac{z^{2k}}{(2k)!} + \cdots$$

这样一来,我们就确定了复变函数 z 的三个函数,它在整个平面上都是解析的.我们来证明,这些函数当 z 为实数时的已知性质可以扩充到 z 是任何复变数的情形.

例如,对于任何复数 z 与 t,指数函数的乘法公式

$$\mathrm{e}^z \mathrm{e}^t = \mathrm{e}^{z+t} \tag{42}$$

可以用把相应的级数相乘的方法来证明,由于

$$\mathrm{e}^z = 1 + \frac{z}{1} + \frac{z^2}{2!} + \cdots, \quad \mathrm{e}^t = 1 + \frac{t}{1} + \frac{t^2}{2!} + \cdots$$

我们得到

$$\mathrm{e}^z \mathrm{e}^t = \left(1 + \frac{z}{1} + \frac{z^2}{2!} + \cdots\right)\left(1 + \frac{t}{1} + \frac{t^2}{2!} + \cdots\right) =$$

$$1 + \frac{z+t}{1} + \frac{(z+t)^2}{2!} + \cdots$$

这个等式右边的级数可以从 e^z 的级数中以 $z+t$ 代替 z 来得到;因而它的和等于 e^{z+t},这就证明了公式(42).在公式(42)中设 $t = -z$,我们得到

$$\mathrm{e}^z \mathrm{e}^{-z} = \mathrm{e}^0 = 1$$

从而

$$\mathrm{e}^{-z} = \frac{1}{\mathrm{e}^z} \tag{43}$$

利用公式(43),很容易导出指数函数的除法公式

$$\frac{\mathrm{e}^z}{\mathrm{e}^t} = \mathrm{e}^z \mathrm{e}^{-t} = \mathrm{e}^{z-t}$$

即

$$\frac{\mathrm{e}^z}{\mathrm{e}^t} = \mathrm{e}^{z-t} \tag{44}$$

在实数域中,三角函数 $\sin z, \cos z$ 与指数函数 e^z 没有什么联系.欧拉在复数域中研究这些函数时,建立了它们之间的一个非常重要的关系

$$e^{iz} = \cos z + i\sin z \qquad (45)$$

要证明恒等式(45)，我们把 e^z 的级数中的 z 换成 iz，并且把不含 i 的项与含 i 的项分别地归并在一起，就得到

$$e^{iz} = 1 - \frac{z^2}{2!} + \frac{z^4}{4!} - \cdots + i\left(z - \frac{z^3}{3!} + \frac{z^5}{5!} - \cdots\right)$$

由于括弧内的级数代表 $\sin z$，括弧外的级数代表 $\cos z$，这就得到了恒等式(45)．另外，因为 $\cos z$ 的级数只含有 z 的偶次项，而 $\sin z$ 的级数只含有奇次项，所以我们有

$$\cos(-z) = \cos z, \quad \sin(-z) = -\sin z$$

在欧拉恒等式(45)中把 z 换成 $-z$，就得到

$$e^{-iz} = \cos z - i\sin z \qquad (45')$$

恒等式(45)与(45')相加，得出

$$\cos z = \frac{e^{iz} + e^{-iz}}{2} \qquad (46)$$

从(45)减去(45')得出

$$\sin z = \frac{e^{iz} - e^{-iz}}{2i} \qquad (46')$$

这些公式也称为欧拉公式．

利用欧拉等式很容易证明，指数函数 e^z 有周期 $2\pi i$．事实上，一方面根据公式(42)，我们有 $e^{z+2\pi i} = e^z e^{2\pi i}$，但另一方面由于恒等式(45)我们又有 $e^{2\pi i} = \cos 2\pi + i\sin 2\pi = 1$．因而我们得到 $e^{z+2\pi i} = e^z$，换句话说，当独立变数增加一个常数 $2\pi i$ 时，函数 e^z 不改变它的数值．

最后，利用欧拉恒等式，我们得到任一个复数 $z = r(\cos \varphi + i\sin \varphi)$ 的所谓指数形式的表示法

$$z = re^{\varphi i} \qquad (47)$$

在三角法里众所周知的正弦与余弦的和差角公式

$$\cos(z \pm t) = \cos z\cos t \mp \sin z\sin t \qquad (48)$$

$$\sin(z \pm t) = \sin z\cos t \pm \cos z\sin t \qquad (49)$$

可以推广到复数域．

事实上，根据公式(42)我们有 $e^{i(z+t)} = e^{iz}e^{it}$，于是由欧拉恒等式就得到

$$\cos(z+t) + i\sin(z+t) = (\cos z + i\sin z)(\cos t + i\sin t) \qquad (50)$$

在恒等式(50)中，给 z 与 t 加上负号，就成为

$$\cos(z+t) - i\sin(z+t) = (\cos z - i\sin z)(\cos t - i\sin t) \qquad (51)$$

把等式(50)与(51)右边的括弧乘开，(50)与(51)相加，就有

$$\cos(z+t) = \cos z\cos t - \sin z\sin t$$

从等式(50)减去等式(51)就得到

$$\sin(z + t) = \sin z \cos t + \cos z \sin t$$

这样,我们就导出了正弦与余弦的和角公式. 至于差角公式,可以从和角公式中以 $-t$ 代 t 来得到. 最后,在和角公式中令 $t = 2\pi$,我们得到

$$\cos(z + 2\pi) = \cos z \cos 2\pi - \sin z \sin 2\pi = \cos z$$

$$\sin(z + 2\pi) = \sin z \cos 2\pi + \cos z \sin 2\pi = \sin z$$

这就是说在复数域中 2π 也是正弦函数和余弦函数的周期;在余弦的差角公式(48)中设 $t = z$,我们求出

$$\cos 0 = \cos^2 z + \sin^2 z$$

或即

$$\cos^2 z + \sin^2 z = 1 \tag{52}$$

这样一来,我们看到了,所有的三角公式在复数域中都仍然成立.

我们还要指出,指数函数 e^z 在整个平面上都不等于零. 事实上,设 $z = x + yi$,我们就有 $e^z = e^x e^{yi} = e^x(\cos y + i\sin y)$,由此可见函数 e^z 的模等于 e^x. 对于任一实数值 x,e^x 永远不等于零,因而 $|e^z|$ 不可能为零.

最后,让我们来确定平面上所有使 $\sin z$ 和 $\cos z$ 为零的点. 由公式(46′),等式 $\sin z = 0$ 相当于方程 $e^{iz} = e^{-iz}$,或即 $e^{2iz} = 1$. 令 $z = \alpha + \beta i$,我们有

$$e^{i2(\alpha + \beta i)} = 1$$

或即

$$e^{-2\beta} e^{2i\alpha} = 1 \tag{53}$$

方程(53)的右边是 1,而左边是一个复数,它的模等于 $e^{-2\beta}$,辐角等于 2α. 因此,我们有 $e^{-2\beta} = 1, 2\alpha = 2\pi k$,其中 k 为任意整数,由此可知:$\beta = 0, \alpha = \pi k$. 所以,$\sin z$ 的零点是 $z = \alpha + \beta i = \pi k$,其中 k 为任意整数. 同样我们也可以证明 $\cos z$ 的所有的零点是 $\dfrac{\pi}{2} + \pi k$,其中 k 为任意整数.

我们要注意,在复变数的情况下,我们不能再断言 $|\sin z| \leqslant 1$ 与 $|\cos z| \leqslant 1$. 事实上,例如,$\sin i = 1.175\ 20i, \cos i = 1.543\ 08$.

按照定义,双曲正弦与双曲余弦是

$$\text{sh } z = \frac{e^z - e^{-z}}{2} = z + \frac{z^3}{3!} + \frac{z^5}{5!} + \cdots \tag{54}$$

$$\text{ch } z = \frac{e^z + e^{-z}}{2} = 1 + \frac{z^2}{2!} + \frac{z^4}{4!} + \cdots \tag{55}$$

分别比较公式(54),(55)与公式(46′),(46),我们得到

$$\text{sh } z = -i\sin iz \tag{56}$$

$$\text{ch } z = \cos iz \tag{57}$$

这些公式表明,在复变数情形,双曲正弦函数与双曲余弦函数可以分别用正弦函数与余弦函数表示出来. 把公式(56)与(57)写成

$$\sin iz = i\,\mathrm{sh}\,z, \quad \cos iz = \mathrm{ch}\,z$$

并且令 $iz = z'$. 我们有

$$\sin z' = i\,\mathrm{sh}\,z, \quad \cos z' = \mathrm{ch}\,z \tag{58}$$

由此推出下面的结论:三角函数 $\sin z$ 与 $\cos z$ 之间的任一关系都可以化成对应的双曲函数 $\mathrm{sh}\,z$ 和 $\mathrm{ch}\,z$ 之间的关系,只要在这种关系中,以 $i\,\mathrm{sh}\,z$ 代 $\sin z$ 同时以 $\mathrm{ch}\,z$ 代 $\cos z$.

这样一来,和普通三角法的公式相平行地,我们可以得到全部双曲线三角法的公式.

我们还要求出以上引进的这些函数的导函数的公式.根据本节第 6 段中所证明的,幂级数之和的导函数可由这个级数逐项微分来得到,也就是说

$$\frac{\mathrm{d}e^z}{\mathrm{d}z} = 1 + \frac{z}{1!} + \frac{z^2}{2!} + \frac{z^3}{3!} + \cdots = e^z$$

$$\frac{\mathrm{d}\sin z}{\mathrm{d}z} = 1 - \frac{z^2}{2!} + \frac{z^4}{4!} - \cdots = \cos z$$

$$\frac{\mathrm{d}\cos z}{\mathrm{d}z} = -z + \frac{z^3}{3!} - \frac{z^5}{5!} + \cdots = -\sin z$$

$$\frac{\mathrm{d}\,\mathrm{sh}\,z}{\mathrm{d}z} = 1 + \frac{z^2}{2!} + \frac{z^4}{4!} + \cdots = \mathrm{ch}\,z$$

$$\frac{\mathrm{d}\,\mathrm{ch}\,z}{\mathrm{d}z} = z + \frac{z^3}{3!} + \frac{z^5}{5!} + \cdots = \mathrm{sh}\,z$$

因此,实变数情形的微分法公式在复变数情形仍然成立.

8. 单叶函数·反函数

假定 $f(z) = u(x,y) + iv(x,y)$ 是某一个区域 G 内的一个解析函数,并且,在区域 G 内不同的点上,它取不同的数值,换句话说,当 $z_1 \neq z_2$ 时 $f(z_1) \neq f(z_2)$.这样的函数称为区域 G 内的一个单叶函数.我们还假定这个函数的导函数 $f'(z)$ 在区域 G 内连续并且恒不为零(以后我们将要知道,单叶函数的导函数确实具有这个性质).除 z 平面以外,我们现在同时考虑复变数 w 的平面,并且假定 E 是 w 平面上所有与 G 内的点相对应的点 $w = f(z)$ 的集合.我们来指出,这个集合是一个区域,换句话说,首先,它完全由内点组成,其次,它还是连通的.

事实上,假定 $z_0 = x_0 + iy_0$ 是区域 G 内的一点,并且 $w_0 = u_0 + iv_0 = f(z_0)$ 是集合 E 内与 z_0 对应的点.我们可以把隐函数存在定理应用到方程组:$u - u(x, y) = 0$,$v - v(x, y) = 0$,因为这两个方程的左边在 $x = x_0$,$y = y_0$,$u = u_0$,$v = v_0$ 时为零,对于所有的四个变数来说是连续的,并且有连续的偏导函数,而雅可比行列式

$$\begin{vmatrix} -\dfrac{\partial u}{\partial x} & -\dfrac{\partial u}{\partial y} \\ -\dfrac{\partial v}{\partial x} & -\dfrac{\partial v}{\partial y} \end{vmatrix} = \dfrac{\partial u}{\partial x}\dfrac{\partial v}{\partial y} - \dfrac{\partial u}{\partial y}\dfrac{\partial v}{\partial x} = \left(\dfrac{\partial u}{\partial x}\right)^2 + \left(\dfrac{\partial u}{\partial y}\right)^2 = |f'(z)|^2$$

（根据 C.-R. 条件）又不等于零. 因此存在两个函数 $x = x(u,v)$ 与 $y = y(u,v)$，它们在点 (u_0, v_0) 的某一个邻域内都是连续的，并且适合方程 $u - u(x,y) = 0$，$v - v(x,y) = 0$，而在点 (u_0, v_0) 上分别等于 x_0 与 y_0. 如果取点 (u_0, v_0) 的一个充分小的邻域，那么点 $[x(u,v), y(u,v)]$ 将任意接近 (x_0, y_0)，也就是说，点 $[x(u,v), y(u,v)]$ 属于区域 G. 这就等于说，点 (u_0, v_0) 的某一个邻域完全由与区域 G 内的点相对应的点组成，对应关系是方程 $u - u(x,y) = 0$，$v - v(x,y) = 0$，即方程 $w = f(z)$，这就是说，点 (u_0, v_0) 的这个邻域是完全由 E 内的点组成的. 换句话说，集合 E 的任一点 w_0 都是它自己的内点. 要证明 E 的连通性，我们取它的任意两个点 w_1 与 w_2 并且假定 z_1 与 z_2 是区域 G 内与它们相对应的点. 在 G 内用一条约当弧把 z_1 与 z_2 联结起来. 当点 z 从 z_1 到 z_2 描出这条曲线时，点 $w = f(z)$ 也描出一条从 w_1 到 w_2 的约当曲线. 由集合 E 的定义，后者属于 E. 因此，E 的确是一个区域.

按照方程 $w = f(z)$，对区域 E 内的每一点 w 有区域 G 内的一个而且仅一个点 z 和它对应（仅一个，是因为两个不同的点 z，由于 $f(z)$ 的单叶性，应该对应于不同的点 w）. 因此，z 可以看成是确定在区域 E 内的 w 的函数. 这个函数记作 $z = F(w)$，是函数 $w = f(z)$ 的反函数. 从上面我们已经推出来的结果，利用隐函数的存在定理，我们知道函数 $z = F(w)$ 是连续的（事实上，函数 $x = x(u,v)$ 与 $y = y(u,v)$ 对于 u, v 是连续的）. 让我们来证明函数 $z = F(w)$ 在区域 E 内还是解析的.

实际上，如果区域 G 内的点 z_0 和 z_1 对应于区域 E 内的点 w_0 和 w_1，那么，把商 $\dfrac{z_1 - z_0}{w_1 - w_0}$ 写成 $\dfrac{1}{\dfrac{w_1 - w_0}{z_1 - z_0}}$，并且注意，当 $w_1 \to w_0$ 时，z_1 也趋近于 z_0，我们就有

$$\lim_{w_1 \to w_0} \frac{z_1 - z_0}{w_1 - w_0} = \lim_{z_1 \to z_0} \frac{1}{\dfrac{w_1 - w_0}{z_1 - z_0}} = \frac{1}{f'(z_0)}$$

即 $z = F(w)$ 的导函数存在并且等于 $F'(w) = \dfrac{1}{f'(z)}$. 这就是我们所要证明的.

9. 根式、对数函数与反正弦函数

现在我们把第 8 段的结果应用到函数 z^n（n 为正整数），e^z 和 $\sin z$. 为此我们应当确定这些函数中每一个的单叶性区域，所谓单叶性区域，就是说在它的不同的点上函数取不同的值的那种区域，我们可以找到无穷多个这种区域.

63

例如，我们考虑函数 e^z，如果 $z_1 = x_1 + \mathrm{i}y_1$ 而 $z_2 = x_2 + \mathrm{i}y_2$，则 $|\mathrm{e}^{z_1}| = \mathrm{e}^{x_1}$，$|\mathrm{e}^{z_2}| = \mathrm{e}^{x_2}$. 因此，如果 $x_1 \neq x_2$ 的话，e^{z_1} 不能等于 e^{z_2}. 假定 $x_1 = x_2 = x$ 并且 $y_1 \neq y_2$，于是

$$\mathrm{e}^{z_1} - \mathrm{e}^{z_2} = \mathrm{e}^x(\mathrm{e}^{\mathrm{i}y_1} - \mathrm{e}^{\mathrm{i}y_2}) = \mathrm{e}^x\big[(\cos y_1 + \mathrm{i}\sin y_1) - (\cos y_2 + \mathrm{i}\sin y_2)\big] =$$

$$\mathrm{e}^x\Big[-2\sin\frac{y_1 + y_2}{2}\sin\frac{y_1 - y_2}{2} + 2\mathrm{i}\cos\frac{y_1 + y_2}{2}\sin\frac{y_1 - y_2}{2}\Big] =$$

$$2\mathrm{i}\sin\frac{y_1 - y_2}{2}\mathrm{e}^x\mathrm{e}^{\mathrm{i}\frac{y_1 + y_2}{2}}$$

这个表达式在而且只有在 $\sin\dfrac{y_1 - y_2}{2} = 0$ 即 $y_1 - y_2 = 2k\pi$ 时才为零. 因此，如果我们选一个宽度为 2π 的带形区域，使它的边平行于实轴，那么在这个带形区域内两个不同的点 z_1 与 z_2 上，函数 e^z 就必然取不同的数值. 对于另外两个函数我们可以同样地选取它们的单叶性区域.

我们一开始就对于函数 z^n 取定区域 $0 < \arg z < \dfrac{2\pi}{n}$，对于函数 e^z 取区域 $0 < I(z) < 2\pi$，而对于函数 $\sin z$ 取区域 $-\dfrac{\pi}{2} < R(z) < \dfrac{\pi}{2}$（图 21）. 现在我们来确定当点 z 在 z 平面上描出以上各区域时，变数 $w = z^n, w = \mathrm{e}^z$ 与 $w = \sin z$ 所描画出的区域的形状. 作为一个例子，我们考虑函数 $w = \sin z$，把它写成

$$u + \mathrm{i}v = \sin(x + \mathrm{i}y) = \sin x\cos \mathrm{i}y + \cos x\sin \mathrm{i}y = \sin x\operatorname{ch} y + \mathrm{i}\cos x\operatorname{sh} y$$

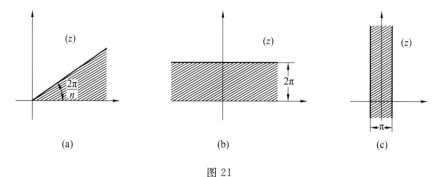

图 21

我们得到 $u = \sin x\operatorname{ch} y, v = \operatorname{sh} y\cos x$，由此可见，当 z 描画出直线 $x = c$ 时，点 w 就描画出曲线：$u = \sin c\operatorname{ch} y, v = \cos c\operatorname{sh} y$. 如果 $c = 0$（这在 z 平面上对应于虚轴），那么 $u = 0$ 而 $v = \operatorname{sh} y$ 从 $-\infty$ 变到 $+\infty$，换句话说，我们在 w 平面上同样得到虚轴 $u = 0$. 如果 $c \neq 0\left(-\dfrac{\pi}{2} < c < \dfrac{\pi}{2}\right)$，那么消去参变数 y，我们得到一个双曲线的方程：$\dfrac{u^2}{\sin^2 c} - \dfrac{v^2}{\cos^2 c} = 1$，它的半轴是 $|\sin c|$ 和 $\cos c$；在这种情况下，双曲线左边的一支对应于 c 的负值，而右边的一支对应于 c 的正值，因为根据方程

$u=\sin c\,\mathrm{ch}\,y$，u 必须和 c 同号. 当 c 从 $-\dfrac{\pi}{2}$ 变到 $\dfrac{\pi}{2}$ 时，在 z 平面上我们得到填满整个垂直的带形区域的全部直线 $x=c$，而在 w 平面上则得到全部双曲线：$\dfrac{u^2}{\sin^2 c}-\dfrac{v^2}{\cos^2 c}=1$，它们填满了在 w 平面上除去实轴上从 $-\infty$ 到 -1 以及从 1 到 $+\infty$ 这两条射线之后的区域 E_1（图 22）. 同样地，我们可以确定由点 $w=z^n$ 与 $w=\mathrm{e}^z$ 描出的区域的形状. 这两个区域是一样的，都是由所有的不属于正实轴的点组成的.

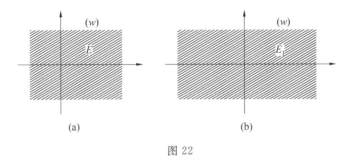

图 22

根据第 8 段，在每一个上述的区域内都确定了一个对应的反函数. 就是说，在区域 E 内确定了 $w=z^n$ 的反函数 $z=\sqrt[n]{w}$（根式）以及 $w=\mathrm{e}^z$ 的反函数 $z=\ln w$（对数函数）；在区域 E_1 内确定了 $w=\sin z$ 的反函数 $z=\arcsin w$（反正弦函数）.

所有这些函数在相应的区域内都是解析的，而且可以按照下列公式求它们的导函数

$$\frac{\mathrm{d}(\sqrt[n]{w})}{\mathrm{d}w}=\frac{1}{nz^{n-1}}=\frac{\sqrt[n]{w}}{nw},\qquad \frac{\mathrm{d}(\ln w)}{\mathrm{d}w}=\frac{1}{\mathrm{e}^z}=\frac{1}{w}$$

$$\frac{\mathrm{d}(\arcsin w)}{\mathrm{d}w}=\frac{1}{\cos z}=\frac{1}{\sqrt{1-w^2}}$$

所有这些公式与我们熟知的实变数情形的公式都是相同的.

10. 多值函数的分支·关于支点的概念

我们已经指出，对于 $z^n,\mathrm{e}^z,\sin z$ 中的每一个函数都存在另外的，不同于我们前面所选好了的单叶性区域. 特别说来，对于函数 $w=z^n$，可以取任一个以原点为顶点，辐角为 $\dfrac{2\pi}{n}$ 的角作为单叶性区域；对于函数 e^z 可以取任一个宽度为 2π 而边平行于实轴的带形作为单叶性区域，对于函数 $\sin z$ 可以取任一个带形

$$(2k-1)\frac{\pi}{2}<R(z)<(2k+1)\frac{\pi}{2}\qquad(k=0,\pm1,\pm2,\cdots)$$

65

作为单叶性区域.我们可以选择这些单叶性区域(正如上面讲到的 $\sin z$ 的单叶性区域的情形一样),使得它们彼此不相交而填满整个平面.图 23 所示的就是这种选法.图中每一个所画出的区域都可以用相应的函数(z^n,e^z 或 $\sin z$)变成图 22 中所表明的区域.反之,如果 w 在图 22 中所表明的某一区域内变化,那么 z 便可以认为在图 23 中任一个相应的区域内变化.由此我们可以说 z^n 的反函数不止一个,而是 n 个,它们都确定在区域 E 内;而 e^z 与 $\sin z$ 的反函数各有无穷多个,它们都分别地确定在区域 E 与 E_1 内.这些函数可以看作多值函数 $\sqrt[n]{z}$,$\ln z$ 与 $\arcsin z$ 的不同的分支,而且 $\sqrt[n]{z}$ 有 n 个分支(n 值函数),$\ln z$ 与 $\arcsin z$ 有无穷多个分支(无穷多值函数).要想确定某一个分支,只要指明 z 是在图 23 中的哪一个区域内变化就够了.按照图 23 的符号我们利用下面的符号来表示函数的分支:$(\sqrt[n]{w})_0$,$(\sqrt[n]{w})_1$,$\cdots$,$(\sqrt[n]{w})_{n-1}$;$\cdots$,$(\ln w)_{-2}$,$(\ln w)_{-1}$,$(\ln w)_0$,$(\ln w)_1$,$(\ln w)_2$,$\cdots$;$\cdots$,$(\arcsin w)_{-2}$,$(\arcsin w)_{-1}$,$\cdots$,$(\arcsin w)_0$,$(\arcsin w)_0$,$(\arcsin w)_1$,$(\arcsin w)_2$,$\cdots$.例如,这里 $(\ln w)_{-2}$ 表示对数函数的那样一个分支,它的值是在图 23(b) 中长条域 g_{-2} 内.

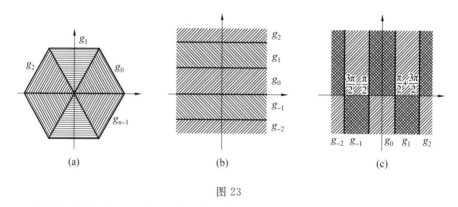

(a)　　　　　　　(b)　　　　　　　(c)

图 23

必须注意到,分支的概念是与单叶性区域的选法密切相关的.例如,对于函数 $w = z^n$ 可以取单叶性区域:γ_0,γ_1,γ_2,$\cdots$,γ_{n-1},如图 24(a) 所示.这些区域是图 23(a) 中相邻角的分角线之间的角:$\dfrac{2\pi k}{n} - \dfrac{\pi}{n} < \arg z < \dfrac{2\pi k}{n} + \dfrac{\pi}{n}$($k = 0,1,2,\cdots,n-1$).如果 z 在任一个这样的区域内变化,那么 $w = z^n$ 描画出图 24(b) 所示的同一个区域 B.事实上,当点 $z = \rho e^{i\alpha}$ 描画出射线:$\arg z = \alpha = $ 常数时,点 $w = z^n = \rho^n e^{in\alpha}$ 显然就描画出射线:$\arg w = n\alpha = $ 常数,并且如果 α 从 $\dfrac{2\pi k}{n} - \dfrac{\pi}{n}$ 变到 $\dfrac{2\pi k}{n} + \dfrac{\pi}{n}$ 时,则射线 $\arg z = \alpha$ 依逆时针方向旋转,扫过整个区域 γ_k,而同时与它对应的射线:$\arg w = n\alpha$ 也依同一方向旋转.从射线:$\arg w = 2\pi k - \pi \sim -\pi$ 到射线:$\arg w = 2\pi k + \pi \sim \pi$ 并且扫过整个区域 B.

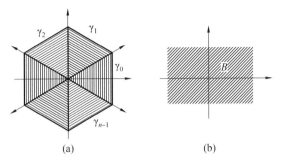

图 24

在区域 B 内,同样也可以确定函数 $w=z^n$ 的反函数,并且根据 n 个不同区域 $\gamma_0,\gamma_1,\cdots,\gamma_{n-1}$,有 n 种不同的确定法.换句话说,在区域 B 内同样可以确定函数 $z=\sqrt[n]{w}$ 的 n 个分支.如果我们在区域 $\gamma_0,\gamma_1,\gamma_2,\cdots,\gamma_{n-1}$ 中固定一个,比方说 γ_0,那么就得到函数 $z=\sqrt[n]{w}$ 的一个确定的分支.在这种情况下,当 w 在上半平面 $(0<\arg w<\pi)$ 时,点 z 就在角 $0<\arg z<\dfrac{\pi}{n}$ 的内部,即在 z 平面上既属于区域 γ_0 又属于区域 g_0 的部分;而当 w 在下半平面 $(-\pi<\arg w<0)$ 时,点 z 就在角 $-\dfrac{\pi}{n}<\arg z<0$ 的内部,即在 z 平面上既属于区域 γ_0 又属于区域 g_{n-1} 的部分.

这就是说,我们所考虑的函数的分支在区域 B 的一部分(上半平面)与以前确定的分支 $(\sqrt[n]{w})_0$ 重合,而在区域 B 内的另一部分(下半平面)却与以前确定的另一分支 $(\sqrt[n]{w})_{n-1}$ 重合.因而,把同一个多值函数的分支看成个别的函数是不对的.在我们的例子里,当单叶性区域的选法改变时,起先看作不同的两个分支 $(\sqrt[n]{w})_0$ 与 $(\sqrt[n]{w})_{n-1}$ 却确定了同一个分支.

利用单叶性区域的概念,我们已经肯定了函数 $\sqrt[n]{w}$,$\ln w$ 与 $\arcsin w$ 的不同分支的存在.我们也不难用另一种方法来得到同样的结果.例如,设 $w=re^{i\varphi}$,$z=\rho e^{i\alpha}$,从方程 $w=z^n$ 我们导出

$$re^{i\varphi}=\rho^n e^{in\alpha},\quad \rho^n=r,\quad n\alpha=\varphi+2k\pi\quad(k=0,\pm1,\pm2,\cdots)$$

从而 $\rho=\sqrt[n]{r}$(了解为根式的算术意义)并且 $\alpha=\dfrac{\varphi}{n}+\dfrac{2k\pi}{n}$.在这里给予 k 以数值 0,$1,2,\cdots,n-1$,我们就得到函数 $\sqrt[n]{w}$ 的 n 个不同的值,它们对应于这个多值函数的 n 个不同的分支

$$z_k=(\sqrt[m]{w})_k=\sqrt[n]{r}\cdot e^{i\frac{\varphi}{n}+i\frac{2k\pi}{n}}$$

这些值有同样的模;而它们的辐角作成公差为 $\dfrac{2\pi}{n}$ 的一个算术级数.显然,点 z_k

分别在图 23(a) 或图 24(a) 中的各区域内.

选定根式 $z_m=(\sqrt[n]{w})_m$ 的某一个值作初值,让点 w 在 w 平面上描画出某一条闭曲线. 如果这条闭曲线的内部不包含原点,那么当动点重返原位时,连续改变的 w 的辐角依然回到原来的值. 与此对应,$\sqrt[n]{w}$ 的值也保持不变. 但如果 w 平面上的点 w 描画出一条环绕坐标原点的闭曲线时,情形就不是这样了. 在绕一整圈之后,如果是逆时针方向绕一圈,w 的辐角就要增加 2π,或者是按顺时针方向进行的,那就要减少 2π. 与此对应的,连续变化的值 $\sqrt[n]{w}$,按照绕圈的情况,在第一种情形下就要从 $(\sqrt[n]{w})_m$ 变到 $(\sqrt[n]{w})_{m+1}$(令 $(\sqrt[n]{w})_n$ 等于 $(\sqrt[n]{w})_0$),而在第二种情形下从 $(\sqrt[n]{w})_m$ 变到 $(\sqrt[n]{w})_{m-1}$(令 $(\sqrt[n]{w})_{-1}$ 等于 $(\sqrt[n]{w})_{n-1}$).

环绕坐标原点依这个或那个方向重复绕圈充分多次,我们就可以把根式的值 $(\sqrt[n]{w})_m$ 变到它在同一点的任意的另一个值 $(\sqrt[n]{w})_k$. 具有这种性质,使围绕它转一圈就可以把多函数从一个分支变到另一个分支的点称为这个函数的支点(或称临界点). 因此,点 $w=0$ 是函数 $z=\sqrt[n]{w}$ 的支点. 由于绕坐标原点转一整圈(即旋转角度 2π),同时也就是围绕无穷远点转一整圈(为了更好地说明这一事实,代替 w 平面,应该考虑黎曼球面),所以无穷远点也是函数 $\sqrt[n]{w}$ 的支点. 这个函数没有其他的支点,因为在 w 平面上沿着任一条内部不包含坐标原点的闭曲线绕圈都不会改变根式的值. 我们要注意,当点 w 环绕坐标原点转一整圈时,点 $z=\sqrt[n]{w}$ 描画出连接两个相邻的单叶性区域的点 z_m 与 z_{m+1}(或点 z_m 与 z_{m-1})的一段不封闭的弧(按原来方向)再绕一圈时,相应的点 z 更沿着不封闭的弧 $z_{m+1}z_{m+2}$(或 $z_{m-1}z_{m-2}$)运动. 依此类推,当点 w 绕坐标原点 n 圈之后,点 z 就环绕坐标原点转了一圈. 当点 w 描出一条内部不包含坐标原点的闭曲线时,点 z 也描出一条内部不包含坐标原点的闭曲线(这条闭曲线本身可以到达原来的单叶性区域之外并且经过所有其他的区域任意几次都可以,但最后却必须回到原来的位置).

现在来考虑函数 $z=\ln w$,我们先考虑 $w=\mathrm{e}^z$. 假定这里 $z=x+\mathrm{i}y$,$w=r\mathrm{e}^{\mathrm{i}\varphi}$,我们得到 $r\mathrm{e}^{\mathrm{i}\varphi}=\mathrm{e}^x\cdot\mathrm{e}^{\mathrm{i}y}$,从而
$$\mathrm{e}^x=r,\quad y=\varphi+2k\pi\quad(k=0,\pm1,\pm2,\pm3,\cdots)$$
因为 $x=\ln r$(这里指正数 r 的对数的实数值),$y=\varphi+2k\pi$,所以
$$z_k=(\ln w)_k=\ln r+(\varphi+2k\pi)\mathrm{i}\quad(k=0,\pm1,\pm2,\cdots)$$
这里,不同的 k 给出不同的 z_k;因此,$\ln w$ 有无穷多个不同的值对应于这个函数的无穷多个分支. 这里所有 z_k 的实部都是一样的. i 的系数构成一个公差为 2π 的算术级数. 显然,点 z_k 分别位于图 23(b) 的每一个区域内. 现在固定某一个初值 $z_m=(\ln w)_m$,让 w 平面上的点描画出一条以 w 为起点的闭曲线,与上面的讨论一样,我们最后得出,点 $w=0$ 与 $w=\infty$ 是函数 $z=\ln w$ 的支点. 就是说当点

w 环绕坐标原点转 k 圈时,如果绕圈的方向是逆时针方向,数值 $(\ln w)_m$ 就变到 $(\ln w)_{m+k}$,反之,就变到 $(\ln w)_{m-k}$. 因此,从一个方向围绕原点转足够多个圈,可以把对数在点 w 上的一个值变到在同一点上的另一个值.

这个例子与前一个例子的不同之处在于,以同一个方向围绕坐标原点转圈时,我们永远不能返回初值,而总是得到新的值.这种差别说明,点 $w=0$ 是函数 $z=\sqrt[n]{w}$ 的所谓有限级的支点,事实上它的级是 $n-1$,而同时,对于函数 $z=\ln w$ 来说,则 $w=0$ 是一个无穷级的支点.我们也说,在第一种情形下的支点是代数支点,而在第二种情形下的支点则是超越支点.除 $w=0$ 与 $w=\infty$ 以外,函数 $z=\ln w$ 再没有其他的支点.我们要注意,当 w 围绕坐标原点描画出一条闭曲线时,点 $z=\ln w$ 描画出一段不封闭的弧,连接函数 $w=e^z$ 的两个相邻的单叶性区域的点 $(\ln w)_m$ 与 $(\ln w)_{m+1}$(或 $(\ln w)_m$ 与 $(\ln w)_{m-1}$).不论点 w 围绕坐标原点(沿同一方向)转多少圈,点 $z=\ln w$ 所描画的对应的弧永远也不能自己连接起来(每绕一圈,点 z 的纵坐标增加或减少 2π).如果点 w 描画出一条不含原点在内的闭曲线,那么点 $z=\ln w$ 也描画出一条闭曲线.

现在我们来讨论函数 $\arcsin w$.首先,从方程 $w=\dfrac{e^{zi}-e^{-zi}}{2i}$ 我们有 $e^{zi}-e^{-zi}-2iw=0$,从而 $e^{2zi}-2iwe^{zi}-1=0$. 对于 e^{zi} 解这个方程,我们得到:$e^{zi}=iw\pm\sqrt{1-w^2}$,于是 $z=\dfrac{1}{i}\ln(iw\pm\sqrt{1-w^2})$. 因为表达式 $\zeta_1=iw+\sqrt{1-w^2}$ 与 $\xi_2=iw-\sqrt{1-w^2}$ 的乘积等于 -1,所以 $|\zeta_1|\cdot|\zeta_2|=1$,而 $\arg\zeta_1+\arg\zeta_2=(2k-1)\pi$($k$ 是整数或 0)算作 ζ_1 与 ζ_2 的辐角的绝对值不超过 π,于是我们只得到两种可能性:$\arg\zeta_1+\arg\zeta_2=\pi$ 与 $\arg\zeta_1+\arg\zeta_2=-\pi$,由此可见,这两个辐角或者全是非负数或者全是非正数,并且其中至少有一个的绝对值不超过 $\dfrac{\pi}{2}$.用 ζ 代表 ζ_1 与 ζ_2 中辐角 α 的绝对值不超过 $\dfrac{\pi}{2}$ 的那一个,于是我们得到另一个值是 $-\dfrac{1}{\zeta}$,与此相应,有 $z=\dfrac{1}{i}\ln\zeta$ 或 $z=\dfrac{1}{i}\ln\left(-\dfrac{1}{\zeta}\right)$,因为

$$z=\frac{1}{i}(\ln|\zeta|+\alpha i+2k_1\pi i)$$

或

$$z=\frac{1}{i}\left[-\ln|\zeta|-\alpha i+(2k_2+1)\pi i\right]$$

(因为 $\arg\left(-\dfrac{1}{\zeta}\right)=-\alpha\pm\pi$).这些公式可以统一成一个形式

$$z_k=(-1)^k(\alpha-i\ln|\zeta|)+k\pi$$

69

在我们的记法里,数值 $z_0 = \alpha - \mathrm{i}\ln|\zeta|$ 落在图 23(a) 的区域 g_0 内(当 $\alpha = \pm\dfrac{\pi}{2}$ 时在它的区域上).其他的点分别落在区域 g_k 内,并使得在相邻区域内的点分别关于点 $x = (2k+1)\dfrac{\pi}{2}(k = 0, \pm 1, \pm 2, \cdots)$ 成对称.

类似于前面的作法,我们可以验证点 $w = -1, w = 1$ 与 $w = \infty$ 是函数 $z = \arcsin w$ 的支点并且是超越支点.事实上,如果沿某一条闭曲线绕圈,这条闭曲线只包含 -1 与 1 中的一点,那么根式 $\sqrt{1-w^2}$ 就要变号(-1 与 1 是这个根式的一级支点).但是,这表明二次方程的根 ζ_1 变成了另一根 $\zeta_2 = -\dfrac{1}{\zeta_1}$,因而 $z = \dfrac{1}{\mathrm{i}}\ln\zeta$ 变成了 $z = \dfrac{1}{\mathrm{i}}\ln\left(-\dfrac{1}{\zeta}\right)$,这就是说,起点 z 变成了关于点 $x = (2k+1)\dfrac{\pi}{2}$ 与 z 对称的另一点.如果 w 描画出一条内部包含点 1 与 -1 的闭曲线,这就可以考虑作一条曲线只是围绕 $w = \infty$ 绕圈,于是表达式 $\zeta = \mathrm{i}w \pm \sqrt{1-w^2}$ 的辐角改变了 2π,由此 $\dfrac{1}{\mathrm{i}}\ln\zeta$ 也改变了 2π,这就是说,点 z 沿实数轴的方向平移了 2π 的距离.

11. 黎曼曲面的概念

要想得到关于函数 $\sqrt[n]{w}$ 的分支间相互关系的一个直观的叙述,我们注意,w 平面的上半平面与下半平面是轮流对应于角形区域 g_k 或 γ_k 的这一半与那一半的.这就是说,当点 z 从半角 $0 < \arg z < \dfrac{\pi}{n}$ 开始,依逆时针方向顺次通过所有的半角时,在 w 平面上我们依次得到上半平面与下半平面.

设想我们有 n 片上半平面与 n 片下半平面,为了明显起见,设想它们是由一些无限延伸的纸片做成的.把上半平面与下半平面沿负半轴黏起来(沿正半轴的边缘则保持原状),于是我们得到图 22 中所示的区域 E,它对应于组成区域 g_0 的两个半角.如果把 g_0 的第二个半角与下一个半角连接起来,就组成区域 γ_1,而对应于 γ_1 我们则有 w 平面上的区域 B(图 24).区域 B 是由上半平面与下半平面沿正半轴连接而成的,要想得到它,我们只需要把下半平面未黏合的边缘与一片新的上半平面沿正半轴黏起来.这样我们就得到一个由三个半平面构成的区域,它对应于 z 平面上的三个半角.在这种情况下,对应于第一与第三半角的两个上半平面重叠在一起.在这种情况下,对应于第一与第三半角的两个上半平面重叠在一起,一个在另一个之上.这就说明了以下的事实,即在第一与第三半角内,函数 $w = z^n$ 取同一数值(即在点 $\rho e^{\mathrm{i}\alpha}$ 与 $\rho e^{\mathrm{i}\alpha + \frac{2\pi}{n}\mathrm{i}}$ 上函数 $w = z^n$ 取同一数值,其中 $0 < \alpha < \frac{\pi}{n}$).

现在第三个半平面的负半轴与第一个半平面的正半轴还依旧保持原状,没有黏合起来(如图 25(a) 所示,为明显起见,我们只画了平面的一部分),我们可以在 z 平面上再连接上一个第四半角,这个半角应当有一个下半平面和它对应.因为第三与第四半角合起来组成区域 g_1,而对应于 g_1 的是 w 平面上的区域 E(图 22).它是由上半平面与下半平面连接负半轴而成,所以我们应该再把第三个上半平面与一片新的下半平面沿负半轴黏合起来.而这个新的下半平面的正半轴则仍旧保持原状(图 25(b)).继续连接新的半角与黏合半平面,我们终将到达最后的一个半角,对应于它的是一个下半平面.这个下半平面的正半轴正如第一个上半平面的正半轴一样,还仍旧保持原状没有黏合起来.不过最后一个半角与第一个半角接合起来构成了区域 γ_0(图 24(a)).

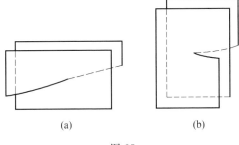

(a)　　　　　　　　(b)

图 25

当我们把最后这两个半角连接起来时,一方面得到了整个的 z 平面,而另一方面就必须把最后一个下半平面与第一个上半平面沿正半轴黏合起来,这样,我们就得到了一个封闭的 n 片的曲面,称为函数 $z = \sqrt[n]{w}$ 的黎曼曲面.

我们要注意,在我们的模型上最后的一次黏合实际上是无法完成的,因为剩下的上下两个半平面中间还隔有 $n-1$ 个平面片.因此,最后一次的黏合应当这样来理解,即把两个半平面的正半轴上有相同横坐标的点看成一点.

有了黎曼曲面,我们就不难全面地来叙述函数 $w = z^n$ 与它的反函数 $z = \sqrt[n]{w}$.黎曼曲面有 n 个叶片这一事实,是对应于:在 z 平面 n 个不同的点上 w 可以取同一个数值,或者换句话说,对于 w 的每一个值有 z 的 n 个不同的值和它对应.(支点要除外:对于 $w = 0$ 与 $w \to \infty$,分别只有一点 $z = 0$ 与 $z \to \infty$ 和它们对应.)

如果一个动点 z 通过所有的半角,环绕坐标原点描画出一条闭曲线时,那么点 w 便从一个半平面到达另一个半平面也通过所有的叶片,描画出一条闭曲线.此外,在黎曼曲面上我们可以用连续曲线连接任意两点 A_1 与 A_2.这两点,在特别情形,可以是一点在另一点的上面,即它们可以有相同的附标.让点 A 沿

71

这条曲线从 A_1 移动到 A_2,于是在 z 平面上,相应的点 z 便连续地从点 z_1 变到点 z_2,其中 z_1 与 z_2 分别对应于 A_1 与 A_2. 这就是说,我们可以用连续的变化从函数 $z = \sqrt[n]{w}$ 的一支到达另一支. 最后如果我们从黎曼曲面上选出某一个区域,使这个区域不包含互相重叠的部分,即不包含同一附标的点,那么在这样一个区域的范围内,对于 w 的任一值就只有与它对应的唯一的一个值 z,换句话说,这时我们可以谈到函数 $z = \sqrt[n]{w}$ 的确定的分支(z 平面上与黎曼曲面上这种区域相应的区域就是函数 $w = z^n$ 的一个单叶性区域).

用同样的方法我们可以构成函数 $z = \ln w$ 与 $z = \arcsin w$ 的黎曼曲面. 对于函数 $z = \ln w$ 黎曼曲面的构成与上面简直是一样的,只是这里上半平面与下半平面不再对应半角而是对应比原来窄一半的带形

$$k\pi < I(w) < (k+1)\pi \quad (k = \cdots, -2, -1, 0, 1, 2, \cdots)$$

因为在这些带形中既没有第一个也没有最后一个,因而不能像前一个例子那样把第一个半角与最后一个半角连接起来,所以,在半平面中也就没有第一个与最后一个,因而更谈不上像以前那样,把第一个与最后一个的边缘黏合起来. 函数 $z = \ln w$ 的黎曼曲面是无穷多叶的. 同样,函数 $z = \arcsin w$ 的黎曼曲面也是无穷多叶的;不过在这里各个叶片之间的关系比前两个例子更要复杂一些. 我们已经知道,当点 z 在区域 g_0(图 23(b))内变化时,点 w 就描画出整个区域 E_1. 从等式 $v = \operatorname{sh} y \cos x$(本节第 9 段)我们知道 v 的符号与 y 的符号相同. 换句话说,w 平面的上半平面对应于带双重阴影的半带形($y > 0$),而 w 面的下半平面则对应于不带双重阴影的半带形($y < 0$). 现在假定点 z 扫过区域 $g_k : k\pi - \dfrac{\pi}{2} <$ $R(z) < k\pi + \dfrac{\pi}{2}(k = 0, \pm 1, \pm 2, \cdots)$,于是点 $z - k\pi$ 也就扫过区域 g_0,并且当 z 扫过 g_k 的上半平面时,$z - k\pi$ 也扫过 g_0 的上半平面,当 z 扫过 g_k 的下半平面时,$z - k\pi$ 也扫过 g_0 的下半平面.

但是因为 $\sin(z - k\pi) = (-1)^k \sin z$,所以,当 k 为偶数时,g_k 的上半平面,正如 g_0 的上半平面一样,是 w 的上半平面和它对应,下半平面是 w 的下半平面和它对应;而当 k 为奇数时,则是 w 的下半平面对应于 g_k 的上半平面,上半平面反而对应于 g_k 的下半平面. (如图 23(b)所示上半平面所对应的半带形都用双重的阴影标出)每一个半带形都与三个半带形相邻,并且带双重阴影的与不带双重阴影的相邻,而不带双重阴影的与带双重阴影的相邻. 由此可见,一个半带形和与它相邻的任一个半带形合起来都得到函数 $\sin z$ 的一个单叶性区域. 事实上,在同一个半带形内不同的点上 $\sin z$ 取不同的数值;即使一点在某一半带形内,而另一点在相邻的一个半带形内,由于与它们对应的点 $w = \sin z$ 中有一个在上半平面,另一个在下半平面,因此 w 的值也是不同的.

我们已经知道当 z 扫过区域 g_0（或区域 g_k）时 $w = \sin z$ 所扫过的区域是什么样子. 现在我们要指出,对应于相邻的一对上半带形或下半带形的区域是 E_2 或 E_3 中的一个(图 26): E_2 是上半平面与下半平面沿实轴从 1 到 $+\infty$ 的部分黏合而成的, E_3 是上半平面与下半平面沿实轴从 $-\infty$ 到 -1 的部分黏合而成的.

事实上,当点 z 描画介于两个半带形之间的半直线 $z = (2k-1)\dfrac{\pi}{2} + iy$(y 保持同一符号从 0 到 $\pm\infty$)时,点 $w = \sin z = (-1)^{k-1}\operatorname{ch} y$ 也描画出一条半直线,这就是我们上述的沿着它把两个半平面黏在一起的那条半直线. k 为奇数时,它是实轴上从 1 到 $+\infty$ 的部分; k 为偶数时,它是从 $-\infty$ 到 -1 的部分.

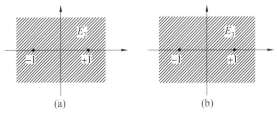

图 26

要想得到函数 $z = \arcsin w$ 的黎曼曲面,为了明显起见,我们首先建立这个曲面对应于上半 z 平面的部分,然后建立对应于下半平面的部分,最后把两部分连接在一起. 从带形区域 g_0 的上半平面开始,我们把它与在它右边的半带形顺次地连接起来;这时,对于变数 w,我们依次地得到上半平面与下半平面,这些半平面,时而沿实轴从 1 到 $+\infty$ 的部分,时而又沿实轴从 $-\infty$ 到 -1 的部分互相衔接在一起. 在这种情况下,每一次总让实轴从 -1 到 1 的部分保持原状,没有黏合起来. 此外,第一个上半平面的实轴上,对应于 g_0 的上半的左边缘的从 $-\infty$ 到 -1 的部分也仍然保持原状. 如果我们沿 g_0 上半的左边缘把它与在它左边的相邻的半带形连接起来,那么第一个上半平面上实轴的未黏合部分就要黏上一片新的下半平面. 继续把 z 平面上 g_0 左边的上半带形一个跟着一个地连接起来,对应地我们就应该把所有新的半平面一个一个地黏在已经得到的黎曼曲面的部分上. 当黏合半平面时,依次地时而沿线段 $(-\infty, -1)$,时而沿线段 $(1, +\infty)$.

最后结果,我们得到了函数 $z = \arcsin w$ 的黎曼曲面与上半个 z 平面相应的部分;这一部分由无穷多个叶片组成,但这些叶片中既没有第一个也没有最后一个. 在每一个叶片上都保留着两个未黏合的边缘:线段 $[-1,1]$,其中一个边缘属于上半平面,另一边缘属于下半平面. 假如我们让一点在曲面上移动,使得它在 w 平面上的投影描出一个以原点为圆心的圆,那么,当圆的半径小于 1 时,这一点最多画出半个圈,因为未黏合的边缘把它截住了. 但是,当圆的半径大于 1 时,这一点将描出无穷多个圆,这些圆在不同的叶片上一个盖在一个的上面.

这时,如果动点从某一个位置出发永远以同一方向移动,那么这一点就只通过那些叶片,它们对应于上半 z 平面中某个半带形右边(或左边)的那些半带形;要想通过所有其他的叶片,必须让动点返回原位,然后再向相反的方向移动.

　　函数 $z=\arcsin w$ 的黎曼曲面对应于下半个 z 平面(所有的下半带形)的部分在结构上与上面所讨论的完全相似.要想由这两部分来得到整个黎曼曲面,我们只需注意,当在区域 g_k 中把上下两个半带形连接起来时,相应地,我们就应该把 w 平面上对应的半平面沿线段 $[-1,1]$ 黏合起来,以便得到图 22 中的区域 E_1.因此,我们应该把黎曼曲面第一部分中的每一个半平面与在第二部分中和它相应的半平面沿未黏合的边缘 $[-1,1]$ 黏合起来.在这里,我们认为和同一个区域 g_k 的两个半带形相对应的上下两个半平面是互相对应的.我们必须指出,以上这种纸片模型的黏法(按需要可以限制为有限多片)在实际上是无法进行的,因为把某两个从 -1 到 1 的边缘黏好以后,其余两个边缘,位于已经黏好了的叶片的两边,就再也没法黏合起来了.图 27 表明黎曼曲面两部分中两个对应的叶片互相黏合的情形.(上面一片的上半平面与下面一片的下半平面沿线段

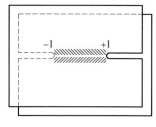

图 27

$[-1,1]$ 黏合;同样沿着这条线段上面的下半平面与下面的上半平面也互相黏合起来).

§5　保 角 映 射

1.导数的辐角的几何意义

　　假设 $w=f(z)$ 是区域 G 内的一个解析函数.$w=u+vi$ 的值可以用 uv 平面上的点来代表.对于独立变数 z 的平面上的每一点,在函数 w 的平面上有一点 $w=u+vi$ 和它对应(图 28 与图 29).当点 z 在 xOy 平面上沿着某一条曲线 C 移动时,与它对应的点 w 就在 uOv 平面上描画出一条曲线 Γ,即曲线 C 的象.假设 z_0 是区域 G 内的任一点而 C 是一条由点 z_0 出发的有向曲线,并且在点 z_0 有确定的切线.我们确定 $f'(z_0)\neq0$.对应于曲线 C,在 uOv 平面上有它的象即曲线 Γ,而 Γ 是从点 $w_c=f(z_0)$ 出发的.假如曲线 C 的方程是 $z=z(t)(0\leqslant t\leqslant1)$,把等式 $w=f(z)$ 中的 z 换成 $z(t)$,我们就得到曲线 Γ 的方程:$w=f[z(t)]=w(t)$ $(0\leqslant t\leqslant1)$.

　　要想说明导数 $f'(z_0)$ 的几何意义,我们把复数 $f'(z_0)$ 表示成它的三角形

式：$f'(z_0) = r(\cos \alpha + \mathrm{i}\sin \alpha)$，然后来说明辐角 α 与模 r 的几何意义. 在曲线 C 上任取一点 $z_0 + \Delta z_0$，用 $w_0 + \Delta w_0$ 来代表在 uv 平面的曲线 Γ 上与 $z_0 + \Delta z_0$ 相应的点. 当点 $z_0 + \Delta z_0$ 沿着曲线 C 趋向 z_0 时，与它对应的点 $w_0 + \Delta w_0$ 也就沿着曲线 Γ 趋向 w_0，而且 Δz_0 与 Δw_0 同时趋近于零，由等式

$$f'(z_0) = \lim_{\Delta z_0 \to 0} \frac{\Delta w_0}{\Delta z_0} = r(\cos \alpha + \mathrm{i}\sin \alpha)$$

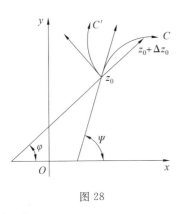

图 28

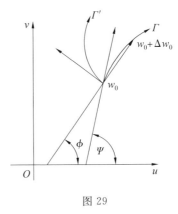

图 29

我们得到

$$\lim_{\Delta z_0 \to 0} \left| \frac{\Delta w_0}{\Delta z_0} \right| = r \tag{59}$$

$$\lim_{\Delta z_0 \to 0} \arg \frac{\Delta w_0}{\Delta z_0} = \alpha \tag{60}$$

（可能差一个 2π 的倍数）. 在这里我们要求 $f'(z_0) \neq 0$，因为如果不然，α 就没有确定的值. 以下我们来考虑等式(60). 因为一个分式的辐角等于它的分子与分母的辐角之差，所以

$$\arg \frac{\Delta w_0}{\Delta z_0} = \arg \Delta w_0 - \arg \Delta z_0$$

于是等式(60)变成下列形式

$$\lim \arg \Delta w_0 - \lim \arg \Delta z_0 = \alpha \tag{60'}$$

现在我们利用图 28 与 29 来说明等式(60')的几何意义. 显然，$\Delta z_0 = (z_0 + \Delta z_0) - z_0$ 可以用点 z_0 到点 $z_0 + \Delta z_0$ 的矢量来代表；同样地，Δw_0 也可以用点 w_0 到点 $w_0 + \Delta w$ 的矢量来代表. 因此，$\arg \Delta z_0$ 是 x 轴的正向与矢量 Δz_0 之间的夹角 φ，而 $\arg \Delta w_0$ 是 u 轴的正向与矢量 Δw_0 之间的夹角 ϕ，所以，等式(60')可以写成

$$\lim \phi - \lim \varphi = \alpha \tag{60''}$$

在极限情形，矢量 Δz_0 的方向与曲线 C 在点 z_0 上的切线方向重合(图 28)，而矢量 Δw_0 的方向与曲线 Γ 在点 w_0 上的切线方向重合(图 29)，根据等式(60'')，曲

线 Γ 的这条切线一定存在.用 ψ 和 Ψ 分别代表 x 轴与 u 轴和曲线 C 与 Γ 在点 z_0 与 w_0 上的切线所成的角度,等式(60″)可以改写成下列形式

$$\Psi - \psi = \alpha \quad \text{或} \quad \Psi = \psi + \alpha \tag{61}$$

我们把 x 轴与 u 轴的正向算作是重合的.于是从等式(61)我们看出,α 是曲线 C,在点 z_0 上的切线在映射 $w=f(z)$ 之下转动的角度,或者换句话说,α 是切线原来的方向与它的映射象的方向之间的夹角.这里我们应该特别注意的是我们所取的曲线 C 是任意的;同时当 C 的方向改变时,ψ 与 Ψ 都要随之而变,但 α 却保持不变.因此,如果从点 z_0 引另一条曲线 C',并用 Γ' 代表从点 w_0 出发而与 C' 相应的曲线(图 28,29),我们就可以断定,等式(61)对于这一对曲线还是成立的.也就是说

$$\Psi' = \psi' + \alpha \tag{61'}$$

其中 ψ' 与 Ψ' 分别是曲线 C' 与 Γ' 的 ψ 与 Ψ.从等式(61′)减去(61),我们得到

$$\Psi' - \Psi = \psi' - \psi \tag{62}$$

由于 $\psi' - \psi$ 代表曲线 C 与 C' 在点 z_0 上的切线之间的夹角,而 $\Psi' - \Psi$ 代表 Γ 与 Γ' 之间的相应的夹角,我们从等式(62)就可以得出下列结论:任意两条从点 z_0 出发的曲线都映射成具有下述性质的两条从 $w_0 = f(z_0)$ 出发的曲线:原曲线的切线之间的夹角与映射成的曲线的切线之间的夹角不但在数量上相等,而且方向也相同.换句话说,假如在点 z_0 处,由曲线 C 的正方向变到曲线 C' 的正方向是要沿一个确定的方向旋转某一个角度,那么对应地,由曲线 Γ 的方向变到曲线 Γ' 的方向也要旋转同一角度并沿着同一方向.所以,由解析函数构成的映射,在所有导函数 $f'(z)$ 不等于零的点都具有保持角度不变的特性.

2. 导数的模的几何意义

在弄清楚了导数的辐角的几何意义之后,我们再来研究它的模,等式(59)可以写作

$$\lim \frac{|\Delta w_0|}{|\Delta z_0|} = r \tag{59'}$$

从几何意义来看,$|\Delta z_0|$ 表示矢量 Δz_0 的长度,也就是表示点 z_0 与 $z_0 + \Delta z_0$ 间的距离(图 28);同样,$|\Delta w_0|$ 是对应点 w_0 与 $w_0 + \Delta w_0$ 间的距离(图 29).等式(59′)表示:象点间的无穷小距离与原来的点间的无穷小距离之比的极限是 $r = |f'(z_0)|$,与曲线 C 的方向无关.因此,很清楚,对于由函数 $w = f(z)$ 构成的映射,$r = |f'(z_0)|$ 可以看作是在点 z_0 的尺度变化的比例数.假如 $r > 1$,于是尺度放大,也就是说从点 z_0 出发的任一无穷小距离有了伸长;假如 $r < 1$,那么相反地,是压缩了;如果 $r = 1$,尺度就保持不变,也就是说从点 z_0 出发的无穷小距离变成从点 w_0 出发的相等的无穷小距离.

因为 $r = |f'(z_0)|$ 只与 z_0 有关而与曲线 C 的方向无关,所以在给定的点 z_0

处,尺度的变化也就与方向无关.由此可见,由解析函数 $w=f(z)$ 构成的映射,在每一个使 $f'(z_0)\neq0$ 的点 z_0 都有一个与方向无关的、固定的伸长度.

3. 保角映射

因此,每一个解析映射,换句话说,每一个由解析函数 $w=f(z)$ 构成的映射,都在每一个使 $f'(z_0)\neq0$ 的点 z_0,具有以下的两个性质:

(1) 角度的不变性.

(2) 伸长度的固定性.

假如我们在 z 平面上取一个以 z_0 为一个顶点的无穷小三角形,于是在 w 平面上就有一个以 w_0 为一个顶点的无穷小曲线三角形和它对应(图 30 与 31).由于角度的不变性,这两个三角形的对应角相等;而对应边的比,如果撇开一个无穷小量不计的话,将等于同一个常数值 $r(\neq0)$.这样的两个无穷小三角形称为是彼此相似的.所以,解析映射在无穷小范围内(临近每一个使 $f'(z)\neq0$ 的 z 点)是一个相似映射.由此可见,称一个具有角度不变性与伸长度固定性的映射为保角映射(译者注:保角映射是一种能保持形状的映射之意)是很自然的事情.

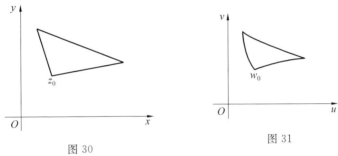

图 30
图 31

当我们概括前面第 1 段与第 2 段中的研究结果,可以说,每一个由解析函数 $w=f(z)$ 构成的映射,在所有使这个函数的导函数不等于零的点都是保角的.反过来,从上面上不难看出,如果单值函数 $w=f(z)$ 构成一个保角映射,那么函数 $f(z)$ 就是解析的,并且它的函数不等于零.

4. 第二类保角映射

对于一个解析映射来说,不仅对应方向间的角度的数量保持不变,而且读出角度的方向也保持不变.

现在假定有一个从 z 平面(或它的一部分)到 w 平面的映射,它使角度的数量保持不变,但读出的方向却正好相反.此外,它也具有伸长度的固定性,这种映射我们称为第二类保角映射,以示区别于称为第一类保角映射的解析映射.构成这种第二类保角映射的函数与解析函数之间有着非常密切的关系.

假定我们现在给定了一个映射:$w=\bar{z}$.设想让 w 平面与 z 平面重合,变数 w 就在变数 z 所在的同一平面上.于是,给定的映射把每一点 z 变到它关于实轴的

77

对称点.这就很清楚,对于这样一个映射来说,每两个从 z 点出发并构成某一角度 α 的方向,变成了与它们对称的两个对应的方向,变后的方向之间的角度将是 $-\alpha$,也就是说,角度的数量是保持了,但它读出的方向却变成正好相反(图 32).另外,这个映射还具有伸长度的固定性,因为对于这个映射来说,根本不发生任何比例尺度的变化.因此,映射 $w=\bar{z}$ 是一个第二类保角映射.

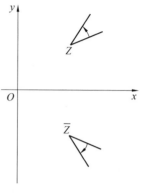

图 32

现在假定 $f(z)$ 是一个解析函数,我们可以证明,$w=\overline{f(z)}$ 总是一个第二类保角映射.事实上,这个变换可以分成两个相继的映射:$\zeta=f(z)$ 与 $w=\bar{\zeta}$.对于第一个变换,角度既保持着数量,又保持着方向;对于第二个变换,只是角度读出的方向变成相反.因而,对于结果所成的映射,角度的数量是保持了,但读出它的方同却变成了相反.除此之外,给定的映射具有伸长度的固定性,因为两个组成的变换都具有这个性质.

这样,我们证明了:解析函数的共轭函数所构成的变换一定是第二类的保角映射.反之,我们也可以证明,任一个第二类的保角映射一定可以由某一个解析函数的共轭函数体现出来.事实上,假如 $w=F(z)$ 构成一个第二类的保角映射,那么 $w=\overline{F(z)}$ 应当确定一个第一类的保角映射,从而,$\overline{F(z)}$ 是一个在所考虑的区域内的解析函数:$\overline{F(z)}=f(z)$,由此可见

$$F(z)=\overline{f(z)}$$

我们已经知道,解析映射以两个性质为其特征:即角度的不变性与伸长度的固定性.这很自然会产生如下的疑问:是否每一个具有角度不变性的连续映射都是解析映射,换句话说,是否能够保持角度不变就一定具有固定的伸长度?或者另外一个类似的问题:是否具有伸长度固定性的连续映射一定是第一类或第二类的保角映射?现在我们不来仔细分析这些问题,我们只指出:假如一开始对于给定的映射 $w=u+vi$ 就假定了函数 u 与 v 的偏导函数的连续性,那么我们所提出的两个问题都可以予以肯定的解答,并且可以用初等方法来解答.但假如我们考虑任意的连续变换,一开始并不假定函数 u 与 v 的偏导函数的存在,那么这个问题的解决就会变得特别困难.不过,最近对这个问题的解答以及其一般的提法也有了较大的成就.例如证明了:任何双方单值的连续映射只要能保持角度不变就必然是解析的[①].

关于这个定理的成立,变换的双方单值性的要求是否是必不可少的,或者说定理在没有这个条件时是否仍旧正确的问题,直到现在都还没有解决.至于

---

① D. Menschoff, *Sur la représentation conforme des domaines planes*, Math. Ann. ,1926.

第二个问题,那是已经完全的解决了①.已经证明,任一个双方单值的连续变换在具有伸长度固定性时必然是一个第一类或者第二类的保角映射.另一方面,由简单的例题不难证明,变换的双方单值性的要求在这里是必不可少的.实际上,容易给出一个具有伸长度固定性的连续变换但并非第一类或第二类保角映射的例子.为此我们取下列变换:当点 z 在上半平面时,令 $w=z$;当点 z 在下半平面时,令 $w=\bar{z}$(在实轴上 z 与 $\bar{z}$ 一致).显然,这个变换在整个 z 平面上是连续的,并且具有固定伸长度的性质,然而它在整个平面上并非解析的,也不与在整个平面上的任何解析函数共轭.因此,第二个问题得到了固定的解答,如果我们只考虑单值变换而其逆可以不是单值的话.

5. 微分的几何意义

回到第一段所用的记号,我们假定有一个连同它的方向一起给定了曲线 C 从点 z_0 出发,并在该点上有确定的切线.在 w 平面上($w=f(z)$)对应于曲线 C,曲线 Γ(作为 C 的象)从点 $w_0=f(z_0)$ 出发.我们假定 $f'(z_0) \neq 0$.假如这个任意选择的曲线 C 的方程是 $z=z(t)(0 \leqslant t \leqslant 1)$,那么,在等式 $w=f(z)$ 中用 $z(t)$ 代替变数 z,就得到曲线 Γ 的方程

$$w=f[z(t)]=w(t)$$

我们注意

$$(\mathrm{d}z)_0 = (\mathrm{d}x)_0 + i(\mathrm{d}y)_0 = (\cos \psi + i \sin \psi)(\mathrm{d}s)_0 = e^{i\psi}(\mathrm{d}s)_0$$

并且,同样地

$$(\mathrm{d}w)_0 = (\mathrm{d}u)_0 + i(\mathrm{d}v)_0 - (\cos \Psi + i \sin \Psi)(\mathrm{d}\sigma)_0 = e^{i\Phi}(\mathrm{d}\sigma)_0$$

其中 ψ 与 Ψ 是曲线 C 与 Γ 分别在点 z_0 与 w_0 的切线与 x 轴及 u 轴的交角,而 $(\mathrm{d}\varepsilon)_0$ 与 $(\mathrm{d}\sigma)_0$ 是曲线 C 与曲线 Γ 在同一点 z_0 与 w_0 的弧微分.

通过上面的方程,我们知道,就几何意义来说,$(\mathrm{d}z)_0$ 表示一个矢量,它的长度是 $(\mathrm{d}s)_0$,方向是曲线 C 在点 z_0 上的切线方向,同样地,$(\mathrm{d}w)_0$ 是以 $(\mathrm{d}\sigma)_0$ 为长并以曲线 Γ 在点 w_0 上的切线方向为方向的矢量.由此,我们得到

$$f'(z_0) = \left(\frac{\mathrm{d}w}{\mathrm{d}z}\right)_0 = \frac{(\mathrm{d}w)_0}{(\mathrm{d}z)_0} = \frac{(\mathrm{d}\sigma)_0}{(\mathrm{d}s)_0} e^{i(\Psi-\psi)}$$

这就是说 $|f'(z_0)| = \dfrac{(\mathrm{d}\sigma)_0}{(\mathrm{d}s)_0}$ 是在相应的点上,象弧的微分与原来弧的微分之比.

我们也可以这样说,$|f'(z_0)|$ 是在相应的点上,象弧的元素 $(\Delta\sigma)_0$ 与原来的弧的元素 $(\Delta s)_0$ 之比的极限,这跟第二段的结果完全一致.从导数 $f'(z_0)$ 的表达式,我们还看到

$$\arg f'(z_0) = \Psi - \psi$$

---

① H. Bohr, *über streckentreue und conforme Abbildung*,Math Zeitschr 卷 I,1918,403 页.

这就是说，$\arg f'(z_0)$ 是原来的方向与映射象的方向之间的角度（x 轴与 u 轴的正方向算作相同）. 这个结论也与第一段中相应的结果完全符合.

6. 映射 $w = f(z)$ 的主要部分

假定函数 $u(x, y)$ 与 $v(x, y)$ 在点 $z_0 = x_0 + \mathrm{i}y_0$ 有全微分. 我们考虑映射 $w = u + \mathrm{i}v$ 在以 z_0 为圆心的一个无穷小圆上的线性部分. 所谓映射 $u = u(x, y), v = v(x, y)$ 的线性部分我们是指

$$\begin{cases} u - u_0 = a(x - x_0) + b(y - y_0) \\ v - v_0 = a_1(x - x_0) + b_1(y - y_0) \end{cases} \tag{63}$$

其中包含在 (63) 中的量有下述意义

$$u_0 = u(x_0, y_0), \quad a = \left(\frac{\partial u}{\partial x}\right)_0, \quad b = \left(\frac{\partial u}{\partial y}\right)_0$$

$$v_0 = v(x_0, y_0), \quad a_1 = \left(\frac{\partial v}{\partial x}\right)_0, \quad b_1 = \left(\frac{\partial v}{\partial y}\right)_0$$

以点 z_0 为圆心，ρ 为半径的圆周

$$x - x_0 = \rho\cos\varphi, \quad y - y_0 = \rho\sin\varphi$$

变换到 (u, v) 平面成为一条曲线，它的方程可以从下列等式中消去 φ 来得到

$$u - u_0 = \rho(a\cos\varphi + b\sin\varphi), \quad v - v_0 = \rho(a_1\cos\varphi + b_1\sin\varphi)$$

施行这个消去法，我们得出

$$[a_1(u - u_0) - a(v - v_0)]^2 + [b_1(u - u_0) - b(v - v_0)]^2 = \delta^2\rho^2 \tag{64}$$

其中 $\delta = ab_1 - a_1b$. 显然，方程 (64) 表示一个以点 (u_0, v_0) 为心的椭圆，它就是我们的半径为 ρ 的圆周的映射象. 这个椭圆当 $\delta = 0$ 时退化成相重的两个直线段.

现在我们来看看在什么条件下这个椭圆变成圆周，也就是说在什么条件下变换 (63) 把 (x, y) 平面上的圆周变到 (u, v) 平面上的圆周.

椭圆 (64) 成为圆周的条件是

$$a_1^2 + b_1^2 = a^2 + b^2, \quad aa_1 + bb_1 = 0 \tag{65}$$

这里，当 $\delta = 0$ 时我们所得到的不是圆周而只是一个点. 实际上，在这种情形，利用恒等式

$$(a_1^2 + b_1^2)(a^2 + b^2) - (aa_1 + bb_1)^2 = (ab_1 - a_1b)^2$$

我们知道当 $\delta = 0$ 时条件 (65) 成为 $a = b = a_1 = b_1 = 0$，从而，变换 (63) 退化成下面的形式

$$u = u_0, v = v_0$$

或即

$$w = f(z) = w_0$$

显然，这个特别情形相当于导函数 $f'(z)$ 在点 z_0 为零的情形.

现在我们研究一般情形 $\delta \neq 0$，从条件 (65) 我们得到

$$a_1 = -kb, \quad b_1 = ka, \quad k^2(a^2 + b^2) = a^2 + b^2$$

在这种情形下 $a^2+b^2\neq 0$(因为 $\delta\neq 0$). 在上面后一个等式中消去 a^2+b^2, 得到 $k^2=1$, 于是 $k=\pm 1$, 从而, 条件(65)成为

$$a_1=-b,\quad b_1=a \tag{66}$$

或

$$a_1=b,\quad b_1=-a \tag{67}$$

第一组条件(66)就是在点 (x_0,y_0) 的柯西－黎曼条件, 而在这个条件下, 变换(63)成为

$$u-u_0=a(x-x_0)+b(y-y_0),\quad v-v_0=-b(x-x_0)+a(y-y_0)$$

或即

$$w-w_0=(a-ib)(z-z_0)$$

从几何的观点来看, 这个线性变换不外乎是平行移动、旋转或相似变形. 实际上, z 平面上的任何一个半径为 ρ、圆心为 z_0 的圆周都变成一个以 w_0 为圆心的圆周, 并且保持着环绕的方向不变.

所以, 要想一个在点 z_0 有全微分的单值函数 $f(z)$ 具有不等于零的导数 $f'(z_0)\neq 0$, 其必要且充分的条件如下: 当限于只考虑变换 $w=f(z)$ 的线性部分时, 在 w 平面上对应于 z 平面上任一个以点 z_0 为圆心的圆周的曲线是一个以点 $w_0=f(z_0)$ 为圆心的圆周并且其环绕的方向与原圆周相同.

显然, 在这种情形下, 我们在点 z_0 有伸长的固定性与角度的不变性, 也就是说, 是一个保角映射, 这完全符合第三段中的结果, 在点 z_0 的导数 $f'(z_0)$ 为零时有以下的几何特征: 映射 $w=f(z)$ 的线性部分把 z 平面上以 z_0 为圆心的圆周变换成一点 w_0. 所以, 在这种情形下保角性就被破坏了.

最后, 我们注意到: 条件(67)显然使变换(63)成为 $w-w_0=(a+ib)(\bar{z}-\bar{z}_0)$, 换句话说, 跟上述线性变换共轭. 从几何的观点来看, 这个变换可以如下来描述: z 平面上以 z_0 为圆心的圆周变到 w 平面上以 w_0 为圆心的圆周, 但围绕的方向变成相反. 所以, (67)的情形相当于第二类的保角映射(第 4 段).

习　　题

1. 函数 $|z|$ 是否可导?

答: 否.

2. 试验明下列各函数都满足柯西－黎曼条件

$$f(z)=z,\quad z^2,\quad z^n,\quad e^z,\quad \sin z,\quad \cos z$$

3. 假设函数 $f(z)$ 在一个区域内的每一点都满足条件: $f'(z)=0$, 试证明 $f(z)$ 在这个区域内是一个常数.

4. 试用极坐标写出柯西－黎曼条件.

答：$\dfrac{\partial u}{\partial r}=\dfrac{1}{r}\dfrac{\partial v}{\partial \varphi},\dfrac{\partial v}{\partial r}=-\dfrac{1}{r}\dfrac{\partial u}{\partial \varphi}$.

5.试证明函数 $w=\ln r+\varphi i(-\pi<\varphi<\pi)$ 除零点以外到处是解析的(其中 $z=r(\cos\varphi+\mathrm{i}\sin\varphi)$).

6.确定级数 $\sum\limits_{n=1}^{\infty}a_n z^n$ 的收敛半径,假如 $a_n=\dfrac{1}{n^n},a_n=n^{\ln n},a_n=\dfrac{n!}{n^n},a_n=n^n$.

答：$R=\infty,1,\mathrm{e},0$.

7.设 $\sum\limits_{n=0}^{\infty}a_n z^n$ 的收敛半径为 r, $\sum\limits_{n=0}^{\infty}a'_n z^n$ 的收敛半径为 r'.问下列各级数应有怎样的收敛半径 R

$$\sum_{n=0}^{\infty}(a_n+a'_n)z^n,\quad \sum_{n=0}^{\infty}(a_n-a'_n)z^n,\quad \sum_{n=0}^{\infty}a_n\cdot a'_n z^n,\quad \sum_{n=0}^{\infty}\frac{a_n}{a'_n}z^n$$

(在最后的情形,所有的 $a'_n\neq 0$.)

答：在第一、第二两种情形,R 不小于 r 与 r' 间的小者,就是说

$$R\geqslant \frac{r+r'-|r-r'|}{2}.$$

在第三种情形 $R\geqslant rr'$,在第四种情形 $R\leqslant \dfrac{r}{r'}$.

8.设 $\sum\limits_{n=0}^{\infty}a_n z^n$ 有收敛半径 r 并且在收敛圆的圆周上某一点 z_0 绝对收敛.试证明这个级数对于所有的 z,$|z|\leqslant r$ 为绝对收敛并且一致收敛.

9.设级数 $\sum\limits_{n=0}^{\infty}a_n z^n$ 的系数 $a_0,a_1,a_2,\cdots$ 都是正实数并且单调趋近于零.试证明：

(1)它的收敛半径不小于 1;(2)假如 $r=1$,那么在它的收敛圆的所有的边界点,除在 $z=1$ 可能发散外,都收敛.

10.在单位圆内部函数 $f(z)=\dfrac{1}{1-z}$ 是否连续? 是否一致连续?

答：连续,但不一致连续.

11.假设对于 $|z|<1$ 确定的函数 $f(z)$ 不但连续而且是一致连续.试证明：当 $z_n\to z_0$ 时,其中 $|z_n|<1$,z_0 为边界点,$\lim\limits_{n\to\infty}f(z_n)$ 存在且与序列无关.

12.试证明在习题11的条件下所唯一确定的边界值 $f(z_0)$ 构成一个沿圆周 $|z|=1$ 连续的函数.

13.假设 $0<|z|<1$,试证明 $\dfrac{1}{4}|z|<|\mathrm{e}^z-1|<\dfrac{7}{4}|z|$.

14.假设 z 是任意的,试证明 $|\mathrm{e}^z-1|\leqslant \mathrm{e}^{|z|}-1\leqslant |z|\mathrm{e}^{|z|}$.

15.假设点 z 沿从坐标原点出发的半射线运动,其模在无限增加.问对于这条半射线的哪些方向 $\lim \mathrm{e}^z$ 存在,又哪些方向它不存在?

答:当 $-\dfrac{\pi}{2} < \arg z < \dfrac{\pi}{2}$ 时,$\lim \mid \mathrm{e}^z \mid = +\infty$;当 $\dfrac{\pi}{2} < \arg z < \dfrac{3}{2}\pi$ 时,

$\mathrm{e}^z \to 0$,当 $\arg z = \pm \dfrac{\pi}{2}$ 时,极限不存在.

16. 试求出 $\mathrm{e}^{2+\mathrm{i}}, \cos(5-\mathrm{i}), \sin(1-5\mathrm{i})$ 的值.

答:
$$\mathrm{e}^{2+\mathrm{i}} = \mathrm{e}^2(\cos 1 + \mathrm{i}\sin 1) = 3.992 + \mathrm{i}6.218$$

$$\cos(5-\mathrm{i}) = \frac{\mathrm{e}+\mathrm{e}^{-1}}{2}\cos 5 + \mathrm{i}\frac{\mathrm{e}-\mathrm{e}^{-1}}{2}\sin 5 = 0.438 + \mathrm{i}1.127$$

$$\sin(1-5\mathrm{i}) = \frac{\mathrm{e}^5+\mathrm{e}^{-5}}{2}\sin 1 - \mathrm{i}\frac{\mathrm{e}^5-\mathrm{e}^{-5}}{2}\cos 1 = 62.45 - \mathrm{i}40.09$$

17. 问以下各对函数之间存在怎样的关系:

(1)$\arccos z$ 与 $\ln z$;(2)$\arctan z$ 与 $\ln z$?

答:(1)$\arccos z = -\mathrm{i}\ln(z+\sqrt{z^2-1})$.

(2)$\arctan z = \dfrac{\mathrm{i}}{2}\ln\dfrac{1-\mathrm{i}z}{1+\mathrm{i}z}$.

18. 给定 $w=u+\mathrm{i}v=\ln(z-c)$. 设 $z=x+y\mathrm{i}, c=a+b\mathrm{i}$,试求出 u 与 v,并验证在任意点的柯西－黎曼条件.

答:$u=\ln\sqrt{(x-a)^2+(y-b)^2}$,$v=\arctan\dfrac{y-b}{x-a}$.

19. 假设变数 $z=x+y\mathrm{i}$ 描画出线段 $x=1, -1 \leqslant y \leqslant 1$. 这个线段在映射 $w=z^2$ 之下的象是 w 平面上的一条曲线,试问这条曲线的长度等于多少?

答:$2\sqrt{2}+\ln(3+2\sqrt{2})$.

20. 当 z 在 $R(z)=1, -1\leqslant I(z)\leqslant 1$ 范围内变化时,问 $w=z^2$ 描画出一条什么样的曲线?

答:在点 $(0,-2)$ 与 $(0,2)$ 之间的抛物线 $y^2=4(1-x)$ 的一段弧.

21. 假设 z 平面的面积元素是 $\mathrm{d}w$,问象平面 $w=f(z)$ 的面积元素应如何表示?

答:$\mid f'(z) \mid^2 \cdot \mathrm{d}w$,其中 z 是给出元素 $\mathrm{d}w$ 的那个点.

22. 假设点 z 扫过区域 G,区域 D 是在解析映射 $w=f(z)$ 下区域 G 的象,问 D 的面积等于多少?

答:$\iint \mid f'(z) \mid^2 \mathrm{d}x\mathrm{d}y$,这里积分展布在区域 G 上.

23. 假设 $w=z^2$,又 z 扫过由下述条件确定的区域:$1\leqslant \mid z \mid \leqslant 2, -\dfrac{\pi}{2}\leqslant \arg z \leqslant \dfrac{\pi}{4}$,问 w 所描画出的区域的面积应该等于多少?

答:7.5π.

线性变换与其他简单变换

在简明导数的几何意义时(第二章,§5,第 3 段)我们已经看到:一个在某区域 G 内解析的函数 $w=f(z)$ 所构成的映射,在所有合乎 $f'(z)\neq 0$ 的点 z 都是保角的.在本章中我们要讨论几个由一些简单的解析函数构成的映射.

§1　线　性　函　数

1. 整线性函数

我们先研究形式如下的线性函数

$$w=az+b \tag{1}$$

其中 a 与 b 是给定的复数($a\neq 0$),显然这个映射(1)在整个 z 平面上是保角的($w'=a\neq 0$),并且是双方单值的.我们首先来讨论三种特殊情形,并且为简单起见,z 与 w 将用同一个平面上的点来代表.

(1)$w=z+b$.很清楚,在这个映射下,点 z 沿矢量 b 的方向平移到点 w 移动的距离等于 b 的长度(图 33).假设 $w=u+vi$,$z=x+yi$,$b=b_1+b_2i$,我们可以把变换(1)写成:$u=x+b_1$,$v=y+b_2$.这两个等式是众所周知的平移坐标轴的公式.

(2)$w = e^{ai}z$. 在这个情形下，$|w| = |z|$，$\arg w = \arg z + \alpha$，也就是说，只要把矢量 z 绕原点转一个角度 α（图 34）就由点 z 得到点 w. 因此映射 2 不是别的，而是绕原点一个角度 α 的旋转. 不仅如此，我们还可以写成 $w = u + vi = (x + yi)(\cos\alpha + i\sin\alpha)$，由此得出 $u = x\cos\alpha - y\sin\alpha$，$v = x\sin\alpha + y\cos\alpha$. 这两个等式正是我们熟知的转轴公式.

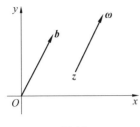

图 33

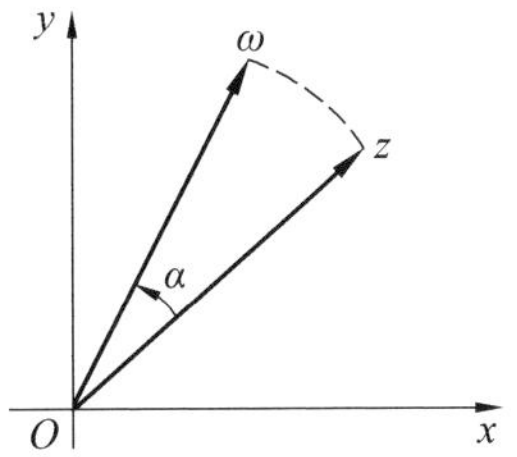

图 34

(3)$w = rz$，其中 r 是一个正常数. 在这个情形，$|w| = r|z|$，$\arg w = \arg z$，也就是说，点 z 被变换到直线 Oz 上的一点 w，而 w 离 O 的距离是 z 的距离的 r 倍. 这就是所谓以点 O 为圆心、以 r 为模的相似变换（图 35）.

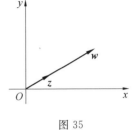

图 35

一般的变换 $w = az + b$ 可以由上述三种最简单的变换产生出来. 实际上，假定 $a = re^{ai}$. 我们可以首先把矢量 Oz 转一个角度 α：$z' = e^{ai}z$. 然后把 $|z|$ 放大 r 倍：$z'' = rz'$. 最后，使点 z'' 作平行移动：$w = z'' + b$. 验算一下，就得到：$w = z'' + b = rz' + b = re^{ai} \cdot z + b = az + b$. 此外我们也可以从另一种观点来讨论由函数 $w = az + b$ 给出的映射. 为了说明这一点，我们找出适合下一条件的复数 A

$$w - A = a(z - A) \tag{1'}$$

由此得出 $A - aA = b$，或者说 $A = \dfrac{b}{1-a}$. 若 $a \neq 1$（当 $a = 1$ 时，映射就是简单的平行移动），则映射 (1') 表示一个绕点 A 的旋转之后，再加上一个相似变换. 因此我们总可以从点 z 得到点 w，或者利用一个平行移动（$a = 1$）或者利用一个绕点 $A = \dfrac{b}{1-a}$ 的旋转再加上一个相似变换（图 36）.

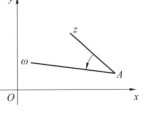

图 36

2. 函数 $w = \dfrac{1}{z}$

由这个公式给出的对应关系，对于平面上所有的点而言，都是双方单值的，并且对应于零点 $z = 0$（或 $w = 0$）的是无穷远点 $w \to \infty$（或 $z \to \infty$）. 为了研究这

85

个函数所给出的变换,最好引用极坐标,设 $z = re^{\varphi i}, w = \rho e^{\theta i}$. 不难看出,在给定的情况下

$$\rho = \frac{1}{r}, \quad \theta = -\varphi \tag{2}$$

以零点为圆心、单位长为半径作圆周 C. 在变换(2)之下,这个圆周变成本身,而且圆周上每一个点变成它对于实轴的对称点. 变换(2)可以很便利地分成两个更简单的变换

$$r' = \frac{1}{r}, \quad \varphi' = \varphi \tag{Ⅰ}$$

$$\rho = r', \quad \theta = -\varphi' \tag{Ⅱ}$$

在这两个变换中,第一个使辐角保持不变而模变为倒数. 圆内一点 z 被变到圆外的,在线段 Oz 的延长线上的一点 w',并且映射象与原有点离点 O 的距离之积等于 1. 我们称这种变换为一个颠倒向径矢量的变换(第一章,§2,第 5 段)或对于圆周 C 的一个反演变换. 用变换(Ⅰ)可以使之彼此变换的两点 z 与 w',我们已经把它们称为对于圆周 C 是互相对称的. 从已知点 z 求出点 w'(或从 w' 求 z)的几何作图法曾在第一章,§2,第 5 段中讲过. 必须注意,映射(Ⅰ)可以写成

$$w' = \frac{1}{z} \tag{Ⅰ'}$$

由此可见,它不是一个解析映射,而是属于第二类型的一个保角映射(第二章,§5,第 4 段). 对这样一个映射来说,虽然保持了角度的绝对值但却变更了角度的方向.

变换(Ⅱ)可以写成 $w = \overline{w'}$. 很明显,这个变换也是一个第二类型的保角映射,它把每一点变成它对于实轴的对称点. 两个非解析的映射(Ⅰ)与(Ⅱ)(第二类型保角映射)合成一个解析映射(设 $z \neq 0$) $w = \frac{1}{z}$. 这个映射在 z 平面上包括 $z = 0$ 与 $z \to \infty$ 在内的每一点都保持角度不变,只要我们了解所谓两条曲线在 $z \to \infty$ 的角度就是指由函数 $w = \frac{1}{z}$ 所映射成的两条曲线在 w 平面上 $w = 0$ 那一点的夹角.

3. 一般线性函数

一般线性变换的形式是

$$w = \frac{az + b}{cz + d} \tag{3}$$

其中 a, b, c, d 是固定的复数并且 $ad - bc \neq 0$,这是因为否则线性函数(3)就与 z 无关了. 反过来,z 也可以用 w 表示出来

$$z = \frac{dw - b}{-cw + a} \tag{4}$$

因此，由函数(3)所决定的对应关系是双方单值的. 点 $z = -\frac{d}{c}$ 对应于 w 平面上的无穷远点, 而点 $w = \frac{a}{c}$ 则对应于 z 平面上的无穷远点. 一般线性变换(3)在扩充了的 z 平面上一切点都保持角度不变. 实际上, 导函数

$$\frac{\mathrm{d}w}{\mathrm{d}z} = \frac{(cz + d)a - (az + b)c}{(cz + d)^2} = \frac{ad - bc}{(cz + d)^2}$$

在所有的点 $z(z \neq -\frac{d}{c}, z \neq \infty)$ 都是异于零的有限数, 因此在所有这些点都保证了角度的不变性. 在无穷远点, 角度仍然保持不变, 这是因为, 经过变换 $z = \frac{1}{z}$ 之后, 如果 $c \neq 0$, 函数 $\frac{a + bz'}{c + dz'}$ 在点 $z' = 0$ 是解析的并且有不等于零的微商 $-\frac{ad - bc}{c^2}$. 如果 $c = 0$, 我们只要考虑函数 $\frac{d}{az + b}$ 在 $z \to \infty$ 的情形, 就可以得到同样结果. 最后, 如果 $z = -\frac{d}{c}$, 只要考虑函数 $\frac{cz + d}{az + b}$ 就可立刻得到角度的不变性.

现在我们来讨论一般线性变换(3)的构造. 我们要指出, 这种变换可以由上面考虑过的那些变换得出来. 实际上, 我们可以用除法得到

$$w = \frac{az + b}{cz + d} = \frac{a}{c} + \frac{bc - ad}{c(cz + d)} \tag{3'}$$

引用新变数 $z' = c(cz + d)$, 我们就得到了要证明的结果.

4. 线性函数关于圆周的性质

现在回来讨论一般线性变换的性质. 这种变换有一个特殊的性质, 可以作为它们的特征叙述如下. 如果点 z 在 z 平面上描画出一个圆周, 那么点 w 在 w 平面上也描画出一个圆周或者描画出一条直线. 如果点 z 描画出一条直线, 那么 w 描出直线或圆周. 把直线看作半径为无穷大的圆周我们就可以把这性质简单地叙述如下: 在线性变换之下圆周仍然变成圆周, 也就是说, 一切圆周所组成的整个系统在这个变换下是不变的.

如何来揭示这个性质呢? 显然只要证明这个性质对于第1与第2两段中所讲的变换是对的就可以了.

至于变换1与2, 从它们的几何意义来看(第1段), 是十分明显的. 现在来看变换3. 圆周的方程可以写成

$$A(x^2 + y^2) + mx + ny + l = 0 \tag{5}$$

当 $A=0$ 时,方程(5)代表直线.把 x,y 的值 $\dfrac{u}{r}$ 与 $\dfrac{v}{r}$ 代入方程(5),我们在 w 面上仍然得到一个圆周的方程.因此在这种情况下圆周变成圆周.最后来看变换 $w=\dfrac{1}{z}$(第 2 段).

方程(5)可以写成

$$A z\bar{z} + \bar{B}z + B\bar{z} + C = 0$$

其中 A 与 C 都是实常数.经过变换 $w=\dfrac{1}{z}$,得到 $A\dfrac{1}{w\bar{w}}+\dfrac{\bar{B}}{\bar{w}}+\dfrac{B}{w}+C=0$,通分后再去掉公分母,我们就得到

$$A-\bar{B}\bar{w}+Bw+Cw\bar{w}=0 \tag{5'}$$

方程(5′)在 w 面上仍然代表圆周.(当 $C=0$ 时方程(5′)表示一条直线)

这样,我们看到了,在所有这四种变换(第 1,2 段)之下,圆周都变换成圆周,因此这个性质也是一般线性变换所具有的性质,因为一般线性变换无非就是这些变换的组合而已.

5. 线性变换的参变数与不变量

一般线性变换 $w=\dfrac{az+b}{cz+d}$ 依赖于三个参变数,例如我们可以把 a,b,c,d 等四个数与其中之一的三个比值当作参变数.要想决定这些参变数,换句话说,要决定这个变换,必须有 a,b,c 与 d 之间的三个方程.如果指出我们所要确定的变换把某三个点 z_1,z_2,z_3 变到三点 w_1,w_2,w_3,我们就可以得到这样的三个方程

$$w_k=\frac{az_k+b}{cz_k+d} \quad (k=1,2,3) \tag{6}$$

为了从这些方程与方程 $w=\dfrac{az+b}{cz+d}$ 中消去 a,b,c,d,我们作出下面的差

$$w-w_1=\frac{(ad-bc)(z-z_1)}{(cz+d)(cz_1+d)}, \quad w-w_2=\frac{(ad-bc)(z-z_2)}{(cz+d)(cz_2+d)}$$

$$w_3-w_1=\frac{(ad-bc)(z_3-z_1)}{(cz_3+d)(cz_1+d)}, \quad w_3-w_2=\frac{(ad-bc)(z_3-z_2)}{(cz_3+d)(cz_2+d)}$$

逐项地,把上面第一个方程用第二个除,把第三个用第四个除,然后再把这样的等式彼此相除,我们就得到

$$\frac{w-w_1}{w-w_2}:\frac{w_3-w_1}{w_3-w_2}=\frac{z-z_1}{z-z_2}:\frac{z_3-z_1}{z_3-z_2} \tag{7}$$

这就是所求的线性变换.我们要注意:这个变换(7)是把点 z_1,z_2,z_3 变换到点 w_1,w_2,w_3 的唯一的一个线性变换,这是因为我们所得到的这个变换是在假定一般线性变换在满足条件(6)的情况下得到的.

因为我们可以任意取在线性变换下互相对应的两组点（每组四点）来作为 z_1,z_2,z_3,z 和 w_1,w_2,w_3,w，所以，以上得到的关系表明了线性变换的下述的一般性质：比值 $\dfrac{z-z_1}{z-z_2}:\dfrac{z_3-z_1}{z_3-z_2}$ 在线性变换下保持不变，也就是说，它是线性变换的不变量，这个比值称为这四点的交比或反调和比，并记作 (z_1,z_2,z,z_3). 我们接下来弄清楚，当四点 z_1,z_2,z 与 z_3 在一个圆周上（特殊情形，在一条直线上）时，反调和比的几何意义. 假设点 z_1,z_2,z,z_3 在直线

$$\zeta=\zeta_0+t\mathrm{e}^{\mathrm{i}\alpha}\quad(-\infty<t<+\infty)$$

上，这条直线通过点 ζ_0 并与 x 轴交成 α 角. 于是有

$$z_1=\zeta_0+t_1\mathrm{e}^{\mathrm{i}\alpha},\quad z_2=\zeta_0+t_2\mathrm{e}^{\mathrm{i}\alpha},\quad z=\zeta_0+t\mathrm{e}^{\mathrm{i}\alpha},\quad z_3=\zeta_0+t_3\mathrm{e}^{\mathrm{i}\alpha}$$

由此

$$(z_1,z_2,z,z_3)=(t_1,t_2,t,t_3)$$

这就是说在一条直线上的四点的反调和比是一个实数，它等于从其中一点 (z) 到另外两点 $(z_1$ 与 $z_2)$ 的距离之比除以从第四点 (z_3) 到同样这两点 $(z_1$ 与 $z_2)$ 的距离之比再带上一个适当的符号. 现在设点 z_1,z_2,z,z_3 在以 ζ_0 为圆心、r 为半径的圆周 $\zeta=\zeta_0+r\mathrm{e}^{\mathrm{i}\varphi}(0\leqslant\varphi<2\pi)$ 上，则有

$$z_1=\zeta_0+r\mathrm{e}^{\mathrm{i}\varphi_1},\quad z_2=\zeta_0+r\mathrm{e}^{\mathrm{i}\varphi_2},\quad z=\zeta_0+r\mathrm{e}^{\mathrm{i}\varphi},\quad z_3=\zeta_0+r\mathrm{e}^{\mathrm{i}\varphi_3}$$

于是得到

$$(z_1,z_2,z,z_3)=\frac{\mathrm{e}^{\mathrm{i}\varphi}-\mathrm{e}^{\mathrm{i}\varphi_1}}{\mathrm{e}^{\mathrm{i}\varphi}-\mathrm{e}^{\mathrm{i}\varphi_2}}:\frac{\mathrm{e}^{\mathrm{i}\varphi_3}-\mathrm{e}^{\mathrm{i}\varphi_1}}{\mathrm{e}^{\mathrm{i}\varphi_3}-\mathrm{e}^{\mathrm{i}\varphi_2}}=$$

$$\frac{\mathrm{e}^{\mathrm{i}\frac{\varphi+\varphi_1}{2}}\cdot2\mathrm{i}\sin\dfrac{\varphi-\varphi_1}{2}}{\mathrm{e}^{\mathrm{i}\frac{\varphi+\varphi_2}{2}}\cdot2\mathrm{i}\sin\dfrac{\varphi-\varphi_2}{2}}:$$

$$\frac{\mathrm{e}^{\mathrm{i}\frac{\varphi_3+\varphi_1}{2}}\cdot2\mathrm{i}\sin\dfrac{\varphi_3-\varphi_1}{2}}{\mathrm{e}^{\mathrm{i}\frac{\varphi_3+\varphi_2}{2}}\cdot2\mathrm{i}\sin\dfrac{\varphi_3-\varphi_2}{2}}=$$

$$\frac{2\sin\dfrac{\varphi-\varphi_1}{2}}{2\sin\dfrac{\varphi-\varphi_2}{2}}:\frac{2\sin\dfrac{\varphi_3-\varphi_1}{2}}{2\sin\dfrac{\varphi_3-\varphi_2}{2}}$$

我们看到，在这里反调和比也是一个实数，它等于由一点 (z) 连到另外两点 $(z_1$ 与 $z_2)$ 的弦长之比除以从第四点 z_3 连到这同样两点的弦长之比，再加上一个适当的符号.

结合在本段一开始所得到的结果与圆周在线性变换下不变的事实，我们得到下面的结论：在 z 平面上选三点 α,β,γ. 通过这三点可以作一个并且只能作一个圆周. 同样，在 w 平面上也给出三点 α',β',γ'，它们也完全一样地决定通过它

们的圆周. 根据上面的结果, 我们可以说, 存在着唯一的一个线性变换把第一个圆周变成第二个圆周, 同时使点 α', β', γ' 分别对应于点 α, β, γ.

因为圆周 $\alpha'\beta'\gamma'$ 是两个不同的区域(圆周的内部与外部)的边界, 所以还必须搞清楚, 到底圆周 $\alpha\beta\gamma$ 的内部变成了这两个区域中的哪一个. 为此, 只需要检查一下, 圆周 $\alpha\beta\gamma$ 的内法线上的点究竟变到哪里去了. 但是 $\alpha\beta\gamma$ 的法线仍变成 $\alpha'\beta'\gamma'$ 的法线; 所以只要选择 $\alpha'\beta'\gamma'$ 的法线方向, 使得这个法线与圆周间夹角所取的方向, 与 $\alpha\beta\gamma$ 的内法线及圆周间夹角所取的方向相同. 图 37($\alpha\beta\gamma$ 的内部变到 $\alpha'\beta'\gamma'$ 的内部)与图 38(内部变到外部)表示两种不同的情形.

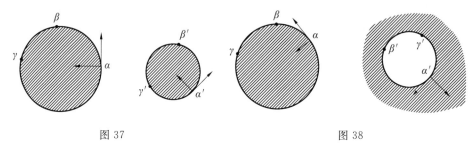

图 37   图 38

6. 把上半平面变成自己的映射

上半平面可以看成圆的特殊情形, 其半径为无穷大. 我们要讨论这样一个问题: 把 z 平面的上半平面变到 w 平面的上半平面的线性函数应该是什么样子. 从上段中可以看到, 这种变换必定把围成上半平面的实轴仍变成实轴.

在 z 平面的实轴上取三点 α, β, γ, 并假定我们的变换把这三点分别变成 $0, 1, \infty$ 三点. 根据第 5 段, 我们可以得到: 如果 $\alpha < \beta < \gamma$, 那么利用公式(6), z 平面的上半平面仍变成 w 平面的上半平面(图 39); 但例如当 $\gamma < \beta < \alpha$ 时, z 平面的上半平面就要变成 w 面的下半平面(图 40).

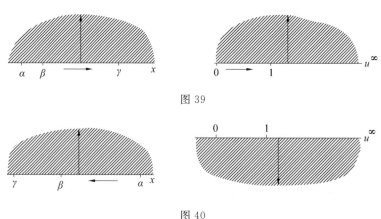

图 39

图 40

把上半平面变成上半面的线性变换(7)可以写成

$$w = \frac{az+b}{cz+d} \tag{8}$$

其中 a,b,c,d 是满足下列条件的任意四个实数

$$ad - bc > 0 \tag{9}$$

实际上,从公式 $\dfrac{dw}{dz} = \dfrac{ad-bc}{(cz+d)^2}$ 我们可以看到,当 z 是实数时,导数 $\dfrac{dw}{dz}$ 在条件 $ad-bc>0$ 之下永远取正号.

如果 $ad - bc < 0$,那么函数(8)就要把 z 平面的上半平面变成 w 平面的下半平面,而把下半平面变成上半平面.

7. 在线性变换下互相对称的点对的不变性

假设有一个半径是任意长 R 的圆周. 如果 P 与 P' 两点都在通过圆心的一条半直线上而且它们离圆心的距离的乘积等于半径 R 的平方,我们就说这两点对于这个圆周是互相对称的(第一章,§2,第5段). 我们对于已知圆周任取一对互相对称的点. 用任意一个线性函数来映射这个圆周,我们要证明一对互相对称的点变成对于映射成的圆周的一对互相对称的点.

首先,我们证明,一对互相对称的点 P 与 P' 具有下述特性:通过这些点画出的圆周与基本圆周是正交的(图41). 实际上,通过点 P 与基本圆周上的任一点 A 可以作一个圆周与基本圆周正交,并且只能作一个(如点 A 在 OP 上,所作圆周就退化成直线 OP). 考察所作圆周与半射线 OP 的交点 P',从图41我们得到

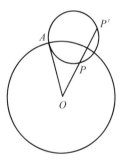

图 41

$$AO^2 = OP \cdot OP', \quad \text{或即} \quad R^2 = OP \cdot OP'$$

即点 P 与 P' 是对于基本圆周互相对称的点. 因此,通过点 P 而与基本圆正交的任意圆周必属于通过点 P 与 P' 的圆周束. 反过来说,束中任一个圆周与基本圆周交于某一点 A(由于 P 在基本圆周内而 P' 在基本圆周外),因而必定和某一个与基本圆周正交的圆周重合.

现在回到本段定理的证明,由于线性变换把已知圆周和通过点 P 与 P' 而与之正交的圆周束,变成某一个另外的圆周,和通过对应点 Q 与 Q' 而与之正交的圆周束. 由前面的证明知道,点 Q 与 Q' 是互相对称的.

在特殊情形下,如果圆周经线性变换后成为一条直线,则变换后正交束中一切圆周的圆心都在这条直线上. 由此可见,对应点 Q 与 Q' 对于这条直线是对称的.

8. 把圆变成上半平面的映射

我们要找一个变换,把上半平面变成以原点为圆心、单位长为半径的圆. 我们从下式出发来找这个变换

$$w = \frac{az+b}{cz+d} \tag{10}$$

点 0 与 ∞ 对于圆周 $|w|=1$ 是对称的;对应于这两点的点是 $z=-\frac{b}{a}$ 与 $z=-\frac{d}{c}$,根据上一段的证明,它们应该对于实轴对称,换句话说,设 $-\frac{b}{a}=\beta$,则 $-\frac{d}{c}=\bar{\beta}$. (十分明显,$c \neq 0$,这是因为 z 平面上的无穷远点应该对应于 w 平面上的一个有限点,事实上对应于半径是单位长的圆周上的一点.) 引用这里介绍的记号,我们可以把等式(10)写成

$$w = \frac{a}{c} \cdot \frac{z-\beta}{z-\bar{\beta}} \tag{11}$$

因为当 $z \to \infty$ 时,$|w|=1$,故由等式(11)得

$$\left|\frac{a}{c}\right| = 1 \quad \text{或} \quad \frac{a}{c} = e^{\alpha i}$$

最后得到

$$w = e^{\alpha i} \frac{z-\beta}{z-\bar{\beta}} \tag{12}$$

在什么情况下,我们的圆会变成上半面呢? 按照公式(12),圆心 $w=0$ 将对应于点 $z=\beta$. 由此可见,要想把圆变成上半面,应该使点 β 在上半面,即 $I(\beta) > 0$.

9. 把圆变成自己的映射

假设给定了一个以坐标原点为圆心、单位长为半径的圆. 我们假定把圆 $|z| \leqslant 1$ 变成圆 $|w| \leqslant 1$ 的映射,把某一点 $z=\alpha(\alpha \neq 0,|\alpha|<1)$ 变成了原点 $w=0$. 对于圆周 $|w|=1$ 而言,与原点对称的点显然是无穷远点. 于是,根据第 7 段的定理,我们应该有当 $z=\frac{1}{\alpha}$ 时,$w \to \infty$.

因此,所求的变换应该有下面的形式

$$w = k \frac{z-\alpha}{z-\frac{1}{\alpha}} \tag{13}$$

其中 k 是常数.

我们把公式(13)写成

$$w = k\bar{\alpha}\,\frac{z-\alpha}{\alpha z - 1} = k'\,\frac{z-\alpha}{1-\bar{\alpha}z} \tag{13'}$$

由于,当$|z|=1$时,$\frac{1}{z}=\bar{z}$,就得到$|1-\bar{\alpha}z|=\left|\frac{1}{z}-\bar{\alpha}\right|=|\bar{z}-\bar{\alpha}|=|z-\alpha|$. 因为圆周$|w|=1$对应于圆周$|z|=1$,所以我们推出$|k'|=1$,因而$k'=\mathrm{e}^{\mathrm{i}\vartheta}$. 这样,公式$(13')$就可以写成

$$w = \mathrm{e}^{\mathrm{i}\vartheta}\,\frac{z-\alpha}{1-\bar{\alpha}z} \tag{14}$$

很显然,(14)这个结果可以推到$\alpha=0$的情形.

结论:把圆$|z|\leqslant 1$变成自己的线性变换具有下面的形式

$$w = \mathrm{e}^{\mathrm{i}\vartheta}\,\frac{z-\alpha}{1-\bar{\alpha}z} \tag{15}$$

其中$|\alpha|<1$;但如果$|\alpha|>1$,那么公式(15)把圆$|z|\leqslant 1$的内部变成圆$|w|\leqslant 1$的外部.

10. 用对称映射来表示线性变换

我们知道,每一个线性变换(2)都可以分解成下面的初等变换:① 平移;② 旋转;③ 相似变换;④ 形如$w=\frac{1}{z}$的变换. 另一方面,我们又看到,变换 ④ 相当于相继完成两个对称映射,一个是对于圆周的,一个是对于实轴的. 至于变换①,显然它等于相继完成对于两条平行直线的两个对称映射(这两条平行直线垂直于平移的方向,彼此的距离等于平移距离的一半). 变换 ②—— 旋转,也相当于相继完成对于一对相交直线的两个对称映射(直线的交点在旋转中心,而交角等于旋转角的一半).

最后,变换 ③—— 相似变换,也等于继续做完对两个同心圆周的两个反演变换(圆心在相似中心而半径平方之比等于相似变换的模).

因此,每一个线性变换(2)都相当于偶数个对于直线或圆周所作的对称映射. 这对于无穷远点来说也是对的,只要对于对直线的对称映射,我们把无穷远点当作本身的对应点而在对于对圆周的反演变换,却把圆心当作无穷远点当作本身的对应点而在对于对圆周反演变换,却把圆心当作无穷远点的对应点. 我们现在来证明,以上这个定理的逆定理也是对的,也就是说,偶数个对称映射的相继完成就给出一个线性变换.

实际上,对于以点α为圆心、R为半径的圆周的一个对称映射(z,w)① 可以解析地写作

---

① 符号(z,w)表示z被变换成$w=f(z)$.

$$w - \alpha = \frac{R^2}{\overline{z - \alpha}}$$

或

$$w - \alpha = \frac{R^2}{\overline{z} - \overline{\alpha}} \tag{16}$$

要想把对于直线的对称映射解析地表示出来,我们在对直线的对称变换之后,加上对于通过原点的平行直线接连地作两次对称,然后再对于实轴接连地作两次对称;当然,这一切都不会改变所讨论的变换(z,w);但是在另一方面,前两个对称合在一起,我们得到一个平移$(z,z+h)$,紧跟着的两个对称合在一起,我们又得到一个绕原点的旋转$(z+h,(z+h)\mathrm{e}^{i\theta})$,所以,要想得到$w$,只要再完成一个对实轴的对称变换,也就是说

$$w = \overline{(z+h)\mathrm{e}^{i\theta}}$$

或

$$w = \mathrm{e}^{-i\theta}\overline{z} + \mathrm{e}^{-i\theta}\overline{h} \tag{17}$$

这就是对于一条直线的对称变换的表达式.

从公式(16)与(17)的讨论立刻知道,任意两个对称变换之积都是一个线性变换.另一方面,由于线性变换构成一个群(即两个线性变换之积仍然是一个线性变换),我们可以断言,偶数个接连的对称变换相当于若干个线性变换之积,换句话说,还是一个线性变换.

11. 线性变换的不同类型

除恒等变换$w=z$之外,一切线性变换$w=\dfrac{az+b}{cz+d}$都至多有两个不动点,即线性变换下,变成自己的点;实际上这些点就是下面方程的根

$$z = \frac{az+b}{cz+d}$$

即

$$cz^2 + (d-a)z - b = 0 \tag{18}$$

解这个二次方程(18),我们就得到给定的线性变换的两个不动点

$$z = \frac{a-d \pm \sqrt{(a-d)^2 + 4bc}}{2c}$$

如果$(a-d)^2 + 4bc = 0$,这两点就互相重合,否则我们就得到两个不同的不动点.

附注　在特殊情况下,可能发生不动点是复变数z平面上的无穷远点.显然,这只有当$c=0$的情形,也就是整线性变换的情形才能出现.当$c=0$并且$d=a$时,也就是说,在平行移动的情形,两个不动点都是无穷远点.

下面,我们来讨论有两个不同的不动点的线性变换,用 z_1 与 z_2 代表这两个不动点.为更清楚计,我们用同一平面上的点代表 z 与 w.我们来考虑一个辅助的平面,它上面的点代表变数 v 与 ζ,其中取定

$$v = \frac{w - z_1}{w - z_2} = S(w), \quad \zeta = \frac{z - z_1}{z - z_2} = S(z)$$

在 $z_2 \to \infty$ 的情形,取

$$v = w - z_1 = S(w), \quad \zeta = z - z_1 = S(z)$$

从公式 $v = S(w), w = L(z)$ 与 $z = S^{-1}(\zeta)$(S^{-1} 表示 S 的反变换),得到

$$v = SLS^{-1}(\zeta)$$

对于构成 v 与 ζ 的相互关系的线性函数 SLS^{-1} 而言,不动点是 0 与 ∞;因此,这个关系应该是 $v = K\zeta$ 的形式,其中 K 是某一个固定的复数.由此可知,给定的线性变换 L 可以写成下面的形式

$$\frac{w - z_1}{w - z_2} = K\frac{z - z_1}{z - z_2} \tag{19}$$

或(在 $z_2 \to \infty$ 的情形)

$$w - z_1 = K(z - z_1)$$

这就是所谓具有两个不同固定点的线性变换的标准形式.如果注意到 $K = \frac{w - z_1}{w - z_2} \cdot \frac{z - z_2}{z - z_1}$ 与 z 无关,我们不难用原始系数来表示出常数 K.命 $z = 0, w = \frac{b}{d}$,我们就得到

$$K = \frac{a + d - \sqrt{(a - d)^2 + 4bc}}{a + d + \sqrt{(a - d)^2 + 4bc}} \tag{20}$$

在 $z_2 \to \infty$ 的情形,有

$$K = \frac{a}{d}$$

我们下面必须研究变换 $v = K\zeta$,因为,由以上所述,从这个变换立刻可以得到一般的变换 L.在这里,我们可以分成三种情形来讨论:

(1)K 是实数并且是正的.

(2)$K = e^{\alpha i}(\alpha \neq 0)$.

(3)$K = re^{\alpha i}(\alpha \neq 0, r \neq 1)$.

在第一种情形,我们把给定的变换(19)称为双曲式的;在第二种情形,称为椭圆式的;而在第三种情形则称为斜驶式的.

关于这些变换的几何意义,我们可以立刻从下面的特殊情形看到

$$v = K\zeta \tag{21}$$

从式(21)看出,对应于双曲式变换的是相似变换,对应于椭圆式的是旋

转,而对应于斜驶式的是旋转与相似变换的结合.在变换(21)的第一与第二两种情形,以下两组曲线起着特殊的作用:一组是通过原点的直线族,另一组是以原点 $\zeta=0$ 为圆心的圆周族.这两个线族都在我们的映射之下保持不变.在双曲式变换(21)的情形,每一条以上所说的直线都变成本身,而同时圆周则彼此互变.反之,在椭圆式变换(21)的情形,则每一个所说的圆周都变成本身,而直线则彼此互变.

要想进而讨论一般情形(19),还要引进两族圆周,它们是从以上的两族曲线经过下面的映射而得到的

$$\zeta=\frac{z-z_1}{z-z_2} \quad 或 \quad \zeta=z-z_1$$

很显然,这是这样的两族曲线,第一族是由通过不动点 z_1 与 z_2 的一切圆周所组成的,而第二族是由一切和第一族正交的圆周所组成的(图42).在 $z_2 \to \infty$ 的情形,第一族由以点 z_1 为圆心的直线束组成,而第二族则是由以 z_1 为圆心的圆周所组成.

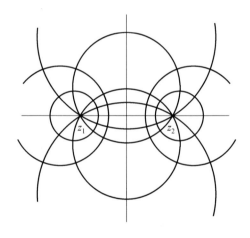

图 42

对于双曲式的变换,每一个第一族的圆周都变成自己本身,同时,以这些圆周为边区域也变成它们自己;在椭圆式变换的情形,同样的事情发生于第二族圆周.应该注意,在斜驶式变换的情形,就没有连它所包围的区域一起使自己变成自己的直线或圆周.要想了解这一点,只需要来考虑 $v=K\zeta$ 形式的变换,其中 $|K| \neq 1$,同时 K 也不是正实数.因为圆周(直线) $A\zeta\bar{\zeta}+\bar{B}\zeta+B\bar{\zeta}+C=0$($A$ 与 C 是实数)被变成 $Av\bar{v}+\bar{B}Kv+BK\bar{v}+CK\bar{K}=0$,所以要使象与原象重合,我们应该要求这两个方程的相当系数成比例.当 $A \neq 0$ 时,我们得到 $\bar{B}K=\bar{B}$,$BK=B$,$CK\bar{K}=C$,由此得到 $B=0$ 与 $C=0$,这就是说,不动的圆周必然退化成一点:$\zeta=0$.在 $A=0$ 的情形,必须首先假定 $B \neq 0$(否则我们就得到另外一种情形,不动的

圆周退化成点 $\zeta = \infty$）；于是从 $\overline{BK}:\overline{B}=BK:B=CK\overline{K}:C$，我们得到 $K=\overline{K}$，这就是说 K 是（负的）实数并且 $C=0$．因此，在这个特殊的情形下，通过原点的直线仍变成自己本身．不过在这里，变换 $v=K\zeta$ 成为一个以坐标原点为圆心的相似变换与一个 $180°$ 的旋转的合成变换．因而这条不动直线所包围的半平面并不变成自己本身而是彼此互变．这就证明了我们的断语，而这个断语是不用计算也容易从几何方面看出来的．

现在我们来讨论只有一个不动点 z_0 的线性变换，我们把这种变换称为抛物式变换．首先我们还是用同一个平面上的点来表示 z 与 w．令 $v=\dfrac{1}{w-z_0}$，$\zeta=\dfrac{1}{z-z_0}$，我们就过渡到辅助的平面 ζ，v．在 $z_0=\infty$ 的情形，算作

$$v=w, \quad \zeta=z \tag{22}$$

联系着 ζ 与 v 的变换有唯一的不动点在无穷远处，因此它的形式是 $v=\zeta+h$，因此，在一般情形下，抛物式映射的标准形式可以写成

$$\frac{1}{w-z_0}=\frac{1}{z-z_0}+h$$

或

$$w=z+h \tag{23}$$

因此，平移变换是一般的抛物式变换化成的特殊情形．在 ζ 平面上，与矢量 $\boldsymbol{h}$ 平行的直线都分别变成自己本身，而同时，与它们正交的平行直线族则彼此互相变换．在 z 面上，相当于这两族直线的是和它们对应的两个互相正交的圆周族，这些圆周都通过点 z_0．

每一族中的圆周，既然是平行直线的映射象，就应该在点 z_0 具有同一个方向，也就是说，在这一点应该与同一条直线相切（图 43）．

图 43

在上述两个圆周族中有一族,它的每一个圆周都变成自己本身,并且它们所包围成的区域也变成自己.

12. 重点的性质[①]

假设 ζ 是一个变换 $[z,f(z)]$ 的重点,即

$$f(\zeta)=\zeta$$

并设 ζ 是在有限远处.如果在它的充分小的邻域内,有不等式

$$\left|\frac{f(z)-\zeta}{z-\zeta}\right|\leqslant q<1$$

我们就称点 ζ 是一个吸引性的重点.如果它的充分小邻域内,不等式

$$\left|\frac{f(z)-\zeta}{z-\zeta}\right|\geqslant q>1$$

成立,我们就称它是一个排斥性的重点.最后,如果上述比式的模,当 z 趋向 ζ 时,以 1 为极限,我们就称这个重点是中性的.把上面的比式用 $\left|\frac{z}{f(z)}\right|$ 代替,就可以把定义扩充到无穷远点的情形.

假定变换 $[z,f(z)]$ 是解析的,我们来考虑导数 $f'(\zeta)=s$;数 s 称为重点的乘数,显然我们有下面的结论:

如果 $|s|<1$,ζ 是吸引性重点,这因为在它的邻近 $|f(z)-\zeta|<|z-\zeta|$ $(|s|+\varepsilon)$.

如果 $|s|>1$,ζ 是排斥性重点,这由于在它的邻近 $|f(z)-\zeta|>|z-\zeta|$ $(|s|-\varepsilon)$.

如果 $|s|=1$,那么 ζ 是中性重点.

现在回到线性变换,我们假定它在有限距离内有两个重点,把它化为标准形式(19)

$$\frac{w-z_1}{w-z_2}=K\,\frac{z-z_1}{z-z_2}$$

于是我们得到

$$\frac{w-z_1}{z-z_1}=K\,\frac{w-z_2}{z-z_2}$$

由此可见

$$\lim_{z\to z_1}\frac{w-z_1}{z-z_1}=K\quad\text{或即}\quad\left(\frac{\mathrm{d}w}{\mathrm{d}z}\right)_{z=z_1}=K$$

类似地,有

---

① 以后所说的重点,当 f 是线性函数时,即前节所说的不动点(译者注).

$$\lim_{z \to z_2} \frac{w - z_2}{z - z_2} = \frac{1}{K} \quad \text{或} \quad \left(\frac{\mathrm{d}w}{\mathrm{d}z}\right)_{z=z_2} = \frac{1}{K}$$

因此,椭圆式变换的重点是中性的. 双曲式与斜驶式变换中,重点的乘数是 K 与 $\frac{1}{K}$. 一个重点是吸引性的,另一个是排斥性的. 最后,从抛物式变换的标准形式 $\frac{1}{w - z_0} = \frac{1}{z - z_0} + h$ 可以推出

$$\frac{w - z_0}{z - z_0} = 1 - h(w - z_0)$$

由此

$$\lim_{z \to z_0} \frac{w - z_0}{z - z_0} = 1$$

换句话说,抛物式变换的重点也是中性的. 所有以上这些结果都不难推到重点在无限远的情形.

13. 椭圆式变换的几何意义

我们现在来讨论任意一个如此放置着的球面:它的一条直径端点的球极投影刚好是椭圆式变换的不动点 z_1 与 z_2.

不难看出,对应于平面上通过 z_1 与 z_2 的圆周族的,是球面上通过一个直径端点的大圆(经线),而对应于平面上与上述圆周族正交的圆周族,是球面上的许多圆,这些圆的平面垂直于上述直径(纬线). 在椭圆式变换下,第一族圆周彼此互变,而第二族圆周都变成自己. 因此,球面上的点,就从一条经线变到另一条经线,但始终保持在同一纬线上. 这个把球面变成自己的变换还可以用以下方法得到,就是把整个球面绕所考虑的直径做一旋转. 事实上,根据第一章 §4 所述球极投影的性质,经线之间的夹角等于第一族中对应圆周间的夹角,但由于保角性,第一族中任意一个圆周与其经过线性变换后所得圆周之间的夹角总是等于 α. 因此,任意经线与上述变换后所得经线间的夹角也总等于 α. 这就表示:这个球面变换 —— 根据球极投影,它对应于椭圆式变换 —— 变成了绕某直径转一个角度 α 的球面的旋转.

14. 把圆变成自己的变换的特征

每一个保持圆周与其所围成的区域都不变的线性变换必然是椭圆式的、双曲式的或抛物式的(而不是斜驶式的). 反之,对于每一个圆周都可以找到这些不同类型的线性变换,使它保持圆周不变而且不把它的内部变到无穷远去.

事实上,只要首先任意地选择重点,让它们对称于给定的圆周或同在圆周上(互相不同或合为一),然后再决定参变数 K 或 h 使得线性替换把圆外一个

给定的点变成无穷. 于是, 很显然, 圆周的内部就对应于本身而且边界上的正方向也保持不变. 在椭圆式变换中, 重点对称于给定的圆周. 两个重点对于它对称的一束圆周都是不变的, 而且其中两个圆周所围成的环形也是不变的 (图 44).

从射影几何的观点来看, 在这种情形, 我们在不变的圆周上建立了有虚重点的射影对应, 使得圆周上的点都沿着同一 (顺时针或逆时针) 方向移动.

如果变换是双曲式的, 那么重点就在基本圆周上, 而通过这些重点的圆周束是不变的; 因而以重点 z_1 与 z_2 为端点的两段圆弧所围成的月形是不变的 (图 45).

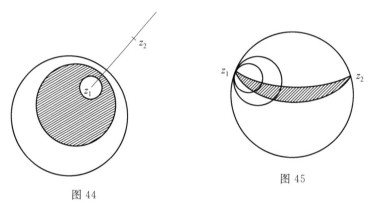

图 44

图 45

从几何的观点来看, 我们在不变圆周上建立了有两个实重点 z_1 与 z_2 的射影对应. 如果 z_1 是排斥性的点而 z_2 是吸引性的, 这个变换就表现为: 在每一段弧 $z_1 z_2$ 上, 圆周上的点都从 z_1 向 z_2 移动. 在每一个重点与基本圆周相切的圆周互相变换. 很显然, 在排斥点那里, 充分小的圆周因变换而增大, 而在吸引点那里, 则因变换而缩小.

根据不变圆周上对应关系的讨论, 我们可以断言, 上述命题不仅对于充分小的圆周而且对于在基本圆周内一切跟它在重点相切的圆周都是对的.

如果变换是抛物式的, 圆周上就只有一个重点, 而与这个圆周在重点相切的一切圆周都是不变的. 因此, 两个切于重点的圆周所围成的月形 (图 46) 是不变的. 从几何的观点来看, 我们在不变圆周上建立了具有重合的重点的射影对应; 这个变换体现了永远沿同一方向的移动.

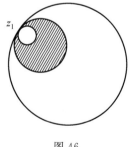

图 46

*§2　线性变换与罗巴切夫斯基几何[①]

1. 罗巴切夫斯基几何在圆上的欧几里得图像

大家都知道,罗巴切夫斯基几何中的公理与欧几里得几何中的公理只有一点不同,就是,代替关于平行直线的欧几里得公理:"通过直线外一点可以引一条而且只能引一条直线与已知直线不相交",引进了罗巴切夫斯基公理:"通过直线外一点可以引无穷多条直线,都不与已知直线相交,这些直线填满了某一个角形区域,这个角的边线称为已知直线的平行线". 在这里,"两条直线的平行性与在这一条或那一条直线上所取的点的位置无关".

为了做出这种几何的欧几里得图像,我们在一部分欧几里得空间中考虑一些欧几里得几何的元素与运算,使它们对应于罗巴切夫斯基几何的元素与运算,称呼它们都用罗巴切夫斯基几何的术语,只是在前面加上"非欧几里得的"以下简称"非欧"这个形容词;我们要证明,这些元素具有一些按着罗巴切夫斯基几何的基本命题,用上述术语表达出来的性质.

用 G 代表一个称为基本圆周的欧几里得圆周 Γ 的内部. 我们约定,取 Γ 内部的点作为非欧点,取与 Γ 正交的圆周在 G 内的部分作为非欧直线. 于是通过两点 A 与 B 只有唯一的一条非欧直线 Δ(图 47);圆周 Δ 与 Γ 相交于 α 与 β 两点. 我们把 A,B 两点间的非欧距离定义为圆周 Δ 上四点 α,β,B,A 的反调和比的对数,乘上一个可以选定的任意的正数值 k

图 47

$$D(A,B)=k\ln(\alpha,\beta,B,A)>0 \qquad (24)$$

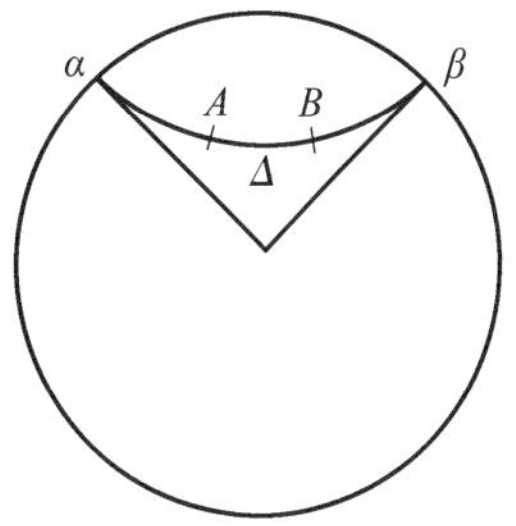

不难看出,当点 A 趋向 α 或 B 趋向 β 时,非欧距离 $D(A,B)$ 就无限增大. 因此,圆周 Γ 可以看作代表了非欧平面上的无穷多个无穷远点. 两条非欧直线间的非欧角可以定义为对应圆周间的夹角. 而非欧几里得的运动就是保持圆周 Γ 内部不变的线性变换.

为了指明这些定义满足罗巴切夫斯基的公理,我们不做详细研究,只简略地证明以下几点:

(1)非欧几里得运动保持非欧直线、距离与角度不变. 很明显,这一点可以根据保持圆周 Γ 内部不变的线性变换的性质得出来.

---

① 带"*"的章节为较难内容.

101

（2）在非欧直线上，非欧距离具有可加性，即当 A,B,C 是同一条非欧直线上的三点时

$$D(A,C) = D(A,B) + D(B,C) \qquad (25)$$

事实上，我们可以用 α,β,a,b,c 表示圆周 Δ 上的点 α,β,A,B,C 在复平面上的附标，我们来证明

$$(\alpha,\beta,c,a) = (\alpha,\beta,b,a)(\alpha,\beta,c,b)$$

这个等式的正确性是很容易验证的，只要把它明白地写出来就行

$$\frac{c-\alpha}{c-\beta} \cdot \frac{a-\beta}{a-\alpha} = \frac{b-\alpha}{b-\beta} \cdot \frac{a-\beta}{a-\alpha} \cdot \frac{c-\alpha}{c-\beta} \cdot \frac{b-\beta}{b-\alpha}$$

把这个等式取对数，再用 k 乘，就得到（25）.

（3）关于平行线的罗巴切夫斯基公理是成立的.

我们考虑从点 P 引出的非欧直线与它对于不含点 P 的非欧直线 Δ 的相对位置. 作圆周 P_α 与 P_β 使与 Δ 相切于点 α 与 β，我们看到，可以把从 P 引出的非欧直线分成与 Δ 相交和不与 Δ 相交的两类；后面的这一类都在某一个角形内，就是在图 48 中画斜线的部分内，也就是由平行线 P_α,P_β 所围成的部分内. 因为，在我们的图像中，平行直线意味着与基本圆周正交的一些欧几里得圆周在基本圆周上一点相交，所以，上面所述的平行性质是非常明显的.

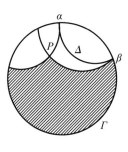

图 48

2. 给定附标的两点间的非欧距离的计算法

用 z_1 与 z_2 表示给定的点的附标，并通过非欧几里得运动，把 z_1 变换到圆周 Γ 的圆心 O（图 49）. 如果 Γ 是单位圆周，而 w_2 是对应于 z_2 的点且 $|w_2|=r$，则

$$D(z_1,z_2) = D(O,w_2) = k\ln(-1,1,r,0) = k\ln\frac{1+r}{1-r}$$

实际上，在非欧几里得运动中，非欧直线 z_1z_2 变成了直线 Ow_2，并且 $D(z_1,z_2) = D(O,w_2)$. 另一方面，利用绕点 O 的旋转，可以把点 w_2 转到以 r 为附标的点，换句话说，$D(O,w_2) = D(O,r)$.

于是，我们就得到所要证明的结果

$$D(z_1,z_2) = D(O,r) = k\ln(-1,1,r,0) = k\ln\frac{1+r}{1-r}$$

因此，要想用点 z_1 与 z_2 的附标来表示 $D(z_1,z_2)$，就只需设法表示出 $r=|w_2|$.

由于保持圆周 Γ 不变而又把 z_1 变到圆心的线性变换是

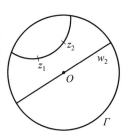

图 49

$$w = e^{i\theta} \frac{z - z_1}{1 - z\overline{z_1}}$$

我们就可以得到 $w_2 = e^{i\theta} \dfrac{z_2 - z_1}{1 - z_2 \overline{z_1}}$，换句话说 $r = |w_2| = \left| \dfrac{z_2 - z_1}{1 - z_2 \overline{z_1}} \right|$. 因此，我们得到了下述计算具有给定的附标 z_1 与 z_2 的两点之间的非欧距离的公式

$$D(z_1, z_2) = k \ln \frac{1 + r}{1 - r} \tag{26}$$

其中

$$r = \left| \frac{z_2 - z_1}{1 - z_2 \overline{z_1}} \right|$$

3. 非欧几里得圆周

依定义，距一个定点的非欧距离为一常数 $d(d > 0)$ 的点的轨迹称为一个非欧几里得圆周. 根据公式(26)，如果 z_1 是定点，那么非欧圆周是具有下列方程的欧几里得曲线

$$\left| \frac{z - z_1}{1 - z\overline{z_1}} \right| = \frac{e^{\frac{d}{k}} - 1}{e^{\frac{d}{k}} + 1}$$

或即

$$\left| \frac{z - z_1}{1 - \frac{1}{\overline{z_1}}} \right| = |z_1| \frac{e^{\frac{d}{k}} - 1}{e^{\frac{d}{k}} + 1}$$

这个方程表示在基本圆周内的一个圆周，属于具有对称于 Γ 的彭色列点 z_1 与 $\dfrac{1}{\overline{z_1}}$ 的圆周. 这里所谓一个圆周束的彭色列点是指对称于束中每一个圆周的那两个点，也就是与给定的圆周束正交的圆周束的基点. 显然，所有在 Γ 内的圆周都可以看作并且只有一种方法看作非欧几里得圆周. 点 z_1 称为上述非欧圆非欧圆心从 z_1 出发的非欧直线，也称为非欧半径. 不难看出，这些半径与这个非欧圆周以及一切有同样非欧圆心的圆周都正交. 事实上，这些半径是从 z_1 出发并与 Γ 正交的一些圆周，因而它们与具有彭色列点 z_1 与 $\dfrac{1}{\overline{z_1}}$ 的束中的一切圆周都互相垂直.

4. 曲线的非欧长度

跟欧几里得几何的情形一样，在罗巴切夫斯基几何中，曲线的弧长也可以定义为内切于这段弧的折线的极限. 因此，要想定义曲线上一段弧的非欧长度，必须在欧几里得图像中取分点，算出各对相邻点间的非欧距离之和，再取它的极限. 我们知道，z 与 $z + \Delta z$ 两点间的非欧距离等于 $k \ln \dfrac{1 + r}{1 - r}$，其中 $r =$

$$\frac{|\Delta z|}{|1-(z+\Delta z)\bar{z}|}.$$ 把 Δz 当作无穷小，于是，这个距离等价于 $2kr=$

$\dfrac{2k|\Delta z|}{|1-(z+\Delta z)\bar{z}|}$，从而也等价于 $\dfrac{2k|\Delta z|}{1-|z|^2}$. 因此，我们得到

$$D(z,z+\Delta z)=\frac{2k|\Delta z|}{1-|z|^2}(1+\varepsilon)$$

式中的 ε，对于在 G 的内部的每一个闭区域中的 z 而言，都一致地随 Δz 趋于零. 由此立刻看出，在 Γ 内的弧 L 的非欧长度是

$$k\int_L \frac{2\mathrm{d}s}{1-|z|^2} \tag{27}$$

5. 非欧几里得面积

跟欧几里得几何的情形一样，在罗巴切夫斯基几何中一个区域 d 的面积也可以定义为一些内接于 d 的多边形的面积之和的极限. 因此，要想确定 d 的非欧面积，必须在 d 的欧几里得图像中，取与 Γ 正交的圆周构成的多边形，求出所有这些多边形的非欧面积之和，然后取极限.

从第 4 段我们知道非欧面积元素的表达式是 $\dfrac{4k^2\mathrm{d}\omega}{(1-|z|^2)^2}$，其中 $\mathrm{d}\omega$ 是欧几里得面积元素. 因此，我们可以得出结论：一个连边界都在 G 内的区域 d 的面积是

$$k^2\iint_d \frac{4\mathrm{d}\omega}{(1-|z|^2)^2}=k^2\iint_d \frac{4\mathrm{d}x\,\mathrm{d}y}{(1-|z|^2)^2} \tag{28}$$

6. 远环

我们来考察一族互相平行的非欧直线，在图 50 中，它们的图像是在点 α 与 Γ 正交的一些圆周. 跟它们全都正交的曲线可以用与 Γ 在点 α 相切的圆周表示，这些曲线称为远环.

不难指出，对应于一点 α 的非欧直线族中的一切直线在两个确定的远环间的截下部分的非欧长度都彼此相等. 事实上，我们可以用线性变换把点 α 变到无限远. 这时，G 变成了半平面，通过 α 的非欧直线变成垂直于半平面的边界 Γ_1 的半直线，而这两个远环就变成两条平行于 Γ_1 的直线，结果，非欧直线在两个远环间截下部分的非欧长度变成了平行线间的欧氏距离，由此可知，对于整个非欧直线族而言，这个长度是一个定值.

7. 超环

我们已经知道，非欧圆周（在 Γ 内的圆周）可以作为从一点出发的一些非欧

直线的正交曲线;在前段中也曾经看到,远环(与 Γ 相切的圆周)是非欧平行直线族的正交曲线.

因此,我们一方面已经研究了由具有两个实圆心,并与 Γ 正交的圆周束所表示的非欧直线族,另一方面,也考虑了由具有一个圆心并与 Γ 正交的圆周束所表示的非欧平行直线族.现在很自然地要来考虑由具有虚圆心并与 Γ 正交的圆周束所表示的另一类型的非欧直线族.这个圆周束的彭色列点 α,β 显然是实的并且在 Γ 上;它们可以当作与所考虑的束正交的圆周束的圆心.我们把通过 α,β 的圆周在 Γ 内的部分称为超环(图 51).

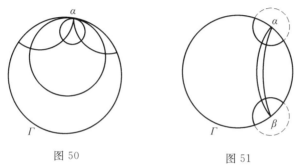

图 50   图 51

我们已经知道,非欧圆周是到某定点 —— 圆心 —— 的非欧距离为一常量的点的几何轨迹,我们要证明,超环是到一条给定的非欧直线的非欧距离为一常量的点的轨迹.

为此,我们用线性变换把 α 变到无穷远.于是在 Γ 内的区域 G 变成一个半平面,Γ 变成 Γ_1 —— 半平面的边界,而非欧直线 $\alpha\beta$ 就变成在点 β_1 垂直于 Γ_1 的一条半直线(图 52).于是问题变成,要在半平面上去找出点 M 的几何轨迹,使得在以 β_1 为圆心,通过 M 的圆周上,反调和比 (u,v,M,w) 是一个常量,其中 u,v 是 Γ_1 上的点而 w 是在对应于 $\alpha\beta$ 的半直线上的点.

我们可以按照 M 是在半直线的这一边或那一边,得到两个几何轨迹,要想确定这些几何轨迹,我们需要考虑四条半射线:uw,uM,uv 与在点 u 的圆周切线,并且注意到它们的反调和比应当是不变的;这就只有在角 $u\beta_1M$ 保持不变时才能成立,也就是说,点 M 必须在半直线 β_1M 上.因此,所求的点 M 在半平面上的几何轨迹是对称于半直线 β_1w 的两条半直线.

回到图 51,我们得到通过 α,β 的两个超环,它们和与 Γ 正交的圆周 $\alpha\beta$ 作成等角(图 53).

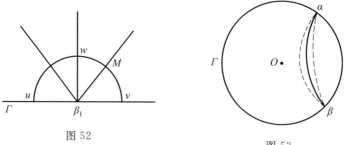

图 52

图 53

总结起来,我们可以说:任意一个圆周 C 在 Γ 内的部分是一个非欧圆周,一个远环或一个超环,要看 C 是在 Γ 以内的,与 Γ 相切的,或与 Γ 相交的圆周而定.这种曲线的分类,对非欧运动而言是不变的.很显然,非欧直线是超环的特殊情形.

8. 罗巴切夫斯基几何在半平面上的欧几里得图像

一直到现在,我们是用单位圆来表示罗巴切夫斯基几何的,其实,用上半平面也可以.为此,只要用一个线性变换把单位圆的区域 G 变成上半平面(z),而把在线性变换之下的对应元素当作罗巴切夫斯基几何中一切元素的新的图像.

于是,非欧点就是上半平面的点,无穷远非欧点就是实轴上的点或半平面(z)上的无穷远点.又非欧直线的图像是与实轴正交的半圆周或半直线,非欧圆周是上半平面内的圆周,远环是与实轴相切的圆周或与实轴平行的直线;最后,超环的图像则是通过实轴上任意两点 α,β 的圆周在上半面上的一段弧或通过实轴上任意一点在上半面上的半段直线.至于上面所引进的两点间非欧距离的公式、弧长公式与面积公式在这里都变得更简单,它们的表达式可以用以前讲过的线性变换

$$w=\mathrm{e}^{\mathrm{i}\vartheta}\frac{z-\beta}{z-\bar{\beta}}\quad(I(\beta)>0)$$

从前面得到的公式推出来.

例如从(26)我们可以得到

$$D(z_1,z_2)=k\ln\frac{1+\left|\dfrac{z_2-z_1}{z_2-\bar{z}_1}\right|}{1-\left|\dfrac{z_2-z_1}{z_2-\bar{z}_1}\right|}\tag{26'}$$

这因为根据上述线性变换,我们有 $r=\left|\dfrac{w_2-w_1}{1-w_2\bar{w}_1}\right|=\left|\dfrac{z_2-z_1}{z_2-\bar{z}_1}\right|$. 在公式(26')中让 $z_1=z,z_2=z+\Delta z$ 并且把 Δz 当作无穷小,就可以得到非欧曲线的弧元素 $k\dfrac{\mathrm{d}s}{y}$. 事实上

$$D(z,z+\Delta z)=k\ln\frac{1+\left|\dfrac{\Delta z}{2\mathrm{i}y+\Delta z}\right|}{1-\left|\dfrac{\Delta z}{2\mathrm{i}y+\Delta z}\right|}\sim$$

$$2k\left|\frac{\Delta z}{2\mathrm{i}y+\Delta z}\right|\sim k\,\frac{|\Delta z|}{y}\sim k\,\frac{\mathrm{d}s}{y}$$

因此,上半平面内弧 L 的非欧长度是

$$k\int_L\frac{\mathrm{d}s}{y}\tag{$27'$}$$

最后,相当于公式(28),连边界一起都在上半平面内的区域 d 的非欧面积则是

$$k^2\iint_d\frac{\mathrm{d}x\mathrm{d}y}{y^2}\tag{$28'$}$$

9. 圆周的非欧几里得长度

现在我们来考虑以 A 为圆心,以 r 为半径的非欧圆周.并确定它的长度(图 54).按照假设,我们有

$$r=\frac{D(C,C')}{2}=\frac{k}{2}\ln\frac{IC'}{IC}$$

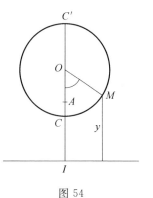

图 54

因为在直线 IC' 上,点 I,∞,C',C 的反调和比等于 $\dfrac{IC'}{IC}$.

为简单起见,我们令
$$IC=d,\quad IC'=d'$$

于是 $\dfrac{d'}{d}=\mathrm{e}^{2\frac{r}{k}}$.

半圆周的非欧长度是

$$\frac{L}{2}=k\int_C^{C'}\frac{\mathrm{d}s}{y}$$

用 R 代表圆周的欧几里得半径,即

$$R=OC=OC'=\frac{d'-d}{2}$$

我们就有

$$y=d+R(1-\cos\omega),\quad \mathrm{d}s=R\mathrm{d}\omega$$

换句话说

$$\frac{L}{2}=k\int_0^\pi\frac{R\mathrm{d}\omega}{d+R(1-\cos\omega)}=k\int_0^\pi\frac{R\mathrm{d}\omega}{\dfrac{d+d'}{2}-\dfrac{d'-d}{2}\cos\omega}$$

如果令 $\tan\dfrac{\omega}{2}=u$，上面这个积分就很容易计算

$$\frac{L}{2}=2k\int_0^\infty\frac{R\,\mathrm{d}u}{d+d'u^2}=\frac{2kR}{\sqrt{dd'}}\left(\arctan\sqrt{\frac{d'}{d}}\,u\right)_0^\infty=\frac{kR\pi}{\sqrt{dd'}}$$

消去 R，我们即得 $\dfrac{L}{2}=\dfrac{k}{2}\left(\sqrt{\dfrac{d'}{d}}-\sqrt{\dfrac{d}{d'}}\right)\pi$. 最后，由于 $\dfrac{d'}{d}=\mathrm{e}^{2\frac{r}{k}}$，我们得到

$$L=k\pi(\mathrm{e}^{\frac{r}{k}}-\mathrm{e}^{-\frac{r}{k}})=2k\pi\,\mathrm{sh}\,\frac{r}{k} \tag{29}$$

10. 罗巴切夫斯基几何中的平行角

我们以下就要证明，从一点 A 向一条非欧直线 K 所作的非欧垂线 AH 与两条非欧平行直线作成同样的夹角，这个非欧角称为非欧几里得平行角（图 55）. 本段的任务是计算这个角的值 $\Pi(p)$，一个 $p=D(A,H)$ 的函数.

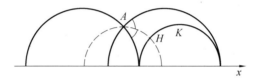

图 55

不失一般性，为简单起见我们可以利用非欧运动，即保持上半面不变的线性变换，把非欧直线 K 变成与实轴垂直的直线 K_1.

显然，通过点 A 的两条非欧平行直线变成了垂直于 Ox 的直线 Δ 和与 K_1 相切于点 I 的半圆周（图 56）.

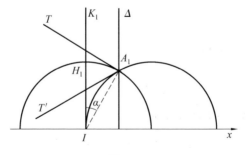

图 56

通过 A 向 K 作的非欧垂线变成了通过 A_1 而圆心在 I 的半圆周.

引线段 IA_1，并用 α 代表角 A_1IH_1.

显然，从图 56 有 $\Delta A_1T=\dfrac{\pi}{2}-\alpha$，$T'A_1I=\alpha$，即 $TA_1T'=\dfrac{\pi}{2}-\alpha=\Delta A_1T=$

$\Pi(p)$，这就证明了 A_1H_1 与 $A_1\Delta$ 及 A_1I 所作成的两个夹角相等. 同时，可得到

$\Pi(p) = \dfrac{\pi}{2} - \alpha$. 现在我们来计算 $p = D(A_1, H_1) = k \displaystyle\int_{A_1 H_1} \dfrac{\mathrm{d}s}{y}$. 显然，我们得到

$$p = k \int_{\Pi(p)}^{\frac{\pi}{2}} \frac{R\mathrm{d}\omega}{R\sin\omega} = k \int_{\Pi(p)}^{\frac{\pi}{2}} \frac{\mathrm{d}\omega}{\sin\omega} = k \left(\ln\tan\frac{\omega}{2} \right)_{\Pi(p)}^{\frac{\pi}{2}}$$

或即

$$p = -k\ln\tan\frac{\Pi(p)}{2}$$

于是

$$\tan\frac{\Pi(p)}{2} = \mathrm{e}^{-\frac{p}{k}} \tag{30}$$

11. 圆与三角形的非欧几里得面积

利用第 9 小节（图 54）的符号，关于圆的非欧面积我们得到下列表达式

$$S = k^2 \iint \frac{\mathrm{d}x\,\mathrm{d}y}{y^2} = k^2 \iint \frac{\rho\mathrm{d}\rho\mathrm{d}\omega}{(d + R - \rho\cos\omega)^2}$$

先对 ω 积分，从 $-\pi$ 到 π，再对 ρ 积分，从 0 到 R，然后在结果内用 $\dfrac{d' - d}{2}$ 代替 R，我们得到下列 S 的表达式

$$S = \pi k^2 \left(\sqrt{\frac{d'}{d}} - 2 + \sqrt{\frac{d}{d'}} \right)$$

或即

$$S = \pi k^2 (\mathrm{e}^{\frac{r}{k}} - 2 + \mathrm{e}^{-\frac{r}{k}}) = \pi k^2 (\mathrm{e}^{\frac{r}{2k}} - \mathrm{e}^{-\frac{r}{2k}})^2 = 4\pi k^2 \mathrm{sh}^2 \frac{r}{2k} \tag{31}$$

下面我们计算三角形的非欧面积. 它可以表示为下列的二重积分

$$S = k^2 \iint \frac{\mathrm{d}x\,\mathrm{d}y}{y^2}$$

其中积分扫过曲线三角形 ABC 的区域（图 57）.

在格林公式

$$\iint \left(\frac{\partial Q}{\partial x} - \frac{\partial P}{\partial y} \right) \mathrm{d}x\,\mathrm{d}y = \int_C P\,\mathrm{d}x + Q\mathrm{d}y$$

中，令 $P = \dfrac{1}{y}$，$Q = 0$，我们就得到 S 的表达式

$$S = k^2 \iint \frac{\mathrm{d}y\,\mathrm{d}x}{y^2} = k^2 \int_{ABC} \frac{\mathrm{d}x}{y} \tag{32}$$

要计算积分（32）我们先算出它沿弧 AB 所取的值. 把圆周 AB 的圆心取作坐标原点（沿 x 轴的平行移动显然不变更积分的值），我们就得到

$$x = R\cos\theta, \quad y = R\sin\theta, \quad \frac{\mathrm{d}x}{y} = -\mathrm{d}\theta$$

因此,积分的值等于 θ 沿 AB 的改变量加上负号,也就是 α 沿 AB 的改变量加上负号,其中 α 表示弧 AB 的切线正方向与 x 轴的正方向间的夹角(图 58).因此,所求的积分值就是 α 沿三角形三边的改变量之和再加上负号.当一点从一条闭路上的某一点开始,沿正方向描完这条闭路,仍旧回到起点,角 α 的总改变量显然等于 2π.在这个总改变量中,包括了我们所考虑的和以及在三个顶点 A,B,C 处的改变量 $\pi-A,\pi-B,\pi-C$ 之和.因此,我们最后得到

$$\int_{ABC}\frac{\mathrm{d}x}{y} = -\left[\int_{AB}\mathrm{d}\alpha + \int_{BC}\mathrm{d}\alpha + \int_{CA}\mathrm{d}\alpha\right] =$$
$$-[2\pi - (\pi-A+\pi-B+\pi-C)] = \pi - (A+B+C)$$

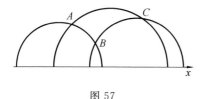

图 57

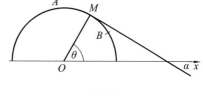

图 58

由于我们得到的公式(32)所具有的几何意义,这个积分永远是正的,即 $\pi-(A+B+C)>0$,由此我们得出以下结论:非欧几里得三角形的三个内角之和小于 π.不仅如此,我们还看到,三角形的非欧面积等于从 π 减去它的三个内角之和再用 k^2 去乘.

特别说来,任何一个三角形的非欧面积都不能超过有限量 πk^2.显然只有三个角都是零的三角形才有最大的非欧面积 πk^2.不难看出,这种三角形的三个顶点的图像都在基本圆周上,也就是说,三个顶点都是罗巴切夫斯基平面上的无穷远点.

§3　若干初等函数与这些函数构成的映射

1.幂函数与根式

我们来考虑函数

$$w = z^n \tag{33}$$

其中 n 是大于 1 的自然数.这个函数的反函数是

$$z = \sqrt[n]{w} \tag{33'}$$

函数 $w=z^n$ 到处都有导数,并且,除原点外,这些导数在平面上一切有限点都异

于零. 因此, 在除原点外的任何一点, 函数 $w=z^n$ 构成的映射总使角度保持不变.

以下我们来研究这个函数在原点的邻近是怎样的. 为此, 我们引用极坐标

$$z=re^{\varphi i}, \quad w=\rho e^{\theta i}$$

于是由等式(33)有

$$\left.\begin{array}{r}\rho=r^n \\ \theta=n\varphi\end{array}\right\} \tag{34}$$

从(34)中的第二个等式看来, 角度在原点没有保持不变而是变大了 n 倍. 在 z 平面上无穷远点那里, 保角的性质也是不成立的, 这是由于函数 $\dfrac{1}{w\left(\dfrac{1}{z}\right)}$ 在 $z=0$

的邻域与已知函数完全一样. 因此, 点 0 与 ∞ 是函数 $z=\sqrt[n]{w}$ 的支点(第二章 §4, 第10段).

如果我们注意到除了这两点以外, 对于 w 平面上每一点都有 n 个不同的 z 平面上的点与之对应, 那么, 点 0 与 ∞ 的奇异性以及它们称之为支点就显得更加清楚. 从关系式(34)很明显地看到, 以 z 平面的原点为圆心的圆周($r=$ 常数)仍变成 w 平面上的圆周($\rho=$ 常数); 从原点引出的半直线($\varphi=$ 常数)仍对应于半直线($\theta=$ 常数).

在 z 平面上取一个等于 $\dfrac{2\pi}{n}$ 的角度使它的边是正实轴与通过原点的一条半直线(图59). 利用函数(33), 这个角 $0\leqslant\varphi\leqslant\dfrac{2\pi}{n}$ 被映射成沿正实轴剪开的整个 w 平面(图60). 事实上, 当 $\varphi=0$ 时, 角 $\theta=0$; 而 $\varphi=\dfrac{2\pi}{n}$ 时, 角 $\theta=2\pi$.

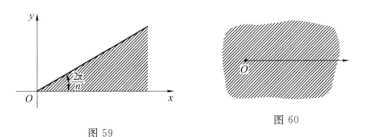

图59

图60

下面, 我们来讨论几个与函数 $w=z^n$ 有关系的最简单的映射. 十分明显, 函数 $w=z^n$ 给出了把一个等于 $\dfrac{\pi}{n}$ 的角 $\left(0\leqslant\varphi\leqslant\dfrac{\pi}{n}\right)$ (图61)映射成上半平面的可能性(图62).

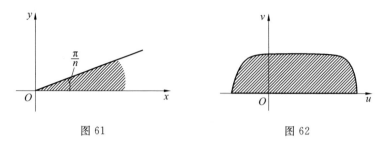

图 61   图 62

假定现在我们的任务是要把以原点为圆心、以 1 为半径的一个半圆映射成上半平面. 我们首先把从 -1 到 1 的线段映射成正实轴并且使 -1 映成 0 而 1 映成 ∞. 作为这样一个映射, 可以取下列函数

$$w' = -\frac{z+1}{z-1} \tag{35}$$

容易看出, 这个函数实际上满足了所要求的条件, 因为当 z 从 -1 变到 1 时, 函数 w' 递增地经过一切的值从 0 变到 ∞.

我们来看一看, 这个函数把半圆周变成了什么? 我们有

$$w' = -\frac{e^{\varphi i}+1}{e^{\varphi i}-1} = -\frac{e^{\frac{\varphi}{2}i}+e^{-\frac{\varphi}{2}i}}{e^{\frac{\varphi}{2}i}-e^{-\frac{\varphi}{2}i}} = \frac{-1}{i} \cdot \frac{1}{\tan\frac{\varphi}{2}} = \frac{i}{\tan\frac{\varphi}{2}} \tag{36}$$

当点 z 从 1 经过半圆周到 -1 时, φ 从 0 变到 π, 这就是说, w' 沿正虚轴变动. 我们注意当点 z 依正方向描画出半圆周时 (图 63), 半圆区域常在半圆周左侧. 于是根据前面的公式 (35) 与 (36), 我们不难看出在 w 平面上的对应的绕圈的方向应该是怎样的. 在图 64 中我们用箭头标明了这个方向. 因为映射成的区域, 当变数 w' 绕圈时, 也应该在半轴 Ou' 与 Ov' 的左边, 因此我们可以得出结论, 利用函数 (35), 我们的半圆被映射成 w' 平面的坐标角. 要把这样得到的坐标角再映射成上半平面, 我们应该取

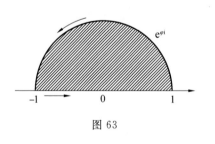

图 63

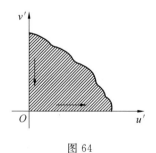

图 64

$$w = w'^2$$

因此, 所求的函数就是下面的样子

$$w = \left(\frac{z+1}{z-1}\right)^2 \tag{37}$$

怎么样把角度等于 $\dfrac{\pi}{n}$、半径是 1 的扇形映射成上半平面呢？显然函数 $w' = z^n$ 把这个扇形映射成半圆. 然后这个半圆可以用上面的函数(37)映射成上半平面. 因此, 所求的函数就是

$$w = \left(\frac{z^n+1}{z^n-1}\right)^2 \tag{38}$$

怎样把交角是 $\dfrac{\pi}{n}$ 的两个圆周所围成的区域映射成上半平面呢？用 a 与 b 代表给定的两角形的顶点(图65), 作线性函数

$$\frac{z-a}{z-b} \tag{39}$$

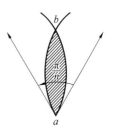

图 65

这个函数把点 a 变成 0, 把点 b 变成 ∞. 又因为函数(39)在点 a 有异于零的导数, 所以线性函数(39)把一个圆周变成通过原点的一条射线, 把另一个圆周变成与前者作成角度 $\dfrac{\pi}{n}$ 的另一条射线. 剩下的问题, 就只需要把这两条半射线围成的角映射成半平面. 这是我们会做的. 因此, 所求函数的形式是

$$w = \left(\frac{z-a}{z-b}\right)^n \tag{40}$$

2. 指数函数与对数函数

现在我们来考虑指数函数

$$w = e^z \tag{41}$$

我们知道, 这个函数的反函数是对数函数

$$z = \ln w \tag{41'}$$

用笛卡儿坐标表示 z 而用极坐标表示 w: $z = x + yi, w = re^{\varphi i}$. 等式(41)可以用以下两个公式代替

$$r = e^x, \quad \varphi = y \tag{41''}$$

从等式(41″)可以看到, 对应于 z 平面上的直线 $x = $ 常数的是圆周 $r = $ 常数, 而对应于直线 $y = $ 常数的是半直线 $\varphi = $ 常数(图66, 图67).

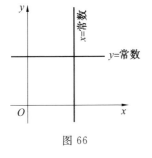

图 66

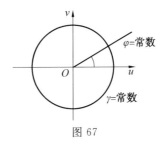

图 67

113

在 z 平面上取包含在实轴与直线 $y=2\pi$ 之间的带形：$0\leqslant y<2\pi$. 利用函数 (41) 可以把这个带形映射成整个 w 平面. 实际上，在这个映射下，对应于带形的下边界即 z 平面的实轴的是 w 平面上的正实轴，对应于带形的上边界的也是这个半轴.

现在在 z 平面上取宽度为 π，由实轴与直线 $y=\pi$ 所围成的带形：$0\leqslant y\leqslant\pi$. 利用指数函数 (41) 可以把这个带形映射成上半平面 $v\geqslant 0$. 我们又知道 (§1, 第 8 段) 可以用线性变换把上半平面映射成圆. 如果在 z 平面上给我们一个宽度是任意的、位置也是随便的带形，运用我们熟知的平移、旋转与相似变换的手续 (§1, 第 1 段)，我们可以把这个带形变换成以上所述的形式，再映射成上半平面，最后映射成圆.

怎么样把两个相切的圆周所围成的区域映射成一个圆呢 (图 68)？利用一个使切点变成点 ∞ 的线性函数，我们就可以同时把我们的圆周都变成直线. 因为圆周彼此相切，所以这两条直线是平行的. 因此，我们可以把上述区域变成带形，再用前面的方法，就可以使它变成圆.

我们还要来考虑两个例子. 假定在 w 平面上给定了一个曲线四边形，它的两边是以 $r(r>1)$ 与 1 为半径的两个同心圆，而另外两边是 u 轴的线段 (图 69). 当点 w 沿大圆周从 r 移动到 $-r$ 时，对应点 $z=\ln w$ 描画出长度为 π 的一条线段，这条线段平行于 y 轴，并且离它的距离是 $\ln r$ (因 $z=\ln r+\varphi\mathrm{i}$). 当 w 沿 u 轴从 $-r$ 移动到 -1 时，也就是说当 $w=r'\mathrm{e}^{\pi\mathrm{i}}$，而 r' 从 r 减少到 1 时，z 沿平行于 x 轴的线段 AB 移动 (图 70). 又当 w 沿小圆周从 -1 移动到 1 时，z 沿虚轴从 B 移动到 O，最后，当 w 描画出 u 轴上从 1 到 r 的一段时，z 沿实轴从 0 移动到 $\ln r$. 这样，借助于对数函数，我们就把一个曲线四边形映射成一个普通的长方形.

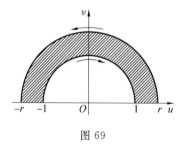

图 69

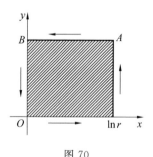

图 70

作为第二个例子，我们取宽度是 π 的一个半带形，它的边界的：① 正半轴 Ox；② 从虚轴起到无穷远的半直线 $y=\pi$；③ 虚半轴 (图 71(a)). 怎么样才能把它映射成上半平面呢？取函数 $w'=-\mathrm{e}^{-z}$，我们来看它把我们的半带形变换到 w' 平面的什么地方？假定 z 从 ∞ 到 y 轴描画出半直线 $y=\pi$. 这时，w' 的值是

$$w' = -e^{-(x+\pi i)} = e^{-x}$$

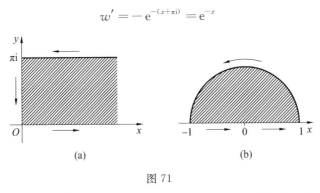

(a)   (b)

图 71

当 x 从 $+\infty$ 变到 0 时，w' 相应地从 0 变到 1. 再假定 z 沿 y 轴从 πi 移动到 0；w' 这时取形式 $w' = -e^{-yi}$，因此 $|w'| = 1$. 由于在这里 y 从 π 减少到 0，因此 w' 描画出一个从点 1 到点 -1 的半圆. 最后，当点 z 沿 x 轴从 0 向 ∞ 移动时，w' 沿 u' 轴从 -1 移动到 0. 因此，函数 $w' = -e^z$ 把半带形映射成为一个半圆. 因为我们已经知道利用函数 $w = \left(\dfrac{w'+1}{w'-1}\right)^2$ 把半圆映射成半平面（第 1 段），所以我们可以用映射

$$w = \left(\frac{e^{-z}-1}{e^{-z}+1}\right)^2$$

把给定的半带形变换成上半平面.

习　　题

1. 用几何方法作出直线对于圆周的反演象.

提示：必须分别讨论直线与基本圆周相交、相切与不相交的情形.

2. 用几何方法作出通过极点的圆周的反演象.

提示：这个作图与第 1 题的作图刚好相反.

3. 用几何方法作出不通过极点的圆周的反演象.

提示：必须分别讨论与基本圆周相交、相切与不相交的情形.

4. 已知圆周的圆心 a 与半径 r，试决定它的反演象的圆心的位置与半径的长度，假设这里极点是坐标原点，反演半径等于 R.

答：$\beta = \dfrac{R^2 a}{|a|^2 - r^2}, \rho = \dfrac{R^2 r}{|a|^2 - r^2}$.

5. 试写出一个把单位圆变成自己的线性变换，使它的重点是 $\dfrac{1}{2}, 2$ 并且把点 $\dfrac{5}{4} + \dfrac{3}{4} i$ 变到无穷远.

答：$\dfrac{w-\dfrac{1}{2}}{w-2}=\mathrm{i}\,\dfrac{z-\dfrac{1}{2}}{z-2}$.

6.试写出一个把单位圆变成自己的线性变换,使它的重点是 i,$-$i 并且把点 2i 变到无穷远.

答：$\dfrac{w-\mathrm{i}}{w+\mathrm{i}}=3\,\dfrac{z-\mathrm{i}}{z+\mathrm{i}}$.

7.试写出一个把单位圆变成自己的线性变换,使它的重点是点 1 并且把点 $1+\mathrm{i}$ 变到无穷远.

答：$\dfrac{1}{w-1}=\dfrac{1}{z-1}+\mathrm{i}$ 或 $w=\dfrac{(\mathrm{i}-1)z+1}{-z+(1+\mathrm{i})}$.

8.作出一个把上半平面变成单位圆的线性变换,使它把实轴上的点 $-1,0,$ 1 变成圆周上的点 $1,\mathrm{i},-1$.

答：$w=(z-\mathrm{i}):(\mathrm{i}z-1)$.

9.利用罗巴切夫斯基几何在半平面上的图像,解决下述问题:已知圆周的欧几里得圆心 $z_0=x_0+\mathrm{i}y_0$ 与半径 ρ,试求出它的非欧圆心 z 与非欧半径 R.

答：$z=x_0+\mathrm{i}\sqrt{y_0^2-\rho^2}$,$R=\dfrac{k}{2}\ln\dfrac{y_0+\rho}{y_0-\rho}$.

10.用作图法解问题 9.

11.试把从圆心起沿正实轴上半径剪开了的单位圆映射成上半平面.

答：$w=\left(\dfrac{\sqrt{z}+1}{\sqrt{z}-1}\right)^2$.

12.试把 11 题的区域映射到单位圆上使点 1,0 与 1 变成点 1,$-$i 与 -1.

答：$\zeta=\dfrac{z+1+2\mathrm{i}\sqrt{z}}{\mathrm{i}(z+1)+2\sqrt{z}}$.

柯西定理和柯西积分

§1 复 变 积 分

1.复变积分的概念

我们现在来确定在复数域中积分的概念. 设 $w=f(z)$ 是复变数 z 的任意一个连续函数, 确定在 z 平面上的某一个区域 G 内, 又 C 是这个区域内以 z_0 为起点, z 为终点的任意一条光滑曲线(图 72)[①]. 用沿着曲线 C 的正方向依次排列的点 $z_0, z_1,$ $z_2, \cdots, z_{n-1}, z_n = z$ 把曲线 C 上的弧

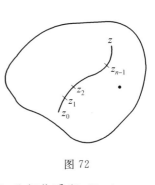

图 72

$z_0 z$ 分成 n 段部分弧. 对应于每一段弧, 我们作乘积 $f(z_k) \Delta z_k$, 其中 $f(z_k)$ 是函数在这段弧的左端点的值, $\Delta z_k = z_{k+1} - z_k$ 是变数 z 对应于这段弧的改变量. 然后, 再作出对应于所有的部分弧的一切这种乘积之和

$$\sum_{k=0}^{n-1} f(z_k) \Delta z_k \tag{1}$$

---

① 约当曲线如果具有连续变动的切线就称为是"光滑的". 解析地来说, 光滑曲线可以用方程 $z = z(t), \alpha \leqslant t \leqslant \beta$ 表示, 其中 $z'(t)$ 连续而且不等于零; 并且当 $t_1 \neq t_2$ 时, $z(t_1) \neq z(t_2)$, 不过有时 $t_1 = \alpha$, $t_2 = \beta$ 情形可以除外. 由有限条光滑弧组成的约当曲线称为"逐段光滑的"(逐段光滑曲线的最简单的例子是多角形的周界).

让所有部分弧的长度的最大值趋近于零，我们来证明，表达式（1）要趋近于一个确定的有限极限，而且这个极限并不依赖于所有这些部分弧趋近于零时所依据的规律. 为此，我们引用下列记号

$$z_k = x_k + y_k \mathrm{i}, \quad f(z_k) = u(x_k, y_k) + v(x_k, y_k)\mathrm{i} = u_k + v_k \mathrm{i}$$

$$\Delta z_k = \Delta x_k + \Delta y_k \mathrm{i}$$

把表达式（1）化为下列形式

$$\sum_{k=0}^{k=n-1} f(z_k)\Delta z_k = \sum_{k=0}^{k=n-1} (u_k + v_k \mathrm{i})(\Delta x_k + \Delta y_k \mathrm{i})$$

$$\sum_{k=0}^{k=n-1} (u_k \Delta x_k - v_k \Delta y_k) + \mathrm{i}\sum_{k=0}^{k=n-1}(v_k \Delta x_k + u_k \Delta y_k) \quad (2)$$

让所有部分弧的长度的最大值趋近于零，等式（2）右边的两个和就分别趋近于极限 $\int_C u\,\mathrm{d}x - v\,\mathrm{d}y$ 与 $\int_C v\,\mathrm{d}x + u\,\mathrm{d}y$；因此，当所有部分弧的长度依据任意规律趋近于零时，等式（2）的左边都趋向一个确定的有限极限. 这个极限，我们称为 $f(z)\mathrm{d}z$ 沿曲线 C 的积分，并且记作 $\int_C f(z)\mathrm{d}z$. 于是，我们有

$$\int_C f(z)\mathrm{d}z = \int_C u\,\mathrm{d}x - v\,\mathrm{d}y + \mathrm{i}\int_C v\,\mathrm{d}x + u\,\mathrm{d}y \quad (3)$$

这个公式给出了用两个实变线积分来表示出复变积分的表达式. 我们不难记住公式（3），只要把它改写为

$$\int_C f(z)\mathrm{d}z = \int_C (u + v\mathrm{i})(\mathrm{d}x + \mathrm{i}\mathrm{d}y) \quad (3')$$

至于复变积分的实际计算问题，我们假定曲线 C 的方程是 $z = z(t)(\alpha \leqslant t \leqslant \beta)$，就有

$$\int_C f(z)\mathrm{d}z = \int_\alpha^\beta \{u[z(t)]x'(t) - v[z(t)]y'(t)\}\mathrm{d}t +$$

$$\mathrm{i}\int_\alpha^\beta \{v[z(t)]x'(t) + u[z(t)]y'(t)\}\mathrm{d}t = \int_\alpha^\beta f[z(t)]z'(t)\mathrm{d}t \quad (4)$$

或即

$$\int_C f(z)\mathrm{d}z = \int_\alpha^\beta R(t)\mathrm{d}t + \mathrm{i}\int_\alpha^\beta I(t)\mathrm{d}t \quad (4')$$

其中 $R(t)$ 与 $I(t)$ 分别是 $f[z(t)]z'(t)$ 的实部和虚部的系数. 根据公式（4′），复变积分的计算问题就转化为普通定积分的计算问题.

以上，我们假定了积分路线 C 是光滑曲线. 假如积分路线 Γ 是由光滑曲线 $C_1, C_2, \cdots, C_n$ 所组成的逐段光滑曲线，那么，我们可以作为定义规定

$$\int_{\Gamma} f(z)\mathrm{d}z = \int_{C_1} f(z)\mathrm{d}z + \int_{C_2} f(z)\mathrm{d}z + \cdots + \int_{C_n} f(z)\mathrm{d}z \tag{5}$$

很明显,用普通定积分来表达复变积分的公式(4′)对于沿曲线 Γ 所取的积分仍然有效.

附注 如果已知函数 $f(z)$ 只在曲线 Γ 上连续,复变积分的定义显然还有意义.

例 假设 Γ 是连接 z_0 与 z 两点的任一条逐段光滑曲线.只要 n 是不等于 -1 的整数,就有

$$\int_{\Gamma} z^n \mathrm{d}z = \frac{1}{n+1}(z^{n+1} - z_0^{n+1})$$

(对于负的 n,曲线 Γ 应当不通过点 $z=0$).事实上,假定 $z=z(t)(\alpha \leqslant t \leqslant \beta)$ 是曲线 Γ 的参变数表达式,我们就有

$$\int_{\Gamma} z^n \mathrm{d}z = \int_{\alpha}^{\beta} z^n z'(t)\mathrm{d}t = \int_{\alpha}^{\beta} \frac{1}{n+1}\frac{\mathrm{d}}{\mathrm{d}t}[z(t)]^{n+1}\mathrm{d}t = \frac{1}{n+1}(z^{n+1} - z_0^{n+1})$$

因此,函数 $z^n(n \neq -1)$ 的积分的值不依赖于积分路线.在特别情形,如果 Γ 是一条闭路,于是 $z=z_0$.因而

$$\int_{\Gamma} z^n \mathrm{d}z = 0$$

2. 复变积分的基本性质

现在,我们来看复变积分的一系列可以直接从定义推出的最简单的性质:

(1) $\int_{\Gamma^-} f(z)\mathrm{d}z = -\int_{\Gamma^+} f(z)\mathrm{d}z$. 这里,$\Gamma^+$ 和 Γ^- 分别表示取正与负方向的同一条路线.

(2) $\int_{\Gamma} \alpha f(z)\mathrm{d}z = \alpha \int_{\Gamma} f(z)\mathrm{d}z (\alpha$ 是常数).

(3) 如果动点顺次通过积分路线 Γ 的部分 $\Gamma_1, \Gamma_2, \cdots, \Gamma_n$ 时刚好描出 Γ,我们就有

$$\int_{\Gamma} f(z)\mathrm{d}z = \int_{\Gamma_1} f(z)\mathrm{d}z + \int_{\Gamma_2} f(z)\mathrm{d}z + \cdots + \int_{\Gamma_n} f(z)\mathrm{d}z$$

(4) $\int_{\Gamma} [f_1(z) + f_2(z) + \cdots + f_n(z)]\mathrm{d}z = \int_{\Gamma} f_1(z)\mathrm{d}z + \int_{\Gamma} f_2(z)\mathrm{d}z + \cdots + \int_{\Gamma} f_n(z)\mathrm{d}z$

从积分作为和的极限的定义出发,以上这四个性质,类似普通积分中对应的性质,可以立刻得到证明.

(5) 假如沿曲线 Γ 的不等式 $|f(z)| \leqslant M$ 成立,M 是常数,那么,用 l 表示曲线 Γ 的长度,就有

$$\left| \int_\Gamma f(z) \mathrm{d}z \right| \leqslant Ml$$

事实上

$$\left| \sum_{k=0}^{n-1} f(z_k) \Delta z_k \right| \leqslant \sum_{k=0}^{n-1} |f(z_k)| \, |\Delta z_k| \leqslant M \sum_{k=0}^{n-1} |\Delta z_k| \leqslant Ml$$

因为 $\sum_{k=0}^{n-1} |\Delta z_k|$ 是内接于 Γ 的一条折线的长度.

取极限,从上式就得到

$$\left| \int_\Gamma f(z) \mathrm{d}z \right| \leqslant Ml$$

(6)性质(5)是下列不等式的特殊情形

$$\left| \int_\Gamma f(z) \mathrm{d}z \right| \leqslant \int_\Gamma |f(z)| \, |\mathrm{d}z| \leqslant \int_\Gamma |f(z)| \, \mathrm{d}s$$

要得出这个式子,只需要把下列不等式取极限

$$\left| \sum_{k=0}^{n-1} f(z_k) \Delta z_k \right| \leqslant \sum_{k=0}^{n-1} |f(z_k)| \, |\Delta z_k| \leqslant \sum_{k=0}^{n-1} |f(z_k)| \, \Delta s_k$$

3. 一致收敛级数的积分法

前段中的性质(4)说明:有限多项之和的积分等于各项的积分之和. 在积分学中,大家都知道:一般说来无穷函数级数不能逐项求积分,甚至于就在它收敛于一个连续函数时,也是如此. 不过,一致收敛的连续函数级数之和的积分却可以通过逐项积分来决定.

如我们所已知的(第二章,§2,第2段),在曲线 Γ 上一致收敛的连续函数级数之和

$$s(z) = u_1(z) + u_2(z) + \cdots + u_n(z) + \cdots \tag{6}$$

是 Γ 上的连续函数. 根据级数(6)沿曲线 Γ 是一致收敛的条件,对于任意一个 $\varepsilon(\varepsilon > 0)$,都有一个数 $N = N(\varepsilon)$ 使得沿 Γ,只要 $n > N = N(\varepsilon)$,级数(6)的前 n 项之和 $s_n(z) = u_1(z) + u_2(z) + \cdots + u_n(z)$ 与级数和 $s(z)$ 之差的模就小于 ε(第二章,§2,第1段).

因此,假如我们令

$$s(z) = s_n(z) + r_n(z) \tag{7}$$

沿曲线 Γ 就有

$$|r_n(z)| < \varepsilon \tag{8}$$

用 l 表示曲线 Γ 的长度,根据性质(5)(第2段)再从式(8)就得到

$$\left| \int_\Gamma [s(z) - s_n(x)] \mathrm{d}z \right| = \left| \int_\Gamma r_n(z) \mathrm{d}z \right| < \varepsilon l$$

或即

$$\left| \int_{\Gamma} s(z)\mathrm{d}z - \int_{\Gamma} u_1(z)\mathrm{d}z - \int_{\Gamma} u_2(z)\mathrm{d}z - \cdots - \int_{\Gamma} u_n(z)\mathrm{d}z \right| < \varepsilon l$$

也就是说

$$\int_{\Gamma} s(z)\mathrm{d}z = \lim_{n \to \infty} \left\{ \int_{\Gamma} u_1(z)\mathrm{d}z + \int_{\Gamma} u_2(z)\mathrm{d}z + \cdots + \int_{\Gamma} u_n(z)\mathrm{d}z \right\} \tag{9}$$

等式(9)可以另外写作下列形式

$$\int_{\Gamma} s(z)\mathrm{d}z = \int_{\Gamma} u_1(z)\mathrm{d}z + \int_{\Gamma} u_2(z)\mathrm{d}z + \cdots + \int_{\Gamma} u_n(z)\mathrm{d}z + \cdots \tag{10}$$

以上证明的定理还可以叙述如下:假如连续函数序列 $s_n(z)$ 沿积分路线一致收敛于函数 $s(z)$,就有

$$\lim_{n \to \infty} \int_{\Gamma} s_n(z)\mathrm{d}z = \int_{\Gamma} \lim_{n \to \infty} s_n(z)\mathrm{d}z = \int_{\Gamma} s(z)\mathrm{d}z \tag{10'}$$

附注 这个定理还可以推广如下:假定对于积分路线 Γ 上所有的点 z,我们一致地有 $\lim\limits_{t \to \tau} f(z,t) = f(z)$,其中 $f(z,t)$ 与 $f(z)$ 都是沿 Γ 连续的函数.换句话说,对于任一个无论怎样小的 $\varepsilon(\varepsilon > 0)$,都存在一个数 $\delta = \delta(\varepsilon)$ 使得在 $|t_4 - \tau| < \delta$ 的条件下,把 z 看作 Γ 上任何一点,都有 $|f(z,t) - f(z)| < \varepsilon$.

类似上面证明的作法,我们就可以得到

$$\lim_{t \to \tau} \int_{\Gamma} f(z,t)\mathrm{d}z = \int_{\Gamma} f(z)\mathrm{d}z$$

4. 柯西定理

根据连续函数 $f(z)$ 积分的定义,可以知道,就一般说来,它的数值不仅依赖于被积分函数,而且也依赖于积分路线 Γ. 换句话说,当我们用单连通区域 G 内两条不同的曲线 Γ 与 Γ' 连接 z_0 与 z 并沿着它们计算 $\int_{\Gamma} f(z)\mathrm{d}z$ 时,在一般情形,我们会得到不同的数值.因此,很自然地会产生下列疑问:函数 $f(z)$ 要满足什么样的条件,才能使它的积分数值不依赖于积分路线,因而仅只为积分路线的起点与终点的位置所决定? 与处理实变线积分的情形一样,我们不能证明,这个关于积分不依赖于积分路线的条件的问题,与找出使给定的积分在任何一条闭路上所取的值都等于零的条件的问题是一样的.由于复变积分可以用两个实变线积分来表示,这个问题的解决依赖于实变线积分中相应问题的解决.我们假设单连通区域 G 内的解析函数 $f(z) = u(x,y) + v(x,y)\mathrm{i}$ 具有在这个区域内的每一点都连续的导函数.于是函数 u,v 和它们的偏导函数都在区域 G 内连续并且适合下列方程(第二章,§4,第4段)

$$\frac{\partial u}{\partial x} = \frac{\partial v}{\partial y}, \qquad \frac{\partial u}{\partial y} = -\frac{\partial v}{\partial x} \tag{C.-R.}$$

用 Γ 表示区域 G 内的任意一条闭路,由于从公式(3) 有

$$\int_\Gamma f(z)\mathrm{d}z = \int_\Gamma u\,\mathrm{d}x - v\,\mathrm{d}y + \mathrm{i}\int_\Gamma v\,\mathrm{d}x + u\,\mathrm{d}y \tag{11}$$

根据一个著名的定理[①],我们就得到

$$\int_\Gamma u\,\mathrm{d}x - v\,\mathrm{d}y = 0 \tag{12}$$

因为

$$\frac{\partial u}{\partial y} = -\frac{\partial v}{\partial x}$$

同样也有

$$\int_\Gamma v\,\mathrm{d}x + u\,\mathrm{d}y = 0 \tag{12$'$}$$

因为

$$\frac{\partial v}{\partial y} = \frac{\partial u}{\partial x}$$

根据等式(12) 与(12$'$),公式(11) 成为

$$\int_\Gamma f(z)\mathrm{d}z = 0 \tag{13}$$

因此,我们证明了:假如单连通区域 G 内的单值函数 $f(z)$ 具有在这个区域内每一点都连续的导函数,则函数 $f(z)$ 沿区域 G 内任一条闭路的积分都等于零.这个定理是解析函数理论的基础,称为柯西定理.在上面提出的这个定理的证明中,$f(z)$ 的导函数的连续性的假设是不能缺少的.然而对于定理的正确性来说,这个限制却并不是必要的.在下节中我们将给出柯西定理的另外一个证明,其中我们只假定在区域 G 内 $f(z)$ 有有限导函数存在.因而对于区域 G 内的任何解析函数我们都能确立柯西定理.

§2　柯 西 定 理

1.基本预备定理

假设 $f(z)$ 是确定在 z 平面上某一个区域 G 内的连续函数,而 Γ 是这个区域内的任意一条逐段光滑的曲线.对于任一个无论怎样小的 $\varepsilon(\varepsilon > 0)$,都存在一

---

① 举例说参看 К. А. Поссе,《积分学教程》第 Ⅵ 章 §2(第二版) 或 В. И. Смирнов,《高等数学教程》(第十版) 第 Ⅱ 卷第 71 段.

条内接于 Γ 并完全在 G 内的折线 P 使

$$\left| \int_{\Gamma} f(z)\mathrm{d}z - \int_{P} f(z)\mathrm{d}z \right| < \varepsilon \tag{14}$$

换句话说,积分 $\int_{\Gamma} f(z)\mathrm{d}z$ 的值,可以用沿着在区域 G 内内接于 Γ 的折线所取积分的值来逼近到任何精确的程度.

为了证明这个定理,我们考虑区域 G 内包含曲线 Γ 的一个闭的部分区域 $\overline{D}$. 因为根据假设,函数 $f(z)$ 在区域 $\overline{D}$ 上每一点都连续,所以它在这个区域上也一致连续(第二章,§1,第 4 段). 因此对于任一个无论怎样小的 $\varepsilon(\varepsilon > 0)$,都存在一个数 $\delta = \delta(\varepsilon)$ 使

$$| f(z') - f(z'') | < \varepsilon$$

只要 z' 和 z'' 是区域 $\overline{D}$ 上满足 $| z' - z'' | < \delta$ 的任何两点.

我们分曲线 Γ 成 n 段长度都小于 δ 的弧 $s_0, s_1, s_2, \cdots, s_{n-1}$,并且内接于 Γ 作折线 P 使它的联线段 $l_0, l_1, \cdots, l_{n-1}$ 正好对着这些弧. 用 $z_0, z_1, \cdots, z_n$ 表示折线 P 的顶点(图 73). 因为每一段弧 s_k 的长度都小于 δ,所以同一段弧上任何两点的距离更小于 δ. 同样的对于联线段 l_k 也是这样. 现在我们来比较 $\int_{\Gamma} f(z)\mathrm{d}z$ 的值与同一个积分沿折线 P 的值. 为此我们来研究下面的和,它是 $\int_{\Gamma} f(z)\mathrm{d}z$ 的一个近似值

$$S = f(z_0)\Delta z_0 + f(z_1)\Delta z_1 + \cdots + f(z_{n-1})\Delta z_{n-1} \tag{15}$$

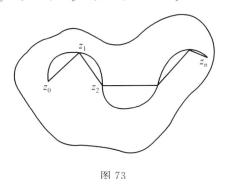

图 73

由于 $\Delta z_k = \int_{s_k} \mathrm{d}z$,我们可以把表达式(15)写成下列形式

$$S = \int_{s_0} f(z_0)\mathrm{d}z + \int_{s_1} f(z_1)\mathrm{d}z + \cdots + \int_{s_{n-1}} f(z_{n-1})\mathrm{d}z \tag{15'}$$

另一方面,积分 $\int_{\Gamma} f(z)\mathrm{d}z$ 可以表示为在弧 s_k 上所取的积分之和

$$\int_{\Gamma} f(z)\mathrm{d}z = \int_{s_0} f(z)\mathrm{d}z + \int_{s_1} f(z)\mathrm{d}z + \cdots + \int_{s_{n-1}} f(z)\mathrm{d}z \tag{16}$$

等式(16)与(15′)逐项相减,就得到

$$\int_{\Gamma} f(z)\mathrm{d}z - S = \int_{s_0}(f(z)-f(z_0))\mathrm{d}z + \int_{s_1}(f(z)-f(z_1))\mathrm{d}z + \cdots +$$
$$\int_{s_{n-1}}(f(z)-f(z_{n-1}))\mathrm{d}z$$

由于在每一段弧 s_k 上都有 $|f(z)-f(z_k)|<\varepsilon$,我们得到

$$\left|\int_{\Gamma} f(z)\mathrm{d}z - S\right| < \varepsilon s_0 + \varepsilon s_1 + \cdots + \varepsilon s_{n-1} = \varepsilon l \tag{17}$$

其中 l 是曲线 Γ 的全长.

同样地,我们可以估计差数 $\int_P f(z)\mathrm{d}z - S$ 的模. 由于 $\Delta z_k = \int_{l_k}\mathrm{d}z$,我们可以把表达式(15)写成下列形式

$$S = \int_{l_0} f(z_0)\mathrm{d}z + \int_{l_1} f(z_1)\mathrm{d}z + \cdots + \int_{l_{n-1}} f(z_{n-1})\mathrm{d}z \tag{15″}$$

另外,积分 $\int_P f(z)\mathrm{d}z$ 可以表示为在联线段 l_k 上所取的积分之和

$$\int_P f(z)\mathrm{d}z = \int_{l_0} f(z)\mathrm{d}z + \int_{l_1} f(z)\mathrm{d}z + \cdots + \int_{l_{n-1}} f(z)\mathrm{d}z \tag{16′}$$

逐项从等式(16′)中减去等式(15″),我们得到

$$\int_P f(z)\mathrm{d}z - S = \int_{l_0}(f(z)-f(z_0))\mathrm{d}z + \int_{l_1}(f(z)-f(z_1))\mathrm{d}z + \cdots +$$
$$\int_{l_{n-1}}(f(z)-f(z_{n-1}))\mathrm{d}z$$

因为在每一个联线段 l_k 上都有 $|f(z)-f(z_k)|<\varepsilon$,我们就得到

$$\left|\int_P f(z)\mathrm{d}z - S\right| < \varepsilon l_0 + \varepsilon l_1 + \cdots + \varepsilon l_{n-1} = \varepsilon(l_0 + l_1 + \cdots + l_{n-1}) < \varepsilon l$$
$$\tag{18}$$

从不等式(17)与(18)直接得出

$$\left|\int_{\Gamma} f(z)\mathrm{d}z - \int_P f(z)\mathrm{d}z\right| \leqslant \left|\int_{\Gamma} f(z)\mathrm{d}z - S\right| + \left|S - \int_P f(z)\mathrm{d}z\right| <$$
$$\varepsilon l + \varepsilon l = 2\varepsilon l$$

因此,我们总可以内接于曲线 Γ 作折线 P,使积分 $\int f(z)\mathrm{d}z$ 沿 Γ 与沿 P 的值之差的模小于任意小的正数.

2. 柯西定理证明的简化

柯西定理可以这样叙述:假如 $f(z)$ 是某一个单连通区域 G 内的解析函数,则沿 G 内任一条闭路所取的积分 $\int f(z)\mathrm{d}z$ 都等于零.

如果我们姑且假定柯西定理对于区域 G 内任意一条闭折线 P 的情形已经证明,那么这个定理对于任一条逐段光滑的闭曲线 Γ 也是对的.事实上,当任意给定一个无论怎样小的数 $\varepsilon(\varepsilon>0)$ 时,根据前段中的预备定理,我们可以内接于闭路 Γ 作一条闭折线 P,使

$$\left|\int_{\Gamma}f(z)\mathrm{d}z-\int_{P}f(z)\mathrm{d}z\right|<\varepsilon$$

因为按假定我们有 $\int_{P}f(z)\mathrm{d}z=0$,所以从上面的不等式就得出

$$\left|\int_{\Gamma}f(z)\mathrm{d}z\right|<\varepsilon$$

也就是

$$\int_{\Gamma}f(z)\mathrm{d}z=0$$

因此,柯西定理证明化简的第一步,就在于把它化简成积分路线是闭折线的情形.

我们现在来指出,在这种情形下,定理的证明还可以化简成积分路线是三角形周界的情形.事实上,用对角线把以 P 为周界的多边形分成三角形(图 74),我们就可以把积分 $\int_{P}f(z)\mathrm{d}z$ 表示为沿这些三角形周界所取的积分之和

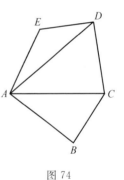

图 74

$$\int_{P}f(z)\mathrm{d}z=\int_{ABCA}+\int_{ACDA}+\int_{ADEA} \qquad (19)$$

因为这时沿每一条对角线,积分从彼此正好相反的方向取了两次,因而刚好互相抵消.因此,如果我们姑且假定柯西定理在积分路线是区域 G 内任意一个三角形周界的情形已经证明,那么根据等式(19),闭折线 P 的情形,也就是说曲线 Γ 的情形也就同样证明了.

3. 柯西定理的证明

如上所述,柯西定理的证明不外乎就是下述命题的证明:如果 $f(z)$ 是单连通区域 G 内的一个解析函数,那么沿区域 G 内任意一个三角形周界 Δ 所取的积

分 $\int f(z)\mathrm{d}z$ 都等于零.

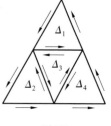

图 75

假设 $\left|\int\limits_{\Delta}f(z)\mathrm{d}z\right|=M$,我们来证明 $M=0$.

二等分给定的三角形的每一边,两两连接这些分点,给定的三角形就被分成了四个全等的三角形,它们的周界是 $\Delta_1,\Delta_2,\Delta_3,\Delta_4$(图 75).我们显然有

$$\int\limits_{\Delta}f(z)\mathrm{d}z=\int\limits_{\Delta_1}+\int\limits_{\Delta_2}+\int\limits_{\Delta_3}+\int\limits_{\Delta_4} \qquad (20)$$

因为在这里沿每一条连接分点的线段的积分从彼此正好相反的方向取了两次,因而刚好互相抵消.因为 $\left|\int\limits_{\Delta}\right|=M$,根据等式(20),周界 $\Delta_k(k=1,2,3,4)$ 中至少有一个使沿着它所取的积分的模不小于 $\dfrac{M}{4}$.比如说,假定这个周界是 Δ_1,则

$$\left|\int\limits_{\Delta_1}f(z)\mathrm{d}z\right|\geqslant\frac{M}{4} \qquad (21)$$

对于这个三角形周界 Δ_1,和前面一样,我们把它分成四个全等三角形.于是在以 Δ_1 为周界的三角形内我们又可以找到一个三角形,它的周界 $\Delta^{(2)}$ 使

$$\left|\int\limits_{\Delta^{(2)}}f(z)\mathrm{d}z\right|\geqslant\frac{M}{4^2} \qquad (22)$$

很明显,这个作法可以无限制地作下去.于是我们得到具有周界:$\Delta=\Delta^{(0)}$,$\Delta_1=\Delta^{(1)},\cdots,\Delta=\Delta^{(n)},\cdots$ 的一个三角形序列,其中每一个包含后面的一个而且有下列不等式

$$\left|\int\limits_{\Delta^{(n)}}f(z)\mathrm{d}z\right|\geqslant\frac{M}{4^n} \quad (n=0,1,2,\cdots) \qquad (23)$$

用 U 表示周界 Δ 的长度,于是周界 $\Delta^{(1)},\Delta^{(2)},\cdots,\Delta^{(n)},\cdots$ 相应的长度就是 $\dfrac{U}{2},\dfrac{U}{2^2},\cdots,\dfrac{U}{2^n},\cdots$,我们来估计 $\int\limits_{\Delta^{(n)}}f(z)\mathrm{d}z$ 的模.由于序列中每一个三角形都包含全部在它后面的三角形而且它们周界的长度随 n 的无限增大而趋近于零,所以根据极限理论的基本原则(第一章,§3,第 1 段),存在一个点 z_0 属于这个序列中所作的三角形.这个点是在区域 G 内,而函数 $f(z)$ 在 G 内又是解析的,因此,在点 z_0 函数 $f(z)$ 有一个有限导数.从而,对于任一个无论怎样小的 $\varepsilon(\varepsilon>0)$ 都有一个正数 $\delta=\delta(\varepsilon)$ 存在使不等式

$$\left|\frac{f(z)-f(z_0)}{z-z_0}-f'(z_0)\right|<\varepsilon \qquad (24)$$

成立,只需要 z 适合下面的条件

$$|z-z_0|<\delta \qquad (25)$$

不等式(24)乘以 $|z-z_0|$ 成为

$$|f(z)-f(z_0)-(z-z_0)f'(z_0)|<\varepsilon|z-z_0| \qquad (25')$$

因此,当 z 适合不等式(25),换句话说,对于每一个在以 z_0 为圆心、δ 为半径的圆内的点 z,不等式(25')都成立.另外,从一个足够大的 n 开始,周界 $\Delta^{(n)}$ 都在上述圆内,因此在估计积分 $\displaystyle\int_{\Delta^{(n)}} f(z)\mathrm{d}z$ 的值时,我们可以利用不等式(25').

由于 $\displaystyle\int_{\Delta^{(n)}}\mathrm{d}z=0,\int_{\Delta^{(n)}} z\mathrm{d}z=0$(§1,第1段),所以

$$\int_{\Delta^{(n)}} f(z)\mathrm{d}z=\int_{\Delta^{(n)}}[f(z)-f(z_0)-(z-z_0)f'(z_0)]\mathrm{d}z \qquad (26)$$

根据不等式(25'),从(26)就得到

$$\left|\int_{\Delta^{(n)}} f(z)\mathrm{d}z\right|<\int_{\Delta^{(n)}}\varepsilon|z-z_0||\mathrm{d}z| \qquad (27)$$

因为 $|z-z_0|$ 是三角形周界 $\Delta^{(n)}$ 上任一点 z 到这个三角形上一点 z_0 的距离,所以我们有

$$|z-z_0|<\frac{U}{2^n}$$

于是从不等式(27)我们就得到

$$\left|\int_{\Delta^{(n)}} f(z)\mathrm{d}z\right|<\varepsilon\frac{U}{2^n}\cdot\frac{U}{2^n}=\varepsilon\frac{U^2}{4^n} \qquad (28)$$

比较不等式(23)和(28),我们有

$$\frac{M}{4^n}<\varepsilon\cdot\frac{U^2}{4^n}$$

或即

$$M<\varepsilon\cdot U^2$$

由于 ε 是一个可以随意小的数,由此就得出结论 $M=0$.

附注 在柯西定理的证明中,我们利用了积分 $\displaystyle\int\mathrm{d}z$ 与 $\displaystyle\int z\mathrm{d}z$ 沿任何闭路所取的值都等于零的事实.这件事实可以从积分定义出发直接加以证明.实际上,根据定义我们有

$$\int\mathrm{d}z=\lim\sum_{k=0}^{n-1}\Delta z_k=0$$

因为当 $z_n=z_0$ 时,$\displaystyle\sum_{k=0}^{n-1}\Delta z_k=0$;同样

$$\int z\mathrm{d}z=\lim\sum_{k=0}^{n-1} z_k\Delta z_k=\lim\sum_{k=0}^{n-1} z_{k+1}\Delta z_k$$

由此可知

$$2\int zdz = \lim\sum_{k=0}^{n-1}(z_k + z_{k+1})\Delta z_k = \lim\sum_{k=0}^{n-1}(z_{k+1}^2 - z_k^2) = 0$$

因为当 $z_n = z_0$ 时，也有

$$\sum_{k=0}^{n-1}(z_{k+1}^2 - z_k^2) = 0$$

4. 复数域中的不定积分概念

正如 §1，第 4 段中所讲过的，从上面证明了的柯西定理可以推出下列命题：

假如 $f(x)$ 是单连通区域 G 内的解析函数，那么，沿 G 内任意一条逐段光滑曲线 Γ 所取的积分 $\int_\Gamma f(z)dz$ 的值并不依赖于曲线 Γ，而仅仅为这条曲线的起点和终点所决定. 换句话说，当我们使曲线 Γ 任意变形，只要不使它变出区域 G 之外并保持它的起点和终点不动，积分 $\int_\Gamma f(z)dz$ 的值就不会改变.

现在我们来考虑表达式

$$F(z) = \int_{z_0}^z f(\zeta)d\zeta \tag{29}$$

其中，作为积分路线可以取连接 z_0 和 z 的任意一条位于给定的单连通区域 G 内的逐段光滑曲线. 根据上述命题，函数 $F(z)$ 的值不依赖于积分路线，因而 $F(z)$ 是确定在区域 G 内的一个单值函数. 我们来证明，在区域 G 内的每一点 z 函数 $F(z)$ 都有导数而且这个导数就等于 $f(z)$. 事实上，令 $z + h$ 表示在点 z 的一个任意小邻域内的任何一个 G 内的点，我们来考虑差数

$$F(z+h) - F(z) = \int_{z_0}^{z+h} f(\zeta)d\zeta - \int_{z_0}^z f(\zeta)d\zeta = \int_z^{z+h} f(\zeta)d\zeta \tag{30}$$

在这里，作为后面一个积分的积分路线可以取连接点 z 与 $z + h$ 的直线段（图 76）.

以 h 除等式（30），就有

$$\frac{F(z+h) - F(z)}{h} = \frac{1}{h}\int_z^{z+h} f(\zeta)d\zeta \tag{30$'$}$$

由于

$$f(z) = f(z)\frac{1}{h}\int_z^{z+h} d\zeta = \frac{1}{h}\int_z^{z+h} f(z)d\zeta \tag{31}$$

从等式（30$'$）减去等式（31），我们就得到

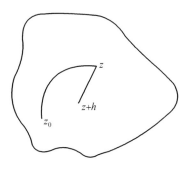

图 76

$$\frac{F(z+h)-F(z)}{h}-f(z)=\frac{1}{h}\int_{z}^{z+h}(f(\zeta)-f(z))\mathrm{d}\zeta \qquad (32)$$

根据函数 $f(z)$ 在点 z 的连续性,对于任何一个无论怎样小的 $\varepsilon(\varepsilon>0)$,都有一个数 $\delta=\delta(\varepsilon)$ 存在使 $|f(\zeta)-f(z)|<\varepsilon$,$|\zeta-z|<\delta$. 所以,如果算作 $|h|<\delta$,积分(32)中的被积函数的模就小于 ε. 因此,从等式(32),就有

$$\left|\frac{F(z+h)-F(z)}{h}-f(z)\right|<\varepsilon \cdot \frac{|h|}{|h|}=\varepsilon$$

只要 $|h|<\delta$,换句话说

$$\lim_{h\to0}\frac{F(z+h)-F(z)}{h}=f(z)$$

或即

$$F'(z)=f(z) \qquad (33)$$

因此,单连通区域 G 内的解析函数 $f(z)$ 的积分,在看作它自己的上限的函数时,是这同一个区域内的解析函数,而且它的导函数就是被积函数.

附注 这个证明只利用了函数 $f(z)$ 的下述两个性质:

(1) $f(z)$ 是区域 G 内的连续函数.

(2) 积分 $\int f(z)\mathrm{d}z$ 沿区域 G 内任何一条闭路所取的值都等于零.

只要在这两个条件下,$F(z)=\int_{z_0}^{z}f(\zeta)\mathrm{d}\zeta$ 就是区域 G 内的解析函数,而且 $F'(z)=f(z)$. 今后我们要不断地引用这个附注.

我们把任何一个在整个区域 G 内适合条件

$$\Phi'(z)=f(z) \qquad (34)$$

的函数 $\Phi(z)$ 都称为 $f(z)$ 的一个不定积分或原函数.

由于前面所讲的理由,$F(z)=\int_{z_0}^{z}f(\zeta)\mathrm{d}\zeta$ 是函数 $f(z)$ 的一个原函数. 我们现

在来证明 $f(z)$ 的任何一个原函数 $\Phi(z)$ 都呈下列形式

$$\Phi(z) = F(z) + C = \int_{z_0}^{z} f(\zeta)\mathrm{d}\zeta + C \tag{35}$$

其中 C 是一个任意常数.

事实上,从等式(34)减去等式(33),就得到

$$(\Phi(z) - F(z))' = \psi'(z) = 0 \tag{36}$$

这里 $\psi(z)$ 表示差 $\Phi(z) - F(z)$.

令 $\psi(z) = u(x,y) + v(x,y)\mathrm{i}$,由于 $\psi'(z) = \dfrac{\partial u}{\partial x} + \dfrac{\partial v}{\partial x}\mathrm{i} = \dfrac{\partial v}{\partial y} - \dfrac{\partial u}{\partial y}\mathrm{i}$(第二章, §4,第 4 段),从等式(36)我们就知道在区域 G 内

$$\frac{\partial u}{\partial x} = \frac{\partial u}{\partial y} = \frac{\partial v}{\partial x} = \frac{\partial v}{\partial y} = 0$$

因此,函数 u 与 v 在区域 G 内都是常数,因而我们有

$$\psi(z) = u + v\mathrm{i} = C$$

或即

$$\Phi(z) - F(z) = C$$

故

$$\Phi(z) = F(z) + C \tag{35}$$

因此,当 $\Phi(z)$ 表示函数 $f(z)$ 的一个原函数时,式(35)可以改写作

$$\int_{z_0}^{z} f(\zeta)\mathrm{d}\zeta + C = \Phi(z) \tag{35'}$$

如果在这里令 $z = z_0$ 就得到 $C = \Phi(z_0)$.用这个数值去替代式(35')中的常数 C,就得到

$$\int_{z_0}^{z} f(\zeta)\mathrm{d}\zeta = \Phi(z) - \Phi(z_0) \tag{37}$$

公式(37)用不定积分表示出了定积分.因此,当限制在讨论单连通区域内的解析函数时,我们看到了:在作为求和过程,在作为微分法的反运算这两方面,复变积分法和普通积分法互相类似.

5.柯西定理扩充到复闭路的情形

假设 Γ 是任意一条逐段光滑的闭曲线,而 $f(z)$ 是在 Γ 内同时也在 Γ 上解析的函数.在这种情形下,我们有

$$\int_{\Gamma} f(z)\mathrm{d}z = 0 \tag{38}$$

事实上,以在 Γ 内或 Γ 上的每一个点为圆心都可以作一个圆,使给定的函数

$f(z)$ 在这个圆内是解析的. 根据海涅－波莱尔预备定理,(第二章,§1,第4段) 一定存在有限个这种圆,把以 Γ 为周界的闭区域上全部的点都包含在它们的内部. 这些圆内部的点的全体是一个区域 G,它包含曲线 Γ 以及在 Γ 内部的点. 在区域 G 内,$f(z)$ 是解析函数,并且在 Γ 的内部没有区域 G 的界点,因而根据柯西定理,我们有等式(38).

现在我们来考虑 $n+1$ 条逐段光滑的闭曲线 $\Gamma_0,\Gamma_1,\Gamma_2,\cdots,\Gamma_n$,其中 $\Gamma_1,\Gamma_2,\cdots,\Gamma_n$ 中的每一条都在其余的外面,而它们全部又都位于 Γ_0 之内. 在 Γ_0 的内部同时又在曲线 $\Gamma_1,\Gamma_2,\cdots,\Gamma_n$ 之外的平面点集合作成一个 $n+1$ 连通区域 D,以 $\Gamma_0,\Gamma_1,\cdots,\Gamma_n$ 为它的边界. 在这种情形,我们说区域 D 的边界是一条复闭路 $\Gamma=\Gamma_0^{+}+\Gamma_1^{-}+\Gamma_2^{-}+\cdots+\Gamma_n^{-}$,它包括取正方向的曲线 Γ_0 和取负方向的其余的曲线 $\Gamma_1,\Gamma_2,\cdots,\Gamma_n$. 换句话说,假如一个点沿着复闭路 Γ 运动,则区域 D 的点总是在它的

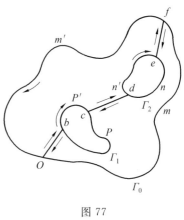

图 77

左边(图 77). 假设 $f(z)$ 是闭区域 $\overline{D}$ 上的解析函数,我们现在来证明

$$\int_{\Gamma} f(z)\mathrm{d}z = 0 \tag{39}$$

其中我们假定

$$\int_{\Gamma} = \int_{\Gamma_0^{+}} + \int_{\Gamma_1^{-}} + \cdots + \int_{\Gamma_n^{-}}$$

这就是柯西定理在复闭路情形的扩充.

为了证明这个扩充后的等式(39),我们用辅助曲线(在图 77 中就是 ab,cd,ef) 顺次地连接曲线 $\Gamma_0,\Gamma_1,\cdots,\Gamma_n$,考虑闭曲线 $\gamma = amfendcpba$ 与 $\gamma' = abp'cdn'efm'a$. 因为根据假设,函数 $f(z)$ 在曲线 γ 和 γ' 上以及它们的内部都是解析的,按照前面证明的结果,我们有

$$\int_{\gamma} f(z)\mathrm{d}z = 0, \quad \int_{\gamma'} f(z)\mathrm{d}z = 0$$

这两个等式相加 ,就得出

$$\int_{\Gamma} f(z)\mathrm{d}z = 0$$

因为在这里积分沿着辅助曲线,从正好相反的方向取了两次,因而正好互相抵消.

上面证明了的等式(39)也可以写作下列形式

131

$$\int_{\Gamma_0} f(z)\mathrm{d}z = \int_{\Gamma_1} f(z)\mathrm{d}z + \int_{\Gamma_2} f(z)\mathrm{d}z + \cdots + \int_{\Gamma_n} f(z)\mathrm{d}z \qquad (39')$$

这里,积分沿 $\Gamma_0,\Gamma_1,\cdots,\Gamma_n$ 都是沿正方向取的. 事实上,注意到由等式(39)我们有

$$\int_{\Gamma_0} f(z)\mathrm{d}z + \int_{\Gamma_1^-} f(z)\mathrm{d}z + \cdots + \int_{\Gamma_n^-} f(z)\mathrm{d}z = 0 \qquad (39'')$$

除第一项外我们把等式(39″)其余的项移到右边,再改变这些项的积分方向,就得出公式(39′).

在特别情形,假如闭曲线 Γ_1 在闭曲线 Γ_0 的内部,而且函数 $f(z)$ 在 Γ_0 与 Γ_1 之间以及这些曲线上是解析的,那么积分 $\int f(z)\mathrm{d}z$ 沿 Γ_0 与 Γ_1 所取的值彼此相等.

6.对数函数

因为函数 $\dfrac{1}{z}$ 在 z 平面上除 $z=0$ 外到处都是解析的,所以如果原点在闭路之外,则沿这样一条闭路积分 $\int \dfrac{\mathrm{d}z}{z}$ 的值等于零. 如果原点在闭路之内,则根据前面(第5段)的结果,沿这样一条闭路 $\int \dfrac{\mathrm{d}z}{z}$ 的值是一个确定的常数值,并不依赖于这样一条闭路的形状. 要想计算这个数值,只需取以原点为圆心,以任意长 R 为半径的圆周 C 作为积分闭路. 这时,我们有

$$z = R\mathrm{e}^{\mathrm{i}\varphi}, \quad \mathrm{d}z = R\mathrm{i}\mathrm{e}^{\mathrm{i}\varphi}, \quad \frac{\mathrm{d}z}{z} = \mathrm{i}\mathrm{d}\varphi$$

因此,我们得到

$$\int_C \frac{\mathrm{d}z}{z} = \int_0^{2\pi} \mathrm{i}\mathrm{d}\varphi = 2\pi\mathrm{i} \qquad (40)$$

积分 $\int \dfrac{\mathrm{d}z}{z}$ 沿任何一条环绕原点的闭路所取的值都等于这个数值 $2\pi\mathrm{i}$.

现在我们来考虑函数

$$w = \int_1^z \frac{\mathrm{d}\zeta}{\zeta} \qquad (41)$$

其中,积分可以沿着连接点 1 与 z 的任意一条曲线取值(图78). 假如 z 是一个正实数,积分路线是实轴上的线段 $[1,x]$,则 $w = \ln x$. 因此很自然地,当 z 是任意一个复数时,我们也令 $w = \ln z$. 这样一来,我们在这里用不同于第二章,§4,第9段的另外一个方法确定了 z 平面上对数函数的定义.

我们来研究这个函数的性质.首先,我们注意到 $\ln z = \int_1^z \dfrac{\mathrm{d}\zeta}{\zeta}$ 是一个多值函数,对应于连接点 1 与 z 的不同积分路线,它在每一点 z 有无穷多个不同的值.例如当我们用 $(\ln z)_0$ 表示积分 $\int_1^z \dfrac{\mathrm{d}\zeta}{\zeta}$ 沿着一个不环绕原点的积分路线所取的值(图 78)时,我们就知道这个积分沿着从正方向环绕原点一次的积分路线所取的值就是 $(\ln z)_0 + 2\pi\mathrm{i}$,这是因为(图 79)

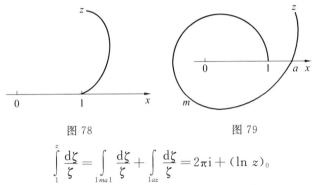

图 78 图 79

$$\int_1^z \frac{\mathrm{d}\zeta}{\zeta} = \int_{1ma1} \frac{\mathrm{d}\zeta}{\zeta} + \int_{1az} \frac{\mathrm{d}\zeta}{\zeta} = 2\pi\mathrm{i} + (\ln z)_0$$

假如积分路线环绕原点从正方向或负方向绕过 n 次,那么很明显就应该在 $(\ln z)_0$ 上加上(或减去) $2\pi\mathrm{i}n$. 因此对于每一个 $z \neq 0$ 我们有

$$w = \int_1^z \frac{\mathrm{d}\zeta}{\zeta} = \ln z = (\ln z)_0 + 2\pi\mathrm{i}k \tag{41}$$

这里 k 是任意一个整数,也就是说,$\ln z$ 的一切值在彼此之间只相差 $2\pi\mathrm{i}$ 的一个倍数.

假如 z 是一个正实数,那么这些数值中有一个是实数 $(\ln z)_0$,其余的都是虚数. $\ln z$ 的这个实数值在数学分析中已经研究过了.假如 z 是负数或虚数,则 $\ln z$ 的一切值都是虚数.

因此,确定在除 $z=0$ 外的整个 z 平面上的函数 $w = \ln z$ 是无穷多值的.很明显,要想有可能作为单值函数来研究这个函数,我们就必须选择这样一个平面区域,使得在这个平面区域上不可能作出环绕原点的闭曲线.譬如说,如果我们沿负实轴把平面剪开,那么对于这个"剪过的平面"上的每一条闭路,原点就都在它之外.于是在这个"剪过的平面"上,$w = \ln z$ 就可以作为复变数 z 的单值函数来研究.

现在我们来证明函数 $w = \ln z$ 是指数函数

$$\mathrm{e}^w = z \tag{42}$$

的反函数.

因为指数函数 e^w 在整个 w 平面上异于零(第二章 §4,第 7 段),所以数值

$z=0$ 我们可以不加考虑. 假设 z 是一个给定的异于零的数: $z=\rho e^{\varphi i}(-\pi < \varphi \leqslant \pi)$. 假定 $w=u+vi$, 从方程 (42) 就得到 $e^u e^{vi}=\rho e^{\varphi i}$, 因而我们应该有

$$e^u=\rho, \quad v=\varphi+2\pi k \tag{43}$$

其中 k 是一个任意整数.

当 u 渐增地经过一切实数值时, $\rho=e^u$ 也是渐增地取得一切可能的正数值. 所以方程 $e^u=\rho$ 有一个唯一的实数解 $u=\ln\rho$.

这样一来, 如果 $z=\rho e^{\varphi i}(-\pi < \varphi \leqslant \pi)$, 方程 (42) 的一般解就是 $w=\ln\rho + \varphi i+2\pi ik$, 其中 k 是一个任意整数. 假如 z 是在"剪过的平面"上变动 $(k=0)$, 那么很明显, 函数 w 就是单值的. 因此, 存在这样一个函数 $w=\ln\rho+\varphi i$, 在"剪过的平面"上是单值的而且适合方程 (42). 关于 z 微分恒等式 $e^w=z$, 就得到 $e^w \dfrac{\mathrm{d}w}{\mathrm{d}z}=1$, 从而 $\dfrac{\mathrm{d}w}{\mathrm{d}z}=\dfrac{1}{z}$.

因此, 在"剪过的平面"上, w 应该是函数 $\dfrac{1}{z}$ 的一个原函数, 并且当 $z=1$ 时它等于零. 因此根据第 4 段, 我们可以写 $w=\displaystyle\int_1^z \dfrac{\mathrm{d}\zeta}{\zeta}$, 其中积分路线是"剪过的平面"上连接点 1 与 z 的任何一条曲线.

假如我们让变数 z 在整个平面上变化, 那么很明显, 方程 (42) 的一般解与函数 $\ln z=\displaystyle\int_1^z \dfrac{\mathrm{d}\zeta}{\zeta}$ 完全重合, 这里积分路线是点 1 与 z 之间的任何一条曲线. 这样我们就证明了用积分来确定的对数函数和指数函数的反函数完全一致.

最后, 我们注意, 如果 z_0 在闭路 Γ 之内, 沿 Γ 所取的积分 $\displaystyle\int_\Gamma \dfrac{\mathrm{d}z}{z-z_0}$ 的计算问题, 借助于替换 $z=z_0+\zeta$, 就可以化为 $\displaystyle\int_{\Gamma'} \dfrac{\mathrm{d}\zeta}{\zeta}$ 的计算问题, 其中闭路 Γ' 把原点包在它的内部. 由此可知, $\displaystyle\int_\Gamma \dfrac{\mathrm{d}z}{z-z_0}$ 的值等于 $2\pi i$. 很明显, 由于被积分函数 $\dfrac{1}{z-z_0}$, 除点 $z=z_0$ 外, 在 z 平面上到处都是解析的, 所以假如点 z_0 在积分闭路之外, 则积分 $\displaystyle\int \dfrac{\mathrm{d}z}{z-z_0}$ 就等于零.

*7. 预备定理

要想给予柯西定理以更一般的形式, 我们在本段中证明一个关于囿变连续函数[①]的辅助命题.

[①] 关于囿变函数可以参阅 (例如说) Александров 与 Колмогоров 的《实变函数论初步》.

假定 $f(x)$ 是区间 $a \leqslant x \leqslant b$ 上的一个囿变函数，T 是它的总变量. 我们用 $k(y)$ 表示在区间 $a \leqslant x \leqslant b$ 上函数 $f(x)$ 取数值 y 的次数，也就是说，$k(y)$ 是区间 $a \leqslant x \leqslant b$ 上方程 $f(x) = y$ 的根的个数. $k(y)$ 显然可以等于无穷大. 于是我们有下列公式

$$T = \int_{-\infty}^{\infty} k(y) \mathrm{d} y$$

其中积分是勒贝格意义上的积分.

为了证明这个公式，我们可以算作 $a = 0, b = 1$，显然这样并不丧失其一般性. 把区间 $0 \leqslant x \leqslant 1$ 分成 2^n 个等长的区间

$$\frac{r-1}{2^n} \leqslant x \leqslant \frac{r}{2^n} \quad (r = 1, 2, \cdots, 2^n)$$

并且用 $k_n(y)$ 表示函数 $f(x)$ 在其中曾经取数值 y 的那种区间的个数.

很明显

$$k_{n+1}(y) \geqslant k_n(y)$$

这就是说，当分划数目增加时，函数 $f(x)$ 在其中取给定的数值 y 的区间的个数是不会减少的. 我们现在来证明

$$\lim_{n \to \infty} k_n(y) = k(y)$$

事实上，假如 $k(y)$ 等于 0 或 1，那么对于每一个 n 都有 $k_n(y) = k(y)$. 在 $1 < k(y) < \infty$ 的情形，假定 $x_1, x_2, \cdots, x_{k(y)}$ 是方程 $f(x) = y$ 在区间 $0 \leqslant x < 1$ 上的解，δ 是数 $x_r - x_{r-1}(r = 2, 3, \cdots, k(y))$ 中最小的一个. 于是，对于每一个适合 $\frac{1}{2^n} < \delta$ 的 n 都显然有 $k_n(y) = k(y)$，换句话说，对于所有充分大的 n 都有 $k_n(y) = k(y)$. 最后，在 $k(y) = \infty$ 的情形，我们用 m 表示任意一个大于 1 的整数. 于是就有数 $x_1, x_2, \cdots, x_m : 0 \leqslant x_1 < x_2 < \cdots < x_m < 1$ 使 $f(x_1) = f(x_2) = \cdots = f(x_m) = y$. 假定 δ 是数 $x_r - x_{r-1}(r = 2, 3, \cdots, m)$ 中最小的一个. 很明显，对于每一个适合 $\frac{1}{2^n} < \delta$ 的 n，也就是说，从一个充分大的 n 起都有 $k_n(y) \geqslant m$，换句话说，$\lim_{n \to \infty} k_n(y) = \infty$. 因此，我们证明了：不管哪种情形总有

$$\lim_{n \to \infty} k_n(y) = k(y)$$

现在我们用 $k_{n,r}(y)$ 表示这样一个函数，当 $f(x)$ 在区间 $\frac{r-1}{2^n} \leqslant x < \frac{r}{2^n}$ 上取数值 y 时它等于 1，相反的情形它就等于 0. 很明显，我们可以写

$$k_n(y) = \sum_{r=1}^{2^n} k_{n,r}(y) \tag{I}$$

用 $M_{n,r}$ 与 $m_{n,r}$ 表示函数 $f(x)$ 在区间 $\frac{r-1}{2^n} \leqslant x < \frac{r}{2^n}$ 上的上确界与下确界；

就有

$$k_{n,r}(y)=\begin{cases}0 & (y>M_{n,r})\\ 1 & (M_{n,r}>y>m_{n,r})\\ 0 & (y<m_{n,r})\end{cases}$$

所以 $\int_{-\infty}^{\infty}k_{n,r}(y)\mathrm{d}y=M_{n,r}-m_{n,r}$，因此根据（Ⅰ）有

$$\int_{-\infty}^{\infty}k_n(y)\mathrm{d}y=\sum_{r=1}^{2^n}(M_{n,r}-m_{n,r})$$

另一方面，按照定义

$$T=\lim_{n\to\infty}\sum_{r=1}^{2^n}(M_{n,r}-m_{n,r})$$

比较上面两个等式，注意到 $k_n(y)$ 是一个以 $k(y)$ 为极限函数的渐增的函数序列，我们就得到

$$T=\lim_{n\to\infty}\int_{-\infty}^{\infty}k_n(y)\mathrm{d}y=\int_{-\infty}^{\infty}k(y)\mathrm{d}y$$

而这就是我们所要证明的.

从以上证明的这个预备定理可以推出下面的两个几何推论：

（1）假如 C 是任意一条可求长的约当曲线，那么使直线 $x=c$ 与曲线 C 有无穷多个交点的数 c 所成的集合是一个在勒贝格意义下测度为零的集合.

事实上，假定 $x=f(t),y=g(t)(a\leqslant t\leqslant b)$ 是可求长的约当曲线 C 的方程，其中 f 和 g 是囿变连续函数. 那么数 $k(c)$，它表示在区间 $a\leqslant t\leqslant b$ 上函数 $f(t)$ 取数值 c 的次数，在这里就等于直线 $x=c$ 和曲线 C 的交点的个数. 按照本段中所证明的预备定理，函数 $k(c)$ 是可求和的，换句话说，适合条件 $k(c)=\infty$ 的数 c 的集合其测度为零.

（2）对于每一个正数 δ 都对应地有一个数 a 使得在每一条直线

$$x=a+m\delta \quad (m=0,\pm1,\pm2,\cdots)$$

上都只有曲线 C 的有限多个点.

要证明这个命题，我们只需指出没有所要求的性质的数 a 的集合不是全部的数. 事实上，这个没有所要求的性质的数 a 的集合是一个测度为零的集合，因为它是可数多个零集合的联集合，这些零集合是根据（1）利用替换 $c'=c-m\delta(m=0,\pm1,\pm2,\cdots)$ 的结果.

*8. 柯西定理的推广

利用上述结果，我们可以推广柯西定理成下列形式：

假如 D 是一条可求长的约当曲线 C 的内部区域，函数 $f(z)$ 是 D 内的解析

函数,并且除此以外 $f(z)$ 在闭区域 $\overline{D}$ 上连续,则

$$\int_C f(z)\mathrm{d}z = 0$$

假定 ε 是一个无论怎样小的正数.按照假设的条件,$f(z)$ 在 D 上一致连续.因此存在这样一个数 $\delta(0<\delta<1)$ 使得对于区域 D 上适合条件 $|z_1-z_2|<2\delta$ 的任意两点 z_1 与 z_2,不等式 $|f(z_1)-f(z_2)|<\varepsilon$ 都成立.根据第 7 段中预备定理的推论(2),我们可以选取数 α 与相应的数 β 使得在每一条直线 $x=\alpha+m\delta$ 与 $y=\beta+m\delta(m=0,\pm1,\pm2,\cdots)$ 上都只有曲线 C 的有限多个点.直线 $x=\alpha+m\delta$,$y=\beta+m\delta$ 把 C 的内部区域 D 分成有限多个区域,每一个这种区域都以一条可求长的约当曲线为边界.我们用 $C_1,C_2,\cdots,C_r$ 表示这些曲线.很明显,我们有

$$\int_C f(z)\mathrm{d}z = \sum_{n=1}^{r}\int_{Cn} f(z)\mathrm{d}z$$

其中所有的积分都有沿着正方向取的.假定在曲线 $C_1,C_2,\cdots,C_r$ 中,前面的 q 条而且只有这 q 条包含 C 上的点.于是其余的都是正方形周界,完全在 C 的内部,而且对于它们来说,根据柯西定理(第 2 段)$\int_{Cn} f(z)\mathrm{d}z = 0$.所以

$$\int_C f(z)\mathrm{d}z = \sum_{n=1}^{q}\int_{Cn} f(z)\mathrm{d}z \qquad (\text{II})$$

用 l 和 l_n 分别表示曲线 C 和 C_n 的长度,我们就可以注意到 $\sum_{n=1}^{q} l_n - l$ 并不大于格子上那些边上含有 C 的点的正方形周界的长度之和.而这种正方形的个数不超过 $4\left(\dfrac{l}{\delta}+1\right)$,所以,$\sum_{n=1}^{q} l_n - l \leqslant 16\delta\left(\dfrac{l}{\delta}+1\right)$,或即 $\sum_{n=1}^{q} l_n \leqslant l+16l+16\delta < 17l+16$,因为 $\delta<1$.现在回到等式(II),我们来估计积分 $\int_{Cn} f(z)\mathrm{d}z$

$$\int_{Cn} f(z)\mathrm{d}z = \int_{Cn} [f(z)-f(z_0)]\mathrm{d}z$$

的模,这里 z_0 是在 C_n 上选定的一个固定点.因为曲线 C_n 的直径不大于 $\delta\sqrt{2}<2\delta$,所以当 z 在 C_n 上时,我们有

$$|f(z)-f(z_0)|<\varepsilon$$

换句话说

$$\left|\int_{Cn} f(z)\mathrm{d}z\right| \leqslant \int_{Cn} |f(z)-f(z_0)||\mathrm{d}z| < \varepsilon l_n$$

因此,从等式(II)我们得到

$$\left|\int_{Cn} f(z)\mathrm{d}z\right| \leqslant \sum_{n=1}^{q}\left|\int_{Cn} f(z)\mathrm{d}z\right| < \varepsilon\sum_{n=1}^{q} l_n < \varepsilon(17l+16)$$

因为 ε 是可以随意小的正数而 $17l+16$ 是完全确定的常数,所以上式的右端也是可以随意小的正数.但上式左端却是一个确定的非负的常数.因而这个数只能是零,也就是说

$$\left| \int_{Cn} f(z)\mathrm{d}z \right| = 0 \quad 或即 \quad \int_{C} f(z)\mathrm{d}z = 0$$

而这就是我们所要证明的.

§3 柯 西 积 分

1. 柯西公式

假定 G 是一个单连通区域,它的边界是任意一条逐段光滑曲线 $\varGamma$,又 $f(z)$ 是闭区域 $\overline{G}$ 上的一个解析函数.这就是说,函数 $f(z)$ 在某一个包含 $\overline{G}$ 的区域 G' 内的每一点都有确定的有限导数.我们现在来导出柯西公式,根据这个公式,可以用函数 $f(z)$ 在边界 $\varGamma$ 上的值表示出 $f(z)$ 在 $\varGamma$ 内部的每一点的值.由此可见,解析函数的数值彼此之间有着密切的联系,因为它沿闭路 $\varGamma$ 的值完全决定了它在 $\varGamma$ 内部的值.柯西公式的形式如下

$$f(z) = \frac{1}{2\pi\mathrm{i}}\int_{\varGamma} \frac{f(\zeta)\mathrm{d}\zeta}{\zeta - z} \tag{44}$$

这里 z 是 $\varGamma$ 内部的任何一点,而积分是沿闭路 $\varGamma$ 的正方向取的.

为了证明这个公式,我们用 z 表示区域 G 的任意一点,然后来考虑函数

$$\varphi(\zeta) = \frac{f(\zeta) - f(z)}{\zeta - z} \tag{45}$$

这个函数 $\varphi(\zeta)$ 除去点 $\zeta = z$ 外在闭区域 $\overline{G}$ 的一切点上都是解析的.以点 z 为圆心,以一个任意小的数 ρ 为半径画一个完全包含在区域 G 内的圆周 γ,于是,$\varphi(\zeta)$ 在闭路 $\varGamma$ 与 γ 之间的每一点或 $\varGamma$ 与 γ 上的每一点都是解析的(图 80).因此,根据柯西定理(§2,第 5 段)我们有

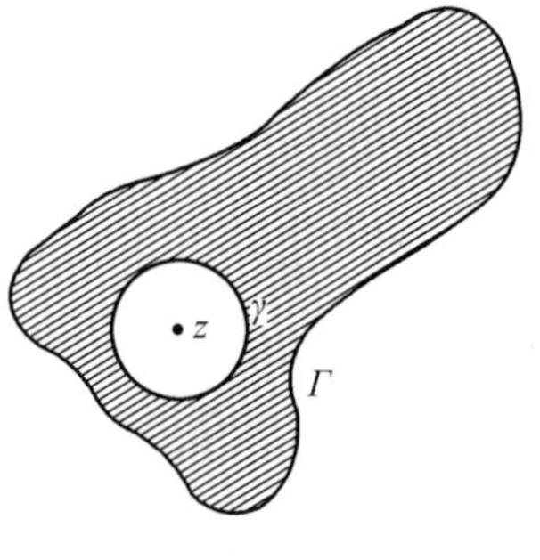

图 80

$$\int_{\varGamma} \varphi(\zeta)\mathrm{d}\zeta = \int_{\gamma} \varphi(\zeta)\mathrm{d}\zeta \tag{46}$$

等式(46)指出 $\int_{\gamma} \varphi(\zeta)\mathrm{d}\zeta$ 的值并不依赖于辅助圆周 γ 的半径 ρ,而是永远等于常

数值 $\int_{\Gamma}\varphi(\zeta)\mathrm{d}\zeta$. 要想确定 $\int_{\gamma}\varphi(\zeta)\mathrm{d}\zeta$ 这个常数值,我们注意,当点 ζ 趋近于点 z 时,函数 $\varphi(\zeta)$ 趋向一个确定的有限极限. 事实上,由等式(45)推出

$$\lim_{\zeta\to z}\varphi(\zeta)=\lim_{\zeta\to z}\frac{f(\zeta)-f(z)}{\zeta-z}=f'(z)$$

因此,如果取 $f'(z)$ 作为函数 $\varphi(\zeta)$ 在点 $\zeta=z$ 的值,则 $\varphi(\zeta)$ 在闭区域 $\overline{G}$ 上就到处都是连续的,因而我们就可以事先假定 $|\varphi(\zeta)|<M$,其中 M 是一个常数,适合于区域 G 上的任何一点. 利用这个不等式我们就得到

$$\left|\int_{\gamma}\varphi(\zeta)\mathrm{d}\zeta\right|<M\cdot 2\pi\rho$$

由此可见 $\int_{\gamma}\varphi(\zeta)\mathrm{d}\zeta=0$,因为 ρ 在这里可以取得随意的小而积分值却是一个常数. 回到等式(46),它就可以重写作

$$\int_{\Gamma}\varphi(\zeta)\mathrm{d}\zeta=0 \tag{46'}$$

用式(45)代入这个等式,我们得到

$$\int_{\Gamma}\frac{f(\zeta)-f(z)}{\zeta-z}\mathrm{d}\zeta=0$$

或即

$$\int_{\Gamma}\frac{f(\zeta)\mathrm{d}\zeta}{\zeta-z}=f(z)\int_{\Gamma}\frac{\mathrm{d}\zeta}{\zeta-z} \tag{47}$$

因为根据 §2,第 6 段,我们有 $\int_{\Gamma}\frac{\mathrm{d}\zeta}{\zeta-z}=2\pi\mathrm{i}$,所以公式(47)就成为

$$\int_{\Gamma}\frac{f(\zeta)\mathrm{d}\zeta}{\zeta-z}=f(z)\cdot 2\pi\mathrm{i}$$

或即

$$f(z)=\frac{1}{2\pi\mathrm{i}}\int_{\Gamma}\frac{f(\zeta)\mathrm{d}\zeta}{\zeta-z}$$

这就是我们所要证明的.

2. 柯西公式扩充到复闭路的情形

在前段中我们假定了区域 G 是单连通的. 不难证明,在前段中所建立的柯西公式可以扩充到复连通区域 G 的情形. 我们现在就来考虑一个复连通区域 G,它的边界是一条复闭路 Γ,由有限条逐段光滑的闭曲线所组成. 假定 $f(z)$ 是闭区域 $\overline{G}$ 上的一个解析函数,我们来建立柯西公式

$$f(z) = \frac{1}{2\pi i} \int_{\Gamma} \frac{f(\zeta)\mathrm{d}\zeta}{\zeta - z} \qquad (48)$$

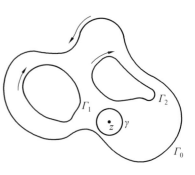

图 81

这里 z 是区域 G 的任一点,而积分是沿复闭路 Γ 的正方向取的(图 81).为了证明这个公式,我们环绕点 z 取这样小的一条闭路 γ(例如说,以 z 为中心的一个圆周)使得在这条闭路 γ 上与它内部的一切点都在区域 G 内(图 81).我们来考虑复闭路 $\Gamma' = \Gamma + \gamma^-$,这条复闭路是在原来的闭路 Γ 上添上取反方向的曲线 γ 构成的.我们用 G' 表示以 Γ' 为边界的区域.于是很明显,函数 $\dfrac{f(\zeta)}{\zeta - z}$ 在闭区域 $\overline{G}'$ 上是解析的,因而根据柯西定理(§2,第 5 段),我们有

$$\int_{\Gamma'} \frac{f(\zeta)\mathrm{d}\zeta}{\zeta - z} = 0$$

或即

$$\int_{\Gamma} \frac{f(\zeta)\mathrm{d}\zeta}{\zeta - z} + \int_{\gamma^-} \frac{f(\zeta)\mathrm{d}\zeta}{\zeta - z} = 0$$

于是

$$\int_{\Gamma} \frac{f(\zeta)\mathrm{d}\zeta}{\zeta - z} = \int_{\gamma} \frac{f(\zeta)\mathrm{d}\zeta}{\zeta - z} \qquad (49)$$

这里积分是沿闭路 Γ 与 γ 的正方向取的.因为函数 $f(z)$ 在闭路 γ 的内部与 γ 上的每一点都是解析的,所以根据前段中的结果,我们有

$$\int_{\gamma} \frac{f(\zeta)\mathrm{d}\zeta}{\zeta - z} = 2\pi i f(z)$$

把这个式子代入等式(49)中,我们就得到

$$\int_{\Gamma} \frac{f(\zeta)\mathrm{d}\zeta}{\zeta - z} = 2\pi i f(z)$$

也就是

$$f(z) = \frac{1}{2\pi i} \int_{\Gamma} \frac{f(\zeta)\mathrm{d}\zeta}{\zeta - z} \qquad (48)$$

表达式

$$\frac{1}{2\pi i} \int_{\Gamma} \frac{f(\zeta)\mathrm{d}\zeta}{\zeta - z}$$

称为柯西积分,其中 $f(z)$ 是以闭路 Γ 为边界的闭区域 $\overline{G}$ 上的解析函数.根据以

上证明的结果,柯西积分表示出了给定的函数 $f(z)$ 在 Γ 内部的每一点 z 处的值,也就是说,表示出了在区域 G 内每一点处 $f(z)$ 的值. 很明显,在闭区域 $\overline{G}$ 外的每一点 z,柯西积分都等于零. 因为假如 z 在区域 $\overline{G}$ 之外,则函数 $\dfrac{f(\zeta)}{\zeta-z}$ 在闭区域 $\overline{G}$ 上每一点都是解析的. 因而根据柯西定理(§2,第 5 段),就有

$$\frac{1}{2\pi i}\int_\Gamma \frac{f(\zeta)\mathrm{d}\zeta}{\zeta-z}=0$$

3. 柯西型积分

假设 L 是任意一条闭的或非闭的逐段光滑曲线,又 $\varphi(z)$ 是沿 L 确定的一个连续函数. 表达式

$$\frac{1}{2\pi i}\int_\Gamma \frac{\varphi(\zeta)\mathrm{d}\zeta}{\zeta-z} \tag{50}$$

对于每一个不在 L 上的点 z,都有一个确定的值. 因此对于所有不在 L 上的点 z 它确定一个单值函数 $F(z)$. 假如 L 是一条闭曲线而且 $\varphi(z)$ 在 L 的内部和 L 上到处都是解析的,那么如我们所已知的,当点 z 在 L 的内部时,表达式(50)等于 $\varphi(z)$,而点 z 在 L 之外时它就等于零. 在这种情形,我们曾经称表达式(50)为柯西积分. 因此很自然地,对于上面所说的一般情形,我们就称表达式(50)为关于 $\varphi(z)$ 的柯西型积分. 因此,柯西型积分的构成只要求事先在积分路线 L 上给定函数 $\varphi(z)$. 至于在这里我们要求 $\varphi(\zeta)$ 的连续性,那只是为了要积分(50)有意义而已.

定理 1 柯西型积分(50)所确定的函数 $F(z)$ 在任何一个不含曲线 L 的点的单连通区域 G 内都是解析的,并且它的函数是

$$F'(z)=\frac{1}{2\pi i}\int_L \frac{\varphi(\zeta)\mathrm{d}\zeta}{(\zeta-z)^2} \tag{51}$$

证明 假定 z 是区域 G 的任意一点,如果我们能指出函数 $F(z)$ 在这一点有导数(51),那么定理也就证明了,用 $z+h$ 表示区域 G 的任意一点,我们来考虑比值

$$\frac{F(z+h)-F(z)}{h} \tag{52}$$

对于固定的 z,让 h 趋近于零,我们要证明比值(52)趋向一个有限极限,而且这个极限就是式(51)的右端. 为此,我们如下来变换比值(52)

$$\frac{F(z+h)-F(z)}{h}=\frac{1}{h}\left[\frac{1}{2\pi i}\int_L \frac{\varphi(\zeta)\mathrm{d}\zeta}{\zeta-z-h}-\frac{1}{2\pi i}\int_L \frac{\varphi(\zeta)\mathrm{d}\zeta}{\zeta-z}\right]=$$
$$\frac{1}{2\pi i}\int_L \frac{\varphi(\zeta)\mathrm{d}\zeta}{(\zeta-z-h)(\zeta-z)} \tag{53}$$

让 h 趋近于零, 如果在积分符号下取极限, 我们就可以从式(53)得到

$$F'(z) = \frac{1}{2\pi i} \int_L \frac{\varphi(x) d\zeta}{(\zeta - z)^2} \tag{51}$$

剩下来只要证明: 在这里, 这种形式取极限的确是可以的. 为此, 我们作 $\dfrac{1}{2\pi i} \displaystyle\int_L \dfrac{\varphi(\zeta) d\zeta}{(\zeta - z - h)(\zeta - z)}$ 与它的事先假定的极限 $\dfrac{1}{2\pi i} \displaystyle\int_L \dfrac{\varphi(\zeta) d\zeta}{(\zeta - z)^2}$ 之差, 并且指出这个差与 h 一起趋近于零. 事实上, 这个差是

$$\frac{1}{2\pi i} \int_L \frac{\varphi(\zeta) d\zeta}{(\zeta - z - h)(\zeta - z)} - \frac{1}{2\pi i} \int_L \frac{\varphi(\zeta) d\zeta}{(\zeta - z)^2} =$$
$$\frac{1}{2\pi i} \int_L \frac{h\varphi(\zeta) d\zeta}{(\zeta - z - h)(\zeta - z)^2} \tag{54}$$

估计差数(54)的模. 我们显然有

$$\left| \frac{1}{2\pi i} \int_L \frac{h\varphi(\zeta) d\zeta}{(\zeta - z - h)(\zeta - z)^2} \right| < \frac{|h|}{2\pi} \int_L \frac{M|d\zeta|}{|\zeta - z - h||\zeta - z|^2} \tag{55}$$

这里我们假定了 $|\varphi(\zeta)| < M$, 因为按照假设的条件 $\varphi(\zeta)$ 在 L 上是连续的. 用 $2d(d > 0)$ 表示曲线 L 到点 z 的距离, 换句话说, 就是所有可能的 L 上的点与 z 之间的距离的最小值, 于是不管 ζ 是 L 上的哪一点, 只要 $|h|$ 是足够的小我们就有 $|\zeta - z| > d$, $|\zeta - z - h| > d$. 由此我们就看出: 不等式(55)的右端小于

$$\frac{|h| Ml}{2\pi d^3} \tag{56}$$

其中 l 表示曲线 L 的长度. 由于表达式(56)随 h 一起趋近于零, 所以差(54)也随 h 一起趋近于零.

因此, 式(52)与积分(51)之差随 h 一起趋近于零, 这就证明了我们的定理.

公式(51)指出: 要得到函数 $F(z)$ 的导函数只要在柯西型积分号下对参变量 z 形式地微分就行了.

同样地我们将证明这种微分法可以重复第二次, 并且一般说来, 可以重复任意多少次.

定理 2 柯西型积分(50)所确定的函数 $F(z)$ 在 L 外的每一点都有一切级的导数, 并且这些导数有如下的公式

$$F''(z) = \frac{2!}{2\pi i} \int_L \frac{\varphi(\zeta) d\zeta}{(\zeta - z)^3} \tag{57}$$

一般来说

$$F^{(n)}(z) = \frac{n!}{2\pi i} \int_L \frac{\varphi(\zeta) d\zeta}{(\zeta - z)^{n+1}} \tag{58}$$

要想证明公式(57), 我们利用(51)就得到

$$\frac{F'(z+h) - F'(z)}{h} - \frac{2!}{2\pi \mathrm{i}} \int_L \frac{\varphi(\zeta)\mathrm{d}\zeta}{(\zeta-z)^3} =$$

$$\frac{1}{2\pi \mathrm{i}} \int_L \varphi(\zeta) \left\{ \frac{1}{h} \left[\frac{1}{(\zeta-z-h)^2} - \frac{1}{(\zeta-z)^2} \right] - \frac{2}{(\zeta-z)^3} \right\} \mathrm{d}\zeta \qquad (59)$$

于是,问题就在于要证明上式右端的积分随 h 一起趋近于零. 积分号下的方括弧等于

$$h \frac{3(\zeta-z) - 2h}{(\zeta-z)^3 \cdot (\zeta-z-h)^2}$$

它的模小于 $|h|M_1$,这里 M_1 不依赖于 ζ,因为对于 h 的充分小的值,不管 ζ 是 L 上的什么样的点,都有

$$\left| \frac{3(\zeta-z) - 2h}{(\zeta-z)^3 \cdot (\zeta-z-h)^2} \right| < M_1$$

因此,等式(59)右端的积分值的模小于 $\frac{|h|}{2\pi} l M M_1$(这里 M, l 与在定理 1 中的意义一样),因而它随 h 一起趋近于零. 用数学归纳法,类似地可以证明对于任何一个自然数 n 公式(58)的正确性. 我们建议读者自己去把相应的演算完成.

4. 区域内解析函数的一切高级导函数的存在性

在前段的结果的帮助之下,我们可以证明解析函数的一个重要性质. 直到现在为止,我们说复变数 z 的一个单值函数在一个区域内是解析的,还只是指它在这个区域的每一点都有有限导数. 在实变函数的情形,从有限导函数的存在性推不出这个导函数的连续性,但是在复变函数的情形,却有下面这个异常重要的定理成立:假如复变数 z 的单值函数 $f(z)$ 在区域 G 内到处都有一级导数,那么它在这个区域内就有一切高级的导函数.

附注 很明显,这个定理不仅肯定了区域 G 内的解析函数的一切级的导函数的存在,而且也肯定了这些导函数的连续性.

证明 假定 z 是区域 G 内任意一点,而 C 是环绕点 z 的一条逐段光滑闭路,又假定 C 和它的内部所有的点都在区域 G 内. 应用柯西公式(第 1 段),我们就有

$$f(z) = \frac{1}{2\pi \mathrm{i}} \int_C \frac{f(\zeta)\mathrm{d}\zeta}{\zeta - z}$$

另一方面,根据前段的结果,柯西积分所表达的函数 $f(z)$ 在点 z 可导任意多次. 由于点 z 在区域 G 内是任意取的,所以函数 $f(z)$ 在 G 内到处都有一切级的导数.

与柯西的基本公式(第 2 段)一起,在基本公式能够应用的条件下,下列的等式也成立

$$f^{(n)}(z) = \frac{n!}{2\pi i} \int_C \frac{f(\zeta) \mathrm{d}\zeta}{(\zeta - z)^{n+1}} \quad (n = 1, 2, 3, \cdots)$$

由此我们可以看出,复变函数的可导性的要求比实变函数相应的要求强得多:从区域内每一点第一级有限导数的存在可以推出在这个区域内一切级导函数的存在,并因而推出了这些导函数在这个区域内的连续性.

由此我们特别可以得出结论:区域 G 内的解析函数的导函数也是这同一个区域内的解析函数.

5. 摩尔定理

在本章 §2(第 1～3 段),我们证明了解析函数的基本定理. 根据这个定理,对于单连通区域 G 内的每一个函数 $f(z)$,等式 $\int_\Gamma f(z)\mathrm{d}z = 0$ 都成立,其中 Γ 是区域 G 内任意一条逐段光滑的闭路. 意大利的数学家摩尔曾经指出这个基本定理是可逆的:

假如单连通区域 G 内的连续函数 $f(z)$,对于 G 内的每一条逐段光滑闭路 Γ 都适合等式 $\int_\Gamma f(z)\mathrm{d}z = 0$,则 $f(z)$ 是区域 G 内的解析函数.

事实上,我们已经知道(§2,第 4 段附注)在这个定理的假设之下,表达式 $\int_{z_0}^z f(\zeta)\mathrm{d}\zeta$ 不依赖于在区域 G 内连接 z_0 到 z 的积分路线,并且确定一个在区域 G 内解析的函数 $F(z)$,而且 $F'(z) = f(z)$. 根据前段的结果,作为区域 G 内的解析函数的导函数,$F'(z)$ 是 G 内的解析函数,所以 $f(z) = F'(z)$ 是 G 内的解析函数.

附注 为了保证这个定理的正确性,并不必要假定沿任何一条逐段光滑的闭路 Γ 积分 $\int f(z)\mathrm{d}z$ 都等于零. 只要假定沿区域 G 内任意三角形的周界 $\int f(z)\mathrm{d}z = 0$ 就够了.

事实上,由于每一个多角形都可以分为若干三角形,跟 §2 第 2 段一样,我们可以证明积分 $\int f(z)\mathrm{d}z$ 沿 G 内任一个多角形周界所取的值都等于零. 其次,知道了沿任何多角形周界都有 $\int f(z)\mathrm{d}z = 0$,利用基本预备定理(§2 第 1 段),我们就可以证明当任意的逐段光滑闭曲线 Γ 作为积分路线时,这个积分仍旧等于零.

6. 在解析函数理论的建立中的各种不同的观点

建立解析函数理论,可以从区域 G 内的解析函数的不同的、彼此等价的定义出发.首先,我们可以把在区域 G 内可导的单值复变函数称为这个区域内的解析函数.这个基于函数的微分性质的定义,属于解析函数理论的创始人柯西,我们在本书中采用了最初的定义.从这个定义出发,我们证明了全部理论的基本定理 —— 柯西定理.根据这个定理,单连通区域 G 内(在刚才申明的意义之下)的解析函数沿 G 内任何一条闭路 Γ 的积分都等于零.由此我们就有可能断言解析函数的一切级的导函数的存在.

另一方面,在第二章,§4 第 4 段中我们看到,在区域 G 内 $f(z)=u+vi$ 是解析函数的充分必要条件是下列柯西 — 黎曼方程的成立

$$\left.\begin{aligned} \frac{\partial u}{\partial x} &= \frac{\partial v}{\partial y} \\ \frac{\partial u}{\partial y} &= -\frac{\partial v}{\partial x} \end{aligned}\right\} \tag{C.-R.}$$

其中函数 u,v 的偏导函数可以事先假定在区域 G 内的每一点都是连续的.这就提示我们去考虑在区域 G 内用 C.-R. 方程联系起来的两个调和共轭函数 u 与 v,并且用 $u+vi$ 的形式来确定解析函数的定义.这种由一对调和共轭函数出发的解析函数理论,曾经被黎曼研究过.

最后,要想得到解析函数的全部基本性质,我们也可以称每一个连续复变函数 $f(z)$ 为区域 G 内的解析函数,只要对于它,沿区域 G 内任一条闭路(只取三角形周界就够了)积分 $\int f(z)dz$ 都等于零(第 5 段).用这种第三种观点来研究解析函数的性质开始于奥斯古特.我们前面的叙述可以断言这三种建立解析函数理论的观点其实是一致的,因为所说过的三个定义彼此等价.

7. 柯西型积分的极限值

假定 C 是任意一条光滑的闭曲线,又 $\varphi(z)$ 是在曲线 C 上,也就是在 C 的每一点上,解析的函数;于是柯西型积分

$$\frac{1}{2\pi i}\int_C \frac{\varphi(\zeta)d\zeta}{\zeta - z} \tag{60}$$

表示出了一个在闭路 C 的内部解析的函数 $F(z)$,与一个在 C 的外部解析的函数 $F_1(z)$.

我们要证明:函数

$$F(z) = \frac{1}{2\pi i}\int_C \frac{\varphi(\zeta)d\zeta}{\zeta - z} \tag{60'}$$

145

（或 $F_1(z) = \dfrac{1}{2\pi i}\displaystyle\int_C \dfrac{\varphi(\zeta)\mathrm{d}\zeta}{\zeta - z}$）当点 z 从 C 的内部（或 C 的外部）逼近闭路 C 的任意一点 z_0 时要趋向一个确定的有限极限. 因而柯西型积分 $(60')$ 的这些极限值就构成一个函数 $\varphi_i(z_0)$，确定在闭路 C 的一切点 z_0 上（对应地构成一个函数 $\varphi_e(z_0)$，如果 z 是从 C 的外部逼近 z_0 的话），我们还要证明这个函数在一切点 z_0 都是解析的而且与境界函数 $\varphi(z_0)$ 有着密切的关系. 在柯西型积分

$$f(z) = \frac{1}{2\pi i}\int_C \frac{\varphi(\zeta)\mathrm{d}\zeta}{\zeta - z}$$

中，我们时常把 z 算作 C 内的点. 很自然地我们会产生下述疑问，我们能否考虑柯西型积分在闭路 C 上的值，换句话说，表达式

$$\frac{1}{2\pi i}\int_C \frac{\varphi(\zeta)\mathrm{d}\zeta}{\zeta - z_0} \tag{61}$$

有没有什么意义?

　　按照平常积分步骤来了解，公式 (61) 没有什么意义，因为当点 z_0 在曲线 C 上时，一般说来，函数 $\dfrac{\varphi(\zeta)}{\zeta - z_0}$ 沿 C 是不可积的. 因而我们应该首先确定表达式 (61) 的意义. 为此，我们以 z_0 为圆心、一个任意小的 ε 为半径画圆，并且把这个圆周在曲线 C 上截下的包含 z_0 的那一小段弧记作 σ（图 82）. 从曲线 C 上去掉弧 σ，剩下的部分我们记作 C_ε. 由于函数 $\dfrac{\varphi(\zeta)}{\zeta - z_0}$ 沿 C_ε 连续，所以表达式

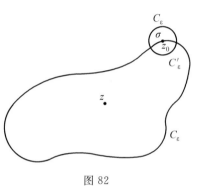

图 82

$$\frac{1}{2\pi i}\int_{C_\varepsilon} \frac{\varphi(\zeta)\mathrm{d}\zeta}{\zeta - z_0} \tag{62}$$

对于任何 $\varepsilon > 0$ 都有意义. 我们就要指出：当 ε 趋近于零时，表达式 (62) 趋向一个确定的有限极限，而我们就取这个极限来作为积分 (61) 的值.

　　事实上，我们可以用圆周上位于 C 的外部的一段弧 c_ε 把曲线 C_ε 封闭起来. 这样一来，我们就得到一条逐段光滑的闭路 $\Gamma_\varepsilon = C_\varepsilon + c_\varepsilon$，对于这条闭路来说 z_0 是一个内点. 现在我们来考虑柯西型积分

$$F(z) = \frac{1}{2\pi i}\int_C \frac{\varphi(\zeta)}{\zeta - z}\mathrm{d}\zeta$$

其中 z 在闭路 C 的内部.

　　因为函数 $\dfrac{\varphi(\zeta)}{\zeta - z}$ 在闭路 C 与 $\Gamma_\varepsilon = C_\varepsilon + c_\varepsilon$ 上以及它们之间都是解析的，所以根据柯西定理我们有

$$F(z) = \frac{1}{2\pi i} \int_C \frac{\varphi(\zeta) d\zeta}{\zeta - z} = \frac{1}{2\pi i} \int_{C_\varepsilon} \frac{\varphi(\zeta) d\zeta}{\zeta - z} + \frac{1}{2\pi i} \int_{c_\varepsilon} \frac{\varphi(\zeta) d\zeta}{\zeta - z}$$

让 $z \to z_0$，取这个等式的极限，我们就得到

$$\varphi_i(z_0) = \lim_{z \to z_0} F(z) = \frac{1}{2\pi i} \int_{C_\varepsilon} \frac{\varphi(\zeta) d\zeta}{\zeta - z_0} + \frac{1}{2\pi i} \int_{c_\varepsilon} \frac{\varphi(\zeta) d\zeta}{\zeta - z_0} \tag{63}$$

这个公式指出了：柯西型积分的极限值 $\varphi_i(z_0)$ 在闭路 C 上的每一点都存在，并构成一个在闭路 C 上解析的函数.

要想找出这个函数 $\varphi_i(z_0)$ 与边界函数 $\varphi(z_0)$ 的关系，我们应当在公式(63)中令 ε 趋近于零而求其极限. 这里我们首先来计算积分 $\dfrac{1}{2\pi i} \displaystyle\int_{c_\varepsilon} \dfrac{\varphi(\zeta) d\zeta}{\zeta - z_0}$ 所趋向的极限.

在这个积分中沿着圆弧 c_ε 令

$$\zeta - z_0 = \varepsilon e^{i\theta}$$

我们就有 $d\zeta = i\varepsilon e^{i\theta} d\theta$. 除此之外，假定

$$\varphi(\zeta) = \varphi(z_0) + \eta$$

于是在 c_ε 上 η 的模与 ε 一起趋近于零. 因此我们得到

$$\frac{1}{2\pi i} \int_{c_\varepsilon} \frac{\varphi(\zeta) d\zeta}{\zeta - z_0} = \frac{1}{2\pi i} \int_{c_\varepsilon} \frac{\varphi(z_0) + \eta}{\varepsilon e^{i\theta}} i\varepsilon e^{i\theta} d\theta = \frac{\varphi(z_0)}{2\pi} \int_{c_\varepsilon} d\theta + \frac{1}{2\pi} \int_{c_\varepsilon} \eta d\theta$$

因为

$$\lim_{\varepsilon \to 0} \int_{c_\varepsilon} d\theta = \pi, \qquad \lim_{\varepsilon \to 0} \int_{c_\varepsilon} \eta d\theta = 0$$

所以我们有

$$\lim_{\varepsilon \to 0} \frac{1}{2\pi i} \int_{c_\varepsilon} \frac{\varphi(\zeta) d\zeta}{\zeta - z_0} = \frac{1}{2} \varphi(z_0) \tag{64}$$

让 $\varepsilon \to 0$ 取极限，从等式(63)就可以看出：表达式 $\dfrac{1}{2\pi i} \displaystyle\int_{c_\varepsilon} \dfrac{\varphi(\zeta) d\zeta}{\zeta - z_0}$ 这时也趋向一个确定的有限极限. 我们用 $\dfrac{1}{2\pi i} \displaystyle\int_C \dfrac{\varphi(\zeta) d\zeta}{\zeta - z_0}$ 来记这个极限值，并称它为柯西型积分在闭路 C 的点 z_0 上的值. 这样一来，积分 $\dfrac{1}{2\pi i} \displaystyle\int_C \dfrac{\varphi(\zeta) d\zeta}{\zeta - z_0}$ 就有了完全确定的意义，并且公式(63)在让 $\varepsilon \to 0$ 取极限之后就成为

$$\varphi_i(z_0) = \frac{1}{2\pi i} \int_C \frac{\varphi(\zeta) d\zeta}{\zeta - z_0} + \frac{1}{2} \varphi(z_0) \tag{I}$$

这个公式（I）给出了：用柯西型积分在闭路 C 上的值与已知的边界函数值 $\varphi(z_0)$ 来表达从闭路内部逼近的极限值 $\varphi_i(z_0)$ 的一个表达式.

要想得到关于 $\varphi_e(z_0)$ 的类似公式，我们考虑闭路 $\Gamma'_\varepsilon = C_\varepsilon + c'_\varepsilon$，它是用小圆

上位于 C 的内部并且取反方向的那段弧 c'_ε 把曲线 C_ε 封闭起来而得到的一条闭路(图 82).

因为函数 $\dfrac{\varphi(\zeta)}{\zeta - z}$(其中 z 点在 C 外)在闭路 C 与 $\varGamma'_\varepsilon$ 上以及它们之间都是解析的,所以根据柯西定理我们有

$$F_1(z) = \frac{1}{2\pi\mathrm{i}} \int_C \frac{\varphi(\zeta)\mathrm{d}\zeta}{\zeta - z} = \frac{1}{2\pi\mathrm{i}} \int_{c_\varepsilon} \frac{\varphi(\zeta)\mathrm{d}\zeta}{\zeta - z} - \frac{1}{2\pi\mathrm{i}} \int_{c'_\varepsilon} \frac{\varphi(\zeta)\mathrm{d}\zeta}{\zeta - z}$$

让 $z \to z_0$,取这个等式的极限,就得到

$$\varphi_e(z_0) = \lim_{z \to z_0} F_1(z) = \frac{1}{2\pi\mathrm{i}} \int_{c_\varepsilon} \frac{\varphi(\zeta)\mathrm{d}\zeta}{\zeta - z_0} - \frac{1}{2\pi\mathrm{i}} \int_{c'_\varepsilon} \frac{\varphi(\zeta)\mathrm{d}\zeta}{\zeta - z_0} \tag{65}$$

从这个等式我们可以看出:极限值 $\varphi_e(z_0)$ 跟 $\varphi_i(z_0)$ 一样,构成一个在闭路上解析的函数.

由于柯西公式,有

$$\frac{1}{2\pi\mathrm{i}} \int_{c_\varepsilon} \frac{\varphi(\zeta)\mathrm{d}\zeta}{\zeta - z_0} + \frac{1}{2\pi\mathrm{i}} \int_{c'_\varepsilon} \frac{\varphi(\zeta)\mathrm{d}\zeta}{\zeta - z_0} = \varphi(z_0)$$

让 $\varepsilon \to 0$ 取极限,从(64)就得到如下的结果

$$\lim_{\varepsilon \to 0} \frac{1}{2\pi\mathrm{i}} \int_{c'_\varepsilon} \frac{\varphi(\zeta)\mathrm{d}\zeta}{\zeta - z_0} = \frac{1}{2}\varphi(z_0)$$

因此,让 ε 趋近于零,从等式(65)我们就得到

$$\varphi_e(z_0) = \frac{1}{2\pi\mathrm{i}} \int_C \frac{\varphi(\zeta)\mathrm{d}\zeta}{\zeta - z_0} = \frac{\varphi_i(z_0) + \varphi_e(z_0)}{2} \tag{II}$$

这就是说,在积分闭路任一点上的柯西型积分值等于它的两个极限值的算术平均值.把公式(I)与(II)相减,我们又得到

$$\varphi(z_0) = \varphi_i(z_0) - \varphi_e(z_0) \tag{II$'$}$$

换句话说,在闭路的任一点上的边界函数值等于柯西型积分在这一点的两个极限值之差.

这样一组两个公式(I$'$)与(II$'$)和前一组公式(I)与(II)完全等价. 在特别情形,如果函数 $\varphi(z)$ 在积分闭路 C 内与 C 上都是解析的,那么柯西型积分变成了柯西积分,而它的极限值 $\varphi_i(z_0)$ 与 $\varphi_e(z_0)$ 就分别成为 $\varphi(z_0)$ 与 0(参看公式(II$'$)).至于柯西积分本身在积分闭路 C 的点 z_0 上的值,按照公式(I$'$)就等于 $\dfrac{1}{2}\varphi(z_0)$.

例 假定把以坐标原点为圆心、1 为半径的圆周作为积分闭路 C,并假定 $\varphi(\zeta) = \dfrac{1}{\zeta}$. 于是当点 z 位于圆周 C 的内部时,则柯西型积分

$$\frac{1}{2\pi\mathrm{i}} \int \frac{\mathrm{d}\zeta}{\zeta(\zeta - z)} = -\frac{1}{2\pi\mathrm{i}} \frac{1}{z} \int_C \frac{\mathrm{d}\zeta}{\zeta} + \frac{1}{2\pi\mathrm{i}} \frac{1}{z} \int_C \frac{\mathrm{d}\zeta}{\zeta - z} = -\frac{1}{z} + \frac{1}{z} = 0$$

如果点 z 位于 C 的外部,那么所考虑的积分等于 $-\dfrac{1}{z}$. 因此,在这里,我们有

$$\varphi_\mathrm{i}(z_0)=0,\quad \varphi_\mathrm{e}(z_0)=-\frac{1}{z_0}$$

于是按照公式(I′),我们得到

$$\frac{1}{2\pi\mathrm{i}}\int_C\frac{\mathrm{d}\zeta}{\zeta(\zeta-z_0)}=-\frac{1}{2z_0}$$

附注 我们已经研究了边界函数 $\varphi(\zeta)$ 在积分闭路 C 的每一点上都解析时的柯西型积分的极限值,其实,柯西型积分就在 $\varphi(\zeta)$ 沿(闭的或不闭的)积分路线 L 只是一个连续函数,甚至于不连续,但在沿 L 它可以求积分的条件下,也都是有意义的. 我们自然会提出如下的问题:在这种一般的情形下,当点 z 沿法线方向逼近积分路线上的一点 z_0 时,柯西型积分会变成怎样? 为了研究这样一个以一般提法提出的问题,我们必须引用实变函数的现代理论中最复杂与细致的方法,因此在本书中我们没有绝对完全地说明这样一个问题的可能性. 不过,我们注意,即使在边界函数连续的情形,柯西型积分的极限值 $\varphi_\mathrm{i}(z_0)$ 与 $\varphi_\mathrm{e}(z_0)$ 也并非毫无例外地在积分闭路所有的点 z_0 上都存在. 这种例外点(在那里函数 $\varphi_\mathrm{i}(z_0)$ 或 $\varphi_\mathrm{e}(z_0)$ 不存在)所成的集合,按照集合论上的术语来说,是一个所谓"零集合",就是说,这些例外点 z_0 作成的集合可以用有限个或可数无穷多个不相重叠的开弧来覆盖住,而这些弧长的总和可以任意小. 可以证明,假如去掉"零集合"不计,公式(I)与(II)对于这个一般的柯西型积分还是成立. 除此之外,我们还可以发现当点 z 沿任意一条在点 z_0 不与积分闭路相切的路线逼近 z_0 时,极限值 $\varphi_\mathrm{i}(z_0)$(或 $\varphi_\mathrm{e}(z_0)$)也保持同一数值. 关于这个问题的完全的解决,读者可以在我们的书《柯西积分》(萨拉多夫大学科学记录,1918)中找到,同样也可以在《单值解析函数的边界性质》中找到(Тостехиздат. М.-Л. 第二版,1950).

*8. 当边界函数满足霍尔德—李普希兹条件时柯西型积分的极限值

假定 C 是任意一条光滑的闭曲线,又函数 $\varphi(\zeta)$ 确定在曲线 C 上并且满足霍尔德—李普希兹条件

$$|\varphi(\zeta_1)-\varphi(\zeta_2)|<K|\zeta_1-\zeta_2|^\alpha \tag{A}$$

其中 $0<\alpha\leqslant 1,K$ 是一个常数,而 ζ_1 与 ζ_2 是曲线 C 上的任意两点. 柯西型积分

$$\frac{1}{2\pi\mathrm{i}}\int_C\frac{\varphi(\zeta)\mathrm{d}\zeta}{\zeta-z} \tag{60}$$

表示出一个在闭路 C 的内部到处都解析的函数 $F(z)$,同时也表示出一个在 C 的外部到处都解析的函数 $F_1(z)$.

我们来证明当点 z 沿曲线 C 的内法线(或沿 C 的外法线)逼近 C 上的任一

点 z_0 时,函数

$$F(z) = \frac{1}{2\pi i} \int_C \frac{\varphi(\zeta) d\zeta}{\zeta - z} \quad (\text{或 } F_1(z) = \frac{1}{2\pi i} \int_C \frac{\varphi(\zeta) d\zeta}{\zeta - z}) \tag{60'}$$

要趋向一个确定的有限极限[1]. 因而,这些极限值就构成一个确定在闭路 C 的一切点 z_0 上的函数 $\varphi_i(z_0)$(当点 z 从 C 的外部逼近 z_0 时,则应为函数 $\varphi_0(z_0)$),我们还要指出,这个函数要满足形式(A)的霍尔德—李普希兹条件并且与边界函数 $\varphi(z_0)$ 紧密地联系着.

在柯西型积分(60′)中,我们将点 z 算作是在闭路 C 的内部. 我们自然会产生疑问,是否也可以考虑柯西型积分在闭路 C 上的值,也就是说,表达式

$$\frac{1}{2\pi i} \int_C \frac{\varphi(\zeta) d\zeta}{\zeta - z_0} \tag{61}$$

有没有什么意义? 在通常积分过程的意义下,公式(61)是没有意义的,因为一般说来,当 z_0 在 C 上时,函数 $\frac{\varphi(\zeta)}{\zeta - z_0}$ 是不能沿着 C 积分的. 因此我们应该首先确定表达式(61)的意义. 为了这个目的,我们用 s_0 来记闭路 C 的弧长 s 对应于点 z_0 的值,并用 C_ε 来记从曲线 C 上除去一段以 $\zeta(s_0 - \varepsilon)$ 与 $\zeta(s_0 + \varepsilon)$ 为端点的小弧后的剩余部分. 我们把表达式(61)算作是下列表达式当 ε 趋近于零时的极限

$$\frac{1}{2\pi i} \int_{C_\varepsilon} \frac{\varphi(\zeta) d\zeta}{\zeta - z_0}$$

这等于说,我们规定

$$\frac{1}{2\pi i} \int_C \frac{\varphi(\zeta) d\zeta}{\zeta - z_0} = \frac{1}{2\pi i} \lim_{\varepsilon \to 0} \int_{C_\varepsilon} \frac{\varphi(\zeta) d\zeta}{\zeta - z_0} \tag{66}$$

只要我们能证明上式右端的极限存在而且等于有限数就行. 事实上

$$\frac{1}{2\pi i} \int_{C_\varepsilon} \frac{\varphi(\zeta) d\zeta}{\zeta - z_0} = \frac{1}{2\pi i} \int_{C_\varepsilon} \frac{\varphi(\zeta) - \varphi(z_0)}{\zeta - z_0} d\zeta + \frac{1}{2\pi i} \varphi(z_0) \int_{C_\varepsilon} \frac{d\zeta}{\zeta - z_0}$$

当 $\varepsilon \to 0$ 时,我们就有

$$\frac{1}{2\pi i} \int_C \frac{\varphi(\zeta) d\zeta}{\zeta - z_0} = \frac{1}{2\pi i} \int_C \frac{\varphi(\zeta) - \varphi(z_0)}{\zeta - z_0} d\zeta + \frac{1}{2} \varphi(z_0)$$

这是因为

$$\frac{1}{2\pi i} \int_{C_\varepsilon} \frac{d\zeta}{\zeta - z_0} = \frac{1}{2\pi i} \int_{C_\varepsilon} d\ln(\zeta - z_0) = \frac{1}{2\pi} \cdot \ln(\zeta - z_0) \text{ 在 } C_\varepsilon \text{ 上的改变值}$$

$$= \frac{1}{2\pi i} \left\{ \ln \left| \frac{\zeta(s_0 + \varepsilon) - z_0}{\zeta(s_0 - \varepsilon) - z_0} \right| + i\arg \frac{\zeta(s_0 + \varepsilon) - z_0}{\zeta(s_0 - \varepsilon) - z_0} \right\}$$

---

[1] 可以证明,柯西型积分的极限值对于点 z 从 C 内部(或从 C 的外部)到点 z_0 的任何趋近法都存在. 参看我们的论文《关于柯西型积分》ДАН,1939.

从而

$$\frac{1}{2\pi i}\lim_{\varepsilon\to 0}\int_{C_\varepsilon}\frac{\mathrm{d}\zeta}{\zeta-z_0}=\frac{1}{2\pi i}\lim_{\varepsilon\to 0}\ln\left|\frac{\dfrac{\zeta(s_0+\varepsilon)-\zeta(s_0)}{\varepsilon}}{\dfrac{\zeta(s_0-\varepsilon)-\zeta(s_0)}{-\varepsilon}}\right|+$$

$$\frac{1}{2\pi i}\lim_{\varepsilon\to 0}\arg\frac{\zeta(s_0+\varepsilon)-z_0}{\zeta(s_0-\varepsilon)-z_0}=\frac{1}{2}$$

此外

$$\frac{1}{2\pi i}\lim_{\varepsilon\to 0}\int_{C_\varepsilon}\frac{\varphi(\zeta)-\varphi(z_0)}{\zeta-z_0}\mathrm{d}\zeta=\frac{1}{2\pi i}\int_C\frac{\varphi(\zeta)-\varphi(z_0)}{\zeta-z_0}\mathrm{d}\zeta$$

我们断言上式右端的积分的存在,是因为根据从条件(A)推出的不等式

$$\left|\frac{\varphi(\zeta)-\varphi(z_0)}{\zeta-z_0}\mathrm{d}\zeta\right|<K\mid\zeta-z_0\mid^{a-1}\mathrm{d}s$$

或从它的一个等价的不等式

$$\left|\frac{\varphi(\zeta)-\varphi(z_0)}{\zeta-z_0}\mathrm{d}\zeta\right|<K_1\mid s-s_0\mid^{a-1}\mathrm{d}s$$

可以看出被积表达式是绝对可积分的,至于这两个不等式等价,那是因为在光滑闭路上我们有

$$1\geqslant\frac{\mid\zeta-z_0\mid}{\mid s-s_0\mid}>a>0$$

其中 a 是一个与闭路有关的常数.

我们的下一个任务是要去建立公式

$$\varphi_i(z_0)=\lim_{z\to z_0}F(z)=\frac{1}{2\pi i}\int_C\frac{\varphi(\zeta)\mathrm{d}\zeta}{\zeta-z_0}+\frac{1}{2}\varphi(z_0)\qquad(\mathrm{I})$$

$$\varphi_e(z_0)=\lim_{z\to z_0}F_1(z)=\frac{1}{2\pi i}\int_C\frac{\varphi(\zeta)\mathrm{d}\zeta}{\zeta-z_0}-\frac{1}{2}\varphi(z_0)\qquad(\mathrm{II})$$

这些公式是通过柯西型积分在闭路 C 上的值与给定的边界函数来表示柯西型积分从闭路 C 的内部(或从 C 的外部)逼近的极限值 $\varphi_i(z_G)$(或 $\varphi_e(z_0)$)的表达式.显然,如果变换积分路线的方向,从公式(I)可以推出公式(II).为了推出公式(I),我们在点 z_0 的法线上取一点 z,设 $z=z_0+\varepsilon i e^{i\varphi_0}$,其中 φ_0 是横坐标轴与闭路 C 在点 z_0 上的切线的正方向间的角度,并且我们来考虑差

$$F(\varepsilon,z_0)=\frac{1}{2\pi i}\left(\int_C\frac{\varphi(\zeta)\mathrm{d}\zeta}{\zeta-z}-\int_{C_\varepsilon}\frac{\varphi(\zeta)\mathrm{d}\zeta}{\zeta-z_0}\right)\qquad(67)$$

显然,假如我们能证明当 ε 趋近于零时,差 $F(\varepsilon,z_0)$ 趋向极限 $\frac{1}{2}\varphi(z_0)$,那么根据(66)我们就建立了公式(I).

注意到

$$F(\varepsilon, z_0) = \frac{1}{2\pi i} \left(\int_C \frac{\varphi(\zeta) - \varphi(z_0)}{\zeta - z} d\zeta - \int_{C_\varepsilon} \frac{\varphi(\zeta) - \varphi(z_0)}{\zeta - z_0} d\zeta \right) +$$

$$\varphi(z_0) \left(1 - \frac{1}{2\pi i} \int_{C_\varepsilon} \frac{d\zeta}{\zeta - z_0} \right) \tag{68}$$

如果我们能指出当 $\varepsilon \to 0$ 时，方括号中的表达式趋近于零，我们就证实了我们的论断. 为此我们要注意

$$\zeta - z_0 = \zeta(s) - z_0 = (s - s_0)(e^{i\varphi_0} + k)$$

与

$$\zeta - z = \zeta(s) - z_0 - \varepsilon i e^{i\varphi_0} = (s - s_0)(e^{i\varphi_0} + k) - \varepsilon i e^{i\varphi_0}$$

其中 $|k| < \eta$，η 是一个任意小的正数，只要 $|s - s_0| < h = h(\eta)$；而且除此之外，我们假定 $\varphi(\zeta) = \varphi(\zeta(s)) = f(s)$，$\varphi(z_0) = \varphi(\zeta(s_0)) = f(s_0)$，$d\zeta = e^{i\varphi} ds$，其中 φ 是闭路 C 在点 $\zeta(s)$ 的切线与横坐标轴的正方向间的角度.

于是我们容易得到

$$\int_C \frac{\varphi(\zeta) - \varphi(z_0)}{\zeta - z} d\zeta = \int_C \frac{(f(s) - f(s_0)) e^{i(\varphi - \varphi_0)} ds}{(s - s_0)(1 + k e^{-i\varphi_0}) - \varepsilon i} \tag{69}$$

再设 $s - s_0 = \sigma$，并为简单起见，令 $m = k e^{-i\varphi_0}$，这里当 $|\sigma| < h$ 时 $|m| < \eta$，这样一来表达式（69）可以改写为

$$\int_C \frac{\varphi(\zeta) - \varphi(z_0)}{\zeta - z} d\zeta = \int_C \frac{\varphi(\sigma) d\sigma}{(1 + m)\sigma - \varepsilon i} \tag{70}$$

其中 $\varphi(\sigma) = e^{i(\varphi - \varphi_0)} (f(s) - f(s_0))$.

公式（68）中方括号内的表达式变为

$$\int_{C_\varepsilon} \frac{\varphi(\zeta) - \varphi(z_0)}{\zeta - z} d\zeta - \int_{C_\varepsilon} \frac{\varphi(\zeta) - \varphi(z_0)}{\zeta - z_0} d\zeta + \int_C \frac{\varphi(\zeta) - \varphi(z_0)}{\zeta - z} d\zeta - \int_{C_\varepsilon} \frac{\varphi(\zeta) - \varphi(z_0)}{\zeta - z} d\zeta =$$

$$\int_{C_\varepsilon} \frac{[\varphi(\zeta) - \varphi(z_0)](z - z_0)}{(\zeta - z)(\zeta - z_0)} d\zeta + \int_{C - C_\varepsilon} \frac{\varphi(\zeta) - \varphi(z_0)}{\zeta - z} d\zeta =$$

$$\int_{C_\varepsilon} \frac{\varepsilon i \varphi(\sigma) d\sigma}{[(1 + m)\sigma - \varepsilon i](1 + m)\sigma} + \int_{-\varepsilon}^{\varepsilon} \frac{\varphi(\sigma) d\sigma}{(1 + m)\sigma - \varepsilon i} \tag{71}$$

我们首先证明当 $\varepsilon \to 0$ 时公式（71）的第二项的极限等于零. 为了这个目的，我们注意

$$|(1 + m)\sigma - \varepsilon i| > \sqrt{\sigma^2 - \varepsilon^2} - \frac{1}{2} |\sigma| > \frac{1}{2}\varepsilon \left(算作 \eta < \frac{1}{2} \right)$$

换句话说，$\left| \int_{-\varepsilon}^{\varepsilon} \frac{\varphi(\sigma) d\sigma}{(1 + m)\sigma - \varepsilon i} \right| < \frac{2}{\varepsilon} \int_{-\varepsilon}^{\varepsilon} |\varphi(\sigma)| d\sigma \to 0$，因为函数 $|\varphi(\sigma)| = |f(s_0 + \sigma) - f(s_0)|$ 在 $\sigma = 0$ 时连续并且其值为零. 现在剩下来只要证明当 $\varepsilon \to 0$ 时公式（71）的第一项的极限也等于零. 把这个积分分成在 $(-h, -\varepsilon)$，(ε, h)，

C_h 上的三个积分,我们知道沿 C_h 的积分随 ε 一起趋近于零. 所以问题是要去研究下面的和

$$\int_{\varepsilon}^{h} \frac{\varepsilon^{i} \varphi(\sigma) \mathrm{d}\sigma}{\left[(1+m)\sigma - \varepsilon^{i}\right](1+m)\sigma} + \int_{-h}^{-\varepsilon} \cdots \tag{72}$$

注意到

$$\left| \int_{\varepsilon}^{h} \frac{\varepsilon^{i} \varphi(\sigma) \mathrm{d}\sigma}{\left[(1+m)\sigma - \varepsilon^{i}\right](1+m)\sigma} \right| < 2\varepsilon \int_{\varepsilon}^{h} \frac{|\varphi(\sigma)| \mathrm{d}\sigma}{\sigma\left(\sqrt{\sigma^2 + \varepsilon^2} - \dfrac{1}{2}\sigma\right)} \tag{73}$$

我们令 $\Phi(\sigma) = \displaystyle\int_{0}^{\sigma} |\varphi(\sigma)| \mathrm{d}\sigma$ 并且把不等式(73) 的右端改写为

$$2\varepsilon \int_{\varepsilon}^{h} \frac{\mathrm{d}\Phi(\sigma)}{\sigma\left(\sqrt{\sigma^2 + \varepsilon^2} - \dfrac{1}{2}\sigma\right)} = 2\varepsilon \left[\frac{\Phi(\sigma)}{\sigma\left(\sqrt{\sigma^2 + \varepsilon^2} - \dfrac{1}{2}\sigma\right)} \right]_{\varepsilon}^{h} +$$

$$2\varepsilon \int_{\varepsilon}^{h} \Phi(\sigma) \frac{\left(\sqrt{\sigma^2 + \varepsilon^2} - \dfrac{1}{2}\sigma\right)^2 + \dfrac{3}{4}\sigma^2}{\sigma^2 \left(\sqrt{\sigma^2 + \varepsilon^2} - \dfrac{1}{2}\sigma\right)^2 \sqrt{\sigma^2 + \varepsilon^2}} \mathrm{d}\sigma$$

上式中,积分出来的项随 ε 一起趋近于零. 而积分可以写成

$$2\varepsilon \int_{\varepsilon}^{h} \Phi(\sigma) \frac{\mathrm{d}\sigma}{\sigma^2 \sqrt{\sigma^2 + \varepsilon^2}} + \frac{3}{2}\varepsilon \int_{\varepsilon}^{h} \frac{\Phi(\sigma) \mathrm{d}\sigma}{\left(\sqrt{\sigma^2 + \varepsilon^2} - \dfrac{1}{2}\sigma\right)^2 \sqrt{\sigma^2 + \varepsilon^2}} \tag{74}$$

在这里让 $\Phi(\sigma) = r(\sigma) \cdot \sigma$ 并且用 1 来代替 $\dfrac{\sigma}{\sqrt{\sigma^2 + \varepsilon^2}}$,于是表达式(74) 小于

$$2\varepsilon \int_{\varepsilon}^{h} \frac{r(\sigma) \mathrm{d}\sigma}{\sigma^2} + \frac{3}{2}\varepsilon \int_{\varepsilon}^{h} \frac{r(\sigma) \mathrm{d}\sigma}{\left(\sqrt{\sigma^2 + \varepsilon^2} - \dfrac{1}{2}\sigma\right)^2}$$

自然是更小于

$$2\varepsilon \sup_{0 \leqslant \sigma \leqslant h} r(\sigma) \int_{0}^{h} \frac{\mathrm{d}\sigma}{\sigma^2} + 6\varepsilon \sup_{0 \leqslant \sigma \leqslant h} r(\sigma) \int_{0}^{h} \frac{\mathrm{d}\sigma}{\sigma^2} =$$

$$8\varepsilon \sup_{0 \leqslant \sigma \leqslant h} r(\sigma) \left(\frac{1}{\varepsilon} - \frac{1}{h}\right) < 8\varepsilon \sup_{0 \leqslant \sigma \leqslant h} r(\sigma)$$

因为 $\sup\limits_{0 \leqslant \sigma \leqslant h} r(\sigma)$ 可以算作与 η 同时是随意多小的,所以,以上的表达式也与 η 同时可以无论怎样小.

对于和(72) 的第二项可以做同样的结论. 这样一来,我们就证明了公式(Ⅰ) 的正确性.

  附注 从以上的分析中容易看出,第一,公式(66) 对于 z_0 是一致成立的;

第二，表达式(68)当 $\varepsilon \to 0$ 时对于 z_0 一致收敛于 $\frac{1}{2}\varphi(z_0)$. 因此，由公式（Ⅰ）与（Ⅱ）所确定的柯西型积分的极限值 $\varphi_i(z_0)$ 与 $\varphi_e(z_0)$ 沿法线方向对于 z_0 是一致存在的，而这与下面的断言等价：当点 z 以任何形式从闭路 C 内或 C 外趋近于 C 上的任一点 z_0 时，柯西型积分都收敛于它的极限值 $\varphi_i(z_0)$ 与 $\varphi_e(z_0)$.

把已经确立了的公式（Ⅰ）与（Ⅱ）相加，并且把得到的等式除以 2，我们得到

$$\frac{1}{2\pi i}\int_C \frac{\varphi(\zeta)d\zeta}{\zeta - z_0} = \frac{\varphi_i(z_0) + \varphi_e(z_0)}{2} \qquad (\text{Ⅰ}')$$

即柯西型积分在积分闭路上任一点的值等于它的极限值的算术平均值. 公式（Ⅰ）与（Ⅱ）相减，有

$$\varphi(z_0) = \varphi_i(z_0) - \varphi_e(z_0) \qquad (\text{Ⅱ}')$$

即边界函数在闭路上任一点的值等于在该点柯西型积分的极限值之差.

在建立了给出柯西型积分的极限值 $\varphi_i(z_0)$ 与 $\varphi_e(z_0)$ 的表达式的公式（Ⅰ）与（Ⅱ）之后，我们现在要证明这些极限值满足同一级 α 的霍尔德－李普希兹条件，如果 $\alpha < 1$；或满足任意接近于 1 的级，如果 $\alpha = 1$[①].

根据公式（Ⅱ'），只要对极限值 $\varphi_e(z_0)$ 来证明我们的定理就够了. 由于 $\frac{1}{2\pi i}\int_C \frac{d\zeta}{\zeta - z_0} = \frac{1}{2}$（这个积分应了解为 $\frac{1}{2\pi i}\lim\limits_{\varepsilon \to 0}\int_{C_\varepsilon} \frac{d\zeta}{\zeta - z_0}$），我们把公式（Ⅱ）改写成

$$\varphi_e(z_0) = \frac{1}{2\pi i}\int_C \frac{\varphi(\zeta) - \varphi(z_0)}{\zeta - z_0}d\zeta$$

这样一来，问题归结到把下列积分作为 z_0 的函数来研究

$$g(z_0) = \int_C \frac{\varphi(\zeta) - \varphi(z_0)}{\zeta - z_0}d\zeta$$

给予弧 s_0 一个改变量 Δs_0，我们得到

$$g(z_0 + \Delta z_0) = \int_C \frac{\varphi(\zeta) - \varphi(z_0 + \Delta z_0)}{\zeta - z_0 - \Delta z_0}d\zeta$$

于是

$$g(z_0 + \Delta z_0) - g(z_0) = \int_C \left[\frac{\varphi(\zeta) - \varphi(z_0 + \Delta z_0)}{\zeta - z_0 - \Delta z_0} - \frac{\varphi(\zeta) - \varphi(z_0)}{\zeta - z_0}\right]d\zeta \quad (75)$$

我们首先从 $s_0 - \varepsilon$ 积分到 $s_0 + \varepsilon$，取 $\varepsilon = 3 \mid \Delta s_0 \mid$. 利用条件(A)，我们求出积分(75)的这一部分的模小于

---

① 查看伊·伊·普里瓦洛夫:柯西积分,萨拉多夫大学科学记录,1918,或参看我们的论文《关于柯西型积分》ДАН,1939.

$$K_1 \int_{s_0-\varepsilon}^{s_0+\varepsilon} \left[\mid s-s_0-\Delta s_0 \mid^{\alpha-1} + \mid s-s_0 \mid^{\alpha-1} \right] ds < K_2 \mid \Delta s_0 \mid^{\alpha} \qquad (76)$$

因为

$$1 \geqslant \frac{\mid \zeta_1-\zeta_2 \mid}{\mid s_1-s_2 \mid} > \alpha > 0 \qquad (77)$$

剩下来要计算在弧 C_ε 上的积分. 这里 C_ε 是从 C 去掉弧 $(s_0-\varepsilon, s_0+\varepsilon)$ 得来的. 首先我们把积分(75)中的被积分函数改变形式为

$$\left[\varphi(\zeta)-\varphi(z_0+\Delta z_0)\right] \frac{\Delta z_0}{(\zeta-z_0)(\zeta-z_0-\Delta z_0)} - \left[\varphi(z_0+\Delta z_0)-\varphi(z_0)\right] \frac{1}{\zeta-z_0} \qquad (78)$$

由于 $\left| \int_{C_\varepsilon} \dfrac{\mathrm{d}\zeta}{\zeta-z_0} \right| < A$, 其中 A 是一个常数, 我们可以断言函数(78)沿曲线 C_ε 的积分的模将小于

$$K_3 \mid \Delta s_0 \mid^{\alpha} + K_4 \mid \Delta s_0 \mid^{\alpha} \quad (\alpha < 1) \qquad (79)$$

在 $\alpha=1$ 的情形, 则将小于

$$K_5 \mid \Delta s_0 \mid \ln \frac{1}{\mid \Delta \varepsilon_0 \mid} + K_6 \mid \Delta s_0 \mid < K_7 \mid \Delta s_0 \mid^{1-\eta} \qquad (80)$$

其中 $\eta > 0$ 可以任意小. 这里(79)与(80)的得来, 我们利用了不等式(A)与(77). 分别结合(76)与(79)和(76)与(80), 我们看出

$$\mid g(z_0+\Delta z)-g(z_0) \mid < C_1 \mid \Delta s_0 \mid^{\alpha} \quad (\alpha < 1)$$

与

$$\mid g(z_0+\Delta z_0)-g(z_0) \mid < C_2 \mid \Delta s_0 \mid \ln \frac{1}{\mid \Delta s_0 \mid} < C_3 \mid \Delta s_0 \mid^{1-\eta}$$

其中 $\eta > 0$ 可以任意小, 只要 $\alpha=1$. 根据(77), 以上的不等式可替换为与它们等价的不等式

$$\mid g(z_0+\Delta z_0)-g(z_0) \mid < C_1 \mid \Delta z_0 \mid^{\alpha} \quad (\alpha < 1)$$

与

$$\mid g(z_0+\Delta z_0)-g(z_0) \mid < C_2' \mid \Delta z_0 \mid^{1-\eta} \quad (\alpha=1)$$

这样, 上面叙述的定理就完全证明了.

9. 泊松积分

假设函数 $f(z)$ 在半径为 R 的圆 K 内部及其周界上都是解析的(我们不妨假定圆的圆心是坐标原点). 对于 K 内的任意一点 $z=re^{i\varphi}$, 根据柯西公式, 我们有

$$f(z) = \frac{1}{2\pi i} \int_K \frac{f(\zeta)\mathrm{d}\zeta}{\zeta-z} = \frac{1}{2\pi} \int_0^{2\pi} f(Re^{i\psi}) \frac{Re^{i\psi}}{Re^{i\psi}-re^{i\varphi}} \mathrm{d}\psi \qquad (81)$$

考虑关于 K 与点 z 对称的点 $z^* = \dfrac{R^2}{\bar{z}} = \dfrac{R^2}{r}\mathrm{e}^{\mathrm{i}\varphi}$. 因为点 z^* 在圆 K 的外部, 所以函数 $\dfrac{f(\zeta)}{\zeta - z^*}$ 在圆 K 的内部及其周界上是解析的, 因而按照柯西定理, 我们得到

$$0 = \frac{1}{2\pi\mathrm{i}}\int_K \frac{f(\zeta)\mathrm{d}\zeta}{\zeta - z^*} = \frac{1}{2\pi}\int_0^{2\pi} f(R\mathrm{e}^{\mathrm{i}\psi})\,\frac{r\mathrm{e}^{\mathrm{i}\psi}}{r\mathrm{e}^{\mathrm{i}\psi} - R\mathrm{e}^{\mathrm{i}\varphi}}\mathrm{d}\psi \tag{82}$$

从 (81) 减去等式 (82), 我们得到

$$f(z) = \frac{1}{2\pi}\int_0^{2\pi} f(R\mathrm{e}^{\mathrm{i}\psi})\left(\frac{R\mathrm{e}^{\mathrm{i}\psi}}{R\mathrm{e}^{\mathrm{i}\psi} - r\mathrm{e}^{\mathrm{i}\varphi}} - \frac{r\mathrm{e}^{\mathrm{i}\psi}}{r\mathrm{e}^{\mathrm{i}\psi} - R\mathrm{e}^{\mathrm{i}\varphi}}\right)\mathrm{d}\psi$$

这个等式经过初等变换之后成为

$$f(z) = u + \mathrm{i}v = \frac{1}{2\pi}\int_0^{2\pi} f(R\mathrm{e}^{\mathrm{i}\psi})\,\frac{R^2 - r^2}{R^2 - 2Rr\cos(\psi - \varphi) + r^2}\mathrm{d}\psi \tag{83}$$

比较上式左右两边的实数部分, 我们得到公式

$$u(r,\varphi) = \frac{1}{2\pi}\int_0^{2\pi} u(R,\psi)\,\frac{R^2 - r^2}{R^2 - 2Rr\cos(\psi - \varphi) + r^2}\mathrm{d}\psi \tag{84}$$

这个公式称为泊松积分公式. 因为每一个调和函数 u 都可以看作是一个解析函数的实数部分, 所以借助于这个公式, 任何一个调和函数在圆内的值都可以用它在周界上的值来表达.

我们还要注意: 只要对积分号下的表达式进行微分, 从公式 (84) 我们可以得到函数 u 关于 r 与 φ (或 x 与 y) 在圆内的点上的偏导数.

泊松公式 (84) 在 $r = 0$ 时特别简单, 即

$$u(0) = \frac{1}{2\pi}\int_0^{2\pi} u(R,\psi)\mathrm{d}\psi \tag{$84'$}$$

换句话说, 调和函数在圆心的值等于它在该圆周界上的值的算术平均值.

利用泊松公式我们可以证明下述关于解析函数序列的收敛性的一个定理, 这个定理, 在以后我们会用到: 假如区域 G 上的解析函数序列 $f_1(z), f_2(z), \cdots, f_n(z), \cdots$, 在该区域的一点 $z = 0$ 处收敛于零, 又这些函数的实数部分 u_n 在整个区域 G 内一致收敛于零, 则函数 $f_1(z), f_2(z), \cdots, f_n(z), \cdots$ 在每一个属于 G 的闭区域上都一致收敛于零.

事实上, 假定 $\bar{G}^*$ 是任意一个属于 G 的闭区域, 我们用一段完全在 G 内的弧 L 连接 $z = 0$ 到 $\bar{G}^*$ 的任意一点, 集合 $\bar{G}^* + L$ 是闭的而且属于 G. 我们用 R 来记这样一个数, 凡是以 R 为半径的闭圆域, 其圆心在 $\bar{G}^* + L$ 的任意一点, 就整个都在 G 的内部. 在 $\bar{G}^* + L$ 内任取一点 P 作为以 R 为半径的圆的圆心; 利用公式 (84), 把它对 r 微分, 然后令 $r = 0$, 就得到

$$\frac{\partial u_n(0,\varphi)}{\partial r} = \frac{1}{R\pi} \int_0^{2\pi} u_n(R,\psi)\cos(\psi-\varphi)\,\mathrm{d}\psi$$

用 M_n 代表 $|u_n|$ 在区域 G 内的上界, 即 $|u_n| \leqslant M_n$. 由于函数 u_n 在区域 G 内一致地趋近于零, 我们可以断定, 当 n 无限增大时 $M_n \to 0$. 另一方面, 把上面这个公式与等式 $\frac{\partial u_n}{\partial r} = \frac{\partial u_n}{\partial x}\cos\varphi + \frac{\partial u_n}{\partial y}\sin\varphi$ 比较一下, 我们就看出

$$\frac{\partial u_n(P)}{\partial x} = \frac{1}{R\pi} \int_0^{2\pi} u_n(R,\psi)\cos\psi\,\mathrm{d}\psi$$

$$\frac{\partial u_n(P)}{\partial y} = \frac{1}{R\pi} \int_0^{2\pi} u_n(R,\psi)\sin\psi\,\mathrm{d}\psi$$

因此, 在集合 $\overline{G}^* + L$ 的每一点 P 上我们有

$$\left|\frac{\partial u_n}{\partial x}\right| \leqslant \frac{2M_n}{R}, \qquad \left|\frac{\partial u_n}{\partial y}\right| \leqslant \frac{2M_n}{R}$$

因为 $f'_n(z) = \frac{\partial u_n}{\partial x} - \mathrm{i}\frac{\partial u_n}{\partial y}$, 所以

$$|f'_n(z)| \leqslant \frac{2\sqrt{2}}{R}M_n$$

为了估计 $f_n(z)$, 我们利用公式

$$f_n(z) = \int_0^z f'_n(\zeta)\,\mathrm{d}\zeta + f_n(0)$$

由于集合 $\overline{G}^* + L$ 的每一点都是一个属于 G 的以 R 为半径的圆的圆心, 我们可以根据海涅-波莱尔预备定理, 找出有限数目 N 个这种圆来盖住 $\overline{G}^* + L$. 在这些圆中我们再添上以 $z=0$ 为圆心的那一个圆. 于是上面的积分就可以沿着一条折线来从原点积分到 z, 这条折线是由上述这些圆中每两个有公共交点的圆的圆心联结线, 以及最后一个环节从 z 所在的那个圆的圆心联结到 z 作成的. 这条折线的长度总是小于 $2R(N+1)$ 的, 在它的每一个点上都有估计式

$$|f'_n(\zeta)| \leqslant \frac{2\sqrt{2}}{R}M_n$$

因此

$$|f_n(z)| < \frac{2\sqrt{2}}{R}M_n \cdot 2R(N+1) + |f_n(0)|$$

因为 $M_n \to 0$, $|f_n(0)| \to 0$, 于是立刻推出序列 $\{f_n(z)\}$ 在集合 $\overline{G}^*$ 上是一致收敛于零的.

157

习　　题

1. 计算积分 $\int_0^{2+i} R(z)\mathrm{d}z$，积分路线是直线段 $z=(2+i)t, 0\leqslant t\leqslant 1$；然后另取一条由直线段 $[0,2]$ 连上直线段 $[2,2+i]$ 所作成的折线作为积分路线，再计算这同一个积分.

答：$2+i;2(1+i)$.

2. 用直接求和的方法计算积分 $\int_{z_0}^{z}\mathrm{d}z, \int_{z_0}^{z}z\mathrm{d}z$，其中积分路线是任意的.

答：$z-z_0;\dfrac{z^2-z_0^2}{2}$.

3. 计算 $\int (z-z_0)^m\mathrm{d}z$，积分路线是以 z_0 为圆心、R 为半径的圆周或以 z_0 为圆心而轴平行于坐标轴的椭圆（m 是整数）.

答：0，当 $m\geqslant 0$ 或 $m<-1$ 时；$2\pi i$，当 $m=-1$ 时.

4. 计算 $\int_{-1}^{+1}|z|\mathrm{d}z$，积分路线是：(a) 一条直线段；(b) 单位圆的上半圆周；(c) 单位圆的下半圆周.

答：(a)1；(b)2；(c)2.

5. 计算 $\int(z-z_0)^m\mathrm{d}z(m$ 为整数$)$，积分路线是以 z_0 为圆心而其边平行于坐标轴的正方形的周界.

答：0，当 $m\neq -1$；$2\pi i$，当 $m=-1$ 时.

6. 设函数 $f(z)$ 当 $|z-z_0|>r_0$ 时是连续的. 让 $M(r)$ 代表 $|f(z)|$ 在圆周 $|z-z_0|=r>r_0$ 上的最大值并且假定当 $r\rightarrow\infty$ 时 $rM(r)\rightarrow 0$.

试证明当 $r\rightarrow\infty$ 时 $\int_{k_r} f(z)\mathrm{d}z\rightarrow 0$，其中 k_r 是圆周 $|z-z_0|=r$.

7. 设函数 $f(z)$ 当 $0<|z-z_0|<R$ 时是连续的. 让 $M(r)$ 代表 $|f(z)|$ 在圆周 $|z-z_0|=r<R$ 上的最大值并且假定当 $r\rightarrow 0$ 时 $rM(r)\rightarrow 0$.

试证明当 $r\rightarrow 0$ 时 $\int_{k_r} f(z)\mathrm{d}z\rightarrow 0$，其中 k_r 是圆周 $|z-z_0|=r<R$.

8. 用 L 代表单位圆的一个半径. 问这个半径的辐角等于多少时，积分

$$\int_L e^{-\frac{1}{z}}\mathrm{d}z$$

才有意义?

答:当 $-\dfrac{\pi}{2}<\arg z<\dfrac{\pi}{2}$ 时,绝对收敛;$\dfrac{\pi}{2}<\arg z<\dfrac{3\pi}{2}$ 时,发散;$\arg z=\pm\dfrac{\pi}{2}$ 时,收敛.

9. 假定 $f(z)=\dfrac{1}{2\pi \mathrm{i}}\displaystyle\int_{L}\dfrac{\varphi(\zeta)}{\zeta-z}\mathrm{d}\zeta$,试证明对于任意的正整数 n 都有公式

$$f^{(n)}(z)=\dfrac{n!}{2\pi \mathrm{i}}\int_{L}\dfrac{\varphi(\zeta)\mathrm{d}\zeta}{(\zeta-z)^{n+1}}$$

10. 取以 R 为半径、角度为 $\dfrac{\pi}{4}$ 的扇形的周界作为积分路线,从函数 e^{-z^2} 出发,来计算积分 $\displaystyle\int_{0}^{\infty}\cos x^2\mathrm{d}x$ 与 $\displaystyle\int_{0}^{\infty}\sin x^2\mathrm{d}x$.

答:$\dfrac{1}{2}\sqrt{\dfrac{\pi}{2}}$.

11. 设令 $a^z=\mathrm{e}^{z\log a}$,试讨论这个函数. 又 i^{i} 代表什么?

12. 试讨论函数 $\arctan z=\displaystyle\int_{0}^{z}\dfrac{\mathrm{d}\zeta}{1+\zeta^2}$ 与 $\arcsin z=\displaystyle\int_{0}^{z}\dfrac{\mathrm{d}\zeta}{\sqrt{1-\zeta^2}}$.

13. 试用对数函数把 $\arctan z$ 表示出来.

答:$\dfrac{1}{2\mathrm{i}}\ln\dfrac{\mathrm{i}-z}{\mathrm{i}+z}$.

14. 试利用柯西型积分计算以下三个积分 $\displaystyle\int_{C}\dfrac{\mathrm{d}z}{1+z^2}$,其中 C 代表圆周:(a) $|z-\mathrm{i}|=1$;(b) $|z+\mathrm{i}|=1$;(c) $|z|=2$(都按正方向计算).

答:(a)π;(b)$-\pi$;(c)0.

15. 问积分 $\displaystyle\int_{0}^{1}\dfrac{\mathrm{d}z}{1+z^2}$ 可以取什么值,如果积分路线是任意一条使得被积分函数在它上面连续的曲线?

答:$\dfrac{\pi}{4}+k\pi$,其中 k 是整数.

解析函数项级数及解析函数的幂级数展开式

§1　一致收敛的解析函数项级数

魏尔斯特拉斯第一定理　　假设我们有一个无穷级数

$$f_1(z) + f_2(z) + \cdots + f_n(z) + \cdots \qquad (1)$$

它的每一项都是某区域 G 内的解析函数. 假定级数(1)在区域 G 内的每一点上都收敛,我们把它的和记作 $f(z)$. 于是产生了这样的问题:在什么条件下收敛的解析函数项级数的和仍旧是解析函数呢?

这种条件之一是级数(1)在区域 G 内,或至少在区域 G 所包含的任一个闭区域 $\bar{G}'$ 上一致收敛. 以下(由两部分组成的)魏尔斯特拉斯定理就给出这样的条件.

我们假定,级数(1)在完全包含在区域 G 内的任一个闭区域上都是一致收敛的,我们要证明:首先,级数(1)代表区域 G 内的一个解析函数;其次,把级数(1)微分任意多次后所得到的新级数在 G 内的任一个闭区域 $\bar{G}'$ 上也是一致收敛的,并且它代表 $f(z)$ 的相应的导函数,或者,简单地说,级数(1)可以逐项求任意级的导函数.

160

附注 在实数域中我们没有这样一个简单定理,因为,大家都知道,一致收敛的实变函数项级数一般说来都不能逐项微分.

为了证明定理的第一部分,我们注意到,由于级数(1)的一致收敛性,它的和 $f(z)$ 是区域 G 内任一闭区域 $\overline{G}'$ 上的连续函数,也就是说,$f(z)$ 在区域 G 内到处是连续的(第二章,§2,第2段).我们只需要证明,在区域 G 内的任一点 z_0 上函数 $f(z)$ 都有有限导数就够了.环绕点 z_0 我们画一条逐段光滑闭路,使这条闭路内以及闭路上的点全部都在区域 G 内(图83).按照已知条件,级数(1)在闭路 C 上一致收敛.用 ζ 代表闭路 C 上的任意一点,又用 z 代表 C 内的任意一点,以 $\zeta-z$ 除级数(1)的每一项.得到的级数

$$\frac{f(\zeta)}{\zeta-z}=\frac{f_1(\zeta)}{\zeta-z}+\frac{f_2(\zeta)}{\zeta-z}+\cdots+\frac{f_n(\zeta)}{\zeta-z}+\cdots \quad (2)$$

对于全部 C 上的点 ζ 来说是一致收敛的.这种级数可以沿曲线 C 逐项求积分(第四章,§1,第3段).

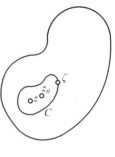

图 83

沿 C 求积分并且把所得到的结果除以 $2\pi i$,我们就得到

$$\frac{1}{2\pi i}\int_C\frac{f(\zeta)d\zeta}{\zeta-z}=\frac{1}{2\pi i}\int_C\frac{f_1(\zeta)d\zeta}{\zeta-z}+\frac{1}{2\pi i}\int_C\frac{f_2(\zeta)d\zeta}{\zeta-z}+\cdots+$$
$$\frac{1}{2\pi i}\int_C\frac{f_n(\zeta)d\zeta}{\zeta-z}+\cdots \quad (3)$$

因为按照已知条件,函数 $f_n(z)$ 在 C 内以及在 C 上到处都是解析的,所以利用柯西公式,级数(3)可以改写成

$$\frac{1}{2\pi i}\int_C\frac{f(\zeta)d\zeta}{\zeta-z}=f_1(z)+f_2(z)+f_3(z)+\cdots+f_n(z)+\cdots \quad (3')$$

$(3')$ 的右边是给定的级数(1),它的和等于 $f(z)$.因此,我们有

$$f(z)=\frac{1}{2\pi i}\int_C\frac{f(\zeta)d\zeta}{\zeta-z} \quad (3'')$$

因为函数 $f(z)$ 在闭路 C 内的所有的点 z 上都可以用柯西型积分$(3'')$ 的形式表示出来,所以在所有这些点 z 上它都有有限导数(第四章,§3,第3段).特别说来,函数 $f(z)$ 在点 $z=z_0$ 上应该有有限导数.由于 z_0 是区域 G 内的任意一点,因此我们得到结论,$f(z)$ 在区域 G 内是解析的.这就证明了魏尔斯特拉斯定理的第一部分.

另外,利用摩尔定理(第四章,§3,第5段),我们也可以得到同样的结果.事实上,首先,我们已经知道,函数 $f(z)$ 在区域 G 内是连续的,其次,由于级数(1)在闭路 C 上的一致收敛性,我们可以沿 C 逐项求积分

$$\int_C f(\zeta)d\zeta=\int_C f_1(\zeta)d\zeta+\int_C f_2(\zeta)d\zeta+\cdots+\int_C f_n(\zeta)d\zeta+\cdots \quad (4)$$

其中 C 只要是点 z_0 的某邻域内的一条逐段光滑闭路就行. 因为函数 $f_n(z)$ 在 C 内以及在 C 上到处都是解析的, 所以根据柯西基本定理就有

$$\int_C f_n(\zeta)\,\mathrm{d}\zeta = 0 \quad (n=1,2,3,\cdots)$$

因而, 从等式(4)我们就得到

$$\int_C f(\zeta)\,\mathrm{d}\zeta = 0$$

因此, 级数(1)的和是区域 G 内的连续函数, 并且有: $\int_C f(\zeta)\,\mathrm{d}\zeta = 0$. 这里积分是沿着点 z_0 的某一个邻域内的任一条闭路 C 取的. 根据摩尔定理, 函数 $f(z)$ 在 z_0 的上述的邻域内是解析的. 同样由于 z_0 是区域 G 内的任一点, 由此我们得出结论, 我们的定理是正确的.

现在我们来考虑定理的第二部分的证明. 我们依然把点 z_0 用一条逐段光滑闭路 C 环绕起来, 使得在 C 内以及在 C 上所有的点都在区域 G 内. 用 ζ 代表闭路 C 上的任意一点, 又 z 代表 C 内的任意一点, 以 $(\zeta-z)^2$ 除级数(1), 我们得到一个在闭路 C 上一致收敛的级数

$$\frac{f(\zeta)}{(\zeta-z)^2} = \frac{f_1(\zeta)}{(\zeta-z)^2} + \frac{f_2(\zeta)}{(\zeta-z)^2} + \cdots + \frac{f_n(\zeta)}{(\zeta-z)^2} + \cdots \tag{5}$$

把级数(5)沿 C 逐项积分, 并且把所得到的级数的每一项都除以 $2\pi\mathrm{i}$, 于是我们得到

$$\frac{1}{2\pi\mathrm{i}}\int_C \frac{f(\zeta)\,\mathrm{d}\zeta}{(\zeta-z)^2} = \frac{1}{2\pi\mathrm{i}}\int_C \frac{f_1(\zeta)\,\mathrm{d}\zeta}{(\zeta-z)^2} + \frac{1}{2\pi\mathrm{i}}\int_C \frac{f_2(\zeta)\,\mathrm{d}\zeta}{(\zeta-z)^2} + \cdots +$$

$$\frac{1}{2\pi\mathrm{i}}\int_C \frac{f_n(\zeta)\,\mathrm{d}\zeta}{(\zeta-z)^2} + \cdots \tag{6}$$

利用柯西公式, 级数(6)可改写成

$$f'(z) = f_1'(z) + f_2'(z) + \cdots + f_n'(z) + \cdots \tag{6'}$$

这就是说, 由级数(1)每一项的导函数组成的级数在 C 内的任一点上都收敛于级数(1)的和的导数, 特别说来, 当 $z=z_0$ 时当然也是如此. 由于 z_0 是区域 G 内的任意一点, 这就证明了级数(1)在区域 G 内的每一点上逐项微分的可能性. 现在剩下还需要指出, 由级数(1)的一切项的导函数组成的级数(6'), 在区域 G 内的任一个区域 $\bar{G}'$ 上都一致收敛.

事实上, 假定 z_0 是闭区域 $\bar{G}'$ 上的任意一点. 以点 z_0 为圆心, 以一个充分小的 $2d$ 为半径画一个圆周 $\varGamma$, 使它与它内部的点全部都包含在区域 G 内. 我们来考虑点 z_0 的一个邻域 σ_{z_0}: $|z-z_0| < d$. 当点 ζ 在描画圆周 $\varGamma$, 而点 z 始终在邻域 σ_{z_0} 内时, 它们的距离 $|\zeta-z|$ 就永远大于正数 d. 因为级数(1)在圆周 $\varGamma$ 上一致收敛, 所以对于任一个无论怎样小的 $\varepsilon > 0$, 不管 $\zeta \subset \varGamma$ 是哪一个点, 我们都有

$$| f_{n+1}(\zeta) + f_{n+2}(\zeta) + \cdots | < \varepsilon, 只要 n \geqslant N = N(\varepsilon)$$

注意到了这一事实之后,我们考虑级数$(6')$从$n+1$项开始的所有的项

$$f'_{n+1}(z) + f'_{n+2}(z) + \cdots = \frac{1}{2\pi i} \int_{\Gamma} \frac{f_{n+1}(\zeta) + f_{n+2}(\zeta) + \cdots}{(\zeta - z)^2} d\zeta \tag{7}$$

从等式(7)我们得到

$$| f'_{n+1}(z) + f'_{n+2}(z) + \cdots | < \frac{\varepsilon 4\pi d}{2\pi d^2} = \frac{2\varepsilon}{d}$$

这个不等式表明,级数$(6')$从一个充分大的数开始的余项的模,小于一个可以任意小的正数,这个正数与邻域σ_{z_0}的点z无关.换句话说,我们已经证明了级数$(6')$在任一点$z_0(z_0 \subset \overline{G'})$的邻域$\sigma_{z_0}$内都一致收敛.根据海涅-波莱尔预备定理(第二章,§1,第4段),区域$\overline{G'}$可以被有限个邻域σ盖住,而在每一个这种邻域内,按我们所证明的,导函数级数都一致收敛.因而级数$(6')$在区域$\overline{G'}$上是一致收敛的.

由于解析函数的导函数还是解析的(第四章,§3,第4段),级数$(6')$是区域G内的一个解析函数项级数,并且在任一个完全包含在G内的区域$\overline{G'}$上都是一致收敛的.因此对这个级数我们可以继续利用上面已经证明的定理,于是得到

$$f''(z) = f''_1(z) + f''_2(z) + \cdots + f''_n(z) + \cdots \tag{8}$$

或者,更普遍地

$$f^{(p)}(z) = f_1^{(p)}(z) + f_2^{(p)}(z) + \cdots + f_n^{(p)}(z) + \cdots \tag{8'}$$

这里所得到的这些级数在任一个完全包含在G内的闭区域$\overline{G'}$上都是一致收敛的.

附注 如果给定的级数(1)在区域G内一致收敛,那么由已经证明了的规则,导函数级数$(6')$在区域G内的每个闭区域$\overline{G'}$上是一致收敛的.但如果我们由此断定导函数级数$(6')$在区域G内也一致收敛那就是不对的.事实上,级数 $\frac{z}{1} + \frac{z^2}{2^2} + \cdots + \frac{z^n}{n^2} + \cdots$ 在圆$|z| \leqslant 1$上一致收敛.而它的导函数级数

$$1 + \frac{z}{2} + \frac{z^2}{3} + \cdots + \frac{z^{n-1}}{n} + \cdots$$

按我们所证明了的,在区域$|z| \leqslant r(r < 1)$上是一致收敛的,但在圆$|z| < 1$内不一致收敛.

由以上证明的魏尔斯特拉斯定理,一致收敛的解析函数项级数具有特别重要的意义,因为这种级数的和仍是一个解析函数.因此,去找出一个或多或少更广一些的判别法来判断解析函数项级数的一致收敛性,是一个具有重要意义的问题.与此有关的一些问题有下面的提法:假定级数(1)在区域G内的一个无穷集合E上是收敛的,并且E在G内至少有一个极限点,究竟应该赋予函数

序列

$$s_n(z) = f_1(z) + f_2(z) + \cdots + f_n(z) \qquad (9)$$

以什么样的条件,才能保证级数(1)在 G 内的任一个闭区域上都一致收敛? 例如以下所述的就是这类的条件:① 函数序列(9)在 G 内的任一个闭区域上都是一致有界的[①];② 序列(9)的一切函数在区域 G 内都不取某两个(不同的)常数值;③ 序列(9)的每一个函数都是单叶函数,等等.

另一方面,级数(1)的一致收敛性只是使得它的和成为解析函数的一个充分条件,而绝不是必要的,换句话说,区域 G 内的解析函数可以表示为在 G 内的一个解析函数项级数的和,而这个级数在 G 内收敛,但并不到处都一致收敛. 我们很自然地要去确定级数(1)的一个"在一个特别意义下"的收敛性概念,使得这个概念是级数(1)的和在区域 G 内解析的必要而且充分的条件. 这个问题近来已经部分地解决了. 与此有关的,去找出任意的收敛解析函数项级数(1)的和 $f(z)$ 的结构性质也是很有意义的问题. 不过,这是一个非常困难的问题,就整个来说,直到现在还没有得到解决.

§2 泰 勒 级 数

1.魏尔斯特拉斯定理在幂级数上的应用

我们已经知道,任一个收敛半径为 $R > 0$ 的幂级数

$$c_0 + c_1(z-a) + c_2(z-a)^2 + \cdots + c_n(z-a)^n + \cdots \qquad (10)$$

代表一个函数 $f(z)$,它在收敛圆内是解析的,并且它的导函数 $f'(z)$ 可以由逐项微分原级数来求得(第二章,§4,第 6 段). 显然,所有这些结果都是魏尔斯特拉斯定理的简单推论. 事实上,一方面我们知道级数(10)在收敛圆内的每一个圆 $|z-a| \leqslant r (r < R)$ 上都一致收敛(第二章,§3,第 6 段);另一方面,这个级数的每一项都是整个 z 平面上的解析函数. 因此,根据魏尔斯特拉斯定理(§1),级数(10)的和应当是收敛圆内的解析函数. 利用定理的第二部分,我们知道,幂级数(10)可以逐项微分任意多次.

因此,我们得到幂级数

$$f'(z) = c_1 + 2c_2(z-a) + 3c_3(z-a)^2 + \cdots + nc_n(z-a)^{n-1} + \cdots \qquad (11)$$

---

① 例如,参看 А. Н. Маркушевич 著 *Теория аналитических функций*,Гостехиздат,1950,294 — 295 页 和 689 — 690 页 或 Г. М. Голузин 著 *Геометрическая теория функций комплексного переменного*,Гостехиздат,1952,22 — 23 页,78 — 79 页.

$$f''(z) = 2c_2 + 2 \cdot 3c_3(z-a) + \cdots + (n-1)nc_n(z-a)^{n-2} + \cdots \quad (12)$$

更一般地,有

$$f^{(p)}(z) = 1 \cdot 2 \cdot 3 \cdot \cdots \cdot pc_p + 2 \cdot 3 \cdot \cdots \cdot p(p+1)c_{p+1}(z-a) + \cdots$$
$$(13)$$

所有这些级数的收敛半径都是 R,即它们的收敛圆与级数(10)的收敛圆重合. 事实上,级数(11)的收敛半径不能小于 R,但同时也不能大于 R,因为如果不然,逐项积分级数(11)所得到的原级数(10)的收敛半径就要大于 R 了.

因此,导函数级数的收敛半径等于 R. 特别地,在级数(10),(11),(12)与(13)中令 $z=a$,我们就得到

$$c_0 = f(a), c_1 = f'(a), c_2 = \frac{f''(a)}{2!}, \cdots, c_p = \frac{f^{(p)}(a)}{p!}, \cdots \quad (14)$$

公式(14)称为泰勒公式,而幂级数(10)(它的系数 c_p 由这些公式来确定)称为泰勒级数.

这样,我们就看到,收敛半径为正数的任一个幂级数都是泰勒级数.

除公式(14)外幂级数(10)的系数 c_p 还可以给以另外一个表示法. 我们用 C 来代表以 $z=a$ 为圆心,而在级数(10)的收敛圆内的任意一个圆周,利用柯西公式,我们得到

$$f(z) = \frac{1}{2\pi i} \int_C \frac{f(\zeta)}{\zeta - z} d\zeta \quad (15)$$

对参变数 z 微分,我们得到

$$f^{(p)}(z) = \frac{p!}{2\pi i} \int_C \frac{f(\zeta) d\zeta}{(\zeta - z)^{p+1}} \quad (16)$$

(第四章,§3,第 3 段).

在公式(15)与(16)中,z 本来代表 C 内的任意一点;如果特别令 $z=a$ 我们得到

$$f(a) = \frac{1}{2\pi i} \int_C \frac{f(\zeta) d\zeta}{\zeta - a} \quad (15')$$

$$f^{(p)}(a) = \frac{p!}{2\pi i} \int_C \frac{f(\zeta) d\zeta}{(\zeta - a)^{p+1}} \quad (16')$$

从而根据公式(14)我们得到关于幂级数的系数 c_p 的下列积分公式

$$c_p = \frac{1}{2\pi i} \int_C \frac{f(\zeta) d\zeta}{(\zeta - a)^{p+1}} \quad (p = 0, 1, 2, \cdots) \quad (17)$$

2. 解析函数的幂级数展开式

在前段中,我们已经看到,收敛半径为正数的任一个幂级数(10)的和都是它的收敛圆内的解析函数. 现在我们要证明它的反定理:一个函数,如果它在某

一个圆内是解析的,那么它就可以展开成幂级数.

假设 $f(z)$ 是一个函数,它在以点 a 为圆心、R 为半径的圆 K 内是解析的. 我们用 z 代表 K 内的任意一点,并且以点 a 为圆心、ρ 为半径画一个圆周 $C(\rho < R)$,使得 z 在圆周 C 的内部(图 84).

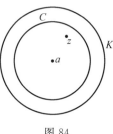

图 84

因为根据已知条件,函数 $f(z)$ 在 C 内以及在 C 上都是解析的,所以函数在点 z 上的值可以用柯西公式表示为

$$f(z) = \frac{1}{2\pi i} \int_C \frac{f(\zeta) \mathrm{d}\zeta}{\zeta - z} \tag{18}$$

我们的任务是要把积分(18)表示成关于 $z - a$ 的幂级数的和的形式.

为此目的,我们把表达式 $\dfrac{1}{\zeta - z}$ 改写成下列形式

$$\frac{1}{\zeta - z} = \frac{1}{\zeta - a - (z - a)} = \frac{1}{(\zeta - a)\left(1 - \dfrac{z - a}{\zeta - a}\right)} \tag{19}$$

无论 ζ 是圆周 C 上的哪一点,分成 $u = \dfrac{z - a}{\zeta - a}$ 的模必等于一个正常数 $q(q <$

$1)$,因为 $|u| = \dfrac{|z - a|}{|\zeta - a|} = \dfrac{|z - a|}{\rho} = q < 1$. 因此,表达式 $\dfrac{1}{1 - u}$ 可以看作一个几

何级数的和

$$\frac{1}{1 - u} = 1 + u + u^2 + \cdots + u^n + \cdots$$

从而用 u 的值 $\dfrac{z - a}{\zeta - a}$ 替换 u,我们就得到

$$\frac{1}{1 - \dfrac{z - a}{\zeta - a}} = 1 + \frac{z - a}{\zeta - a} + \left(\frac{z - a}{\zeta - a}\right)^2 + \cdots \tag{20}$$

把表达式(20)代入公式(19),就得到

$$\frac{1}{\zeta - z} = \frac{1}{\zeta - a} + \frac{z - a}{(\zeta - a)^2} + \frac{(z - a)^2}{(\zeta - a)^3} + \cdots \tag{21}$$

由于级数(20)或(21)的各项的模,对于固定的 z 与圆周 C 上任意的 ζ,都构成一个公比为一个与 ζ 无关的数 $q < 1$ 的无穷递减的几何级数,所以级数(20)或(21)都是一致收敛的(第二章,§2,第 3 段),以 $f(\zeta)$ 乘级数(21),这并不破坏它的一致收敛性,我们得到

$$\frac{f(\zeta)}{\zeta - z} = \frac{f(\zeta)}{\zeta - a} + \frac{(z - a) f(\zeta)}{(\zeta - a)^2} + \frac{(z - a)^2 f(\zeta)}{(\zeta - a)^3} + \cdots \tag{22}$$

根据级数(22)的一致收敛性,我们可以沿圆周 C 把它逐项积分起来(第四

章，§1，第3段），然后把积分后所得到的级数的每一项都除以 $2\pi i$，我们就得到

$$\frac{1}{2\pi i}\int_C \frac{f(\zeta)d\zeta}{\zeta-z} = \frac{1}{2\pi i}\int_C \frac{f(\zeta)d\zeta}{\zeta-a} + (z-a)\frac{1}{2\pi i}\int_C \frac{f(\zeta)d\zeta}{(\zeta-a)^2} +$$

$$(z-a)^2 \frac{1}{2\pi i}\int_C \frac{f(\zeta)d\zeta}{(\zeta-a)^3} + \cdots$$

利用公式（18），这个级数也可以写成

$$f(z) = c_0 + c_1(z-a) + c_2(z-a)^2 + \cdots \tag{23}$$

其中

$$c_n = \frac{1}{2\pi i}\int_C \frac{f(\zeta)d\zeta}{(\zeta-a)^{n+1}} \quad (n=0,1,2,\cdots) \tag{24}$$

在级数（23）中，由公式（24）所确定的系数 c_n 并不依赖于 z，因为在积分（24）中我们可以把积分路线 C 取作在 K 内环绕点 a 的任一条闭路，同时在这种情形下，并不改变 c_n 的值. 根据前段中的结果，级数（23）的系数 c_n 也可以用泰勒公式表示

$$c_0 = f(a)$$

$$c_n = \frac{f^{(n)}(a)}{n!} \quad (n=1,2,3,\cdots) \tag{24'}$$

这样，我们就证明了，在圆周 K 内的任一点 z 上，函数 $f(z)$ 可以表示为关于 $z-a$ 的幂级数（23）的和.

我们曾经称一个函数 $f(z)$，当它在 a 的某一个邻域内解析时是在点 a 上解析的. 换句话说，只要有一个以点 a 为圆心、以一个充分小的正数为半径的圆存在，使得 $f(z)$ 在这个圆内是解析函数时，$f(z)$ 就称为在点 a 上是解析的. 为了简单起见，我们以后把这种点 a 称为给定的函数的正则点，而称函数 $f(z)$ 的任一非正则点为它的奇异点. 例如，对函数 $\dfrac{1}{1-z}$ 来说，任一点 $z(z\neq 1)$，都是正则点；而点 $z=1$ 是奇异点.

在前段中我们已经看到，一个幂级数在它的收敛圆内代表一个解析函数 $f(z)$，也就是说，收敛圆内所有的点都是这个级数所代表的函数 $f(z)$ 的正则点. 至于收敛圆周上的点，则其中至少有一点是奇异点. 事实上，如果不然的话，收敛圆周上所有的点就都是级数的和 $f(z)$ 的正则点. 而在这种情况下，收敛圆周上的每一点就都是某一个圆 k 的圆心，而在圆 k 内 $f(z)$ 是解析的. 根据海涅－波莱尔预备定理（第二章，§1，第4段）我们就可以在这些圆 k 中选取有限多个，它们构成一个区域 G，使得收敛圆周上的每一点都至少在这有限多个圆中的一个之内. 用 ρ 代表从收敛圆圆周到区域 G 的边界的最短距离，于是函数 $f(z)$ 在以 $R+\rho$ 为半径而与收敛圆同心的一个圆内就是解析的. 根据本段的结果，函数 $f(z)$ 的泰勒级数应该在以 $R+\rho$ 为半径的圆内收敛，也就是说，给定的

级数的收敛半径最小是 $R+\rho$，但这是不可能的，因为根据已知条件它应该等于 R.

因此，如果点 a 是函数 $f(z)$ 的一个正则点，那么这个函数在点 a 的邻域内就可以展开成关于 $z-a$ 的幂级数，并且级数的收敛圆周以点 a 为圆心同时通过函数 $f(z)$ 距点 a 最近的一个奇异点.

这个命题一方面建立了幂级数的收敛半径与该幂级数所代表的函数的性质之间的密切联系；同时还表明，幂级数的理论只有在复数域内才完全明确. 例如，在实数域内便不能了解，为什么级数

$$\frac{1}{1+x^2}=1-x^2+x^4-x^6+\cdots$$

当 $x\leqslant -1$ 与 $x\geqslant 1$ 时就不再收敛，而函数 $\dfrac{1}{1+x^2}$ 对于独立变数 x 所有的值却都是确定的，即使对于值 $x=\pm 1$ 也并不例外. 这个现象从复变数的观点来看就可以完全解释清楚. 实际上，函数 $\dfrac{1}{1+z^2}$ 有两个奇异点，即 $z=\pm\mathrm{i}$，所以我们所考虑的级数的收敛半径等于 1.

例：如从前所证明的（第四章，§2，第 6 段），函数 $\ln z=\displaystyle\int_1^z\frac{\mathrm{d}\zeta}{\zeta}$ 在不包含原点的任一个单连通区域内都是解析的，例如，特别说来，在虚轴右边的半平面内它是解析的. 因此，例如说，$\ln z$ 在点 $z=1$ 的邻域内可以展开成幂级数，并且这个级数的收敛半径等于 1. 由于我们有

$$f(z)=\ln z,f'(z)=\frac{1}{z},f''(z)=-\frac{1}{z^2},\cdots,f^{(n)}(z)=(-1)^{n-1}\frac{(n-1)!}{z^n}$$

所以当 $z=1$ 时我们得到

$$c_0=f(1)=0,c_1=f'(1)=1,c_2=\frac{f''(1)}{2!}=-\frac{1}{2},\cdots,c_n=\frac{f^{(n)}(1)}{n!}=\frac{(-1)^{n-1}}{n}$$

因此，我们求出

$$\ln z=(z-1)-\frac{1}{2}(z-1)^2+\cdots+\frac{(-1)^{n-1}}{n}(z-1)^n+\cdots$$

3. 全纯函数的概念以及它与解析函数概念的等价性

我们说函数 $f(z)$ 在点 a 上是全纯的，是指它在点 a 的某一邻域内可以展开成关于 $z-a$ 的幂级数. 根据前段的结果，函数在点 a 上的全纯性与它在点 a 上的解析性是等价的. 实际上，如果函数 $f(z)$ 在点 a 上是全纯的，那么按照定义必有一个以 a 为圆心、某一正数 ρ 为半径的圆 k 存在，在这个圆内 $f(z)$ 可以展开成关于 $z-a$ 的幂级数. 根据第 I 段的结果，函数 $f(z)$ 作为一个幂级数的和，

在这个圆 k 内必然是解析的,因而在点 a 上也就是解析的.

反之,如果 $f(z)$ 在点 a 上是解析的,那么必有一个以 a 为圆心、某一正数 ρ 为半径的圆 k 存在,在这个圆内 $f(z)$ 是解析的.按照第 2 段的结果,$f(z)$ 作为圆 k 内的一个解析函数,一定可以表示成关于 $z-a$ 的一个在 k 内收敛的幂级数的和.因此,$f(z)$ 在点 a 上是全纯的.

如果一个函数在区域 G 内每一点上都是全纯的,我们就简称它在区域 G 内是全纯的.

我们说,函数 $f(z)$ 在某一个区域 G 内是全纯的,显然等于说这个函数在区域 G 内是解析的.

因此,从把一个区域内的解析函数算作是在这个区域内每一点上都有有限导数的单值函数这个定义出发,我们已经证明了,这样的函数在这个区域内一定是全纯的,换句话说,在这个区域内每一点的某一邻区内函数都可以展开成幂级数.

在实变数函数的情形下,函数展开成幂级数并不是永远可能的,即使函数的各级导数全都存在也是如此;但是对于复变函数来说,展开的可能性只不过是函数在所考虑的区域内到处都有一级导数的推论而已.

4. 解析函数的唯一性

从柯西定理以及根据这个定理所得到的解析函数的幂级数展开式,我们可以得出一些非常重要的推论,这些推论使我们能够理解解析函数的本质.任意的复变函数的定义是非常一般化的,从这样一个函数在 z 平面上区域 G 的某一部分内的性质不能断定它在区域 G 内其他部分的性质.例如,假定 $f(z)$ 确定在整个 z 平面上,并且当 $|z| \leqslant 1$ 时 $f(z) = i$. 我们就不能从此推出当 $|z| > 1$ 时函数值 $f(z)$ 的情形究竟如何,因为对于 z 的这些值,我们可以任意规定函数 $f(z)$ 的值.但如果函数 $f(z)$ 是连续的话,那就稍微不同一些了;在上面这个例子里,在与圆周非常接近的那些点上,函数 $f(z)$ 的值就应该与 i 相差很小.在这种情况下,函数的值是由某些规则互相关联着的,虽然这些规则还可能是非常一般化的.这个内在的性质把函数的值互相联系起来,使得当我们知道在 z 平面的某一部分上的函数值以后,就可以或多或少地做出关于在平面上其他部分函数性质的确切结论.显然,我们所考虑的函数族越特殊,这个性质就越有力量.例如,考虑四次的整有理函数

$$y = a_0 + a_1 x + a_2 x^2 + a_3 x^3 + a_4 x^4 \tag{25}$$

(a_k, x, y 都是实数),我们知道,这样的函数由很少几个条件就可以完全确定.比方说,如果我们知道在自变数 x 的五个值上函数 y 的值,那么函数(25)就完全地,也就是唯一地确定了,而且自变数 x 的这五个值还可以取得任意地互相

接近.因此,当我们知道函数 y 在一个任意小的区间上的性质以后,就可以推断当自变数 x 取所有值时函数的性质.因而四次整有理函数族具有非常强烈的内在的性质,由于这个性质,这种函数的不同的值互相联系着.

特别重要的一个事实就是,仅由在某一区域内的可导性这一个要求,从一般的复变函数的全体中区分出来的函数,即所谓该区域内的解析函数,就具有这样强烈的内部性质,这个性质使我们能够从这种函数在一个任意小的部分区域内的性质来推断它在整个区域内的性质.或者,更确切地说,在某区域内的解析函数在该区域内是完全的,也就是唯一地确定的,如果这个函数在一个任意的线段上的值是已经知道了的.在这一方面柯西公式已经指出了,如果一个解析函数一条闭路 C 上的值都已经知道,我们就可以确定它在 C 内的一切的值,根据解析函数幂级数展开式的定理,我们还能够揭露上述的解析函数唯一性的性质的一般形式.由于这个性质对于建立全部解析函数理论的重大意义,所以它与柯西积分一起,应该看作是这个理论中最基本的东西.

我们把这个性质叙述成下面的一般形式:如果某区域内的两个全纯函数 $f(z)$ 与 $\varphi(z)$ 在这个区域内的一个无穷集合 E 上的值相等,并且集合 E 在 G 内至少有一个极限点,那么这两个函数在区域 G 内就到处都相等.

设 a 是集合 E 的一个极限点,我们首先证明当区域 G 是一个以 a 为圆心的圆时这个命题的正确性.因此,假定

$$f(z) = c_0 + c_1(z-a) + c_2(z-a)^2 + \cdots$$
$$\varphi(z) = c'_0 + c'_1(z-a) + c'_2(z-a)^2 + \cdots$$

是这两个给定的函数的展开式,这两个展开式在圆 G 内的每一点上都成立.要想证明函数 $f(z)$ 与 $\varphi(z)$ 在圆 G 内到处相等,只需证明,对于任意的 $n, n \geqslant 0$,系数 c_n 与 c'_n 都相等.根据假设的条件,如果点 z 属于集合 E,那么我们有

$$f(z) = \varphi(z) \tag{26}$$

因为点 a 是集合 E 的极限点,我们可以在 E 内选取一个趋近于点 a 的序列 z_k.

由已知条件

$$f(z_k) = \varphi(z_k) \tag{26'}$$

取极限,则由于 $f(z)$ 与 $\varphi(z)$ 在点 a 的连续性,我们得到 $f(z) = \varphi(a)$ 或即 $c_0 = c'_0$.

由此,等式(26)可以写成

$$c_1(z-a) + c_2(z-a)^2 + \cdots = c'_1(z-a) + c'_2(z-a)^2 + \cdots \tag{26''}$$

其中 z 代表集合 E 内的任一点.用 $z-a$ 除等式(26''),我们看到

$$c_1 + c_2(z-a) + \cdots = c'_1 + c'_2(z-a) + \cdots \tag{26'''}$$

这个等式对于集合 E 内所有的点都成立,当然对于 $z = z_k$ 也成立.取极限,由假设 $\lim z_k = a$,和上面一样我们得到 $c_1 = c'_1$.继续进行下去,我们得到 $c_2 = c'_2$,

…，一般说来，对于任意的 n, $c_n = c'_n$.

现在我们假定区域 G 内的两个全纯函数 $f(z)$ 与 $\varphi(z)$ 在 G 内的一个无穷集合 E 上有相等的值，而且集合 E 在 G 内有一个极限点 a. 我们要证明这两个函数在区域 G 内到处相等，只要我们能指出它们在 G 内任一点 b 上都有相等的值. 为此目的，我们先用一条属于 G 的连续曲线 L 把 a 与 b 连接起来（图 85）. 让 $d(d > 0)$ 代表曲线 L 到区域 G 的边界的距离，即所有可能的 L 上的点到区域 G 的边界上的点

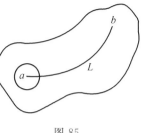

图 85

间的距离之最小者. 显然，以曲线 L 上任一点为圆心、$\dfrac{d}{2}$ 为半径的圆必然全部包含在区域 G 内. 由上面已经讨论过的特殊情形，给定的两个函数在以 a 为圆心、$\dfrac{d}{2}$ 为半径的圆内到处都相等，因为点 a 是集合 E 的极限点（图 85）. 让以 $\dfrac{d}{2}$ 为半径的圆连续地从 a 到 b 沿曲线 L 移动，我们可以看出，不论这个动圆的位置如何，给定的两个函数在动圆内应该永远相等，因而，特别说来，我们就有 $f(b) = \varphi(b)$，而这就是我们所要证明的.

因此，我们已经证明了，当区域 G 内的一个全纯函数 $f(z)$ 在一个无穷点列 z_k 上的值已经知道，而且这个无穷点列在 G 内又至少有一个极点时，则函数 $f(z)$ 在整个区域 G 内的值都是唯一确定了的. 但另一方面，到现在为止，我们还剩下一个没有解决的问题，就是，必须怎么样来预先指定在一个给定的无穷点列上的值 $f(z_k)$，才能使得这些值刚好是区域 G 内的某一个全纯函数 $f(z)$ 在该点列上的值呢？

作为已经证明的定理的推论，我们指出，在区域 G 内的两个全纯函数 $f(z)$ 与 $\varphi(z)$ 在该区域内恒等，只要：

（1）在区域 G 内某一点的任意小的邻域内有 $f(z) = \varphi(z)$.

（2）在属于 G 的一条任意小的曲线段上有 $f(z) = \varphi(z)$.

这是解析函数特殊的性质之一，一般的连续函数就没有这个性质：在一般区域 G 内连续函数的情形，无论如何也不能由区域 G 内某一点的邻域内的值来确定它在整个区域 G 内的值.

5. 最大模原理

当 Γ 是圆周 $|\zeta| = R$ 又 $z = 0$ 时，第四章，§3，第 1 段中的公式（44）就变得特别简单. 令 $\zeta = R e^{i\psi}$，$d\zeta = i R e^{i\psi} d\psi$，就得到

$$f(0) = \frac{1}{2\pi} \int_0^{2\pi} f(R e^{i\psi}) d\psi \qquad (44')$$

171

这就是说,全纯函数在圆心的值等于它在这个圆的圆周上的值的算术平均数.

利用公式(44′),我们可以建立起解析函数理论中的一个非常重要的原理 —— 最大模原理.按照这个原理,一个开区域 G 内的全纯函数的模,在区域内任何一点都不能达到最大值,除非函数是恒等于常数的情形.

事实上,如果用 M 表示区域 G 内的一个解析函数 $f(z)$ 的模的上界,再假定这个原理不对,于是在区域 G 内有某一点 z_0,函数 $f(z)$ 的模在 z_0 达到它的最大值,即 $|f(z_0)|=M$.

应用公式(44′)到以 z_0 为圆心,并且连同它的周界一起都属于区域 G 的一个圆,就得到

$$f(z_0) = \frac{1}{2\pi}\int_0^{2\pi} f(z_0 + Re^{i\psi})\,d\psi$$

由此推出

$$|f(z_0)| \leqslant \frac{1}{2\pi}\int_0^{2\pi} f(z_0 + Re^{i\psi})\,d\psi \tag{27}$$

由于
$$|f(z_0 + Re^{i\psi})| \leqslant M$$

而
$$|f(z_0)| = M$$

从不等式(27)就可以看出,对于任何 ψ 都必须有 $|f(z_0 + Re^{i\psi})|=M$.事实上,如果我们对于某一个值 $\psi=\psi_0$ 有

$$|f(z_0 + Re^{i\psi_0})| < M$$

那么根据 $|f(z)|$ 的连续性,不等式 $|f(z_0 + Re^{i\psi})| < M$ 在某个充分小的区间

$$\psi_0 - \varepsilon < \psi < \psi_0 + \varepsilon$$

内成立,同时在这个区间之外,总是

$$|f(z_0 + Re^{i\psi})| \leqslant M$$

在这样的情况下:不等式(27)的右边小于 M,而同时它的左边却等于 M,这当然是不可能的.

因此,我们已经证明了:在以点 z_0 为圆心的每一个充分小的圆周上 $|f(z)|=M$,或者换一个说法,在点 z_0 的足够小的邻域内有 $|f(z)|=M$.现在我们来证明在区域 G 内,也到处都有 $|f(z)|=M$.为了这个目的,我们在区域内用一条连续曲线联结点 z_0 与区域内的任意一点 z_1.用 $d(d>0)$ 表示曲线 L 到区域 G 的边界的距离(即所有可能的 L 上一点与 G 的边界上一点之间的距离的最小值).显然,以 $\frac{d}{2}$ 为半径,以曲线 L 上任一点为圆心的圆整个都在区域 G 内.根据以上证明的结果,等式 $|f(z)|=M$ 在以点 z_0 为圆心、$\frac{d}{2}$ 为半径的圆内

成立. 让一个以 $\dfrac{d}{2}$ 为半径的圆的圆心沿曲线 L, 从点 z_0 到 z_1 连续运动, 我们知道, 不管这个运动着的圆是在哪里, 等式 $|f(z)|=M$ 在圆内总应该成立. 因此, 特别地就有 $|f(z_1)|=M$. 因为 z_1 是区域 G 内任意的一点, 所以我们就证明了等式 $|f(z)|=M$ 在区域内到处成立. 由此就不难推出 $f(z)$ 是一个常数.

实际上, 函数 $\ln f(z)$ 的实数部分是一个常数, 因为对数的实数部分等于它的模的对数. 根据柯西—黎曼条件(第二章, §4, 第4段), 实数部分为常数的全纯函数 $\ln f(z)$ 是一个常数, 换句话说, $f(z)$ 在区域 G 内是一个常数, 但这是不可能的.

由这个原理可以推出: 假如 $f(z)$ 是区域 G 内的一个全纯函数, 在闭区域 $\overline{G}$ 上是连续的, 那么在 $f(z)$ 不是常数的条件下, 它的模只有在边界点上才能达到最大值. 事实上, 根据一个众所周知的古典分析的定理, 闭区域 $\overline{G}$ 上的连续函数 $|f(z)|$ 在 $\overline{G}$ 的某一点 z_0 取最大值 M. 根据以上的证明, 点 z_0 不能在区域 G 内, 从而它一定是在区域 G 的边界上.

我们再来给本节中的基本定理另外一个证明. 假设全纯函数 $f(z)$ 的模在区域 G 内的一点 a 达到最大值, 显然我们可以认为 $f(a)=a_0 \neq 0$, 因为否则 $f(z)$ 就要恒等于零. 假定在点 a 的某个邻域内

$$f(z)=a_0+a_k(z-a)^k+a_{k+1}(z-a)^{k+1}+\cdots$$

其中 $a_k \neq 0$. 我们取一个充分小的数 δ, 使得圆 $|z-a|\leqslant\delta$ 包含在区域 G 内, 并且使下列不等式成立

$$|a_{k+1}(z-a)+a_{k+2}(z-a)^2+\cdots|<\frac{1}{2}|a_k|$$

再用 φ 代表 $\arg\dfrac{a_0}{a_k}$ 的一个值(例如, 适合不等式 $0\leqslant\arg\dfrac{a_0}{a_k}<2\pi$ 的值), 令 $z=\zeta=a+\delta\mathrm{e}^{\mathrm{i}\frac{\varphi}{k}}$. 于是我们有

$$\arg[a_k(\zeta-a)^k]=\arg a_k+k\arg(\zeta-a)=\arg a_k+\arg\frac{a_0}{a_k}=\arg a_0$$

$$|a_0+a_k(\zeta-a)^k|=|a_0|+|a_k||\zeta-a|^k$$

因此

$$\begin{aligned}|f(\zeta)|&=|a_0+a_k(\zeta-a)^k+a_{k+1}(\zeta-a)^{k+1}+\cdots|\geqslant\\&|a_0+a_k(\zeta-a)^k|-|a_{k+1}(\zeta-a)^{k+1}+\cdots|=\\&|a_0|+|a_k|\delta^k-\delta^k|a_{k+1}(\zeta-a)+\cdots|>\\&|a_0|+|a_k|\delta^k-\frac{1}{2}|a_k|\delta^k=|a_0|+\frac{1}{2}|a_k|\delta^k\end{aligned}$$

所以

$$|f(\zeta)|>|a_0|=|f(a)|$$

但这与 a_0 是最大值的假定矛盾. 因此,全纯函数的模在它是全纯的区域内不能达到最大值.

如果利用第四章,§3,第 9 段的公式(84′),读者不难仿照本节开始时一样来讨论并证明:一个区域内的调和函数在区域的内点上既不能达到最大值也不能达到最小值(假如函数不是常数的话). 特别地,由此可以推出:如果区域 G 内的一个调和数在 $\overline{G}$ 上连续,并且在 G 的边界上取同一数值,那么在整个区域上函数一定是一个常数,因为它的最大值与最小值重合了.

6. 解析函数的零点

假定 $f(z)$ 是区域 G 内的一个全纯函数,z_0 是 G 内一点,如果 z_0 适合下列等式

$$f(z_0) = 0$$

我们就说,z_0 是全纯函数 $f(z)$ 的一个零点.

函数 $f(z)$ 在区域 G 内的零点的集合可能是有限的也可以是无穷的. 不过,假如 $f(z)$ 不恒等于零(第 4 段),G 内绝不能有任何一点是 $f(z)$ 的零点集合的极限点. 因此,$f(z)$ 的零点集合的极限点应该全都在区域 G 的边界上. 特别是由此可知,环绕函数 $f(z)$ 的每个零点,以它为圆心,可以作一个半径是充分小的圆,使得在它的内部除圆心以外没有任何其他的零点.

另外我们还不难看出:一个全纯函数 $f(z)(f(z) \not\equiv 0)$ 在区域 G 内的零点集合可以看作一个点列,换句话说,所有的零点可以用自然数来编号.

事实上,如果我们用 $\overline{G}'_n (n = 1, 2, 3, \cdots)$ 来表示以下这样一组闭区域,其中每一个闭区域都整个地包含在 G 内,也都为它后面的一个所包含,并且区域 $\overline{G}'_n$ 的边界到 G 的边界的最大距离假定是 $\frac{1}{n}$,换句话说,区域 $\overline{G}'_n$ 的边界与区域 G 的全部边界点之间的最大距离是 $\frac{1}{n}$. 那么,在每一个闭区域 $\overline{G}'_n$ 上,函数 $f(z)$ 就只能有有限个零点,因为如果不然,这些零点在区域 G 内就有极限点存在,而这是不可能的. 因此,我们首先考虑函数 $f(z)$ 在区域 $\overline{G}'_1$ 内全部零点;用 $z_1, z_2, \cdots,$ z_{k_1} 表示它们;再讨论在 $\overline{G}'_2$ 内而不在 $\overline{G}'_1$ 内的零点;用 $z_{k_1+1}, z_{k_1+2}, \cdots, z_{k_2}$ 表示,其余以此类推. 这样一来,我们就得到一个点列 $z_1, z_2, \cdots, z_n, \cdots$,由于,$f(z)$ 在 G 内的每一个零点到 G 的边界都有一个确定的正的距离,所以每一个零点都属于某一个区域 $\overline{G}'_n$,因此以上求出的点列已经包含了全部 $f(z)$ 在 G 内的不同的零点. 以上这个关于解析函数的零点分布的结论,对于区域 G 内的全纯函数在 G 内取常数值 c 的那些点来说,仍然有效,因为 $f(z) = c$ 的那些点事实上就是函数 $f(z) - c$ 的零点.

7. 零点的级

假如函数 $f(z)(f(z)\not\equiv 0)$ 在区域 G 内是全纯的,在这个区域内的点 a 等于零,那么函数在点 a 的邻域内的展开式是下列形式

$$f(z)=c_1(z-a)+c_2(z-a)^2+\cdots \tag{28}$$

因为 $c_0=f(a)=0$.

显然,展开式(28)中的系数 c_n 不能全等于零,因为在这种情形下,函数 $f(z)$ 在点 a 的某个邻域内到处都等于零,于是按照唯一性定理(第 4 段),函数在区域 G 内就要恒等于零.所以系数 $c_n(n=1,2,3,\cdots)$ 中有不为零的存在;命 $m(m\geqslant 1)$ 表示这种系数中的最小的一个.

于是就有

$$c_1=c_2=\cdots=c_{m-1}=0 \quad (c_m\neq 0)$$

因而展开式(28)成为下列形式

$$f(z)=c_m(z-a)^m+c_{m+1}(z-a)^{m+1}+\cdots \tag{28'}$$

其中 $c_m\neq 0$.

在这种情形下,我们就说点 a 是函数 $f(z)$ 的一个 m 级的零点.如果 $m=1$,那么零点称为简单零点,当 $m>1$ 时,称为多重零点.

8. 幂级数系数的柯西不等式

假如幂级数

$$f(z)=c_0+c_1z+c_2z^2+\cdots+c_nz^n+\cdots \tag{29}$$

在圆 $|z|<R$ 内收敛于函数 $f(z)$,又 $f(z)$ 的模总小于 M,则我们有下列不等式

$$|c_n|\leqslant\frac{M}{R^n} \quad (n=0,1,2,\cdots) \tag{30}$$

这个不等式立刻就可以得出来,只要我们对幂级数的系数利用积分公式(第五章,§2,第 1 段)

$$c_n=\frac{1}{2\pi i}\int\frac{f(\zeta)d\zeta}{\zeta^{n+1}} \quad (n=0,1,2,\cdots)$$

其中积分路线可以取作任意的一个圆周 $|\zeta|=\rho(\rho<R)$.估计 $|c_n|$ 的值有

$$|c_n|<\frac{M}{\rho^n}$$

因为这个不等式对于所有的 $\rho(\rho<R)$ 都成立,所以当 ρ 趋近于 R 时取极限,就得到

$$|c_n|\leqslant\frac{M}{R^n} \tag{31}$$

9. 刘维尔定理

这个定理就是:假如 $f(z)$ 在整个平面上都是全纯的,并且它的模是有界的,那么它就是一个常数.

事实上,在这种情形下,展开式

$$f(z) = c_0 + c_1 z + c_2 z^2 + \cdots + c_n z^n + \cdots \tag{32}$$

对于平面上每一点 z 都成立. 利用柯西不等式(第8段)就有

$$|c_n| \leqslant \frac{M}{R^n} \quad (n = 0, 1, 2, 3, \cdots)$$

其中 M 是一个常数,而 R 可以随意的大. 因此就有当 $n \geqslant 1$ 时,$c_n = 0$,这就表示由(32)得到了 $f(z) = c_0$.

10. 魏尔斯特拉斯第二定理

假设给定了一个级数

$$f_1(z) + f_2(z) + \cdots + f_n(z) + \cdots \tag{33}$$

它的每一项都是在区域 G 内全纯,并且在闭区域 $\bar{G}$ 上连续的函数. 在这个条件下,我们来证明:假如级数(33)在区域 G 的边界上一致收敛,那么它在整个闭区域 $\bar{G}$ 上也就一致收敛.

事实上,如果用 ζ 表示区域 G 的边界上的任意一点,按照假设,对于无论怎样小的 $\varepsilon > 0$,只要 $N = N(\varepsilon)$ 并且 $p \geqslant 1$,就有

$$|f_{N+1}(\zeta) + f_{N+2}(\zeta) + \cdots + f_{N+p}(\zeta)| < \varepsilon \tag{34}$$

因为函数 $[f_{N+1}(z) + f_{N+2}(z) + \cdots + f_{N+p}(z)]$ 在区域 G 内是全纯的,并且在闭区域 $\bar{G}$ 上是连续的,所以不等式(34)对于区域 G 内所有的点 z 也都应该成立(第5段). 因此,即使把 ζ 了解为闭区域 $\bar{G}$ 的任何一点,不等式(34)也依然成立,由此可见,级数(33)在整个区域 $\bar{G}$ 上一致收敛(第二章,§2,第3段).

习　　题

1. 试在 $z = 1$ 的邻域内,展开 $\sqrt[m]{z}$ 的主值成幂级数;特别地,当 $m = 2$ 的情形.

答:$1 + \frac{1}{m}(z-1) + \frac{1}{m}\left(\frac{1}{m} - 1\right) \frac{(z-1)^2}{2!} + \cdots$;

$1 + \frac{1}{2}(z-1) - \frac{1}{2^2 \cdot 2!}(z-1)^2 + \frac{1 \cdot 3}{2^3 \cdot 3!}(z-1)^3 - \cdots$.

2. 试证明全纯函数 $f(z)$ 的模在点 z_0 不能是极小,如果它在 z_0 上不等于零.

3. 考虑解析函数 $e^{u(x,y)+iv(x,y)}$，其中 $u(x,y)$ 与 $v(x,y)$ 是一对调和共轭函数，试证明调和函数 $u(x,y)$ 在任一个区域的内点都不能取最大值，也不能取最小值.

4. 试在原点的邻域内展开函数 $\arctan z$ 与 $\arcsin z$ 的主值成幂级数.

答：$z-\dfrac{z^3}{3}+\dfrac{z^5}{5}-\cdots;z+\dfrac{1}{2\cdot3}z^3+\dfrac{1\cdot3}{2^2\cdot2!}\dfrac{1}{5}z^5+\dfrac{1\cdot3\cdot5}{2^3\cdot3!}\dfrac{1}{7}z^7+\cdots$

5. 确定级数 $\displaystyle\sum_{n=1}^{\infty}\dfrac{z^n}{1-z^n}$ 的收敛区域.

答：当 $|z|<1$ 时绝对收敛；当 $|z|\geqslant1$ 时发散.

6. 确定习题 4 中的级数在它的收敛区域的哪一部分是一致收敛的.

答：$|z|\leqslant1-\delta(\delta>0)$.

7. 假定级数 $\displaystyle\sum|f_n(z)|$ 在区域 G 内一致收敛，又 $f_n(z)$ 是 G 内的解析函数，试证明 $\displaystyle\sum|f'_n(z)|$ 在任一属于 G 的闭区域内一致收敛.

8. 计算下列各函数的幂级数的前四个系数：

(a)$e^{\frac{1}{1-z}}$；(b)$\sin\dfrac{1}{1-z}$；(c)$\ln(1+e^z)$.

答：(a)$e^{\frac{1}{1-z}}=e(1+z+\dfrac{3}{2}z^2+\dfrac{13}{6}z^3+\dfrac{73}{24}z^4+\cdots)$.

(b)$\sin\dfrac{1}{1-z}=\sigma+\tau z+\left(\tau-\dfrac{1}{2}\sigma\right)z^2+\left(\dfrac{5}{6}\tau-\sigma\right)z^2+\cdots$，其中$\sigma=\sin 1,\tau=\cos 1$.

(c)$\ln(1+e^z)=\ln 2+\dfrac{z}{2}+\dfrac{z^2}{8}-\dfrac{7z^4}{192}+\cdots$.

9. 化下列函数成幂级数：

(a) $\dfrac{1}{2}\left(\ln\dfrac{1}{1-z}\right)^2$；(b)$\sin^2 z$ 和 $\cos^2 z$.

答：(a)$\displaystyle\sum_{n=2}^{\infty}\dfrac{1}{n}\left(1+\dfrac{1}{2}+\cdots+\dfrac{1}{n-1}\right)z^n$.

(b)$\sin^2 z=\dfrac{1}{2}\displaystyle\sum_{n=1}^{\infty}(-1)^{n-1}\dfrac{2^{2n}}{(2n)!}z^{2n}$，$\cos^2 z=1+\dfrac{1}{2}\displaystyle\sum_{n=1}^{\infty}(-1)^{n-1}\dfrac{2^{2n}}{(2n)!}z^{2n}$.

10. 假定 $f(z)$ 是单连通区域 G 内的一个（不等于常数的）解析函数，试证明任何一条属于 G 的闭曲线只能包含方程 $f(z)=a$ 的有限多个根.

11. 问：在原点解析，而在点 $z=\dfrac{1}{n}(n=1,2,3,\cdots)$ 取下列各组值的函数是否存在：

(a)$0,1,0,1,0,1,\cdots$；(b)$0,\dfrac{1}{2},0,\dfrac{1}{4},0,\dfrac{1}{6},\cdots$；(c) $\dfrac{1}{2},\dfrac{1}{2},\dfrac{1}{4},\dfrac{1}{4},\dfrac{1}{6},$

$\frac{1}{6}, \cdots$；(d) $\frac{1}{2}, \frac{2}{3}, \frac{3}{4}, \frac{4}{5}, \cdots$.

答：(a) 不存在；(b) 不存在；(c) 不存在；(d) 存在，是 $\frac{1}{1+z}$.

12. 假设解析函数 $f(z)$ 有一个 a 级的零点 z_0. 问函数 $F(z) = \int_{z_0}^{z} f(\zeta) d\zeta$ 在点 z_0 的性质如何? 又假定 z_1 在 z_0 的一个邻域内, 并假设在这个邻域内 $f(z)$ 是解析的, 试问函数 $\Phi(z) = \int_{z_1}^{z} f(\zeta) d\zeta$ 在点 z_0 的性质又是怎样, 这里积分路线假定在上述邻域内?

答：$F(z)$ 有 $a+1$ 级的零点；$\Phi(z)$ 取值 $c = \int_{z_1}^{z_0} f(\zeta) d\zeta$ $a+1$ 次.

单值函数的孤立奇异点

第 六 章

§1　洛 朗 级 数

1.解析函数的洛朗展开式

假定 K 与 k 是以点 a 为圆心的两个同心圆周,又 $f(z)$ 是以 K 与 k 为边界的圆环内的一个全纯函数.设令 R 与 r 分别代表这两个圆周的半径(图 86).我们要按照 $z-a$ 的正幂与负幂构造一个级数,使得在圆环内的每一点 z 上,也就是说在适合条件 $r<|z-a|=\rho<R$ 的点 z 上,这个级数都收敛于函数 $f(z)$.为此目的,我们选取两个半径 r' 与 R',使得 $r<r'<\rho<R'<R$,并且让 c 与 C 分别代表以 a 为圆心、r' 与 R' 为半径的圆周(图 86).

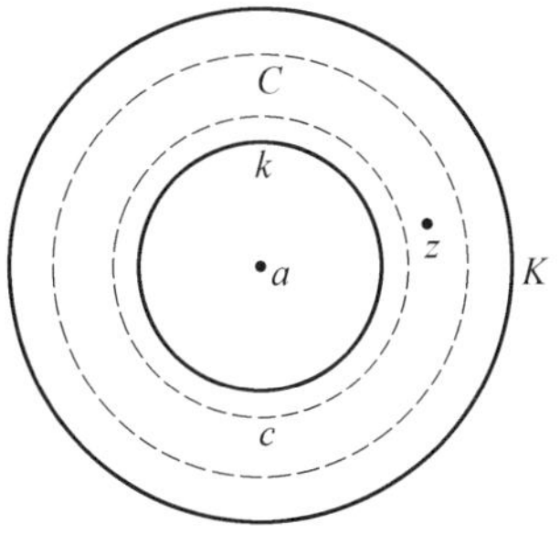

图 86

根据假设的条件,函数 $f(z)$ 在 c 与 C 之间,包括 c 与 C 在内的圆环上是全纯的.利用柯西公式(第四章,§3,第 2 段),我们得到

$$f(z) = \frac{1}{2\pi i} \int_C \frac{f(\zeta)\mathrm{d}\zeta}{\zeta - z} - \frac{1}{2\pi i} \int_c \frac{f(\zeta)\mathrm{d}\zeta}{\zeta - z} \qquad (1)$$

其中积分路线 C 与 c 都是依正向进行的.

由于在公式(1)的第一个积分中,ζ 代表圆周 C 上的一点,我们有

$$\frac{1}{\zeta - z} = \frac{1}{(\zeta - a)\left(1 - \dfrac{z - a}{\zeta - a}\right)} = \sum_{n=0}^{\infty} \frac{(z - a)^n}{(\zeta - a)^{n+1}} \qquad (2)$$

这个级数在圆周 C 上是一致收敛的,因为

$$\left|\frac{z - a}{\zeta - a}\right| = \frac{\rho}{R'} < 1$$

(参看第五章,§2,第 2 段).

在公式(1)的第二个积分中,ζ 代表圆周 c 上一点,于是我们有

$$\frac{1}{\zeta - z} = \frac{-1}{(z - a)\left(1 - \dfrac{\zeta - a}{z - a}\right)} = -\sum_{n=0}^{\infty} \frac{(\zeta - a)^n}{(z - a)^{n+1}} \qquad (3)$$

级数(3)在 c 上是一致收敛的,因为

$$\left|\frac{\zeta - a}{z - a}\right| = \frac{r'}{\rho} < 1$$

把展开式(2)与(3)代入公式(1)的积分中,由于对 ζ 的一致收敛性,我们可以逐项求积分,于是得到

$$f(z) = \sum_{n=0}^{\infty} \frac{1}{2\pi i} \int_C \frac{f(\zeta)(z - a)^n}{(\zeta - a)^{n+1}} \mathrm{d}\zeta + \sum_{n=0}^{\infty} \frac{1}{2\pi i} \int_c \frac{f(\zeta)(\zeta - a)^n}{(z - a)^{n+1}} \mathrm{d}\zeta \qquad (4)$$

为了简单起见,令

$$c_n = \frac{1}{2\pi i} \int_C \frac{f(\zeta)\mathrm{d}\zeta}{(\zeta - a)^{n+1}} \quad (n = 0, 1, 2, \cdots) \qquad (5)$$

$$b_n = \frac{1}{2\pi i} \int_c f(\zeta)(\zeta - a)^{n-1}\mathrm{d}\zeta \quad (n = 1, 2, 3, \cdots) \qquad (6)$$

于是等式(4)就可以改写成

$$f(z) = \sum_{n=0}^{\infty} c_n(z - a)^n + \sum_{n=1}^{\infty} b_n(z - a)^{-n} \qquad (4')$$

c_n 与 b_n 的表达式(5)与(6)可以统一成一个公式

$$c_n = \frac{1}{2\pi i} \int_\gamma \frac{f(\zeta)\mathrm{d}\zeta}{(\zeta - a)^{n+1}} \quad (n = \cdots -2, -1, 0, 1, 2, \cdots) \qquad (7)$$

其中积分闭路 γ 是给定的圆环内以点 a 为圆心的任意一个圆周.

事实上,因为公式(5)与(6)内的被积函数在给定的圆环内到处都是全纯

的,所以,我们可以在这个圆环内任取一个以点 a 为圆心的圆周 γ 来作积分路线而不会改变 c_n 与 b_n 的值.而且在另一方面,我们还有

$$b_n = \frac{1}{2\pi i}\int_\gamma f(\zeta)(\zeta-a)^{n-1}\mathrm{d}\zeta = \frac{1}{2\pi i}\int_\gamma \frac{f(\zeta)\mathrm{d}\zeta}{(\zeta-a)^{-n+1}} = c_{-n} \quad (n=1,2,3,\cdots)$$

由此还特别可以看出,由公式(7)所确定的系数 c_n 并不依赖于点 z,因为我们可以把 γ 理解为给定的圆环内以点 a 为圆心的任何一个圆周.

根据所引进的符号,我们可以把展开式(4′)写成

$$f(z) = \sum_{n=0}^\infty c_n(z-a)^n + \sum_{n=1}^\infty c_{-n}(z-a)^{-n} \tag{4″}$$

或

$$f(z) = \sum_{n=-\infty}^{+\infty} c_n(z-a)^n \tag{4‴}$$

这样一来,我们已经得到了函数 $f(z)$ 的表达式即级数(4″),这个表达式对于给定的圆环内的每一点 z 都成立.又级数(4″)是由两部分组成的:第一部分, $\sum\limits_{n=0}^\infty c_n(z-a)^n$ 是一个按照 $z-a$ 的升幂排列的级数(关于 $z-a$ 的幂级数);第二部分, $\sum\limits_{n=-1}^\infty c_n(z-a)^n$ 是一个按照 $z-a$ 负的降幂排列的级数(关于 $\dfrac{1}{z-a}$ 的幂级数).这两个级数在给定的圆环内的每一点 z 上都收敛.级数(4″)称为函数 $f(z)$ 的洛朗级数.

2. 洛朗级数的正则部分与主要部分

现在我们分别来考虑构成洛朗级数(4″)的两个级数.第一个级数 $\sum\limits_{n=0}^\infty c_n(z-a)^n$ 是一个通常的幂级数,因此,它在圆周 K 内所有的点 z 上都收敛,并且代表在圆周 K 内到处全纯的一个函数 $f_1(z)$.洛朗展开式(4″)中的第一个级数称为洛朗级数的正则部分.第二个级数 $\sum\limits_{n=1}^\infty c_{-n}(z-a)^{-n}$ 同样可以看作是一个通常的幂级数,只要取

$$c_{-n} = b_n, \quad \frac{1}{z-a} = z' \tag{8}$$

在这个新的符号下,级数变成了下面的形式

$$\sum_{n=1}^\infty b_n z'^n \tag{9}$$

显然,当 $\dfrac{1}{R} < |z'| < \dfrac{1}{r}$ 时,级数(9)是收敛的,因为当 $r < |z-a| < R$ 时原来的级数是收敛的.

181

因此，级数(9)，作为 z' 的幂级数，对于适合 $|z'| < \frac{1}{r}$ 的所有的点 z' 都收敛，并且代表 z' 的一个函数，这个函数在 $|z'| < \frac{1}{r}$ 时是全纯的.

利用关系(8)回到原来的变数 z，我们看出，对于适合不等式 $|z-a| > r$ 的所有的点，也就是说，对于圆周 k 外的所有的点，级数 $\sum\limits_{n=1}^{\infty} c_{-n}(z-a)^{-n}$ 都收敛，并且代表一个在 k 外全纯的函数 $f_2(z)$. 展开式 $(4'')$ 中的这个第二个级数称为洛朗级数的主要部分. 因此，函数可以表示成和的形式

$$f(z) = f_1(z) + f_2(z)$$

其中 $f_1(z)$ 在圆周 K 内是全纯的，而 $f_2(z)$ 在圆周 k 外是全纯的. 在以圆周 K 与 k 为边界的圆环内，函数 $f_1(z)$ 与 $f_2(z)$ 都是全纯的.

3. 洛朗展开式的唯一性

与泰勒展开式一样，对于(在一个给定的圆环内)给定的函数 $f(z)$，我们所求得的洛朗展开式 $(4'')$ 是唯一的.

实际上，如果假定在某一圆环内的所有的点 z 上同时有两个展开式

$$f(z) = \sum_{n=-\infty}^{+\infty} c_n(z-a)^n = \sum_{n=-\infty}^{+\infty} c'_n(z-a)^n \qquad (10)$$

以 $(z-a)^{-k-1}$ 乘(10)的两个展开式，并且沿着在圆环内以 a 为圆心的任意一个圆周积分. 因为两个级数在这个圆周上都一致收敛，所以我们得到

$$2\pi i c_k = 2\pi i c'_k \text{ 或即 } c_k = c'_k \quad (k = 0, \pm 1, \pm 2, \cdots)$$

根据第1段与第2段所讲的，可见洛朗级数 $(4''')$ 的准确的收敛区域是以点 a 为圆心的一个圆环，在这个圆环内 $f(z)$ 是全纯的，并且在圆周 K 及 k 上 $f(z)$ 都至少有一个奇异点. 特别说来，如果在 K 内函数 $f(z)$ 没有奇异点，那么它的洛朗展开式就变成了泰勒展开式.

例 不难得到以下的展开式

$$\frac{1}{(z-1)(z-2)} = -\sum_{n=0}^{\infty} \frac{z^n}{2^{n+1}} - \sum_{n=1}^{\infty} \frac{1}{z^n} \quad (1 < |z| < 2)$$

$$\frac{1}{(z-1)(z-2)} = \sum_{n=2}^{\infty} \frac{2^{n-1}-1}{z^n} \quad (2 < |z| < +\infty)$$

在这里，对于同一个函数我们有了两个不同的洛朗展开式. 但是，这与展开式的唯一性定理却一点都不矛盾，因为这两个展开式是对不同的圆环做成的.

§2　单值函数的奇异点的分类

1.孤立奇异点的三种类型

单值函数 $f(z)$ 在圆周 K 内以圆心 a 为它的唯一的奇异点的情形是特别值得注意的. 在这种情形,洛朗展开式

$$f(z) = \sum_{n=-\infty}^{+\infty} c_n (z-a)^n \tag{11}$$

除点 $z=a$ 外,在圆周 K 内每一点 z 上都收敛,并代表了一个在 K 内,除圆心外,到处都是全纯的函数 $f(z)$. 在这种情况下,点 a 称为函数 $f(z)$ 的孤立奇异点,而 $f(z)$ 在该点的邻域内($z=a$ 除外)到处都可以用展开式(11)来代表. 我们就根据单值函数 $f(z)$ 在孤立奇异点的邻域内的展开式来把孤立奇异点加以分类. 有三种可能性:

(1) 洛朗展开式(11)含有无穷多项 $z-a$ 的负幂. 在这种情形,点 a 称为函数 $f(z)$ 的一个本性奇异点.

(2) 展开式(11)只含有有限个 $z-a$ 的负幂. 在这种情形,点 a 称为函数 $f(z)$ 的一个极点.

(3) 展开式(11)根本不包含 $z-a$ 的负幂. 在这种情形,点 a 称为函数 $f(z)$ 的一个可去奇异点.

把单值函数的孤立奇异点分成以上三种类型后,我们现在来阐明在每一种类型的奇异点的邻域内函数的性质(所谓孤立奇异点 a 的邻域,我们指的是适合条件 $0<|z-a|<R$ 的所有的点 z,其中 R 选得这样小,使得函数 $f(z)$ 在所有这些点 z 上都是全纯的).

2.可去奇异点

我们先考虑第三种类型的奇异点. 在这种情形,展开式(11)是一个通常的幂级数,因此,在点 a 的邻域内,包括点 a 在内,到处都收敛:它的和代表一个在点 a 的邻域内,包括点 a 在内,到处全纯的函数. 当 $z \neq a$ 时,给定的函数 $f(z)$ 与级数的和相等,因此,如果我们令

$$f(a) = c_0$$

给定的函数 $f(z)$ 在点 a 就变成全纯的了. 因此,第三种类型的奇异点可以去掉,只要我们用适当的方法在该点确定函数的值. 由此可见,如果点 a 是一个可去奇异点,那么我们有 $\lim_{z \to a} f(z) = c_0$;特别说来,有这样两个正数 M 与 η 存在,

183

使得

$$|f(z)|<M \tag{12}$$

只要 $0<|z-a|<\eta$.

不等式(12)可以简短地用文字叙述如下:在可去奇异点的充分小的邻域内,函数是有界的.在下面我们就要看到,反过来,如果函数在孤立奇异点的邻域内是有界的,这个奇异点就一定是可去奇异点.

3. 极点

现在我们来分析第二种类型的奇异点,即所谓极点.在这种情形,展开式(11)含有有限多项 $z-a$ 的负幂.设 m 为洛朗展开式(11)中 $\dfrac{1}{z-a}$ 的最高次幂,于是我们有

$$f(z)=\sum_{n=0}^{\infty}c_n(z-a)^n+\frac{c_{-1}}{z-a}+\frac{c_{-2}}{(z-a)^2}+\cdots+\frac{c_{-m}}{(z-a)^m} \tag{11'}$$

其中 $c_{-m}\neq0$. 如果 $m=1$,那么极点 a 称为简单的,如果 $m>1$,那么称为多重的.数 m 称为极点的级.用 $(z-a)^m(z\neq a)$ 乘展开式(11')的两边,我们得到

$$(z-a)^m f(z)=\sum_{n=0}^{\infty}c_n(z-a)^{n+m}+c_{-1}(z-a)^{m-1}+c_{-2}(z-a)^{m-2}+\cdots+c_{-m} \tag{13}$$

等式(13)的右边是一个通常的幂级数,其常数项 c_{-m} 异于零.

因此,点 a 是函数 $(z-a)^m f(z)$ 的可去奇异点,并且我们有

$$\lim_{z\to a}(z-a)^m f(z)=c_{-m}\neq0 \tag{14}$$

特别说来,从等式(14)有

$$\lim_{z\to a}|z-a|^m|f(z)|=|c_{-m}| \tag{15}$$

设 q 为小于 $|c_{-m}|$ 的任意一个正数,则根据(15)我们可以找到一个充分小的正数 η,使得

$$|z-a|^m|f(z)|>q \text{ 只要 } 0<|z-a|<\eta$$

或即

$$|f(z)|>\frac{q}{|z-a|^m} \text{ 只要 } 0<|z-a|<\eta \tag{16}$$

不等式(16)表明,当点 z 趋向点 a 时,$|f(z)|$ 趋向无穷大,这可以用下面的符号来表示

$$\lim_{z\to a}f(z)=\infty \tag{15'}$$

更简单地说,函数在极点变成无穷.

4. 零点与极点间的联系

设函数 $f(z)$ 在点 a 有一个 m 级零点. 众所周知(第五章,§ 2,第7段),在点 a 的某一邻域内函数 $f(z)$ 可以表示成幂级数

$$f(z) = c_m(z-a)^m + c_{m+1}(z-a)^{m+1} + \cdots \tag{17}$$

其中 $c_m \neq 0$,或

$$f(z) = (z-a)^m \varphi(z)$$

这里函数 $\varphi(z)$ 在点 a 全纯,并且不等于零. 由(17),$f(z)$ 的倒数 $\dfrac{1}{f(z)}$ 可以表示成下列形式

$$\frac{1}{f(z)} = \frac{1}{(z-a)^m} \frac{1}{\varphi(z)} = \frac{\psi(z)}{(z-a)^m} \tag{18}$$

其中函数 $\psi(z) = \dfrac{1}{\varphi(z)}$ 在点 a 全纯,并且不等于零. 由于我们有

$$\psi(z) = \psi(a) + \psi'(a)(z-a) + \cdots$$

从(18)我们可以得到,当点 z 在点 a 的邻域内,并且 $z \neq a$ 时

$$\frac{1}{f(z)} = \frac{\psi(a)}{(z-a)^m} + \frac{\psi'(a)}{(z-a)^{m-1}} + \cdots$$

由此可见,点 a 是函数 $\dfrac{1}{f(z)}$ 的一个 m 级极点.

反过来,假定点 a 是 $f(z)$ 的一个 m 级极点,在点 a 的邻域内($z \neq a$)我们就有

$$f(z) = \frac{\varphi(z)}{(z-a)^m} \tag{19}$$

其中函数 $\varphi(z)$ 当 z 趋向 a 时趋向一个异于零的极限(第3段),因此,我们可以把 $\varphi(z)$ 看作在点 a 全纯并且不等于零的一个函数(只需令 $\varphi(a)$ 等于它在点 a 的极限值(第2段)). 利用等式(19)作下列表达式

$$\frac{1}{f(z)} = (z-a)^m \frac{1}{\varphi(z)} = (z-a)^m \psi(z) \tag{20}$$

经过上面同样的演算,我们得到

$$\frac{1}{f(z)} = \psi(a)(z-a)^m + \psi'(a)(z-a)^{m+1} + \cdots$$

其中 $\psi(a) \neq 0$,由此可见,点 a 是函数 $\dfrac{1}{f(z)}$ 的 m 级零点,只要我们令 $\dfrac{1}{f(a)} = 0$.

因此,总结上面所讨论的,我们得出下面的结论:如果点 a 是函数 $f(z)$ 的一个 m 级零点(或 m 级极点),那么点 a 就是函数 $\dfrac{1}{f(z)}$ 的一个 m 级极点(或一个

m 级零点,只要我们令 $\dfrac{1}{f(a)}=0$).

由此不难推出,如果函数 $f(z)$ 不为零,且以点 a 为它的一个本性奇异点,那么 $\dfrac{1}{f(z)}$ 也如此.

例 由下列既约分式

$$\frac{p_0 z^n + p_1 z^{n-1} + \cdots + p_n}{q_0 z^m + q_1 z^{m-1} + \cdots + q_m}$$

所代表的有理函数以分母的零点为极点,其级等于相应的零点的级.

5. 本性奇异点

现在只剩下来研究函数 $f(z)$ 在一个本性奇异点的邻域内的性质了. 我们已经看到,在可去奇异点 a 的情形,当点 z 趋向点 a 时,函数 $f(z)$ 趋向一个有限的极限 c_0(第 2 段);在极点的情形函数也趋向一个确定的极限,不过这个极限是无穷罢了(第 3 段). 但如果 a 是一个本性奇异点,那么我们有下列 Ю. B. 索霍茨基的定理:对于任何一个常数 A,不管它是有限数还是无穷,都有一个收敛于本性奇异点 a 的序列 $z_1, z_2, \cdots, z_n, \cdots$ 存在,使得 $\lim\limits_{z_n \to a} f(z_n) = A$.

我们也可以简单地这样说:在本性奇异点的无论怎样小的邻域内,函数 $f(z)$ 可以取任意接近于预先给定的任何(有限的或无穷的)数值.

附注 要想给 Ю. B. 索霍茨基定理一个几何的解释,我们用 ω 平面上的点来代表函数 $w = f(z)$ 在本性奇异点 a 的任意小的邻域 $0 < |z-a| < \delta$ 内所取的值. Ю. B. 索霍茨基定理断言,w 平面上任何一点 A 都是函数 $w = f(z)$ 在点 a 的任意小的邻域内所取数值的集合的极限点.

我们现在来证明 Ю. B. 索霍茨基定理,首先假定 $A = \infty$. 我们要证明有这样一个序列 z_n 存在,$\lim z_n = a$,使得 $\lim\limits_{z_n \to a} f(z_n) = \infty$. 为简单起见,我们用 $P(z-a)$ 来代表洛朗展式(11)中只包含 $z-a$ 的正幂及常数项的部分,即正则部分,而用 $Q\left(\dfrac{1}{z-a}\right)$ 代表包含 $z-a$ 的负幂的部分,即主要部分,这样我们就可以把(11)改写成

$$f(z) = P(z-a) + Q\left(\frac{1}{z-a}\right) \tag{11''}$$

关于正则部分 $P(z-a)$,不管点 z 如何趋向点 a,我们都有

$$\lim_{z \to a} P(z-a) = c_0 \tag{21}$$

在主要部分中,令

$$z' = \frac{1}{z-a} \tag{22}$$

我们就有

$$Q\left(\frac{1}{z-a}\right) = Q(z') = c_{-1}z' + c_{-2}z'^2 + \cdots + c_{-n}z'^n + \cdots \quad (23)$$

因为除点 $z=a$ 外级数 $Q\left(\dfrac{1}{z-a}\right)$ 到处收敛（§1，第2段），所以，显而易见，级数（23）在整个 z' 平面上都是收敛的. 根据刘维尔定理（第五章，§2，第9段）函数 $Q(z')$ 在整个 z' 平面上不可能是有界的，换句话说，对于任意一个正整数 N，我们都可以找到一个点 z'_N，$|z'_N| > N$，使得 $|Q(z'_N)| > N$. 让 N 顺序地取值 $1,2,3,\cdots,n,\cdots$，我们就得到一个趋向无穷的序列 $z'_1,z'_2,\cdots,z'_n,\cdots$，并且使得

$$\lim_{z'_n \to \infty} Q(z'_n) = \infty$$

回到原来的变数 z，根据（22）我们看到，序列 z'_n 变成一个收敛于点 a 的序列 $z_1,z_2,\cdots,z_n,\cdots$，并且使得

$$\lim_{z_n \to a} Q\left(\frac{1}{z_n - a}\right) = \infty \quad (24)$$

让点 z 通过序列 z_n 趋向点 a，根据等式（21）与（24），我们从等式（11″）就得到

$$\lim_{z_n \to a} f(z_n) = \infty$$

现在假定 A 是任一个有限的复数. 可能有这种情形发生，在点 a 的任意小的邻域内有这样一点 z 存在，使得 $f(z) = A$. 在此情形下 Ю. B. 索霍茨定理已经对了. 因此，我们可以假定，在点 a 的充分小的邻域内函数 $f(z)$ 不等于 A. 这样，函数 $\varphi(z) = \dfrac{1}{f(z) - A}$，除点 $z=a$ 外，在点 a 的这个邻域内就是全纯的，并且以 a 为它的本性奇异点（因为 $z=a$ 是 $f(z)$ 的本性奇异点）. 根据上面所证明的，必定有一个趋向点 a 的序列 z_n 存在，使得 $\lim\limits_{z_n \to a} \varphi(z_n) = \infty$，由此推出 $\lim\limits_{z_n \to a} f(z_n) = A$，这就是我们所要证明的.

6. 函数的孤立奇异点的邻域内的性质

我们已经研究过单值函数在三种类型的孤立奇异点的邻域内的性质，并且也看到了，在可去奇异点的充分小的邻域内函数是有界的，在极点的充分小的邻域内函数的模可以任意地大，而在本性奇异点的任意小的邻域内则函数变成不定，概括这些结果，反过来说，孤立奇异点是可去奇异点、极点或本性奇异点要根据在该点的邻域内给定的函数是有界的，是趋向无穷的，或者是不确定的而定.

例

1. 函数 $e^{\frac{1}{z}}$ 在 $z=0$ 有一个本性奇异点. 在这个点的邻域内函数的洛朗展开式是

$$e^{\frac{1}{z}} = 1 + \frac{1}{z} + \frac{1}{2!}\frac{1}{z^2} + \frac{1}{3!}\frac{1}{z^3} + \cdots$$

2. 函数 $\tan z = \dfrac{\sin z}{\cos z}$ 与 $\cot z = \dfrac{\cos z}{\sin z}$ 分别以 $\cos z$ 与 $\sin z$ 的零点为它们的极点. 不难证明, 这些极点都是一级的. 例如, 我们可以把函数 $\cot z$ 在极点 $z = 0$ 的邻域内的洛朗展开式写出. 只要形式地作 $\cos z$ 与 $\sin z$ 的幂级数的除法, 我们就得到前几项的表达式

$$\cot z = \frac{1}{z} - \frac{1}{3}z - \frac{1}{45}z^3 - \cdots$$

由于展开式的唯一性, 这个级数就是函数 $\cot z$ 的洛朗级数, 这个级数在原点的邻域 $0 < |z| < \pi$ 内是收敛的. 从这个展开式我们看出, $z = 0$ 是一级极点.

我们一直还没有研究单值函数的非孤立奇异点的情形, 以及在奇异点的邻域内给定的函数不是单值的情形 (例如, 对于函数 $\ln z$ 与 $\sqrt[n]{z}$, $z = 0$ 就是这种点). 单值函数的非孤立奇异点的一种最简单的类型是这种情形, 即点 a 是极点的极限点, 例如, 对于函数 $\dfrac{1}{\sin\left(\dfrac{1}{z}\right)}$, $z = 0$ 就是这种点. 不难证明, Ю. B. 索霍茨基定理对于这种奇异点仍然是对的. 事实上, 假定函数 $f(z)$ 在点 a 充分小的邻域内不等于 A, 不难看出, 函数 $\varphi(z) = \dfrac{1}{f(z) - A}$ 在点 a 有一个孤立的本性奇异点, 只要我们在函数 $f(z)$ 所有的极点上令 $\varphi(z) = 0$, 这样问题就化为已经证明了的 Ю. B. 索霍茨基定理.

附注 Ю. B. 索霍茨基定理是关于单值函数在本性奇异点的邻域内非常深刻的研究的开始. Ю. B. 索霍茨基指出, 在本性奇异点的一个无论怎样小的邻域内, 函数所取的值可以任意接近于预先给定的任何数值. 毕卡曾经证明了一个更普遍并且更深刻的定理: 在本性奇异点的一个任意小的邻域内, 函数 $f(z)$ 可以取 (并且取无穷多次) 任意的有限数值, 顶多可能有一个例外. 这个定理的证明将在第八章里给出.

§3 解析函数在无穷远点的性质

1. 无穷远点的邻域

到现在为止, 在研究单值函数在孤立奇异点的邻域内的性质时, 我们总事先假定了, 这个点在复数平面上离原点的距离是有限的. 所谓孤立奇异点 a 的一个邻域, 我们指的是以 a 为圆心的一个圆内的所有异于 a 的点 z 的集合, 并且

这个圆的半径是这样小,使得在这些点 z 上函数总是全纯的. 现在我们以原点为圆心,画一个半径为 R 的圆周,并且我们假定当 R 充分大时,给定的函数 $f(z)$ 在这个半径为 R 的圆外没有奇异点. 在这种情形下,我们就说,无穷远点是给定的函数的一个孤立奇异点. 平面上在这个半径为 R(或大于 R)的圆外所有的点的集合称为无穷远点的一个邻域. 因此,我们假定给定的函数 $f(z)$ 在无穷远点的邻域内,也就是当 $|z| > R$ 时是全纯的. 令 $z = \dfrac{1}{z'}$,于是函数

$$\varphi(z') = f\left(\frac{1}{z'}\right) = f(z) \tag{25}$$

当 $|z'| < \dfrac{1}{R}$ 时,除 $z' = 0$ 外,其余均是确定的并且是全纯的. 因此,对应于 z 平面上无穷远点的邻域有 z' 平面上原点的邻域,并且在对应的点 z 与 z' 上,函数 $f(z)$ 与 $\varphi(z')$ 的值相等.

从这里,我们很自然地根据原点是函数 $\varphi(z')$ 的本性奇异点、m 级极点或可去奇异点来称呼无穷远点是函数 $f(z)$ 的本性奇异点、m 级极点或可去奇异点.

2. 在无穷远点的邻域内的洛朗展开式

要想得到函数 $f(z)$ 在无穷远点的邻域内的洛朗展开式,我们先把函数 $\varphi(z')$ 在原点的邻域内相应的展开式写出

$$\varphi(z') = \sum_{n=-\infty}^{+\infty} b_n z'^n \tag{26}$$

让 $z' = \dfrac{1}{z}$,根据(25)我们就有

$$f(z) = \sum_{n=-\infty}^{+\infty} c_n z^n \tag{27}$$

其中 $c_n = b_{-n}$ $(n = 0, \pm 1, \pm 2, \cdots)$.

注意,展开式(27)包含无穷多项 z 的正幂,有限多项 z 的正幂或者不包含 z 的正幂,完全是看展开式(26)是否包含无穷多项 z' 的负幂,有限多项 z' 的负幂或根据不包含 z' 的负幂而定. 因此,根据 §2,第1段,我们断定无穷远点是函数 $f(z)$ 的:

(a) 本性奇异点,如果展开式(27)包含无穷多项 z 的正幂.

(b) m 级极点,如果在展开式(27)中只有有限多项 z 的正幂,并且 c_m 是最后一个异于零的系数 $(m \geqslant 1)$.

(c) 可去奇异点,如果在展开式(27)中根本不包含 z 的正幂.

在最后一种情形,只要取 c_0 作为函数 $f(z)$ 在无穷远点的值,我们就可以去

掉这个奇异点,因为在这种情形下,$\varphi(z')$在原点是全纯的.因此,在(b)这种情形下,如果$f(\infty)=c_0$,我们就说,$f(z)$在无穷远点是全纯的.

例

1. 函数$f(z)=\dfrac{1}{1-z}$在无穷远点有一个可去奇异点,因为当$|z|>1$时我们有

$$\frac{1}{1-z}=-\sum_{n=1}^{\infty}\frac{1}{z^n}$$

取$f(\infty)=0$,我们可以说,函数$f(z)$在无穷远点有一个一级零点.

2. m次的整有理函数在无穷远点有一个m级的极点.

3. 函数$e^z,\sin z,\cos z$都以无穷远点为它们的本性奇异点.

3. 函数在无穷远点邻域内的性质

因为借助于新变数$z'=\dfrac{1}{z}$,函数$f(z)$在无穷远点的邻域内的性质的确定,可以化为去讨论函数$\varphi(z')$在原点的邻域内的性质(第1段),所以,§2中的一切结论在无穷远点的情形也都适用.

首先,当函数$f(z)$以无穷远点为极点时,则对于不论怎样大的正数C,必有无穷远点的一个邻域存在,使得在这个邻域内的所有的点上:$|f(z)|>C$,或者更简单地说:$\lim\limits_{z\to\infty}f(z)=\infty$(参看§2,第3段).

其次,无穷远点是本性奇异点的情形的 ΙΟ. Β. 索霍茨基定理可叙述如下:对于任何一个常数A,不管它是有限数还是无穷,都有一个趋向本性奇异点∞的序列$z_1,z_2,\cdots,z_n,\cdots$存在,使得$\lim\limits_{z\to\infty}f(z)=A$,或者更简单地说:在无穷远的本性奇异点的任意一个邻域内,函数$f(z)$所取的值可以任意接近于预先给定的任何一个数(参看§2,第4段).

最后,在可去的无穷远奇异点的充分小的邻域内,函数$f(z)$是有界的,换句话说,有两个正常数R与M存在,使得只要$|z|>R$时,就有$|f(z)|<M$(参看§2,第2段).

从另一方面来看,因为对于孤立奇异点来说,只可能有上述三种类型的奇异点,所以反过来,以无穷远点为孤立奇异点的函数$f(z)$也就有:

(a)极点,只要在无穷远点一个充分小的邻域内,函数的模可以变得任意大.

(b)本性奇异点,如果在无穷远点的任意小的邻域内,$f(z)$都是不确定的.

(c)可去奇异点,如果在无穷远点一个充分小的邻域内,函数$f(z)$是有界的.

4. 柯西型积分转化成柯西积分的条件

在第四章,§3,第8段里我们已经研究了柯西型积分

$$F(z) = \frac{1}{2\pi i} \int_C \frac{\varphi(\zeta) \mathrm{d}\zeta}{\zeta - z} \tag{28}$$

的极限值,其中 C 是任一条光滑的闭曲线,而 $\varphi(\zeta)$ 是一个确定在 C 的全部点上并且适合霍尔德－李普希兹条件的函数.

特别说来,我们已经证明了,在 C 内全纯的函数 $F(z)$,在 C 内以及 C 上都是连续的,并且,一般说来,由公式(Ⅰ)(第四章,§3)所确定的 $F(z)$ 在 C 上的值 $\varphi_i(z_0)$ 与边界函数 $\varphi(z_0)$ 并不相等.

我们说,一个柯西型积分(28)转化成为柯西积分,这句话意思是指它从 C 的内部所取的极限值与函数的边界值相等,也就是说,对于所有的点 z_0,都有 $\varphi_i(z_0) = \varphi(z_0)$. 因为 $\varphi(z_0) = \varphi_i(z_0) - \varphi_e(z_0)$ (参看第四章,§3,第8段公式 (Ⅱ′)),所以柯西积分的定义就相当于条件:$\varphi_e(z_0) = 0$,或者,柯西型积分在 C 外到处都为零.最后这个结论是把解析函数的最大模原则应用到由柯西型积分在 C 外所代表的函数上得到的.当柯西型积分转化成为柯西积分时,我们也说,在 C 内全纯的函数 $F(z)$ 是由柯西积分来代表的.现在产生了这样的问题:边界函数 $\varphi(\zeta)$ 必须适合什么样的条件,方能使得对应于它的柯西型积分转化成柯西积分? 这个问题的答案将提供出保证有一个在 C 内全纯,并且在闭路 C 上取给定的值 $\varphi(\zeta)$ 的函数 $F(z)$ 存在的充分条件.不难证明,柯西型积分(28)转化成柯西积分必要而且充分的条件是

$$\int_C \varphi(\zeta) \zeta^n \mathrm{d}\zeta = 0 \quad (n = 0, 1, 2, \cdots) \tag{29}$$

事实上,如果把柯西型积分(28)在无穷远点的邻域内展开成洛朗级数,我们就得到

$$\frac{1}{2\pi i} \int_C \frac{\varphi(\zeta) \mathrm{d}\zeta}{\zeta - z} = -\frac{1}{2\pi i} \sum_{n=0}^{\infty} \frac{1}{z^{n+1}} \int_C \varphi(\zeta) \mathrm{d}\zeta$$

从这里就很明显看出,条件(29)是柯西型积分(28)在闭路 C 外到处为零的充要条件,因而,也是它转化成柯西积分的充要条件.

§4 最简单的解析函数族

1. 整函数

根据奇异点的特征,我们可以确定不同的函数族.例如,大家都知道,每一

191

个整有理函数都以无穷远点作为它唯一的奇异点,它的极点.

反之,如果单值函数 $f(z)$ 在无穷远点有唯一的一个奇异点 —— 极点,那么这个函数就必然是一个整有理函数.事实上,函数 $f(z)$ 在无穷远点的邻域内的洛朗展开式只含有有限个 z 的正幂(§3,第 2 段).设 $A_p z^p + A_{p-1} z^{p-1} + \cdots + A_1 z$ 是洛朗展开式中 z 的正幂的那一部分(即函数 $f(z)$ 在无穷远点的邻域内的主要部分),把它从给定的函数中减去.得到的差

$$F(z) = f(z) - (A_p z^p + A_{p-1} z^{p-1} + \cdots + A_1 z) \tag{30}$$

在任何点 z 上都是全纯的;并且在无穷远点,$F(z)$ 有一个可去奇异点,因为根据展开式的唯一性,它在无穷远点的洛朗展开式不包含 z 的正幂.于是我们可以算作函数 $F(z)$ 在整个"扩充了的"z 平面上都是全纯的,只要我们取

$$F(\infty) = \lim_{z \to \infty} F(z)$$

根据刘维尔定理(第五章,§2,第 9 段),首先,这样一个在整个平面上一致有界的函数必然恒等于一个常数 c.因此,我们有

$$F(z) = f(z) - (A_p z^p + A_{p-1} z^{p-1} + \cdots + A_1 z) = c$$

从而得出

$$f(z) = c + A_1 z + A_2 z^2 + \cdots + A_p z^p$$

也就是说,$f(z)$ 是一个整有理函数.

其次,一个收敛半径为 $R = \infty$ 的无穷幂级数所代表的函数称为一个整超越函数.显然,这样一个函数在无穷远点有一个唯一的奇异点,并且是一个本性奇异点(§3,第 2 段).不难看出,反过来也对:如果一个单值函数在无穷远点有唯一的奇异点,并且是本性奇异点,那么这个函数必然是一个整超越函数.事实上,设 $A_1 z + A_2 z^2 + \cdots + A_p z^p + \cdots$ 是函数 $f(z)$ 在无穷远点邻域内的主要部分,我们作差

$$F(z) = f(z) - (A_1 z + A_2 z^2 + \cdots) \tag{31}$$

跟前面一样,我们可以断定函数 $F(z)$ 在整个平面上是一致有界的,因此,根据刘维尔定理,它是一个常数 c.因此,我们有

$$f(z) = c + A_1 z + A_2 z^2 + \cdots$$

也就是说,$f(z)$ 是一个整超越函数.

综合以上所述,我们可以把在整个平面上(无穷远点除外)全纯的函数称为整函数,并且这些函数是超越的、有理的或者是一个常数,要看无穷远点是本性奇异点、极点或者是一个可去奇异点而定.

2. 半纯函数

比整函数族更一般的,是所谓半纯函数族.在平面的有限部分上除极点外没有其他类型的奇异点的单值函数称为半纯函数.特别说来,每一个有理函数

都属于这一族.

事实上,有理函数

$$\frac{p_0 z^n + p_1 z^{n-1} + \cdots + p_n}{q_0 z^m + q_1 z^{m-1} + \cdots + q_m}$$

在整个"扩充了的"z平面上只能有极点(当$n > m$时无穷远点是$n-m$级极点,当$n \leqslant m$时无穷远点是可去奇异点,因而,在适当地确定了函数在该点的值以后,我们就可以把它算作正则点).

我们要证明以下的逆命题:如果单值函数在"扩充了的"平面上除极点外没有其他类型的奇异点,这个函数一定是一个有理函数.

证明 因为给定的函数$f(z)$在无穷远点只可能有极点,所以它在无穷远点的某一个邻域$|z| > R$内是一个全纯函数.在圆$|z| \leqslant R$上这个函数只能有有限个极点,因为假如不然的话,极点的极限点必然是奇异点,而且不是极点,这是不可能的.因此,函数$f(z)$所有可能的极点只有有限多个.用$z_1, z_2, \cdots, z_k$代表这些极点.此外,无穷远点也可能是极点.在每一个极点的邻域内把函数$f(z)$展开成洛朗级数,并且设$f(z)$在点z_λ的主要部分是

$$h_\lambda(z) = \frac{c_{-1}^{(\lambda)}}{z - z_\lambda} + \frac{c_{-2}^{(\lambda)}}{(z - z_\lambda)^2} + \cdots + \frac{c_{-a_\lambda}^{(\lambda)}}{(z - z_\lambda)^{a_\lambda}} \quad (\lambda = 1, 2, \cdots, k)$$

对于点∞,设它的主要部分是

$$g(z) = A_1 z + A_2 z^2 + \cdots + A_p z^p$$

从给定的函数$f(z)$中减去有理函数$R(z) = h_1(z) + h_2(z) + \cdots + h_k(z) + g(z)$,我们得到

$$F(z) = f(z) - R(z) \tag{32}$$

函数$F(z)$只在点$z_1, z_2, \cdots, z_k$与无穷远点有奇异点,并且它们都是函数$F(z)$的可去奇异点,因为由于展开式的唯一性,$F(z)$在其中任一点的邻域内的洛朗展开式都不包含主要部分.因此,如果我们适当地确定$F(z)$在这些可去奇异点上的值,我们就可以算作函数$F(z)$在"扩充了的"z平面上到处都是全纯的.最后,根据刘维尔定理,我们断定,$F(z)$必恒等于一个常数c.因此,我们有$F(z) = c$,于是由等式(32)推出$f(z) = R(z) = c$,这就说明$f(z)$是一个有理函数,而这就是我们所要证明的.

3. 展开有理函数成部分分式

由于$h_\lambda(z)$是有理函数$f(z)$对应于极点z_λ的部分分式(并且是唯一的),我们从第2段可以得出结论:任何一个有理函数,把它的整式部分分出以后,都可以展开为部分分式,并且这种展开式是唯一的.

4. 代数基本定理

利用刘维尔定理(第五章,§2,第9段)很容易证明高等代数的基本定理:任何一个整有理函数

$$g(z) = a_0 z^n + a_1 z^{n-1} + \cdots + a_n \quad (n \geqslant 1)$$

至少有一个零点.

事实上,如果不然,函数 $g(z)$ 在 z 平面上的每一点就都不等于零. 于是函数 $f(z) = \dfrac{1}{g(z)}$ 就在整个平面上都是全纯的. 由于我们有

$$f(z) = \frac{1}{z^n \left(a_0 + \dfrac{a_1}{z} + \cdots + \dfrac{a_n}{z^n} \right)}$$

从而我们断定

$$\lim_{z \to \infty} f(z) = 0$$

因此,如果我们取 $f(\infty) = 0$,那么无穷远点就是 $f(z)$ 的零点. 但是根据刘维尔定理,函数 $f(z)$ 必定恒等于一个常数,事实上,就必定恒等于零,因为 $\lim\limits_{z \to \infty} f(z) = 0$. 这个矛盾就证明了代数基本定理.

* §5   在流体动力学中的应用

1. 无涡旋且无源泉的流体流动

现在我们来考虑 xOy 平面上一个区域 G 内的矢量场,换句话说,考虑一族定义在区域 G 内的连续函数对 $p(x,y)$ 与 $q(x,y)$,我们取这一对函数作为矢量 $\boldsymbol{W}$ 的支量

$$W_x = p(x,y), \quad W_y = q(x,y)$$

这个矢量场在流体动力学中可以解释作不能压缩的流体的平面流动的速度分布.

设区域 G 是一个单连通区域,并假定流动是没有源泉的,换句话说,在区域 G 的任何部分,都不放出流体也不吸入流体;也就是说,在 G 的每一个部分区域内,随着时间的推移,流体状态的变化只是由于流体通过这个部分区域的边界的流入或流出而发生的. 这个假定使得速度矢量应当满足一定的条件.

考虑区域 G 内任意一条逐段光滑的闭曲线 Γ,用 W_n 来记矢量 W 在 Γ 的法线方向的支量,算作法线的正方向是由 Γ 指向区域的内部. 于是 $\displaystyle\int_\Gamma W_n ds$ 就正比

于以曲线 Γ 为边界的区域内、在单位时间内流体的量的增加. 由于我们假定了没有源泉,所以对于 G 内的任何 Γ 这个表达式应当等于零. 由于

$$W_n = p\cos{(n,x)} + q\cos{(n,y)} = -p\frac{\mathrm{d}y}{\mathrm{d}s} + q\frac{\mathrm{d}x}{\mathrm{d}s}$$

我们得到下面的条件

$$\int_\Gamma \left(q\frac{\mathrm{d}x}{\mathrm{d}s} - p\frac{\mathrm{d}y}{\mathrm{d}s} \right)\mathrm{d}s = \int_\Gamma q\,\mathrm{d}x - p\,\mathrm{d}y = 0$$

根据分析中熟知的定理,由此可以做出下列结论:无源泉的流体流动的特征是等式

$$\frac{\partial p}{\partial x} = -\frac{\partial q}{\partial y} \tag{33}$$

只要所考虑的流体流动在单连通区域 G 内没有源泉,等式(33)应当在 G 内每一点都成立.

我们用 W_s 记速度矢量 $\boldsymbol{W}$ 在曲线 Γ 的切线方向的支量,把使得在 Γ 内部的区域保持在左边的方向算作曲线的正方向.

表达式 $\int_\Gamma W_s\mathrm{d}s$ 称为流动沿曲线 Γ 的环流量. 如果沿 G 内任一条闭曲线 Γ 的环流量都是零,这个流体的流动就称为是无涡旋的. 由于

$$W_s = p\cos{(s,x)} + q\cos{(s,y)} = p\frac{\mathrm{d}x}{\mathrm{d}s} + q\frac{\mathrm{d}y}{\mathrm{d}s}$$

无涡旋流动的条件可以转化成

$$\int_\Gamma \left(p\frac{\mathrm{d}x}{\mathrm{d}s} + q\frac{\mathrm{d}y}{\mathrm{d}s} \right)\mathrm{d}s = \int_\Gamma p\,\mathrm{d}x + q\,\mathrm{d}y = 0$$

这样一来,我们就得到:流体的无涡旋流动的特征是等式

$$\frac{\partial p}{\partial y} = \frac{\partial q}{\partial x} \tag{34}$$

当流体的流动在区域 G 内没有涡旋时,等式(34)应当在 G 内处处都成立.

考虑刚才这个流体无涡旋流动的条件(34). 这个条件说明 p 与 q 是某一个函数的偏导函数,而这个函数可以用求积法来求得. 因此,我们有

$$p = \frac{\partial u}{\partial x}, \quad q = \frac{\partial u}{\partial y} \tag{35}$$

函数 u 称为给定的流动的速度势. 知道了这个函数,我们就可以依照公式(35)来确定流动的速度支量. 显然,速度的大小等于

$$\sqrt{p^2 + q^2} = \sqrt{\left(\frac{\partial u}{\partial x}\right)^2 + \left(\frac{\partial u}{\partial y}\right)^2}$$

假如无涡旋流动还是没有源泉的,那么,把表达式(35)代入方程(33)就得出

$$\Delta u = \frac{\partial^2 u}{\partial x^2} + \frac{\partial^2 u}{\partial y^2} = 0 \tag{36}$$

因此，任何无涡旋且无源泉的流体流动具有满足微分方程(36)的速度势 $u(x,y)$.

曲线"$u=$const."称为等势线.沿着这些曲线没有流体的运动,因为流体总是垂直于它们流动的.实际上,如果用 W_s 记速度 W 在任意方向 s 的支量,显然就有

$$W_s = p\frac{dx}{ds} + q\frac{dy}{ds}$$

因此,根据(35),我们得到

$$W_s = \frac{\partial u}{\partial x}\frac{dx}{ds} + \frac{\partial u}{\partial y}\frac{dy}{ds} = \frac{\partial u}{\partial s}$$

由此可见:沿着曲线 $u=$const,速度的支量等于零.

2. 流动的特征函数

流动的轨线的微分方程显然是

$$\frac{dx}{p} = \frac{dy}{q} \quad \text{或} \quad \frac{dx}{\dfrac{\partial u}{\partial x}} = \frac{dy}{\dfrac{\partial u}{\partial y}}$$

我们把这个方程改写成下面的形式

$$\frac{\partial u}{\partial x}dy - \frac{\partial u}{\partial y}dx = 0$$

根据条件(36),这个方程的左边是某一个函数 $v(x,y)$ 的全微分,即

$$dv = \frac{\partial u}{\partial x}dy - \frac{\partial u}{\partial y}dx = 0 \tag{37}$$

是流动的轨线的微分方程.

因此,方程 $v=$const.表示流动的轨线,依照第 1 段最后所谈到的,它们与等势线 $u=$const 正交.函数 $v(x,y)$ 称为流动函数,由方程(37)可知,函数 v 与 u 有下列关系

$$\frac{\partial u}{\partial x} = \frac{\partial v}{\partial y}, \quad \frac{\partial u}{\partial y} = -\frac{\partial v}{\partial x} \tag{C.-R.}$$

因此,速度势与流动函数在区域 G 内满足柯西—黎曼条件(第二章,§4,第4段),因而,它们在这个区域内是一对调和共轭函数.只要知道了这两个函数,我们就可以完全描述出对应于它们的流动.

要想描述在一个单连通区域 G 内的流体流动,代替一对函数 $u(x,y)$ 与 $v(x,y)$,我们可以引用复变数 $z(z=x+yi)$ 的一个函数,就是:$f(z)=u(x,y)+iv(x,y)$.按照(C.-R.)条件,函数 $f(z)$ 在区域 G 内是解析的(第二章,§4,第4段),我们把它称为流动的特征函数.这样一来,每一个在单连通区域 G 内无涡旋且无源泉的流体流动,都对应一个在区域 G 内解析的特征函数;反

之,给定任何一个在单连通区域 G 内的解析函数 $f(z)$,就在这个区域内决定了一个无涡旋且无源泉的流体流动.

一旦作为流动的特征引进了解析函数,我们就可以应用解析函数的理论来研究流体的平面流动了.

注意,在任何一点 $z = x + y\mathrm{i}$,流动的速度的大小与方向由 $p(x, y)$ 与 $q(x, y)$ 的一对值决定,或者说,由复数 $p + \mathrm{i}q$ 决定.另一方面,我们又有

$$f'(z) = \frac{\partial u}{\partial x} + \mathrm{i}\frac{\partial v}{\partial x} = \frac{\partial u}{\partial x} - \mathrm{i}\frac{\partial u}{\partial y} = p - \mathrm{i}q$$

因此,在点 z 速度的大小等于 $|f'(z)|$,因为 $|f'(z)| = \sqrt{p^2 + q^2}$,速度的方向与 x 轴的正方向构成一个与 $f'(z)$ 的辐角大小相等而符号相反的角.换句话说,就是在点 z 处,流动的速度由复数 $\overline{f'(z)}$ 完全决定,$\overline{f'(z)}$ 是导函数 $f'(z)$ 在这一点的值的共轭数.

这样一来,我们得到了复变函数的导函数的模与辐角在流体动力学中的解释,那就是:把给定的单连通区域内的解析函数 $f(z)$ 考虑作相应的流体流动的特征函数时,我们就可以断定,$|f'(z)|$ 等于流动在点 z 的速度的大小,而 $-\arg f'(z)$ 决定这个速度的方向.

3. 绕过圆柱体的无环流流动

我们来考虑一个圆柱体在静止的流体中的运动,设它自右向左以常速度 a 运动.对于整个系统,给以在相反方向速度为 a 的运动,就得到一个流体绕过不动的柱体的流动,在无穷远点具有速度 a.

取圆柱的一个横断面作为 xOy 平面,取这断面的中心作为坐标原点,取 x 轴的正方向与速度 a 的方向一致.我们假定,在圆柱的断面之外的区域 $|z| > R$ 内,流动的特征函数 $w = f(z)$ 是单值的.

根据洛朗定理

$$w = u + v\mathrm{i} = \sum_{n=0}^{\infty} a_n z^n + \sum_{n=1}^{\infty} b_n z^{-n}$$

很明显,我们应当满足两个条件:(a) 流体的速度矢量,当 $z = \infty$ 时,应当是沿着 x 轴的方向而且大小等于 a;(b) 圆柱断面的边界 $|z| = R$ 应当是轨线的一部分.

我们知道,速度 $p + \mathrm{i}q = \overline{\left(\dfrac{\mathrm{d}w}{\mathrm{d}z}\right)}$,换句话说

$$p - \mathrm{i}q = \sum_{n=1}^{\infty} n a_n z^{n-1} - \sum_{n=1}^{\infty} n b_n z^{-n-1}$$

因为无穷远点应当是这个展开式的正则点,而且在这一点速度的值为 a,所以我们有:当 $n > 1$ 时 $a_n = 0, a_1 = a$.

197

因此,由条件(a)导出特征函数应有如下的形式

$$w = az + \sum_{n=1}^{\infty} b_n z^{-n}$$

其中我们去掉了常数项 b_0,因为加上它并不影响速度的支量 p 与 q 的大小,也不会影响到流动轨线.

令 $b_n = \rho_n \mathrm{e}^{\alpha_n \mathrm{i}}$, $z = r\mathrm{e}^{\theta \mathrm{i}}$ 我们得到

$$u + v\mathrm{i} = ar\mathrm{e}^{\theta \mathrm{i}} + \sum_{n=1}^{\infty} \rho_n r^{-n} \mathrm{e}^{(\alpha_n - n\theta)\mathrm{i}}$$

由此得出

$$\left. \begin{aligned} u &= ar\cos\theta + \sum_{n=1}^{\infty} \rho_n r^{-n} \cos(\alpha_n - n\theta) \\ v &= ar\sin\theta + \sum_{n=1}^{\infty} \rho_n r^{-n} \sin(\alpha_n - n\theta) \end{aligned} \right\} \tag{38}$$

第二个条件(b)告诉我们,当 $r = R$ 时 v 应当保持常数值,换句话说

$$\left. \frac{\partial v}{\partial \theta} \right|_{r=R} = 0$$

由(38)中第二式对 θ 求导数,然后以 $r = R$ 代入,就得到

$$aR\cos\theta - \sum_{n=1}^{\infty} \rho_n n R^{-n} \cos(\alpha_n - n\theta) = 0$$

由于

$$\cos(\alpha_n - n\theta) = \cos\alpha_n \cos n\theta + \sin\alpha_n \sin n\theta$$

令各个 $\cos n\theta$ 与 $\sin n\theta$ 的系数分别等于零,就得到

$$aR - \rho_1 R^{-1} \cos\alpha_1 = 0, \quad \rho_1 R^{-1} \sin\alpha_1 = 0$$

$$n\rho_n R^{-n} \cos\alpha_n = n\rho_n R^{-n} \sin\alpha_n = 0 \quad (n = 2, 3, \cdots)$$

由此得到 $\rho_n = 0(n = 2, 3, \cdots)$, $\rho_1 = aR^2$, $\alpha_1 = 0$. 因此特征函数 w 最后的形式是

$$w = az + \frac{aR^2}{z} = a\left(z + \frac{R^2}{z}\right)$$

函数 u 与 v 则由下列公式表达

$$u = a\left(r + \frac{R^2}{r}\right)\cos\theta, \quad v = a\left(r - \frac{R^2}{r}\right)\sin\theta$$

流动轨线的方程是

$$v = C \quad \text{或即} \quad \left(r - \frac{R^2}{r}\right)\sin\theta = C$$

因为 $r \geqslant R$,所以当 $C > 0$ 时,我们有 $\sin\theta > 0$,换句话说,轨线分布在上半平面;当 C 取负值时,对应的轨线就出现在下半平面(图87). 对于 $C = 0$,我们有曲线

$$\left(r - \frac{R^2}{r}\right)\sin\theta = 0$$

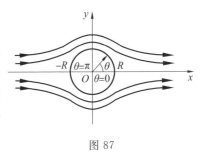

它可以分解为:$\sin\theta = 0$ 与 $r = R$,换句话说,对应的轨线自右沿 x 轴的正部($\theta = 0$)到达与柱体断面的交点 $r = R$,$\theta = 0$,然后沿断面的圆周转到点 $r = R$,$\theta = \pi$ 重新回到 x 轴,再沿 x 轴的负部($\theta = \pi$)进行.

图 87

点($\mp R, 0$)值得特别注意,在这两个点速度等于零,因为

$$\frac{\mathrm{d}w}{\mathrm{d}z}\bigg|_{z=\pm R} = a - \frac{aR^2}{z^2}\bigg|_{z=\pm R} = 0$$

这两个点称为流动的临界点.在临界点轨线没有确定的切线,而且它分为:直线与圆周.

对于不等于零的 C,流动的轨线是三次曲线,它们的笛卡儿坐标方程的形式如下

$$(x^2 + y^2 - R^2)y = C(x^2 + y^2)$$

其中每一条曲线都是关于 y 轴对称的,并且以 $y = C$ 为渐近线.

对于没有涡旋的流动,势函数 u 不仅在流动所在的任何单连通区域内是单值的,就在整个区域 $|z| > R$ 内,它也是单值的.这个情况说明,沿着环绕圆柱体的周界 C,流动的环流量是零,因为

$$\int_C p\,\mathrm{d}x + q\,\mathrm{d}y = \int_C \mathrm{d}u = 0$$

就因为这个缘故,我们以上所考虑的流动才称为无环流的流动.

4. 纯环流

具有环绕着圆柱体的环流的流动中最简单的例子,是特征函数 w 具有下列形式的情形

$$w = \frac{I}{2\pi\mathrm{i}}\ln z$$

令 $z = re^{\theta\mathrm{i}}$,我们来确定函数 u 与 v

$$u + \mathrm{i}v = \frac{I}{2\pi\mathrm{i}}(\ln r + \mathrm{i}\theta)$$

由此

$$u = \frac{I}{2\pi}\theta, \quad v = -\frac{I}{2\pi}\ln r$$

因此,流动的轨线是 $v = $ 常数,或即 $r = $ 常数.换句话说,是一些同心圆周.下面的公式决定速度的支量 p 与 q

$$p + \mathrm{i}q = \overline{\left(\frac{\mathrm{d}w}{\mathrm{d}z}\right)} = -\frac{I}{2\pi\mathrm{i}}\,\frac{1}{\bar{z}} = \frac{I}{2\pi r}\mathrm{e}^{\mathrm{i}(\theta+\frac{\pi}{2})}$$

这就是说,在半径为 r 的圆周上的所有的点,速度的大小都等于 $\dfrac{I}{2\pi r}$,与 r 成反比,流动的方向是反时针方向.

沿着环绕圆柱体的周界 C,流体的环流量是

$$\int_C p\,\mathrm{d}x + q\,\mathrm{d}y = \int_C \mathrm{d}u = \frac{I}{2\pi}\int_0^{2\pi}\mathrm{d}\theta = I$$

因此,特征函数 w 对应于环绕着圆柱体的一个流体流动,这个流体的粒子沿着圆周逆时针方向流动,流动的速度和粒子到圆柱中心的距离成反比.

5. 一般情形

把在 3 与 4 两段中所讨论的运动加起来,我们就得到一个圆周绕着圆柱体的流体流动,在无穷远点具有速度 a,并且有环流量 I.

在这个一般情形,特征函数是

$$w = \frac{I}{2\pi\mathrm{i}}\ln z + a\left(z + \frac{R^2}{z}\right) \tag{39}$$

图 88 上表示出流动的轨线.这里,流动的临界点与在第 3 段中没有环流的情形比较,位置有了移动.这些点由下面的条件来决定

$$p - \mathrm{i}q = \frac{\mathrm{d}w}{\mathrm{d}z} = 0$$

或即

$$-\frac{\mathrm{i}I}{2\pi}\frac{1}{z} + a\left(1 - \frac{R^2}{z^2}\right) = 0$$

也就是

$$z^2 - \frac{I\mathrm{i}}{2\pi a}z - R^2 = 0$$

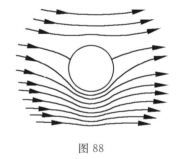

图 88

这个二次方程决定两个点 z

$$z = \frac{I\mathrm{i}}{4\pi a} \pm \sqrt{R^2 - \frac{I^2}{16\pi^2 a^2}}$$

设环流量 I 不是很大,比如说,$I < 4\pi aR$,对于 z 我们就得到两个复数值,它们只是实数部分的符号不同,模都等于 R.因此,在这个情形(图 88),临界点就在柱面上,关于 y 轴,它们是对称的,并且到这两个矢量半径与 x 轴的正方向所构成的角度 θ 由等式 $\sin\theta = \dfrac{I}{4\pi aR}$ 决定.随着 I 的增大,两个临界点越来越接近,当 $I = 4\pi aR$ 时它们在柱面与 y 轴的交点 $\theta = \dfrac{\pi}{2}$ 处重合(图 89).I 继续增大,当 I

$>4\pi aR$ 时,我们就得到两个纯虚值,其中一个的模大于 R,一个小于 R.因此,在这种情形,我们只有一个临界点,它位于 y 轴上(图 90).

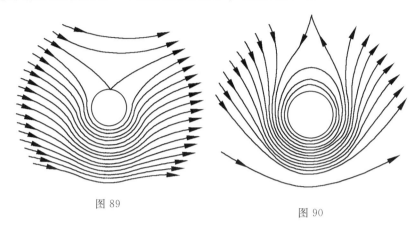

图 89　　　　　　　　　　　图 90

习　　题

1.把函数 $e^{\frac{1}{1-z}}$,$|z|>1$,展开成洛朗级数.

答:$1-\dfrac{1}{z}-\dfrac{1}{2z^2}-\dfrac{1}{6z^3}+\dfrac{1}{24z^4}-\dfrac{19}{120z^5}+\cdots$

2.把函数 $\dfrac{1}{(z-2)(z-3)}$,$|z|>3$ 展开成洛朗级数.

答:$\dfrac{1}{z^2}+\dfrac{5}{z^3}+\dfrac{19}{z^4}+\dfrac{65}{z^5}+\cdots$

3.确定当 $z=\infty$ 时函数 $\dfrac{z^2+1}{e^z}$,$\cos z-\sin z$ 的奇异点的类型.

答:本性奇异点.

4.研究函数 $e^{\frac{1}{z}}$ 在点 $z=0$ 的邻域内从原点出发的半射线上的值,从而验证 Ю. В. 索霍茨基定理对于函数 $e^{\frac{1}{z}}$ 的正确性.再满足 $e^{\frac{1}{z}}=c(c\neq 0)$ 的点将组成一个什么样的集合?

答:以原点为极限点的一个无穷集合.

5.设函数 $f(z)$ 与 $\varphi(z)$ 分别以 $z=a$ 为它们的 m 级与 n 级极点.那么对于函数(a) $f(z)\varphi(z)$,(b) $\dfrac{f(z)}{\varphi(z)}$,(c) $f(z)+\varphi(z)$ 点 $z=a$ 有什么性质?

答:(a) $m+n$ 级极点.(b) $m-n$ 级极点,当 $m>n$;$n-m$ 级零点,当 $m<n$;当 $m=n$ 时,正则点.(c)极点,其级为 m,n 中之大者;当 $m=n$ 时,为极点,其级

201

小于或等于 m 或为正则点.

6.已经知道的,幂级数 $f(z) = \sum a_n z^n$ 所代表的函数 $f(z)$ 在收敛圆周上只有一个奇异点 z_0——一级极点.试证明在这种情形下,$\dfrac{a_n}{a_{n+1}} \to z_0$,因而 $\left|\dfrac{a_n}{a_{n+1}}\right| \to r, r$ 是收敛半径.

7.假定闭路 C_2 在闭路 C_1 内,又 G 是闭路 C_1 与 C_2 之间的区域.再设 $f(z)$ 是区域 G 内的一个解析函数.

在这种情形下,我们可以令
$$f(z) = f_1(z) + f_2(z)$$
其中 $f_1(z)$ 在 C_1 内是解析的,而 $f_2(z)$ 在 C_2 外(包括无穷远点在内)是解析的.试证明这样分解成的函数 $f_1(z)$ 与 $f_2(z)$,除去可能相差一个常数外,是唯一确定的.

8.把函数 $\sqrt{(z-1)(z-2)}$,$|z| > 2$,展开成洛朗级数.

答:$\pm\left(c_0 z - c_1 + \dfrac{c_2}{z} - \dfrac{c_3}{z_2} + \cdots\right)$,其中 $c_n = \dbinom{\alpha}{n} + 2\dbinom{\alpha}{n-1}\dbinom{\alpha}{1} + 2^2\dbinom{\alpha}{n-2}\dbinom{\alpha}{2} + \cdots + 2^n\dbinom{\alpha}{n}$ 而 $\alpha = \dfrac{1}{2}$.

9.把函数 $\dfrac{1}{(z-a)(z-b)}$ 展开成洛朗级数,设(a)$0 < |a| < |z| < |b|$;(b)$|z| > |b|$.

答:(a) $\dfrac{1}{a-b}\left(\cdots + \dfrac{a^2}{z^3} + \dfrac{a}{z^2} + \dfrac{1}{z} + \dfrac{1}{b} + \dfrac{z}{b^2} + \cdots\right)$.

(b) $\dfrac{1}{b-a}\left(\dfrac{b-a}{z^2} + \dfrac{b^2-a^2}{z^3} + \dfrac{b^3-a^3}{z^4} + \cdots\right)$.

10.把函数 $\ln\dfrac{1}{1-z}$,$|z| > 1$ 展开成洛朗级数.

答:不可能,因为当 $|z| > 1$ 时,函数不是单值的.

11.指出下列函数有什么样的奇异点:

(a)$e^{\frac{1}{z}}$ 在 $z = 0$;(b)$\sin\dfrac{1}{1-z}$ 在 $z = 1$;(c)$\dfrac{1}{1-e^z}$ 在 $z = 2\pi i$?

答:(a) 本性奇异点;(b) 本性奇异点;(c) 一级极点.

12.指出当 $z = \infty$ 时下列函数有什么样的奇异点:

(a) $\dfrac{z^2+4}{e^z}$;(b) $\sqrt{(z-1)(z-2)}$;(c)$e^{-\frac{1}{z^2}}$;(d) $\dfrac{1}{\cos z}$;(e)$\sin\dfrac{1}{1-z}$.

答:(a) 本性奇异点;(b) 一级极点;(c) 正则点;(d) 极点的极限点;(e) 一级零点.

13. 在原点的邻域内实变函数

$$y = \begin{cases} e^{-\frac{1}{x^2}} & \text{当 } x \neq 0 \\ 0 & \text{当 } x = 0 \end{cases}$$

与复变函数 $w = e^{-\frac{1}{z^2}}$ 就性质来讲,有什么本质上的不同?

答:当 $x = 0$ 时,函数 y 与它的所有的导数都等于零.曲线 $y = f(x)$ 在原点与 x 轴相切比任一抛物线 $y = x^n$ 与 x 轴相切得更为密切,函数 w 以原点为本性奇异点,换句话说,当 $z \to 0$ 时,函数 w 可以趋向任何预先给定的数.

14. 设函数 $f(z)$ 在无穷远点的邻域 $|z| > R$ 内是解析的.试问在什么样的条件下,$F(z) = \int_{z_0}^{z} f(\xi) d\xi$ 在区域 $|z| > R$ 内才是一个单值的解析函数,其中 z_0 与积分路线都在这个区域内? 又从 $f(z)$ 在无穷远点的性质我们可以推知 $F(z)$ 在无穷远点的一些什么性质?

答:在展开式 $f(z) = \sum_{-\infty}^{\infty} a_n z^n$ 中 $a_{-1} = 0$. 如果这个条件成立,并且 $f(z)$ 以 $z = \infty$ 为 β 级极点,那么 $F(z)$ 就以 $z = \infty$ 为 $\beta + 1$ 级极点.特别说来,如果 $f(z)$ 在 $z = \infty$ 是正则的,并且不为 0,那么 $F(z)$ 以 $z = \infty$ 为一级极点.

如果 $f(z)$ 以 $z = \infty$ 为 $a (a \geq 2)$ 级零点,那么 $F(z)$ 以 $z = \infty$ 为 $a - 1$ 级零点.

如果 $f(z)$ 以 $z = \infty$ 为本性奇异点,那么 $F(z)$ 也以 $z = \infty$ 为本性奇异点.

如果 $a_1 \neq 0$,那么当 $|z| > R$ 时,$F(z) - a_1 \ln z$ 是一个单值解析函数.

15. 假定一个平面流动是由特征函数 $w = f(z)$ 决定的.试就下列各情形,求出流动的轨线并说明流动的方向:

$(a) w = z$;$(b) w = \dfrac{1}{z}$;$(c) w = z + \dfrac{1}{z}$.

答:$(a) y = $ 常数,自左向右;$(b) x^2 + \left(y + \dfrac{1}{2c}\right)^2 = \dfrac{1}{4c^2}$,流向左;$(c) y(x^2 + y^2) - y = c(x^2 + y^2)$,流向右.

16. 试就 15 题中的各种情形,决定流动的速度.

答:$(a) p = 1, q = 0$; $(b) p = \dfrac{y^2 - x^2}{(x^2 + y^2)^2}, q = -\dfrac{2xy}{(x^2 + y^2)^2}$; $(c) p = 1 + \dfrac{y^2 - x^2}{(x^2 + y^2)^2}; q = -\dfrac{2xy}{(x^2 + y^2)^2}$.

17. 设流动的特征函数是 $w = \ln z$.

试决定流动的轨线,它们的方向以及流体运动的速度. 又对于流动来说,$z = 0$ 是什么?

答:设 $z = re^{\theta i}$,轨线的方程是:$\theta = $ 常数;运动的方向是从点 $z = 0$ 放射出来.

203

速度的大小等于 $\dfrac{1}{r}$,方向是从 $z=0$ 向外. 点 $z=0$ 是流动的源泉.

18. 上题中,在单位时间内,流体通过环绕着点 $z=0$ 的一条闭路流出的量等于多少?

答:$2\pi\rho$.

19. 设流动的特征函数是 $w=\dfrac{1}{2\pi\mathrm{i}}\ln z$.

试求流动的轨线、它们的方向以及流体运动的速度. 点 $z=0$ 是什么?

答:设 $z=re^{\theta\mathrm{i}}$,则轨线的方程是 $r=$ 常数. 运动的方向是反时针方向. 速度的大小等于 $\dfrac{1}{2\pi r}$. 点 $z=0$ 是涡旋点.

20. 上题中,流动沿着环绕 $z=0$ 的一条闭路的环流量等于多少?
答:1.

留 数 理 论

§1　留数的一般理论

1.函数关于孤立奇异点的留数

如果函数 $f(z)$ 在某一点 a 是全纯的,那么根据柯西定理(第四章,§2,第 3 段)我们有

$$\int_C f(z)\mathrm{d}z = 0 \tag{1}$$

其中积分路线 C 是任意一条光滑闭路,它的内部包含点 a 并且是这样的小,以至于 $f(z)$ 在 C 内以及在 C 上到处都是全纯的. 但是,如果 a 是 $f(z)$ 的一个孤立奇异点,并且闭路 C 完全在 a 的某一个邻域内,那么积分 $\int_C f(z)\mathrm{d}z$ 的值,一般说来,不再为零. 由柯西定理可知(第四章,§2,第 5 段),这个积分的值不依赖于闭路 C 的形状并且很容易计算出来. 事实上,在点 a 的邻域 $(0 < |z-a| < r)$ 内,函数 $f(z)$ 可以展开为洛朗级数(第六章,§2,第 1 段)

$$f(z) = c_0 + c_1(z-a) + \cdots + c_n(z-a)^n + \cdots +$$

$$\frac{c_{-1}}{z-a} + \frac{c_{-2}}{(z-a)^2} + \cdots \tag{2}$$

205

因为闭路 C 在点 a 的邻域内，这个级数在 C 上是一致收敛的，沿 C 逐项积分这个级数，我们就得到

$$\int_C f(z)\mathrm{d}z = c_{-1} \cdot 2\pi\mathrm{i} \tag{3}$$

因为我们已知下列各等式

$$\int_C (z-a)^m \mathrm{d}z = 0 \quad (m=0,1,2,\cdots) \quad (\text{第四章},\S 1,\text{第 1 段})$$

$$\int_C \frac{\mathrm{d}z}{z-a} = 2\pi\mathrm{i} \quad (\text{第四章},\S 2,\text{第 6 段})$$

$$\int_C \frac{\mathrm{d}z}{(z-a)^n} = 0 \quad (n=2,3,\cdots) \quad (\text{第四章},\S 1,\text{第 1 段})$$

我们把积分 $\dfrac{1}{2\pi\mathrm{i}}\displaystyle\int_C f(z)\mathrm{d}z$ 的值称为函数 $f(z)$ 关于奇异点 a 的留数. 根据等式 (3)，函数 $f(z)$ 关于奇异点 a 的留数等于 c_{-1}，也就是说，等于洛朗展开式 (2) 中第一个负方次项的系数，由此直接推出，只有当 a 是极点或本性奇异点时，函数 $f(z)$ 的留数 c_{-1} 才可能不为零 (第六章，$\S 2$，第 1 段)；对于可去奇异点，留数必定等于零 (第六章，$\S 2$，第 1 段).

2. 关于留数的基本定理

设函数 $f(z)$ 除有限个奇异点 $a_1, a_2, \cdots, a_k$ 外，在区域 G 的每一点上，都是全纯的. 用 Γ 代表 G 内任意一条内部包含点 $a_1, a_2, \cdots, a_k$ 的逐段光滑闭路. 在这些条件之下，$\dfrac{1}{2\pi\mathrm{i}}\displaystyle\int_\Gamma f(z)\mathrm{d}z$ 等于函数 $f(z)$ 关于 $a_1, a_2, \cdots, a_k$ 的留数之和. 这个判断是留数理论的基本定理.

为了证明这个定理，我们以 $a_1, a_2, \cdots, a_k$ 为圆心画圆周 $\gamma_1, \gamma_2, \cdots, \gamma_k$，使得它们是这样的小，以致它们之中的任意两个都不相交，并且它们全部在 Γ 内 (图 91). 因为函数 $f(z)$ 在以复闭路

$$K = \Gamma + \gamma_1^- + \gamma_2^- + \cdots + \gamma_k^-$$

为边界的闭域区的每一点上都是全纯的，所以根据柯西定理 (第四章，$\S 2$，第 5 段)

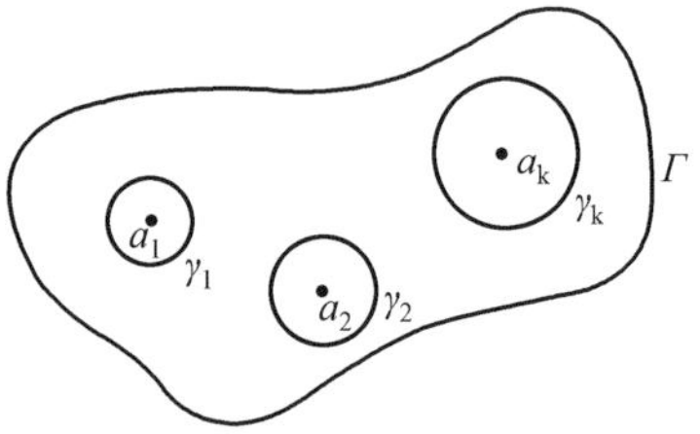

图 91

$$\frac{1}{2\pi\mathrm{i}}\int_\Gamma f(z)\mathrm{d}z = \frac{1}{2\pi\mathrm{i}}\int_{\gamma_1} f(z)\mathrm{d}z + \frac{1}{2\pi\mathrm{i}}\int_{\gamma_2} f(z)\mathrm{d}z + \cdots + \frac{1}{2\pi\mathrm{i}}\int_{\gamma_k} f(z)\mathrm{d}z \tag{4}$$

这里积分沿闭路 $\Gamma, \gamma_1, \gamma_2, \cdots, \gamma_k$ 都是按正方向计算的. 这个等式证明了留数的基本定理，因为等式的右边是函数 $f(z)$ 关于点 $a_1, a_2, \cdots, a_k$ 的留数之和.

显然,上面证明的这个定理是柯西基本定理的一个推广(第四章,§2,第 2 段).

3.函数关于极点的留数的计算

在应用留数的基本定理时,我们首先应该确定在闭路 Γ 内所有的奇异点 $a_1, a_2, \cdots, a_k$ 上的留数,然后根据留数的基本定理就很容易计算积分 $\int_{\Gamma} f(z) \mathrm{d}z$ 的值.因此,一个重要的问题,是去找出一个不需要在每一个别情形都利用洛朗展开式的更简单的计算留数的方法.在点 a 是函数 $f(z)$ 的极点的情形,这样的方法是不难找出的.我们先假定点 a 是函数 $f(z)$ 的简单极点.在这种情形下,洛朗展开式的主要部分只包含 $z-a$ 的负一次方这一项

$$f(z) = c_0 + c_1(z-a) + \cdots + c_n(z-a)^n + \cdots + \frac{c_{-1}}{z-a} \tag{5}$$

用 $(z-a)$ 乘等式(5)的两边,我们就得到

$$(z-a)f(z) = c_{-1} + c_0(z-a) + c_1(z-a)^2 + \cdots \tag{5'}$$

因为这个等式的右边是一个普通的幂级数,所以它的和在点 a 是连续的.因此,在等式(5′)中让 z 趋近于 a,我们就得到

$$c_{-1} = \lim_{z \to a}(z-a)f(z) \tag{6}$$

公式(6)使我们能够很快地确定函数关于简单极点的留数.

点 a 是函数 $f(z) = \dfrac{\varphi(z)}{\psi(z)}$ 的简单极点,只要 $\varphi(z)$ 与 $\psi(z)$ 在点 a 上都是全纯的,而且 $\varphi(a) \neq 0, \psi(a) = 0, \psi'(a) \neq 0$.根据公式(6),函数 $f(z)$ 关于点 a 的留数就可以用下面的方法确定

$$c_{-1} = \lim_{z \to a}(z-a)f(z) = \lim_{z \to a}\frac{\varphi(z)}{\dfrac{\psi(z)}{z-a}} = \lim_{z \to a}\frac{\varphi(z)}{\dfrac{\psi(z) - \psi(a)}{z-a}}$$

因为根据假设,在这里我们有 $\psi(a) = 0$.另一方面,由于

$$\lim_{z \to a}\varphi(z) = \varphi(a), \quad \lim_{z \to a}\frac{\psi(z) - \psi(a)}{z-a} = \psi'(a) \neq 0$$

所以我们得到

$$c_{-1} = \frac{\varphi(a)}{\psi'(a)} \tag{7}$$

例如,要确定函数 $\dfrac{1}{\cos z}$ 关于它的简单极点 $a = (2n+1)\dfrac{\pi}{2}$ 的留数,我们就可以利用公式(7)

$$c_{-1} = -\frac{1}{\sin a} = -\frac{1}{\sin(2n+1)\dfrac{\pi}{2}}$$

这里所得到的 c_{-1} 的值等于 1 或 -1，依 n 是奇数或偶数而定.

因此，我们有

$$c_{-1} = (-1)^{n-1}$$

公式(6)可以推广到任意的 n 级极点的情形，在这种情形下洛朗展开式是

$$f(z) = c_0 + c_1(z-a) + \cdots + \frac{c_{-1}}{z-a} + \frac{c_{-2}}{(z-a)^2} + \cdots + \frac{c_{-n}}{(z-a)^n} \qquad (8)$$

用 $(z-a)^n$ 乘展开式(8)的两边，得到

$$(z-a)^n f(z) = c_{-n} + c_{-n+1}(z-a) + \cdots + c_{-1}(z-a)^{n-1} +$$
$$c_0(z-a)^n + c_1(z-a)^{n+1} + \cdots \qquad (8')$$

把等式(8')微分 $n-1$ 次，在等式的右边我们得到一个普通的幂级数，它的常数项是 $c_{-1}(n-1)!$. 因此，我们有

$$\lim_{z \to a} \frac{\mathrm{d}^{n-1}\left[(z-a)^n f(z)\right]}{\mathrm{d}z^{n-1}} = c_{-1}(n-1)!$$

于是我们求出了

$$c_{-1} = \frac{1}{(n-1)!} \lim_{z \to a} \frac{\mathrm{d}^{n-1}\left[(z-a)^n f(z)\right]}{\mathrm{d}z^{n-1}} \qquad (9)$$

公式(9)使我们能够计算函数关于 n 级极点 a 的留数；当 $n=1$ 时，只要我们假定 $0! = 1$，公式(9)就变成了公式(6).

4. 函数关于无穷远点的留数

到现在为止，在考虑函数关于奇异点 a 的留数时，我们都假定点 a 是有限点. 其实，留数的概念也可以扩充到无穷远点的情形.

假定无穷远点是函数 $f(z)$ 的一个孤立奇异点，又 C 代表在这个点的邻域内的任一条闭路，例如 C 可以取作具有充分大的半径的圆周. 与前面一样，我们把积分 $\dfrac{1}{2\pi\mathrm{i}}\displaystyle\int_{C^-} f(z)\mathrm{d}z$ 的值称为函数 $f(z)$ 关于无穷远点的留数，在这里与前面有一点不同的是，现在这个积分是按负的方向沿 C 计算的，因为只有按顺时针的方向经过 C 才能使无穷远点永远在它的左边. 在无穷远点的邻域内，函数 $f(z)$ 的洛朗展开式是(第六章，§3，第 2 段)

$$f(z) = c_0 + \frac{c_{-1}}{z} + \frac{c_{-2}}{z^2} + \cdots + c_1 z + c_2 z^2 + \cdots \qquad (10)$$

由于级数(10)在闭路 C 上是一致收敛的，我们可以沿 C^- 把它逐项积分；在这里，积分后除第二项外，所有的项都成零，所以我们有

$$\int_{C^-} f(z)\mathrm{d}z = c_{-1} \int_{C^-} \frac{\mathrm{d}z}{z} = -c_{-1} 2\pi\mathrm{i}$$

由此可见

$$\frac{1}{2\pi \mathrm{i}} \int\limits_{C^-} f(z)\mathrm{d}z = -c_{-1} \tag{11}$$

这就是说,函数关于无穷远点的留数等于洛朗展开式中负一次方项的系数带上负号.

在有限的可去奇异点的情形,留数永远等于零. 但在无穷远点的情形下却可以不是这样. 例如,函数 $\frac{1}{z}$ 在无穷远点有一个可去奇异点,而相应的留数却等于 -1. 利用函数对于无穷远点的留数的概念,很容易证明下面的定理:

如果 $f(z)$,除有限多个奇异点外,在扩充了的 z 平面的每一点上都是全纯的,那么函数 $f(z)$ 关于所有的奇异点(包含无穷远点在内)的留数之和永远等于零.

事实上,以零点为圆心画一个这样大的圆周,使得函数 $f(z)$ 所有的奇异点(无穷远点除外)都在这个圆周内. 根据留数的基本定理,积分 $\frac{1}{2\pi \mathrm{i}} \int\limits_{C} f(z)\mathrm{d}z$ 的值等于函数 $f(z)$ 关于 C 内的所有的奇异点留数之和. 另一方面,这个函数关于无穷远点的留数是 $\frac{1}{2\pi \mathrm{i}} \int\limits_{C^-} f(z)\mathrm{d}z$. 因此,所有留数之和等于

$$\frac{1}{2\pi \mathrm{i}} \int\limits_{C} f(z)\mathrm{d}z + \frac{1}{2\pi \mathrm{i}} \int\limits_{C^-} f(z)\mathrm{d}z = 0$$

5. 积分 $\frac{1}{2\pi \mathrm{i}} \int\limits_{\Gamma} \varphi(z) \dfrac{f'(z)}{f(z)}\mathrm{d}z$ 的计算

假定 Γ 是一条逐段光滑的闭路,$f(z)$ 是一个函数,除去在 Γ 内可能有有限多个极点外,它在 Γ 内以及 Γ 上都是全纯的. 此外,还假定 $f(z)$ 在 Γ 上不等于零. 于是,当我们用 $a_1, a_2, \cdots, a_k$ 代表 $f(z)$ 在 Γ 内的零点(这些零点的级分别是 $\alpha_1, \alpha_2, \cdots, \alpha_k$),用 $b_1, b_2, \cdots, b_m$ 代表 $f(z)$ 在 Γ 内的极点(它们的级分别是 $\beta_1, \beta_2, \cdots, \beta_m$)时,对于在 Γ 内也在 Γ 上全纯的任一个函数 $\varphi(z)$,我们有下面的公式

$$\frac{1}{2\pi \mathrm{i}} \int\limits_{\Gamma} \varphi(z) \frac{f'(z)}{f(z)}\mathrm{d}z = \sum_{i=1}^{k} \alpha_i \varphi(a_i) - \sum_{j=1}^{m} \beta_j \varphi(b_j) \tag{12}$$

这个等式右边的结果可以看作是在 $f(z)$ 的零点上 $\varphi(z)$ 的函数值之和与在 $f(z)$ 的极点上 $\varphi(z)$ 的函数值之和之差;这里只要记住,相应的点(零点或极点)是几级的,那么函数值就要加几次. 为了证明公式(12),我们把留数的基本定理应用到积分 $\frac{1}{2\pi \mathrm{i}} \int\limits_{\Gamma} \varphi(z) \dfrac{f'(z)}{f(z)}\mathrm{d}z$. 函数 $F(z) = \varphi(z) \dfrac{f'(z)}{f(z)}$ 在 Γ 内的奇异点只能是 $f(z)$ 的零点或 $f(z)$ 的极点.

我们先考虑零点 a_i. 在它的邻域内我们有泰勒展开式

$$f(z) = A_i(z-a_i)^{\alpha_i} + \cdots, \quad f'(z) = A_i\alpha_i(z-a_i)^{\alpha_i-1} + \cdots$$

$$\varphi(z) = \varphi(\alpha_i) + \cdots$$

其中 $A_i \neq 0$. 由此,对于 $F(z)$ 我们得到

$$F(z) = \frac{[\varphi(a_i)+\cdots] \cdot [A_i\alpha_i + \cdots]}{A_i(z-a_i)+\cdots}$$

这就表明,函数 $F(z)$ 在 $z=a_i$ 有一个一级极点(当 $\varphi(\alpha_i) \neq 0$ 时). 根据公式(7)我们求得 $F(z)$ 关于 α_i 的留数

$$\frac{\varphi(a_i)A_i\alpha_i}{A_i} = \alpha_i\varphi(a_i)$$

由于当 $\varphi(a_i)=0$ 时,$F(z)$ 在点 $z=a_i$ 上是全纯的,但这时我们所求得的留数等于零;因此在应用留数的基本定理时,对于 $\varphi(a_i) \neq 0$ 与 $\varphi(a_i)=0$ 这两种情形我们可以不加区别. 完全同样地,我们可以求出 $F(z)$ 关于函数 $f(z)$ 的极点 b_j 的留数. 在点 b_j 的邻域内我们有展成级数的展开式

$$f(z) = B_j(z-b_j)^{-\beta_j} + \cdots, \quad f'(z) = -B_j\beta_j(z-b_j)^{-\beta_j-1} + \cdots$$

$$\varphi(z) = \varphi(b_j) + \cdots$$

其中 $B_j \neq 0$. 由此,对于 $F(z)$(在把分子、分母各乘以因子 $(z-b_j)^{\beta_j+1}$ 之后),我们得到

$$F(z) = \frac{[\varphi(b_j)+\cdots](-B_j\beta_j + \cdots)}{B_j(z-b_j)+\cdots}$$

这就说明,$F(z)$ 在点 b_j 有一个一级极点(当 $\varphi(b_j) \neq 0$ 时). 根据公式(7)我们又可以求得 $F(z)$ 对于 b_j 的留数

$$\frac{\varphi(b_j)(-B_j\beta_j)}{B_j} = -\beta_j\varphi(b_j)$$

因此,$F(z)$ 关于在 Γ 内的所有的奇异点的留数之和等于

$$\sum_{i=1}^{k}\alpha_i\varphi(a_i) - \sum_{j=1}^{m}\beta_j\varphi(b_j)$$

这就是公式(12).

我们要提到这个公式的一个非常重要的特例. 首先,我们假定 $\varphi(z)=1$. 于是公式(12)变成下面的形式

$$\frac{1}{2\pi i}\int_{\Gamma}\frac{f'(z)}{f(z)}dz = \sum_{i=1}^{k}\alpha_i - \sum_{j=1}^{m}\beta_j \tag{13}$$

其中 $\sum_{i=1}^{k}\alpha_i = N$ 代表函数 $f(z)$ 在闭路 Γ 内零点的个数,而 $\sum_{j=1}^{m}\beta_j = P$ 代表 $f(z)$ 在 Γ 内极点的个数,这里每一个零点或极点是几级的就算作几个. 积分

$$\frac{1}{2\pi i}\int_{\Gamma}\frac{f'(z)}{f(z)}dz$$

称为函数 $f(z)$ 关于闭路 Γ 的对数留数(这个名字的来源是由于 $\dfrac{f'(z)}{f(z)}$ 是 $f(z)$ 的对数的导函数:$\dfrac{\mathrm{d}}{\mathrm{d}z}[\ln f(z)]$). 因此,我们得到下面的定理:

函数 $f(z)$ 关于闭路 Γ 的对数留数等于 $f(z)$ 在 Γ 内零点的个数与极点的个数之差,其中每一个零点与每一个极点是几级的就算作几个.

把这个定理应用到函数 $f(z)-a$,其中 a 是任意一个复数,我们就知道,积分 $\dfrac{1}{2\pi\mathrm{i}}\displaystyle\int_{\Gamma}\dfrac{f'(z)\mathrm{d}z}{f(z)-a}$ 等于方程 $f(z)=a$ 在 Γ 内根的个数与 $f(z)$ 在 Γ 内极点的个数之差,这里 $f(z)$ 除在 Γ 内可能有有限多个极点外,在 Γ 内以及在 Γ 上都是全纯的,并且 $f(z)$ 在闭路 Γ 上不等于 a. 特别说来,如果 $f(z)$ 无例外地在 Γ 内每一点上都是全纯的,那么积分 $\dfrac{1}{2\pi\mathrm{i}}\displaystyle\int_{\Gamma}\dfrac{f'(z)\mathrm{d}z}{f(z)-a}$ 给出方程 $f(z)=a$ 在闭路 Γ 内根的个数.

当假定 $\varphi(z)=z$ 时,我们得到公式(12)的另一个非常重要的特例. 这时我们有

$$\frac{1}{2\pi\mathrm{i}}\int_{\Gamma}z\,\frac{f'(z)}{f(z)}\mathrm{d}z=\sum_{i=1}^{k}\alpha_i a_i-\sum_{j=1}^{m}\beta_j b_j \tag{14}$$

显然这个公式的右边给出函数 $f(z)$ 在 Γ 内零点之和与极点之和之差,并且每一个零点与每一个极点是几级的就加几次. 最后,设 $\varphi(z)=z^n$,我们还得到公式

$$\frac{1}{2\pi\mathrm{i}}\int_{\Gamma}z^n\,\frac{f'(z)}{f(z)}\mathrm{d}z=\sum_{i=1}^{k}\alpha_i a_i^n-\sum_{j=1}^{m}\beta_j b_j^n \tag{15}$$

它给出在 Γ 内零点的 n 次方之和与极点的 n 次方之和之差.

§2 留数理论的应用

1. 代数基本定理

公式(13)有很多的应用. 我们现在只看它的一个应用. 我们要证明,任何一个 n 次整有理函数

$$f(z)=a_0z^n+a_1z^{n-1}+\cdots+a_n \qquad (n\geqslant 1)$$

都有 n 个零点,其中每一个零点是几级的就算作几个. 我们知道,任何一个 n 次整有理函数都有唯一的一个奇异点 —— 无穷远点是它的 n 级极点(第六章,§4,第1段),也就是说,我们有 $\lim\limits_{z\to\infty}f(z)=\infty$. 因此,有一个以原点为圆心、$R$ 为

211

半径的圆存在,使得在所有满足条件 $|z| \geqslant R$ 的点上,函数 $f(z)$ 的模都大于 1;因此,函数 $f(z)$ 所有的零点都在圆 $|z| < R$ 内. 根据前段中的公式(13),给定的函数的全部零点的个数是

$$N = \frac{1}{2\pi i} \int_C \frac{f'(z)}{f(z)} dz \qquad (16)$$

其中积分是沿上述的圆周 C 计算的. 我们剩下只需要证明 $N = n$. 为此,我们注意

$$\frac{1}{2\pi i} \int_{C^-} \frac{f'(z)}{f(z)} dz = -N$$

代表函数 $\dfrac{f'(z)}{f(z)}$ 关于无穷远点的留数,因而 N 与这个留数只差一个负号. 因为除无穷远点外

$$f(z) = z^n \left(a_0 + \frac{a_1}{z} + \cdots + \frac{a_n}{z^n} \right) = z^n \varphi(z)$$

所以我们得到

$$\frac{f'(z)}{f(z)} = \frac{d}{dz} \ln f(z) = \frac{n}{z} + \frac{\varphi'(z)}{\varphi(z)} = \frac{n}{z} + \psi(z) \qquad (17)$$

其中 $\psi(z)$ 以无穷远点为不低于 2 级的零点. 从式(17)可见函数 $\dfrac{f'(z)}{f(z)}$ 关于无穷远点的留数是 $-n$. 因此,我们有 $N = n$,这就是我们所要证明的.

2. 儒歇定理

利用留数理论,我们可以证明一个非常有用的定理,通常称为儒歇定理:如果函数 $\varphi(z)$ 与 $\psi(z)$ 在闭路 Γ 内以及 Γ 上都是解析的,并且在 Γ 上满足条件:$\varphi(z) \neq 0$ 与 $|\psi(z)| < |\varphi(z)|$,那么在 Γ 内函数 $\varphi(z)$ 与 $\varphi(z) + \psi(z)$ 有相同个数的零点.

事实上,根据 §1,第 5 段,函数 $\varphi(z) + \psi(z)$ 在 Γ 内零点的个数是

$$\frac{1}{2\pi i} \int_\Gamma \frac{\varphi' + \psi'}{\varphi + \psi} dz$$

因为函数 $\varphi(z) + \psi(z)$ 在 Γ 内以及在 Γ 上是解析的(根据假设的条件它在 Γ 上没有零点). 从另一方面来看,这个积分可以表示成

$$\frac{1}{2\pi i} \int_\Gamma \frac{\varphi' + \psi'}{\varphi + \psi} dz = \frac{1}{2\pi i} \int_\Gamma \frac{d}{dz} \ln(\varphi + \psi) dz =$$

$$\frac{1}{2\pi i} \int_\Gamma \frac{d}{dz} \ln \varphi dz + \frac{1}{2\pi i} \int_\Gamma \frac{d}{dz} \ln \left(1 + \frac{\psi}{\varphi} \right) dz$$

设 $w = 1 + \dfrac{\psi(z)}{\varphi(z)}$,我们看出,最后一个积分等于

$$\frac{1}{2\pi i}\int_{\Gamma_1}\frac{\mathrm{d}w}{w}$$

其中积分是沿闭路 Γ_1 计算的,而 Γ_1 是当点 z 描画 Γ 时,点 $w=1+\dfrac{\psi(z)}{\varphi(z)}$ 所描画出的闭路.

由于在 Γ 上的条件我们有

$$\left|\frac{\psi}{\varphi}\right|<1$$

所以闭路 Γ_1 全部包含在以 $w=1$ 为圆心、半径为 1 的圆内.因为原点不在这个圆内,所以

$$\frac{1}{2\pi i}\int_{\Gamma_1}\frac{\mathrm{d}w}{w}=0$$

因此,我们得到等式

$$\frac{1}{2\pi i}\int_{\Gamma}\frac{\varphi'+\psi'}{\varphi+\psi}\mathrm{d}z=\frac{1}{2\pi i}\int_{\Gamma}\frac{\varphi'}{\varphi}\mathrm{d}z$$

这就是儒歇定理的解析表达式.

作为儒歇定理的一个应用的例子,我们要指出,一个区域内的单叶函数(即在区域内不同的点上取不同的值的那种函数)的导函数在该区域内不能为零.因为如果不然,设 $f'(a)=0$,而 a 是区域内的某一点,那么 $f(z)$ 在点 a 的邻域就可以表示为幂级数:$f(z)=a_0+a_k(z-a)^k+a_{k+1}(z-a)^{k+1}+\cdots$,其中 $a_k\neq 0$,并且 $k\geqslant 2$.选取一个充分小的数 ρ,使得当 $|z-a|\leqslant\rho$ 时 $f'(z)$ 除点 $z=a$ 外不等于零,并且使得级数和 $a_k+a_{n+1}(z-a)+\cdots$ 不等于零.用 $m(m>0)$ 代表 $|a_k(z-a)^k+a_{k+1}(z-a)^{k+1}+\cdots|$ 在 $|z-a|=\rho$ 上的最小值,于是根据儒歇定理,对于每一个其模小于 m 的复数 $-\alpha$,函数 $-\alpha+a_k(z-a)^k+a_{k+1}(z-a)^{k+1}+\cdots$ 与 $a_k(z-a)^k+a_{n+1}(z-a)^{k+1}+\cdots$ 在圆 $|z-a|<\rho$ 内同有 k 个零点.但这就是说,方程 $f(z)\equiv a_0+a_k(z-a)^k+\cdots=a_0+\alpha$ 在这个圆内有 k 个根,而且这些根都是单根,因为当 $z\neq a$ 时 $f'(z)\neq 0$.由此我们得出结论,函数 $f(z)$ 在 $k(k\geqslant 2)$ 个不同的点上都取值 $a_0+\alpha$,这与 $f(z)$ 的单叶性的假定相矛盾.

3. 留数理论在定积分计算上的应用

在前几段中我们已经看到,留数理论可以用来解决一些理论性的问题.在这一段里我们要讲到留数理论在定积分的计算上的一些应用.

假定 $f(z)$,除掉在实轴的上侧有有限多个奇异点 $a_1,a_2,\cdots,a_k$ 外,在包括实轴在内的上半平面上处处是全纯的.此外,我们假设无穷远点是 $f(z)$ 的一个至少二级的零点,在这些条件之下,我们有公式

$$\int_{-\infty}^{+\infty} f(z)\mathrm{d}x = 2\pi\mathrm{i}\sum \mathrm{res.}^{①}关于\ a_1,a_2,\cdots,a_k \qquad (18)$$

事实上,函数 $f(z)$ 在无穷远点的邻域内的洛朗展开式是

$$f(z) = \frac{c_{-2}}{z^2} + \frac{c_{-3}}{z^3} + \cdots \qquad (19)$$

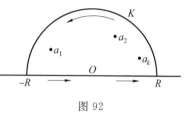

图 92

以原点为圆心、一个充分大的数 R 为半径在上半平面上画一个半圆周 K,使得所有的奇异点 $a_1,a_2,\cdots,a_k$ 都在由 K 以及实数轴上的线段 $(-R,R)$ 所围成的半圆内(图 92),根据留数的基本定理(§1,第 2 段)

$$\int_{-R}^{R} f(x)\mathrm{d}x + \int_{K} f(z)\mathrm{d}z = 2\pi\mathrm{i}\sum \mathrm{res.}\ 关于\ a_1,a_2,\cdots,a_k \qquad (20)$$

现在我们来证明,当半径 R 趋向无穷大时 $\int_{K} f(z)\mathrm{d}z$ 趋近于零. 事实上,在半圆周 K 的所有的点上,根据(19) 我们有

$$| f(z) | \leqslant \frac{| c_{-2} |}{R^2} + \frac{| c_{-3} |}{R^3} + \cdots = \frac{| c_{-2} |}{R^2} + \frac{1}{R^2}\left(\frac{| c_{-3} |}{R} + \cdots \right) \qquad (21)$$

在不等式(21) 的括弧内的表达式从某一个充分大的 R 开始可以任意小,比方说可以小于 1. 因而从不等式(21) 我们得到

$$| f(z) | < \frac{| c_{-2} | + 1}{R^2} \qquad (22)$$

从某一充分大的 R 开始,上式在半圆周 K 上到处都成立. 利用不等式(22),我们可以估计积分 $\int_{K} f(z)\mathrm{d}z$ 的模

$$\left| \int_{K} f(z)\mathrm{d}z \right| < \frac{| c_{-2} | + 1}{R^2}\pi R = \pi\ \frac{| c_{-2} | + 1}{R}$$

也就是说,我们有 $\lim\limits_{R\to\infty}\int_{K} f(z)\mathrm{d}z = 0$.

在公式(20) 中让 R 趋向无穷大,我们就得到

$$\int_{-\infty}^{+\infty} f(x)\mathrm{d}x = 2\pi\mathrm{i}\sum \mathrm{res.}\ 关于\ a_1,a_2,\cdots,a_k$$

这就证明了公式(18).

---

① 读作:留数和.

例

1. 计算积分 $\int_{-\infty}^{+\infty} \dfrac{\mathrm{d}x}{1+x^2}$. 被积函数 $\dfrac{1}{1+z^2}$ 除在点 $z=\mathrm{i}$ 有一个简单极点外,在上半平面到处都是全纯的,它关于点 $z=\mathrm{i}$ 的留数等于 $\dfrac{1}{2\mathrm{i}}$,因为 $(1+z^2)'=2z$,所以所求的留数是

$$\frac{1}{(1+z^2)'_{z=\mathrm{i}}}=\frac{1}{2\mathrm{i}} \qquad\qquad (\S 1,第3段)$$

在无穷远点函数有一个 2 级零点,如果我们取 $\left(\dfrac{1}{1+z^2}\right)_{\infty}=0$.

因此,所求的积分可以根据公式(18)来计算

$$\int_{-\infty}^{+\infty} \frac{\mathrm{d}x}{1+x^2}=2\pi\mathrm{i}\,\frac{1}{2\mathrm{i}}=\pi$$

2. 计算积分 $\int_{-\infty}^{+\infty} \dfrac{\mathrm{d}x}{(1+x^2)^{n+1}}$,其中 $n\geqslant 1$. 被积函数 $\dfrac{1}{(1+z^2)^{n+1}}$ 显然满足公式(18)所要求条件,并且在上半平面上有一个 $n+1$ 级极点 $z=\mathrm{i}$.

为要求出相应的留数,我们作表达式

$$\frac{1}{n!}\,\frac{\mathrm{d}^n}{\mathrm{d}z^n}\left[\frac{(z-\mathrm{i})^{n+1}}{(z^3+1)^{n+1}}\right]=\frac{1}{n!}\,\frac{\mathrm{d}^n}{\mathrm{d}z^n}(z+\mathrm{i})^{-n-1}$$

$$=\frac{(-1)^n(n+1)(n+2)\cdots(2n)}{n!}\cdot\frac{1}{(z+\mathrm{i})^{2n+1}}$$

在上式中让 z 趋近于 i,我们就得到所求的留数的值($\S 1$,第3段)

$$\frac{(-1)^n(n+1)(n+2)\cdots(2n)}{n!}\cdot\frac{1}{(2\mathrm{i})^{2n+1}}=\frac{(2n)!}{(n!)^2 2^{2n} 2\mathrm{i}}$$

因此,根据公式(18)我们有

$$\int_{-\infty}^{+\infty} \frac{\mathrm{d}x}{(1+x^2)^{n+1}}=\pi\,\frac{(2n)!}{(n!)^2 2^{2n}}$$

3. 有时我们用简单的替换把所求的积分变换一下,使得变换后的积分可以用柯西基本公式或从柯西公式用微分法所得到的公式来计算.

例如,要计算积分 $\int_0^{2\pi}\cos^{2n}x\,\mathrm{d}x$,我们作替换:$\mathrm{e}^{x\mathrm{i}}=\zeta$,这个替换把实轴上的区间 $0\leqslant x\leqslant 2\pi$ 变换成 ζ 平面上以原点为圆心、半径为 1 的圆周 C. 因此,我们

215

得到

$$\int_0^{2\pi} \cos^{2n} x \, dx = \int_0^{2\pi} \left(\frac{e^{xi}+e^{-xi}}{2}\right)^{2n} dx = -\frac{i}{2^{2n}} \int_C \frac{(1+\zeta^2)^{2n} d\zeta}{\zeta^{2n+1}} \tag{23}$$

根据柯西基本公式,我们得到

$$\int_C \frac{(1+\zeta^2)^{2n}}{\zeta^{2n+1}} d\zeta = \frac{2\pi i}{(2n)!} \left.\frac{d^{2n}(1+\zeta^2)^{2n}}{d\zeta^{2n}}\right|_{\zeta=0}$$

由于 $\dfrac{1}{(2n)!} \left.\dfrac{d^{2n}(1+\zeta^2)^{2n}}{d\zeta^{2n}}\right|_{\zeta=0}$ 是二项式 $(1+\zeta^2)^{2n}$ 的展开式中 ζ^{2n} 的系数,我们求出它的值

$$\frac{2n(2n-1)\cdots(n+1)}{1 \cdot 2 \cdots \cdot n} = \frac{(2n)!}{(n!)^2}$$

把它代入公式(23),我们就得到

$$\int_0^{2\pi} \cos^{2n} x \, dx = 2\pi \frac{(2n)!}{2^{2n}(n!)^2} = 2\pi \frac{1 \cdot 3 \cdot 5 \cdot \cdots \cdot (2n-1)}{2 \cdot 4 \cdot 6 \cdot \cdots \cdot 2n}$$

4. 最后我们还要计算积分 $\displaystyle\int_0^\infty \frac{\sin x}{x} dx$. 在我们的讨论里将同时证明这个积分的存在. 我们先考虑积分 $\displaystyle\int \frac{e^{zi}}{z} dz$,积分路线取图 93 中指出的闭路.

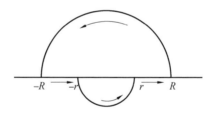

图 93

因为在积分闭路内,被积函数有唯一的奇异点 $z=0$,并且关于这一点的留数等于 1,所以根据留数的基本定理(§1,第 2 段),我们有

$$\int_{-R}^{-r} \frac{e^{xi}}{x} dx + \int_{-r}^{r} \frac{e^{zi}}{z} dz + \int_r^R \frac{e^{xi}}{x} dx + \int_{-R,R} \frac{e^{zi}}{z} dz = 2\pi i \tag{24}$$

利用等式

$$\int_{-R}^{-r} \frac{e^{xi}}{x} dx = -\int_r^R \frac{e^{-xi}}{x} dx$$

我们可以把等式(24)中的第一个与第三个积分合并成一个积分

$$\int_{-R}^{-r} \frac{e^{xi}}{x} dx + \int_r^R \frac{e^{xi}}{x} dx = 2i \int_r^R \frac{\sin x}{x} dx$$

于是等式(24)就变成下面的形式

$$2\mathrm{i}\int_r^R \frac{\sin x}{x}\mathrm{d}x + \int_{\overrightarrow{-r,r}} \frac{\mathrm{e}^{zi}}{z}\mathrm{d}z + \int_{\overleftarrow{-R,R}} \frac{\mathrm{e}^{zi}}{z}\mathrm{d}z = 2\pi\mathrm{i} \qquad (24')$$

要想求积分 $\displaystyle\int_0^\infty \frac{\sin x}{x}\mathrm{d}x$，我们只需让 r 趋近于零，让 R 趋向无穷大. 我们来证明，

这时积分 $\displaystyle\int_{\overleftarrow{-R,R}} \frac{\mathrm{e}^{zi}}{z}\mathrm{d}z$ 也趋近于零.

事实上，我们可以把积分

$$\int_{\overleftarrow{-R,R}} \frac{\mathrm{e}^{zi}}{z}\mathrm{d}z = \mathrm{i}\int_0^\pi \mathrm{e}^{-R\sin\varphi + iR\cos\varphi}\mathrm{d}\varphi \qquad (z = R\mathrm{e}^{\varphi i})$$

分成三部分：$\displaystyle\int_0^\delta + \int_\delta^{\pi-\delta} + \int_{\pi-\delta}^\pi$，并且把 δ 取得这样小，使得积分 $\displaystyle\int_0^\delta$ 与 $\displaystyle\int_{\pi-\delta}^\pi$ 的模都小于 $\dfrac{\varepsilon}{3}$，

其中 $\varepsilon > 0$ 是一个无论怎样小的正数. 以上这样是可以做到的，例如，我们有

$$\left|\int_0^\delta \mathrm{e}^{-R\sin\varphi + iR\cos\varphi}\mathrm{d}\varphi\right| \leqslant \int_0^\delta \mathrm{e}^{-R\sin\varphi}\mathrm{d}\varphi < \delta$$

因为 $\mathrm{e}^{-R\sin\varphi} \leqslant 1$，所以，我们只要取 $\delta = \dfrac{\varepsilon}{3}$ 就行了. 在取定了常数 δ 之后，我们来

考虑积分

$$\int_\delta^{\pi-\delta} \mathrm{e}^{-R\sin\varphi + iR\cos\varphi}\mathrm{d}\varphi$$

显然，我们有

$$\left|\int_\delta^{\pi-\delta} \mathrm{e}^{-R\sin\varphi + iR\cos\varphi}\mathrm{d}\varphi\right| \leqslant \int_\delta^{\pi-\delta} \mathrm{e}^{-R\sin\varphi}\mathrm{d}\varphi$$

因为当 $\delta \leqslant \varphi \leqslant \pi - \delta$ 时，$\sin\varphi \geqslant \sin\delta$，所以我们有

$$\mathrm{e}^{-R\sin\varphi} \leqslant \mathrm{e}^{-R\sin\delta}$$

因此我们得到

$$\left|\int_\delta^{\pi-\delta} \mathrm{e}^{-R\sin\varphi + iR\cos\varphi}\mathrm{d}\varphi\right| \leqslant (\pi - 2\delta)\mathrm{e}^{-R\sin\delta}$$

当 R 充分大时这个不等式右边就小于 $\dfrac{\varepsilon}{3}$.

因此，我们已经证明了当 R 充分大时

$$\left|\int_{\overleftarrow{-R,R}} \frac{\mathrm{e}^{zi}}{z}\mathrm{d}z\right| < \varepsilon$$

也就是说

$$\lim_{R \to m} \int_{-R,R} \frac{e^{zi}}{z} dz = 0 \tag{25}$$

剩下来只需要去求出当 r 趋近于零时，积分

$$\int_{-r,r} \frac{e^{zi}}{z} dz = i \int_{\pi}^{2\pi} e^{-r\sin\varphi + ir\cos\varphi} d\varphi$$

的极限. 这个极限事实上等于 πi，因为当 $r \to 0$ 时被积函数对 φ 来说一致地趋向 1.

因此，当 $R \to \infty, r \to 0$ 时，公式 $(24')$ 给出下面的等式

$$2i \int_0^\infty \frac{\sin x}{x} dx + \pi i = 2\pi i$$

或即

$$\int_0^\infty \frac{\sin x}{x} dx = \frac{\pi}{2}$$

4. $\cot z$ 展开成简单分式

现在我们利用留数的基本定理把函数 $\cot z$ 展开成简单分式的无穷级数.

首先我们注意到函数 $\cot z = \dfrac{\cos z}{\sin z}$ 是半纯的，并且以 $\sin z$ 为零的那些点作为它的极点. 我们还记得，$\sin z$ 所有的零点是 $z_k = k\pi (k = 0, \pm 1, \pm 2, \cdots)$（第二章，§4，第7段），并且在这些点上，$(\sin z)' = \cos z$ 不等于零，因此，我们可以断定：函数 $\cot z$ 以 z_k 为它的简单极点，关于这些点的留数 r_k 可以按通常的公式来计算

$$r_k = \frac{\cos z}{(\sin z)'} \bigg|_{z=k\pi} = 1$$

因此，函数 $\cot z$ 在极点 $z = k\pi$ 的主要部分是

$$\frac{1}{z - k\pi} \quad (k = 0, \pm 1, \pm 2, \cdots)$$

特别说来，在极点 $z = 0$ 的主要部分就是 $\dfrac{1}{z}$，并且

$$\lim_{z \to 0} \left(\cot z - \frac{1}{z} \right) = 0 \tag{26}$$

注意到这一点之后，我们要来证明函数 $\cot z$ 的模除去以点 $k\pi$ 为圆心，以同一个 ρ 为半径的小圆 $|z - k\pi| < \rho$ 外，在整个平面上都是有界的，这里 ρ 是任意一个给定的正数（图 94）.

因为函数 $\cot z$ 以 π 为周期，所以只要考虑它在下述区域 S 上的值就够了，这个 S 是以直线 $x = 0$ 与 $x = \pi$ 为边界的一个闭带形，但去掉以 $z = 0$ 与 $z = \pi$ 为

圆心、半径为 ρ 的两个半圆的内部(图 94).

在带形 S 的每一个有限部分上,函数 $\cot z$ 都是连续的,因而它的模是有界的. 因此,我们只要证明,当点 $z = x + \mathrm{i}y$ 在 S 内以任何方式趋向无穷,或者说当 $0 \leqslant x \leqslant \pi$ 而 $y \to +\infty$ 或 $y \to -\infty$ 时,模 $|\cot z|$ 是有界的,为此,我们从下列公式着手

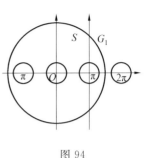

图 94

$$\cot z = \mathrm{i}\,\frac{\mathrm{e}^{\mathrm{i}z} + \mathrm{e}^{-\mathrm{i}z}}{\mathrm{e}^{\mathrm{i}z} - \mathrm{e}^{-\mathrm{i}z}} = \mathrm{i}\,\frac{\mathrm{e}^{-y}\mathrm{e}^{\mathrm{i}x} + \mathrm{e}^{y}\mathrm{e}^{-\mathrm{i}x}}{\mathrm{e}^{-y}\mathrm{e}^{\mathrm{i}x} - \mathrm{e}^{y}\mathrm{e}^{-\mathrm{i}x}}$$

把分子的模用模的和来替换,而把分母的模用模的差的绝对值来替换,就有

$$|\cot z| \leqslant \frac{\mathrm{e}^{y} + \mathrm{e}^{-y}}{|\mathrm{e}^{y} - \mathrm{e}^{-y}|}$$

于是不难看出,当 $y \to \pm\infty$ 时,不等式的右边趋向 1.

因此,当 y 的绝对值充分大时,我们完全可以假定 $|\cot z| < 2$. 现在我们以原点为圆心画一个半径为 $\left(n + \dfrac{1}{2}\right)\pi$ 的圆周 C_n,取充分小的 ρ,例如,$\rho = \dfrac{\pi}{4}$,于是,圆周 C_n 与平面上去掉的圆周不相交,因此,根据刚才证明的,在这些圆周上 $|\cot z|$ 是有界的

$$|\cot z| < M \tag{27}$$

现在我们来考虑下列形式的积分

$$\frac{1}{2\pi\mathrm{i}} \int_{C_n} \frac{\cot \zeta}{\zeta - z} \mathrm{d}\zeta \tag{28}$$

其中积分是沿圆周 C_n 的正方向计算的,而 z 是 C_n 内异于 $\cot z$ 的极点的任一点. 要想对积分(28)应用留数的基本定理,我们应该注意,被积函数在闭路 C_n 内有极点 z 与 $z_k = k\pi(k = 0, \pm 1, \pm 2, \cdots, \pm n)$,并且,关于这些点的留数分别是

$$\cot z \quad \text{与} \quad \frac{1}{z_k - z} = -\frac{1}{z - k\pi}$$

因此,根据留数的基本定理,我们有

$$\frac{1}{2\pi\mathrm{i}} \int_{C_n} \frac{\cot \zeta}{\zeta - z} \mathrm{d}\zeta = \cot z - \frac{1}{z} - \sum_{k=-n}^{n}{}' \frac{1}{z - k\pi}$$

其中求和符号上的一撇表示,要把相当于 $k = 0$ 的一项去掉. 在这个等式里,让 z 趋近于零,利用(26),我们就得到

$$\frac{1}{2\pi\mathrm{i}} \int_{C_n} \frac{\cot \zeta}{\zeta} \mathrm{d}\zeta = \sum_{k=-n}^{n}{}' \frac{1}{k\pi}$$

从前一个等式中减去这一个等式,我们得到

$$\frac{z}{2\pi i}\int_{C_n}\frac{\cot\zeta}{\zeta(\zeta-z)}\mathrm{d}\zeta=\cot z-\frac{1}{z}-\sum_{k=-n}^{n}{}'\Big(\frac{1}{z-k\pi}+\frac{1}{k\pi}\Big) \tag{29}$$

我们要证明当 n 无限增大时上式左边的积分趋近于 0.

事实上,根据(27),并且由于

$$|\zeta-z|\geqslant|\zeta|-|z|>n\pi-|z|$$

我们得到

$$\Big|\frac{z}{2\pi i}\int_{C_n}\frac{\cot\zeta}{\zeta(\zeta-z)}\mathrm{d}\zeta\Big|<\frac{M|z|}{n\pi-|z|}$$

这就证明了当 $n\to\infty$ 时式(29)左边的积分趋近于零. 因此,在式(29)中取极限,得到

$$\cot z=\frac{1}{z}+\lim_{n\to+\infty}\sum_{k=-n}^{n}{}'\Big(\frac{1}{z-k\pi}+\frac{1}{k\pi}\Big)$$

或即
$$\cot z=\frac{1}{z}+\sum_{k=-\infty}^{+\infty}{}'\Big(\frac{1}{z-k\pi}+\frac{1}{k\pi}\Big) \tag{30}$$

值得注意的是,按照我们导出公式(30)的情形来说,我们应当在无穷级数(30)中把相当于指标 k 与 $-k$ 的两项合并起来. 不过这里我们可以把公式(30)中的无穷级数看作是通常的无穷级数,因为不难证明它是绝对收敛的,因而它的和与项的排列次序无关. 实际上,我们可以证明,这个级数在任何有界区域内都绝对收敛,并且一致收敛,只要我们去掉在该区域内有极点的初始的有限多项. 由于级数的一般项是 $\frac{z}{(z-k\pi)k\pi}$,我们有

$$\Big|\frac{z}{(z-k\pi)k\pi}\Big|<\frac{L}{k^2\pi\Big(\pi-\dfrac{L}{|k|}\Big)}$$

因为在每一个有界区域内, $|z|<L$.

$\dfrac{1}{k^2}$ 的系数当 $|k|$ 无限增大时趋向极限 $\dfrac{L}{\pi^2}$,而众所周知,级数 $\sum\limits_{k=-\infty}^{\infty}\dfrac{1}{k^2}$ 又是收敛的. 因此,级数(30)在平面上任一有界区域内绝对收敛并且一致收敛,只要我们略去初始的有限多项不计. 把级数中 k 的绝对值相等但符号相反的相当的两项合并起来,我们可以改写公式(30)如下

$$\cot z=\frac{1}{z}+\sum_{k=1}^{\infty}\Big(\frac{1}{z-k\pi}+\frac{1}{k\pi}\Big)$$

或即
$$\cot z=\frac{1}{z}+\sum_{k=1}^{\infty}\frac{2z}{z^2-k^2\pi^2} \tag{30'}$$

习　　题

1. 试利用留数理论计算下列各积分

$$\int_0^\infty \frac{\sin x\,\mathrm{d}x}{x(x^2+1)^2},\ \int_{-\infty}^{+\infty}\frac{\cos x\,\mathrm{d}x}{1+x^4},\ \int_{-\infty}^{+\infty}\frac{\cos x\,\mathrm{d}x}{(x^2+1)(x^2+9)}$$

答：$\dfrac{\pi}{2}\left(1-\dfrac{3}{2e}\right)$；$\dfrac{\pi\sqrt{2}}{2}e^{-\frac{\sqrt{2}}{2}}\left(\cos\dfrac{\sqrt{2}}{2}+\sin\dfrac{\sqrt{2}}{2}\right)$；$\dfrac{\pi}{24e^3}(3e^2-1)$.

2. 试计算下列函数的留数：

(a) $\dfrac{z}{(z-1)(z-2)^2}$ 在 $z=1$ 与 $z=2$.

(b) $\dfrac{z}{(z-z_1)^m(z-z_2)}$ 在 $z=z_1$ 与 $z=z_2(z_2\neq z_1)$.

(c) $e^{\frac{1}{1-z}}$ 在 $z=1$.

(d) $\dfrac{1}{1-e^z}$ 在 $z=2k\pi i$.

答：(a) $+1$ 与 -1. (b) $-\dfrac{z_2}{(z_2-z_1)^m}$ 与 $\dfrac{z_2}{(z_2-z_1)^m}$. (c) 1. (d) -1.

3. 假设函数 $f(z)$ 与 $g(z)$ 在点 z_0 上都是全纯的,并且 $f(z_0)\neq0$,而 $g(z)$ 在 $z=z_0$ 有一个二级零点. 问 $\dfrac{f(z)}{g(z)}$ 在点 z_0 上的留数等于多少？

答：$\dfrac{a_1b_2-a_0b_3}{b_2^2}$,其中 $a_v=\dfrac{1}{v!}f^{(v)}(z_0),b_v=\dfrac{1}{v!}g^{(v)}(z_0)(v=1,2,3)$.

4. 假定已知 $\displaystyle\int_0^\infty e^{-t^2}\,\mathrm{d}t=\dfrac{1}{2}\sqrt{\pi}$,试计算傅里叶积分

$$\int_0^\infty \cos t^2\,\mathrm{d}t=\int_0^\infty \sin t^2\,\mathrm{d}t=\dfrac{1}{2}\sqrt{\dfrac{\pi}{2}}$$

从函数 e^{iz^2} 着手,沿闭路 C 求它的积分,其中 C 是从 0 开始沿实轴到 R,然后沿 $|z|=R$ 到点 $Re^{i\frac{\pi}{4}}$,最后再沿直线到 0 的一条闭路.

5. 试计算 $\displaystyle\oint_C \tan\pi z\,\mathrm{d}z$,其中 C 是圆周 $|z|=n(n=1,2,\cdots)$.

答：$-4ni$.

221

毕 卡 定 理

在第六章，§2，第6段中，根据 Ю. В. 索霍茨基定理，我们曾经研究了单值函数在本性奇异点的邻域内的性质.这个定理指出:在本性奇异点的无论怎样小的邻域内函数都可以取跟任何预先给定的数任意接近的值.那里也提到过，毕卡曾经证明了一个更广泛而且更深刻的定理:在本性奇异点的无论怎样小的邻域内，函数 $f(z)$，除可能有一个数值例外以外，可以取(并且是无限多次地取)任何的有限数值.这个著名的定理将在本章的末尾建立起来.

§1　布洛赫定理

1.关于全纯函数的反函数的定理

我们考虑一个在 $|z| \leqslant R$ 上全纯并且满足 $|F(z)| \leqslant M$ 的函数 $w = F(z)$.假定 $F(0) = 0$，$|F'(0)| = a > 0$.

在这种情况下，一定存在一个仅依赖于 M 与乘积 aR 的数 Φ，使得 $w = F(z)$ 的反函数在圆 $|w| < \Phi$ 内是单值的并且它的模小于 R.

为了证明这个定理，我们从 $F(z)$ 的泰勒展开式

$$F(z) = a_1 z + a_2 z^2 + \cdots + a_n z^n + \cdots \quad (|z| \leqslant R)$$

开始. 这里, 展开式的系数满足柯西不等式(第五章, §2, 第8段)

$$| a_k | \leqslant \frac{M}{R^k} \quad (k = 1, 2, 3, \cdots)$$

特别是

$$a = | a_1 | \leqslant \frac{M}{R} \tag{1}$$

在圆周 $| z | = r, 0 < r \leqslant R$ 上, 我们可以得到模 $| F(z) |$ 的估计

$$| F(z) | \geqslant r(a - | a_2 | r - | a_3 | r^2 - \cdots) \geqslant r\left(a - \frac{M}{R^2} r - \frac{M}{R^3} r^2 - \cdots\right) =$$

$$M + r\left(a + \frac{M}{R}\right) - \frac{M}{1 - \dfrac{r}{R}} = \varphi(r)$$

当 $r = \rho = R\left(1 - \sqrt{\dfrac{M}{M + aR}}\right)$ 时, 函数 $\varphi(r)$ 有最大值

$$\Phi = \varphi(\rho) = M + (aR + M) - 2\sqrt{M(aR + M)} = (\sqrt{aR + M} - \sqrt{M})^2 > 0 \tag{2}$$

这个数 Φ 就满足定理的全部要求. 实际上, 对于任一个它的模小于 Φ 的 w, 根据儒歇定理, 在圆 $| z | < \rho$ 内方程 $F(z) - w = 0$ 与方程 $F(z) = 0$ 有同样多的根. 但后者只有一个根 $z = 0$, 因为当 $0 < | z | < \rho$ 时

$$| F(z) | \geqslant | z | (| a_1 | - | a_2 | | z | - | a_3 | | z |^2 - \cdots) >$$

$$| z | (a - | a_2 | \rho - | a_3 | \rho^2 - \cdots) = | z | \frac{\varphi(\rho)}{\rho} > 0$$

除此之外, Φ 是一个关于 M 与 aR 的函数. 所以, 对于每一个属于圆 $| w | < \Phi = (\sqrt{aR + M} - \sqrt{M})^2$ 的 w, 方程 $F(z) = w$ 有一个而且只有一个满足不等式 $| z | < \rho < R$ 的解. 这就证明了我们的定理.

　　我们注意: 根据不等式(1)

$$\rho = R\left(1 - \sqrt{\frac{M}{M + aR}}\right) < R\left(1 - \frac{1}{\sqrt{2}}\right) = 0.29\cdots R < 0.3R$$

并且

$$\Phi = (\sqrt{aR + M} - \sqrt{M})^2 = \left(\frac{aR}{\sqrt{aR + M} + \sqrt{M}}\right)^2 > \frac{a^2 R^2}{M(\sqrt{2} + 1)^2} > \frac{a^2 R^2}{6M}$$

(因为 $(\sqrt{2} + 1)^2 = 3 + 2\sqrt{2} < 6$).

　　因此, 表达式(2)可以用比较简单而又同样满足定理的条件的下列表达式来代替

$$\Phi(M, aR) = \frac{a^2 R^2}{6M} \tag{3}$$

223

2.布洛赫定理的证明

从几何的意义来说,第 1 种中所建立的定理可以叙述如下:我们考虑一族函数

$$w = F(z) = z + a_2 z^2 + \cdots \tag{4}$$

这些函数在圆 $|z| \leqslant R$ 内是全纯的而且满足 $|F(z)| \leqslant M$. 不管是族(4)的哪一个函数,在 w 平面上都存在一个以坐标原点为圆心、$\Phi(M,R) = \dfrac{R^2}{6M}$ 为半径的圆,利用函数 $w = F(z)$ 可以把这个圆双方单值地映射成圆 $|z| < R$ 内部的某一个区域.

显然,假如我们用增大 M 的方法来扩充我们的函数族,这个圆的半径 Φ 就减小. 这自然会使我们想到,对于函数族(4),如果它的函数的模在 $|z| \leqslant R$ 圆上没有任何常数作为它的界限时,一般来说,不可能在 w 平面上找到一个以坐标原点为圆心且有固定的半径的圆使它能被这个族中的任何一个函数的数值盖住.

实际上,这很容易从下面的例子看出来. 假定

$$w_\varepsilon = \varepsilon(e^{z/\varepsilon} - 1) = z + \cdots$$

因为 $e^{z/\varepsilon}$ 对于任何 z 与 $\varepsilon(\varepsilon > 0)$ 总不等于零,所以 w 不能取数值 $-\varepsilon$. 因此,我们无论怎样取一个以 w 平面的坐标原点为圆心、有固定半径的小圆,当 ε 足够小时,总可以在这圆的内部找到点 $-\varepsilon$,而这个数值分明不是我们族中的对应函数 w_ε 的数值.

不过,按族中的函数来变动 w 平面上圆的圆心,但保持它的半径不变,我们就可以选取这个圆的位置使得它完全是由代表给定族中的函数的值点所组成的. 不但如此,我们立刻要证明下述的布洛赫定理. 它就是推广上述这个论断的:

对于族中无论哪一个在 $|z| \leqslant R$ 上全纯的函数

$$w = F(z) = z + a_2 z^2 + \cdots$$

在 w 平面上总存在一个以某一点为圆心的圆,它被 $w = F(z)$ 双方单值地映射成 $|z| < R$ 内部的某一个区域. 这个圆的半径与函数无关,也就是说,它是某一个常数(只依赖于 R).

不失一般性,我们可以取 $R = 1$. 事实上,我们作一个辅助函数

$$\varphi(x) = \frac{F(Rx)}{R} = x + \cdots$$

这个函数在圆 $|x| \leqslant 1$ 上是全纯的. 假如我们对于函数 $\varphi(x)$ 证明了我们的定理,并且对于它得到了一个 φ 平面上以某点为圆心、以一个绝对常数 B 为半径的圆,这个圆被 $\varphi = \varphi(x)$ 双方单值地映射成 $|x| < 1$ 内部的某一个区域,则回

到一般的情形,由于$|F(Rx)|=R|\varphi(x)|$,我们就可以断定:存在一个在$w=F$平面上的以某点为圆心的圆,它双方单值地被映射成$|z|<R$内部的某个区域.这个圆的半径等于BR.

为了证明这一点我们介绍一个辅助量

$$\Omega(\vartheta)=\vartheta\max_{|x|\leqslant 1-\vartheta}|\varphi'(x)|\qquad(0\leqslant\vartheta\leqslant 1)$$

作为ϑ的函数$\Omega(\vartheta)$具有下面的性质:

$(1)\Omega(0)=0$;$(2)\Omega(1)=1$;$(3)\Omega(\vartheta)$连续.

因此有$\vartheta_0>0$存在使$\Omega(\vartheta_0)=1$,同时当$\vartheta<\vartheta_0$时$\Omega(\vartheta)<1$. 我们用$\xi(|\xi|=1-\vartheta_0)$来记当$|x|\leqslant 1-\vartheta_0$时,$|\varphi'(x)|$达到最大值的点.

于是

$$|\varphi'(\xi)|=\frac{1}{\vartheta_0}$$

在圆$|x-\xi|\leqslant\dfrac{\vartheta_0}{2}$上我们有$|\varphi'(x)|\leqslant\dfrac{2}{\vartheta_0}$,因为这个圆构成圆$|x|\leqslant 1-\dfrac{\vartheta_0}{2}$的一部分,而且按照$\Omega(\vartheta)$的定义,我们有

$$\max|\varphi'(x)|=\frac{\Omega\left(\dfrac{\vartheta_0}{2}\right)}{\dfrac{\vartheta_0}{2}}<\frac{1}{\dfrac{\vartheta_0}{2}}=\frac{2}{\vartheta_0}\quad(|x|\leqslant 1-\frac{\vartheta_0}{2})$$

我们现在来考察公式

$$w^*=\varphi(x)-\varphi(\xi)=\int_{\xi}^{x}\varphi'(t)\,\mathrm{d}t$$

因为在圆$|x-\xi|\leqslant\dfrac{\vartheta_0}{2}$上永远有$|\varphi'(x)|\leqslant\dfrac{2}{\vartheta_0}$,所以在这个圆上:$|w^*|=|\varphi(x)-\varphi(\xi)|\leqslant\dfrac{2}{\vartheta_0}\cdot\dfrac{\vartheta_0}{2}=1$. 因此,函数$w^*=\varphi(x)-\varphi(\xi)$在圆$|x-\xi|\leqslant\dfrac{\vartheta_0}{2}$上是全纯的,并且$|w^*|\leqslant 1$,$w^*(\xi)=0$,$|w^{*\prime}(\xi)|=|\varphi'(\xi)|=\dfrac{1}{\vartheta_0}$.

利用第1段的结果到函数w^*,我们得到

$$a=|w^{*\prime}(\xi)|=\frac{1}{\vartheta_0}$$

$$Ra=\frac{\vartheta_0}{2}\cdot\frac{1}{\vartheta_0}=\frac{1}{2},\quad M=1$$

由此可见,根据第一段的结果,$w^*=\varphi(x)-\varphi(\xi)$的反函数在圆$|w^*|<\Phi\left(1,\dfrac{1}{2}\right)=B$的内部是单值的.

换句话说,以φ平面的点$\varphi(\xi)$为圆心、B为半径的圆可以双方单值地映射

225

成圆 $|x-\xi|\leqslant\dfrac{\vartheta_0}{2}$ 内部的某一个区域,也就是说,映射成圆 $|x|<1$ 的内部的一个区域.

附注 显然,如果考虑只在圆 $|x|<1$ 内部全纯的函数,布洛赫定理依旧有效.这时绝对常数 B 应当改变为常数 B_1,$B_1<B$.实际上,只须应用布洛赫的结果到区域 $|x|\leqslant 1-\varepsilon(\varepsilon>0)$ 上,在这区域上给定的函数是全纯的.布洛赫圆的半径就是 $B_1=B(1-\varepsilon)$,也就是某一个比 B 小一些的常数.

§2 朗 道 定 理

1. 朗道定理的证明

现在我们来谈到布洛赫结果($\S 1$,第 2 段)的应用,我们考虑函数 $w=f(z)$,它在圆 $|z|<1$ 的内部是全纯的并且不取数值 0 与 1.我们构造一个辅助函数

$$F(z)=\ln\left(\sqrt{\frac{\ln f(z)}{2\pi\mathrm{i}}}-\sqrt{\frac{\ln f(z)}{2\pi\mathrm{i}}-1}\right)\tag{5}$$

这个函数 $F(z)$ 在圆 $|z|<1$ 的内部是全纯的,因为给定的函数 $f(z)$ 在这个圆内不等于 0 也不等于 1.除此之外,函数 $F(z)$ 不取 $\pm\ln(\sqrt{n}-\sqrt{n-1})+2m\pi\mathrm{i}(n\geqslant 1$ 是整数,m 是任意的整数)形式的值,这些值在 F 平面上组成一个点集合 E.

事实上,对 $f(z)$ 解方程(5),我们得到

$$f(z)=-\mathrm{e}^{\frac{\pi\mathrm{i}}{2}(\mathrm{e}^{2F(z)}+\mathrm{e}^{-2F(z)})}\tag{5$'$}$$

因此,假如 $F(z)$ 等于集合 E 中的任何一个值,我们将有

$$f(z)=-\mathrm{e}^{\frac{\pi\mathrm{i}}{2}\left[(\sqrt{n}\mp\sqrt{n-1})^2+(\sqrt{n}\pm\sqrt{n-1})^2\right]}=-\mathrm{e}^{\frac{\pi\mathrm{i}}{2}(4n-2)}=1$$

而这是不可能的.

F 平面的每一点到点集合 E(也就是说到这个点集合的最近的点)的距离小于 b,这里 b 是一个绝对常数,这一点可以从下面的两个等式直接推出来

$$-\ln(\sqrt{n}-\sqrt{n-1})=\ln\frac{1}{\sqrt{n}-\sqrt{n-1}}=\ln(\sqrt{n}+\sqrt{n-1})\to\infty$$

又

$$\ln(\sqrt{n+1}+\sqrt{n})-\ln(\sqrt{n}+\sqrt{n-1})=\ln\frac{\sqrt{n+1}+\sqrt{n}}{\sqrt{n}+\sqrt{n-1}}\to 0$$

假定 $F'(0)\neq 0$,我们来考虑函数

$$\frac{F(z)-F(0)}{F'(0)} = z + a_2 z^2 + \cdots$$

根据布洛赫(§1,第2段)的结果,对于这个函数有一个以它自己平面的某一点为圆心、常数 B_1 为半径的圆存在,全部被它的数值盖住.

因此,对于函数 $F(z)$ 将也存在一个以 F 平面的某一点为圆心, $B_1|F'(0)|$ 为半径的圆,全部被 $F(z)$ 的值盖住.因为这个圆不可能含有集合 E 的点,所以下面的不等式应当成立

$$B_1 |F'(0)| < b \quad \text{或} \quad |F'(0)| < \frac{b}{B_1}$$

这个不等式是在 $F'(0) \neq 0$ 的假定下得到的,如果 $F'(0) = 0$,用不着说这个不等式还是成立的.

因此,我们有

$$|F'(0)| < \frac{b}{B_1} = C_1 \tag{6}$$

其中 C_1 是一个绝对常数,回到那个给定的,也就是根据公式$(5')$所定义的函数 $f(z)$,利用已建立的不等式(6),我们得到

$$|f'(0)| < L[f(0)] \tag{7}$$

其中 L 表示一个确定的运算,与函数 f 的形式无关.

上面这个不等式直接引导我们到朗道定理,它可以叙述如下:

假定 $f(z) = \alpha + \beta z + a_2 z^2 + \cdots (\beta \neq 0)$ 是圆 $|z| < R$ 内部的一个全纯函数,并且它不取 0 与 1 两个值,则有下列不等式

$$R < \Omega(\alpha, \beta)$$

其中 $\Omega(\alpha, \beta)$ 仅依赖于 α 与 β.

事实上,令 $\varphi(z) = f(Rz)$,我们得到在 $|z| < 1$ 的内部全纯,并且不取 0 与 1 两个值的函数 $\varphi(z)$. 应用已经证明了的不等式(7)到这个函数,我们就得到 $|\varphi'(0)| < L[\varphi(0)]$,或者回到给定的函数 f,把这个不等式改写作

$$R[f'(0)] < L[f(0)] \quad \text{或} \quad R|\beta| < L(\alpha)$$

由此可见

$$R < \frac{L(\alpha)}{|\beta|} = \Omega(\alpha, \beta)$$

2. 毕卡的小定理

早在朗道发现以前,毕卡就已经建立了下面这个关于整函数的定理:每一个不恒等于常数的整函数除可能有一个值例外以外,可以取到任何有限的值.

换句话说,如果 $f(z)$ 是整函数,那么方程 $f(z) = A$,对于复数 A 的每一个有限值,除可能有一个值以外,都一定有根. e^z 可以作为有例外值的整函数的例

227

子,它对于任何 z 都不等于零.任何有理整函数或 $\sin z$ 都可以作为没有例外值的整函数的例子.这里所考虑的毕卡定理是在第一段所建立的朗道定理的一个特殊情形.事实上,假如整函数 $f(z)$ 不取两个不同的有限值 a 与 b 而又不恒等于一个常数时,根据朗道的基本定理我们会立刻得到矛盾的结果.

作函数 $F(z) = \dfrac{f(z) - a}{b - a}$,于是它在整个平面上都全纯,并且不取 0 与 1 两个值同时也不恒等于一个常数的函数.因此,可以找到一点,设为坐标原点,使得在这一点的导数 $F'(0) = \beta$ 不等于零.假定我们的函数的幂级数展开式是

$$F(z) = \alpha + \beta z + a_2 z^2 + \cdots$$

因为函数 $F(z)$ 在具有任意的半径 R 的圆 $|z| < R$ 内部是全纯的,而且不取 0 与 1 两个值,所以根据朗道定理,我们应当有

$$R < \Omega(\alpha, \beta)$$

这个不等式的矛盾是显然的,因为在它的左方是一个可以任意大的数 R,而在它的右方却是一个常数 $\Omega(\alpha, \beta)$.

§3   夏特基不等式

1. 夏特基不等式的导出

为了建立在本章一开始就叙述过的所谓毕卡的大定理,需要引进一个以夏特基不等式为名的不等式.我们要根据布洛赫的结果(§1,第 2 段),利用一个类似于 §2(第 1 段)中证明朗道定理所应用的方法来导出这个不等式.

考虑一个函数 $f(z)$,它在圆 $|z| < 1$ 的内部全纯,并且不取 0 与 1 两个数值.回到在 §2(第 1 段)由公式(5)所定义的辅助函数 $F(z)$ 我们考虑下列表达式

$$\varphi(\zeta) = \frac{F[z + (1 - r)\zeta] - F(z)}{(1 - r)F'(z)} = \zeta + \cdots$$

其中 $|z| = r$.这个表达式是一个在圆 $|\zeta| < 1$ 内部的关于 ζ 的全纯函数,并且 $\varphi(0) = 0, \varphi'(0) = 1$.根据布洛赫的结果(§1,第 2 段),对于这个函数有一个以 φ 平面的某一点为圆心、绝对常数 B_1 为半径的圆存在,全部被它的函数值盖住.因此,在 F 平面上有一个以某一点为圆心、$B_1(1 - r)|F'(z)|$ 为半径的圆全部被函数 $F[z + (1 - r)\zeta]$,$|\zeta| < 1$ 的数值盖住,当然,更不用说,也就被当 $|\zeta| < 1$ 时函数 $F(\zeta)$ 的数值盖住.但另一方面,因为函数 $F(\zeta)$ 当 $|\zeta| < 1$ 时不取集合 E 中的点所代表的数值(参看 §2,第 1 段),所以下面的不等式成立

$$B_1(1 - r)|F'(z)| < b$$

其中 b 是一个绝对常数,是 F 平面上任一点到点集合 E 的距离的最大者.

我们把上面这个不等式改写成

$$| F'(z) |<\frac{b}{B_1}\cdot\frac{1}{1-r} \tag{8}$$

这个不等式是在 $F'(z)\neq 0$ 的假定下导出来的,但是当 $F'(z)=0$ 时,它显然也成立. 所以这个不等式对于每一个 z, $| z |=r<1$ 都是对的.

我们提出下列显然成立的恒等式

$$F(z)=F(0)+\int_0^z F'(t)\mathrm{d}t$$

因为,当 $| t |\leqslant r=| z |$ 时

$$| F'(t) |<\frac{b}{B_1}\cdot\frac{1}{1-| t |}\leqslant\frac{b}{B_1}\frac{1}{1-r}$$

所以,把长度为 r 的连接点 0 与 z 的直线段作为积分路线,我们从上面的恒等式就得到不等式

$$| F(z) |<| F(0) |+\frac{b}{B_1}\frac{r}{1-r}$$

回到给定的函数 $f(z)$,和与 $f(z)$ 联系的公式(5′),并利用上面的不等式,我们就得到

$$| f(z) |<L[F(0),r]$$

或者,注意到 $F(0)$ 可以用到 $f(0)$ 来表示,我们最后就得到

$$| f(z) |<\Omega[f(0),r] \tag{9}$$

其中 Ω 只依赖于 $f(0)$ 与 $r=| z |$.

由于函数 $f(z)$ 的全纯性,不等式(9)显然在 $z\leqslant r$ 时依旧有效. 夏特基的不等式(9)指出:假如一族在圆 $| z |<1$ 的内部全纯,并且不取 0 与 1 两个数值的函数有相同的常数项 $f(0)$,那么这个族中的任一个函数的模在圆 $| z |\leqslant r(r<1)$ 上都小于某一个仅与 r 有关的常数. 如果我们考虑的函数是在圆 $| z |<R$ 的内部全纯,并且不取 0 与 1 两个数值的情形,我们还可以导出以上定理的一般形式.

事实上,令 $\varphi(x)=f(Rx)=f(z)$,我们得到一个满足已证得的不等式(9)的条件的函数 $\varphi(x)$,并且 $\varphi(0)=f(0)$. 因此,根据不等式(9)有

$$| \varphi(x) |<\Omega[f(0),r] \quad (| x |\leqslant r<1)$$

或即

$$| f(z) |<\Omega[f(0),r] \quad (| z |\leqslant Rr)$$

所以,假如 $f(z)$ 是在圆 $| z |<R$ 内部全纯的函数,并且它不取 0 与 1 两个值,那么在圆 $| z |\leqslant R\vartheta(\vartheta<1)$ 上,有下列不等式

$$| f(z) |<\Omega[f(0),\vartheta] \tag{10}$$

附注 从不等式(10)可以估计 $|f(z)|$ 在圆 $|z| \leqslant R\vartheta$ 上的下界. 事实上, 函数 $\dfrac{1}{f(z)}$ 满足夏特基定理的所有的条件, 因此当 $|z| \leqslant R\vartheta$ 时, $\dfrac{1}{f(z)} < \Omega\left[\dfrac{1}{f(0)}, \vartheta\right]$. 由此可见

$$|f(z)| > \frac{1}{\Omega\left[\dfrac{1}{f(0)}, \vartheta\right]} = \Omega_1[f(0), \vartheta] \tag{10'}$$

不等式(10′)在圆 $|z| \leqslant R\vartheta$ 上成立.

2. 广义夏特基不等式

为了证明毕卡定理, 我们有必要利用夏特基不等式推广后的形式. 根据前段中证明的定理, 在圆 $|z| < R$ 的内部全纯, 并且不取 0 与 1 两个数值的函数 $f(z)$ 在圆 $|z| \leqslant R\vartheta$ 上的模是介于两个界限之间, 而这两个界限只与函数在圆心的值以及数 ϑ 有关, 这里 ϑ 是外圆与内圆半径之比. 假定 $\alpha \leqslant |f(0)| \leqslant \beta$, 我们要证明这两个界限可以算作只依赖于 α, β 与 ϑ. 这就是我们所需要的夏特基不等式的推广.

为此, 我们回到第 1 段的讨论, 我们注意, 如果我们能证明不等式

$$|F(0)| < l(\alpha, \beta)$$

的正确性, 那么我们的论断也就得到了证实, 这里 F 就是第 1 段中的辅助函数, 而 $l(\alpha, \beta)$ 只与 α 和 β 有关. 由于

$$F(0) = \ln\left[\sqrt{\frac{\ln f(0)}{2\pi i}} - \sqrt{\frac{\ln f(0)}{2\pi i} - 1}\right]$$

我们立刻得到

$$|F(0)| \leqslant \left|\ln\left[\sqrt{\frac{|\ln|f(0)||}{2\pi} + 1} + \sqrt{\frac{|\ln|f(0)||}{2\pi} + 2}\right]\right| + 2\pi$$

用 $\ln^+ \sigma$ 来记数 $\ln \sigma$, 假如 $\sigma > 1$; 记数 0, 假如 $\sigma \leqslant 1$. 于是, 等式

$$|\ln \sigma| = \ln^+ \sigma + \ln^+ \frac{1}{\sigma}$$

与不等式

$$\ln^+ \sigma \leqslant \ln^+ \sigma' \quad (\sigma \leqslant \sigma')$$

显然成立.

因为

$$\alpha \leqslant |f(0)| \leqslant \beta$$

所以

$$\frac{1}{\beta} \leqslant \frac{1}{|f(0)|} \leqslant \frac{1}{\alpha}$$

因此我们可以写

$$|\ln|f(0)|| \leqslant \ln^+ \beta + \ln^+ \frac{1}{\alpha}$$

由此,不等式

$$|F(0)| < l(\alpha,\beta)$$

显然成立.

在得到了仅与 α,β 和 ϑ 有关的函数 $f(z)$ 在圆 $|z| \leqslant R\vartheta$ 上的模的上限之后,对于下限的确定,我们像在第 1 段的附注中所做的一样,应用已得的不等式到函数 $\frac{1}{f(z)}$ 上去,只要注意到在这时,函数在圆心的值的模介于数 $\frac{1}{\beta}$ 与 $\frac{1}{\alpha}$ 之间.因此,广义夏特基不等式可以叙述如下:如果 $f(z)$ 是在 $|z| < R$ 圆内全纯,并且不取 0 与 1 两个数值的一个函数,又 $\alpha \leqslant |f(0)| \leqslant \beta$,那么在圆 $|z| \leqslant R\vartheta$ 上,下列不等式成立

$$\Omega_1(\alpha,\beta,\vartheta) < |f(z)| < \Omega(\alpha,\beta,\vartheta) \tag{11}$$

§4 毕卡的一般定理

利用夏特基定理,我们现在就能够证明在本章开始所叙述的毕卡的一般定理了.因此,现在我们应当来证明:在本性奇异点的某一邻域内全纯的函数 $f(z)$ 在该邻域内取不到的有限值不能多于一个.如果不然,假定 $f(z)$ 有两个取不到的数值,我们不妨假定这两个数值是 0 与 1.利用自变数的线性变换,我们可以使本性奇异点变成无穷远点,而函数 $f(z)$ 当 $|z| \geqslant \frac{1}{2}$ 时是全纯的,并且不等于 0 与 1.

根据 Ю. В. 索霍茨基定理(第六章,§2,第 5 段)(我们现在所要证明的定理正是它的加深)可以给出一个趋向无穷远点的点列 $\lambda_n : \lim\limits_{n\to\infty} \lambda_n = \infty$,使得不等式

$$\frac{1}{2} < |f(\lambda_n)| < 1$$

对于无论哪一个 n 都成立.

对于充分大的值 n,函数 $f_n(z) = f(\lambda_n z)$ 在区域 $|z| \geqslant \frac{1}{2}$ 上是全纯的,并且 $\frac{1}{2} < |f_n(1)| < 1$.

应用夏特基定理(§3,第 2 段)到以点 $z=1$ 为圆心、$\frac{1}{2}$ 为半径的圆上,于是

231

在以 $z=1$ 为圆心、$\frac{1}{4}$ 为半径的圆上这个函数的模就介于两个绝对常数之间. 从圆心为 $z=1$、半径为 $\frac{1}{4}$ 的圆出发,可以做出一串有限个半径为 $\frac{1}{4}$、圆心在圆周 $|z|=1$ 上的圆,使得每一个后面的圆的圆心都在前一个圆的内部,并且这些圆的全体盖住圆周 $|z|=1$. 连续若干次地把广义夏特基定理应用到与这些小圆同心而半径为 $\frac{1}{2}$ 的圆上去,这就给我们指出:每一个函数 $f_n(z)$ 的模在半径为 $\frac{1}{4}$ 的圆所扫过的区域内都介于两个常数之间. 特别说来,这些函数在圆周 $|z|=1$ 上的模都是有界的. 这个论断等于说:函数 $f(z)$ 在所有的圆周 $|z|=|\lambda_n|$ 上的模都小于一个常数. 因闭圆环上的全纯函数在边界上达到它的模的最大值,所以 $|f(z)|$ 在区域 $|z|\geqslant\frac{1}{2}$ 上就小于上述的常数. 这是与 Ю. B. 索霍茨基定理相矛盾的,这个矛盾证明了毕卡一般定理的正确性.

运用以上所证明的结果到函数 $f\left(\dfrac{z}{\sigma}\right)(\sigma<1)$,就知道在区域 $|z|\geqslant\dfrac{1}{2\sigma}$ 上,除可能有一个数值例外以外,$f(z)$ 能取到所有的有限值. 但因为函数 $f(z)$ 在每一个区域 $|z|\geqslant\dfrac{1}{2\sigma}$ 上都具有这个性质,所以它除例外值以外无限多次地取到所有的有限值.

习　　题

1. 试证明每一个值都只取一次的整函数是一个整线性函数.
2. 试证明除线性函数外,任何整函数的反函数不可能是整函数.
3. 试利用柯西积分公式证明刘维尔定理.
4. 问是否存在一个整超越函数,它的模在每一条从原点出发的半射线上都趋向 $+\infty$?

答:存在,例如 e^z+z.

5. 试证明毕卡定理对函数 e^z 的正确性,换句话说,确定方程 $\mathrm{e}^z=A(A\neq0)$ 的根.
6. 问函数 e^z+1 的例外值是什么?
7. 试证明 $\mathrm{ch}\,z$ 与 $\mathrm{sh}\,z$ 能取所有的值.
8. 试在 $z=0$ 附近,对函数 $\mathrm{e}^{\frac{1}{z}}$ 验证毕卡定理.

无穷乘积与它对解析函数的应用

§1　无穷乘积

1.收敛的与发散的无穷乘积

和无穷级数一样,无穷乘积也是表现函数的一个很有价值的解析工具.在利用这个工具来表现复变数的全纯函数之前,我们应该先简单介绍一下无穷乘积的理论.

试考虑任意 n 个非零因子

$$(1+u_1),(1+u_2),\cdots,(1+u_n)$$

的乘积 p_n,其中 $u_1,u_2,\cdots,u_n$ 都是复数

$$p_n=(1+u_1)(1+u_2)\cdots(1+u_n) \tag{1}$$

令 n 等于 $1,2,3,\cdots$ 我们就得到一个非零复数的序列:p_1,$p_2,\cdots,p_n,\cdots$ 而且这个数列只可能有三种情形:

(1) 数列 $p_1,p_2,\cdots,p_n,\cdots$ 收敛于一个非零的有限数 p,即 $\lim\limits_{n\to\infty}p_n=p,p\neq0$.

(2) 数列 $p_1,p_2,\cdots,p_n,\cdots$ 收敛于零,即 $\lim\limits_{n\to\infty}p_n=0$.

(3) 数列 $p_1,p_2,\cdots,p_n,\cdots$ 发散,即不趋向任何有限的极限.

在第一种情形,无穷乘积

$$(1+u_1)(1+u_2)\cdots(1+u_n)\cdots \tag{2}$$

称为是收敛的,而我们就取数 p 作为这个乘积(2)的值.在后两种情形,乘积(2)称为是发散的.

例如,无穷乘积

$$1 \cdot \frac{2^2}{2^2-1} \cdot \frac{3^2}{3^2-1} \cdot \cdots \cdot \frac{n^2}{n^2-1} \cdot \cdots$$

是收敛的,因为在这里我们有

$$p_n = 1 \cdot \frac{2^2}{(2+1)(2-1)} \cdot \frac{3^2}{(3+1)(3-1)} \cdot \frac{4^2}{(4+1)(4-1)} \cdot \cdots \cdot$$

$$\frac{(n-1)^2}{n(n-2)} \cdot \frac{n^2}{(n+1)(n-1)} = \frac{2n}{n+1}$$

从而 $\lim\limits_{n\to\infty} p_n = 2$.

但无穷乘积

$$1 \cdot \frac{1}{2} \cdot \frac{1}{3} \cdot \cdots \cdot \frac{1}{n} \cdots$$

与

$$2 \cdot \frac{1}{2} \cdot 3 \cdot \frac{1}{4} \cdot 4 \cdot \frac{1}{4} \cdots$$

就都是发散的.在第一个乘积中有

$$p_n = 1 \cdot \frac{1}{2} \cdot \frac{1}{3} \cdot \cdots \cdot \frac{1}{n} = \frac{1}{n!}$$

$$\lim\limits_{n\to\infty} p_n = 0 \quad (\text{第二种情形})$$

在第二个乘积中,则假如 n 是偶数,$p_n = 1$,假如 n 是奇数,$p_n = \dfrac{n+3}{2}$;从而数列 p_n 发散(第三种情形).

以上这个无穷乘积的收敛性的概念,可以利用不等式来表达,假定乘积(2)收敛于数 p,则

$$p = (1+u_1)(1+u_2)\cdots(1+u_n)\cdots \tag{3}$$

于是当 n 无限增大时,比值 $\dfrac{p}{p_n}$ 就趋向 1,因为

$$\lim\limits_{n\to\infty} \frac{p}{p_n} = \frac{p}{\lim\limits_{n\to\infty} p_n} = \frac{p}{p} = 1 \quad (p \neq 0)$$

显然,反过来如果当 n 无限增大时比值 $\dfrac{p}{p_n}$ 趋向 1,那么乘积(2)也就收敛于数 p.

换句话说,无穷乘积(2)称为收敛于数 $p(p \neq 0)$,等于说,对于无论怎样小的 $\varepsilon > 0$,都可以找到一个数 $N = N(\varepsilon)$,满足以下的不等式

$$\left|\frac{p}{p_n} - 1\right| < \varepsilon \quad (n \geqslant N)$$

2. 无穷乘积收敛性的基本判别法

无穷乘积理论的基本问题是:给定了无穷乘积的元素(即它的因子),要去判断它是否收敛. 我们下面仅只建立一个一般性的定理,这个定理把研究无穷乘积的收敛性的问题归结到相应的无穷级数的收敛性的问题.

定理 假如级数

$$u_1 + u_2 + \cdots + u_n + \cdots \tag{4}$$

绝对收敛,则乘积

$$(1 + u_1)(1 + u_2)\cdots(1 + u_n)\cdots \tag{2}$$

也收敛.

证明 按照定理的假设,级数

$$|u_1| + |u_2| + \cdots + |u_n| + \cdots \tag{4'}$$

是收敛的. 这里我们不妨假定所有的 u_n 的模都小于 1,因为根据级数(4')的收敛性,有 $\lim\limits_{n \to \infty} |u_n| = 0$,换句话说,在数 u_n 中,只有有限多个 u_n 的模不小于 1. 去掉有限多个因子并不影响乘积收敛性或发散性.

我们先假设所有的数 u_n 都是实数,用 a_n 来表示.

因此,我们要在级数

$$|a_1| + |a_2| + \cdots + |a_n| + \cdots \tag{5}$$

收敛的情形下,来证明乘积

$$(1 + a_1)(1 + a_2)\cdots(1 + a_n)\cdots \tag{6}$$

的收敛性. 一般来说,在所有的数 a_n 中,有正有负. 我们用 $b_1, b_2, \cdots$ 来表示正数,用 $-c_1, -c_2, \cdots$ 来表示负数.

分别考虑两个乘积

$$(1 + b_1)(1 + b_2)\cdots \tag{7}$$

与

$$(1 - c_1)(1 - c_2)\cdots \tag{8}$$

假如我们能证明这两个乘积都收敛,那么显然也就证明了乘积(6)的收敛性.

由假设,级数 $b_1 + b_2 + \cdots$ (7')与 $c_1 + c_2 + \cdots$ (8')都是收敛的. 由于

$$\ln(1 + b_n) < b_n \quad (b_n < 1)$$

所以级数

$$\ln(1 + b_1) + \ln(1 + b_2) + \cdots$$

是收敛的,由此可见:表达式

$$\ln(1 + b_1) + \ln(1 + b_2) + \cdots + \ln(1 + b_n) =$$

$$\ln\left[(1+b_1)(1+b_2)\cdots(1+b_n)\right]$$

当 n 无限增大时趋向一个确定的有限极限. 因此当 n 无限增大时,乘积

$$(1+b_1)(1+b_2)\cdots(1+b_n)$$

趋向一个确定的非零的有限极限,这就证明了乘积(7)收敛. 类似地,在指出一般项为 $\ln(1-c_n)$ 的级数收敛之后,也可以证明乘积(8)的收敛性. 事实上,由于

$$\ln(1-c_n) = -\frac{c_n}{1-\vartheta c_n} \quad (0 \leqslant \vartheta < 1)$$

我们不难看出一般项为 $\dfrac{c_n}{1-\vartheta c_n}$ 的级数是收敛的,因为按照假设,一般项为 c_n 的级数是收敛的,而比值 $c_n : \dfrac{c_n}{1-\vartheta c_n} = 1-\vartheta c_n$,从一个充分大的 n 开始,总在 $1-\varepsilon$ 与 1 之间,这里 $\varepsilon > 0$ 可以无论怎样小.

现在我们要考虑我们的定理当 u_n 是复数的情形. 我们要证明当 n 无限增大时,复数 $p_n = (1+u_1)(1+u_2)\cdots(1+u_n)$ 趋向一个确定的非零的有限极限,只要我们能证明 $|p_n|$ 趋向一个非零的有限极限,并且 $\arg p_n$ 趋向一个有限极限就可以了. 换句话说,首先要证明乘积

$$|1+u_1||1+u_2|\cdots|1+u_n|\cdots \tag{9}$$

收敛,其次,要证明级数

$$\arg(1+u_1) + \arg(1+u_2) + \cdots \tag{10}$$

收敛,因为

$$|p_n| = |1+u_1||1+u_2|\cdots|1+u_n|$$

又

$$\arg p_n = \arg(1+u_1) + \arg(1+u_2) + \cdots + \arg(1+u_n)$$

一般因子为 $|1+u_n|$ 与 $|1+u_n|^2$ 无穷乘积同时收敛或同时发散,因此,要证明乘积(9)的收敛性,只需要去证明乘积

$$|1+u_1|^2|1+u_2|^2\cdots|1+u_n|^2\cdots \tag{9'}$$

的收敛性. 而乘积(9'),根据我们定理已经证明的部分,的确是收敛的,因为

$$|1+u_n|^2 = |1+\alpha_n+\mathrm{i}\beta_n|^2 = (1+\alpha_n)^2 + \beta_n^2 = 1 + (\alpha_n^2 + \beta_n^2 + 2\alpha_n)$$

又一般项为 $|\alpha_n^2 + \beta_n^2 + 2\alpha_n|$ 的级数收敛,因为我们有

$$|\alpha_n^2 + \beta_n^2 + 2\alpha_n| \leqslant |u_n|^2 + 2|u_n|$$

最后,由于不等式

$$\left|\arcsin\frac{\beta_n}{\sqrt{(1+\alpha_n)^2 + \beta_n^2}}\right| < \frac{\pi}{2}\frac{|\beta_n|}{\sqrt{(1+\alpha_n)^2 + \beta_n^2}} < \pi|\beta_n|$$

对于足够大的 n 成立(因为 $\dfrac{x}{\sin x}$ 在第一象限小于 $\dfrac{\pi}{2}$),以及一般项为 $|\beta_n|$ ($|\beta_n| \leqslant |u_n|$)的级数收敛,所以一般项为

$$\arg(1+u_n) = \arcsin\frac{\beta_n}{\sqrt{(1+\alpha_n)^2+\beta_n^2}}$$

的级数(10)也的确收敛.

如果我们假定无穷乘积

$$(1+u_1)(1+u_2)\cdots(1+u_n)\cdots$$

中所有的 u_n 都是同号的实数,我们还不难证明级数 $\sum\limits_{n=1}^{\infty}u_n$ 的收敛性不仅是乘积收敛的充分条件,而且也是必要条件.事实上,假如 u_n 是正数,而且乘积收敛,则渐增数列 $p_n=(1+u_1)(1+u_2)\cdots(1+u_n)$ 应当小于某个正数 M.去掉表达式 p_n 中的括号,我们就可以看到,对于任何一个 n,和 $u_1+u_2+\cdots+u_n$ 更要小于 M,这就说明级数 $\sum\limits_{n=1}^{\infty}u_n$ 是收敛的.

如果数 $u_n=-c_n$ 是负的,那么,在级数 $\sum\limits_{n=1}^{\infty}c_n$ 是发散的假定下,我们要证明乘积 $\prod\limits_{n=1}^{\infty}(1-c_n)$ 也是发散的.事实上,当 n 无限增大时

$$\ln p_n = \ln(1-c_1) + \ln(1-c_2) + \cdots + \ln(1-c_n)$$

趋向负无穷大,因为一般项是 $\ln(1-c_n)=-\dfrac{c_n}{1-\vartheta c_n}$ 的级数是发散的(我们这里算作从某一个 n 起,$c_n<1$;因为如果不然,在所有的数 p_n 中,正数和负数就都有无穷多个,而这样乘积显然是发散的).由此可见,当 n 无限增大时,p_n 趋近于零,从而乘积是发散的.

假如乘积

$$(1+|u_1|)(1+|u_2|)\cdots(1+|u_n|)\cdots \tag{2'}$$

收敛,则乘积

$$(1+u_1)(1+u_2)\cdots(1+u_n)\cdots \tag{2}$$

称为是绝对收敛的.根据以上的证明无穷乘积(2′)的收敛性相当于级数

$$|u_1|+|u_2|+\cdots+|u_n|+\cdots \tag{4'}$$

的收敛性.

因此,在乘积(2)绝对收敛的定义中,乘积(2′)的收敛性的要求,可以用级数(4′)的收敛性来代替.

因此,根据上面已经证明的定理,每一个绝对收敛的乘积就都是一个收敛的乘积,但是反过来的结论却是不对的;换句话说,就是有这样的收敛乘积,它不是绝对收敛的.这种乘积我们称它是条件收敛的.乘积

$$(1+1)\left(1-\frac{1}{2}\right)\left(1+\frac{1}{3}\right)\left(1-\frac{1}{4}\right)\left(1+\frac{1}{5}\right)\left(1-\frac{1}{6}\right)\cdots$$

237

就是条件收敛乘积的一个例子.

事实上,这个乘积是收敛的,因为假如 n 是偶数,$p_n = 1$,而当 n 是奇数时,$p_n = \dfrac{n+1}{n}$,也就是说 $\lim\limits_{n \to \infty} p_n = 1$. 而在另一方面,级数 $1 + \dfrac{1}{2} + \dfrac{1}{3} + \cdots$ 是发散的.

3. 全纯函数的无穷乘积表示法

假定我们有一个无穷乘积

$$[1 + u_1(z)][1 + u_2(z)] \cdots [1 + u_n(z)] \cdots \tag{11}$$

其中所有的 $u_n(z)$ 都是在某个区域 G 上全纯的函数①. 又假定对于每一个 n,不管 z 是 G 的哪一点,不等式

$$|u_n(z)| < a_n \tag{12}$$

都成立,并且数项级数

$$a_1 + a_2 + \cdots + a_n + \cdots \tag{13}$$

收敛. 在这种情形下,根据前段的结果,乘积 (11) 在区域 G 的每一点 z 都收敛,因而表示出某一个复变函数 $f(z)$,并且这个函数在区域 G 的每一点都不等于零. 我们来证明 $f(z)$ 是区域 G 内的一个全纯函数.

事实上

$$f_n(z) = [1 + u_1(z)][1 + u_2(z)] \cdots [1 + u_n(z)]$$

根据魏尔斯特拉斯第一定理(第五章,§1,第 1 段),我们只需要去证明全纯函数 $f_n(z)$ 的序列在区域 G 内是一致收敛于函数 $f(z)$ 的就够了. 引用符号

$$(1 + a_1)(1 + a_2) \cdots (1 + a_n) = p_n, \quad (1 + a_1)(1 + a_2) \cdots = p$$

(根据第 2 段,上述乘积按照已知条件是收敛的),我们来估计差 $f(z) - f_n(z)$ 的模,我们有

$$|f(z) - f_n(z)| = |f_n(z)| \left| \frac{f(z)}{f_n(z)} - 1 \right| < p_n \left| \frac{f(z)}{f_n(z)} - 1 \right| \tag{14}$$

因为

$$|f_n(z)| \leqslant (1 + |u_1(z)|)(1 + |u_2(z)|) \cdots (1 + |u_n(z)|)$$
$$< (1 + a_1)(1 + a_2) \cdots (1 + a_n) = p_n$$

在另一方面,对于任一个 n,不管 z 是区域 G 的哪一点,不等式

$$\left| \frac{f(z)}{f_n(z)} - 1 \right| \leqslant \frac{p}{p_n} - 1 \tag{15}$$

都是对的. 事实上

$$\frac{f_{n+k}(z)}{f_n(z)} - 1 = [1 + u_{n+1}(z)][1 + u_{n+2}(z)] \cdots [1 + u_{n+k}(z)] - 1 =$$

---

① 对于区域 G 内任一点 z,乘积 (11) 的所有的因子都不是零.

$$\frac{1}{n}(1-\varepsilon)^n + \frac{1}{n+1}(1-\varepsilon)^{n+1} + \cdots < \frac{(1-\varepsilon)^n}{n\varepsilon}$$

因为一般项为 $\dfrac{(1-\varepsilon)^n}{n\varepsilon}$ 的数项级数收敛,所以当 $|z| \leqslant (1-\varepsilon)|a_v|$ 时,级数 (23) 的确是一致收敛的.

这样,我们证明了级数(23)表示出在圆 C_v 内的一个全纯函数.因而,乘积 (21) 所表示出的函数在这个圆内也是全纯的;并且当 $z = a_1, a_2, \cdots, a_{v-1}$ 时,这个函数等于零,而此外在这个圆内再没有其他的零点.最后,我们只要想到整数 v 是可以取得任意大的,就可以看出乘积(21)表示出一个以给定的 a_n 为零点并且此外再没有其他零点的整函数.

因子 u_v 称为原始因子.除一次因子 $\left(1-\dfrac{z}{a_v}\right)$ 外,原始因子还包含指数因子.就是因为这些辅助的指数因子的出现,才使得乘积(21)成为收敛的.

直到现在为止我们一直假定了在给定的数列(17)中没有等于零的数.当 $z = 0$ 应该是所求的整函数的 λ 级零点时,我们在乘积(21)的前面再放上一个因子 z^λ.这就得到公式

$$G(z) = z^\lambda \prod_{n=1}^\infty \left(1-\frac{z}{a_n}\right) \mathrm{e}^{\frac{z}{a_n} + \frac{1}{2}\left(\frac{z}{a_n}\right)^2 + \cdots + \frac{1}{n-1}\left(\frac{z}{a_n}\right)^{n-1}} \tag{I}$$

这个公式称为魏尔斯特拉斯公式.

在导出这个公式时,我们只不过假定了当 n 无限增大时,给定的数列(17)趋向无穷.在某些特别情形下,还有可能使原始因子有更简单的形式.

例如,如果我们假定一般项为 $\left|\dfrac{1}{a_n}\right|^p$ 的级数收敛,其中 p 是某个固定的自然数.在这种情形下,就可以取 u_v 的表达式为

$$u_v = \left(1-\frac{z}{a_n}\right) \mathrm{e}^{\frac{z}{a_n} + \frac{1}{2}\left(\frac{z}{a_n}\right)^2 + \cdots + \frac{1}{p-1}\left(\frac{z}{a_n}\right)^{p-1}} \tag{19''}$$

事实上,按照前面的分析,问题就在于要证明级数

$$\sum_{n=v}^\infty \left[\frac{1}{p}\left(\frac{z}{a_n}\right)^p + \frac{1}{p+1}\left(\frac{z}{a_n}\right)^{p+1} + \cdots\right] \tag{23'}$$

当 $|z| \leqslant (1-\varepsilon)|a_v|$ 时是一致收敛的.由于

$$\left|\frac{1}{p}\left(\frac{z}{a_n}\right)^p + \frac{1}{p+1}\left(\frac{z}{a_n}\right)^{p+1} + \cdots\right| <$$

$$\frac{1}{p}\frac{\left|\frac{z}{a_n}\right|^p}{1-\left|\frac{z}{a_n}\right|} < \frac{1}{p}\frac{(1-\varepsilon)^p |a_v|^p}{\varepsilon} \cdot \left|\frac{1}{a_n}\right|^p$$

这一点的确是对的,因为按照假设,数项级数

$$\frac{1}{P^{\varepsilon}}(1-\varepsilon)^{p} \mid a_v \mid^{p} \sum_{n=v}^{\infty}\left|\frac{1}{a_n}\right|^{p}$$

收敛.

2. 整函数的无穷乘积表示法

在上段中,我们事先给定了一个适合条件(18)的数列(17),然后证明了有一个用魏尔斯特拉斯公式(Ⅰ)表示出的整函数 $G(z)$ 存在,以给定的这些数作为它的零点.反过来,如果整函数 $G_1(z)$ 有无穷多个零点,那么,众所周知(第五章,§2,第 6 段),这些零点不能有极限点,换句话说,可以按照它们的模的增加排成一个序列,并且当 n 无限增大时这个序列趋向无穷.根据魏尔斯特拉斯公式(Ⅰ),我们可以造一个整函数 $G(z)$,使它具有完全同样的零点并且每个零点具有同样的阶数,于是,比

$$\varphi(z)=\frac{G_1(z)}{G(z)} \tag{24}$$

也代表一个整函数 $\varphi(z)$(我们取 $\varphi(a_n)=\lim\limits_{z\to a_n}\varphi(z)$),并且这个函数不会等于零,在这些条件下,表达式 $\dfrac{\varphi'(z)}{\varphi(z)}$ 也同样是一个整函数.所以我们有 $\varphi(z)=\mathrm{e}^{H(z)}$,其中 $H(z)$ 是某个整函数.

最后,从等式(24)我们得到

$$G_1(z)=\mathrm{e}^{H(z)} \cdot G(z) \tag{24'}$$

或即

$$G_1(z)=\mathrm{e}^{H(z)} \cdot z^{\lambda}\prod_{n=1}^{\infty}\left(1-\frac{z}{a_n}\right)\mathrm{e}^{\frac{z}{a_n}+\frac{1}{2}\left(\frac{z}{a_n}\right)^{2}+\cdots+\frac{1}{n-1}\left(\frac{z}{a_n}\right)^{n-1}} \tag{Ⅰ'}$$

在实际问题上,要按照给定的函数 $G_1(z)$ 来确定函数 $H(z)$ 时可能遇到很大的困难.例如,命 $G_1(z)=\sin z$. $\sin z$ 的零点是 $z=n\pi$,n 是任意的整数.因此,按照公式(Ⅰ'),我们可以写

$$\sin z=\mathrm{e}^{H(z)} \cdot z\prod{}'\left(1-\frac{z}{n\pi}\right)\mathrm{e}^{\frac{z}{n\pi}}$$

其中 n 取一切非零整数.这里我们之所以可以把原始因子取成较简单的形式,是因为级数

$$\sum\left|\frac{1}{a_n}\right|^{p}=\sum\left|\frac{1}{n\pi}\right|^{p}$$

当 $p=2$ 时收敛的缘故.

$\sin z$ 的这个公式还可以化简,我们可以两两地合并那些数值相等而符号相反的原始因子.这样的合并是完全可能的,因为按零点 $n\pi$ 的模的增加排列,得到如下的序列

$$\pi,-\pi,2\pi,-2\pi,\cdots,n\pi,-n\pi,\cdots$$

因此,我们有

$$\sin z = \mathrm{e}^{H(z)} \cdot z \prod_{n=1}^{\infty} \left(1 - \frac{z^2}{n^2\pi^2}\right)$$

要确定整函数 $H(z)$,我们可以这样做.取上述等式两端的对数导数

$$[\ln(\sin z)]' = \cot z = H'(z) + \frac{1}{z} + \sum_{n=1}^{\infty} \frac{2z}{z^2 - n^2\pi^2}$$

把这个等式和第七章的公式(30′)比较一下,我们就得到 $H'(z) \equiv 0$,所以 $H(z) \equiv$ 常数.因而 $\sin z$ 的公式就是

$$\sin z = Cz \prod_{n=1}^{\infty} \left(1 - \frac{z^2}{n^2\pi^2}\right)$$

最后,要想确定常数 C,我们可以作比值

$$\frac{\sin z}{z} = C \prod_{n=1}^{\infty} \left(1 - \frac{z^2}{n^2\pi^2}\right)$$

然后让 $z \to 0$ 取极限,就得到 $C=1$.因此把 $\sin z$ 表示成无穷乘积的最后形式是

$$\sin z = z \prod_{n=1}^{\infty} \left(1 - \frac{z^2}{n^2\pi^2}\right)$$

3. 把半纯函数表示成两个整函数之比

魏尔斯特拉斯的公式(Ⅰ)的重要应用之一就是用整函数来表示半纯函数 $f(z)$.

假定 $f(z)$ 是整个平面上的一个单值函数,在有限区域内除极点外没有其他的奇异点.我们可以构造出一个整函数 $G(z)$,使它的零点就是半纯函数 $f(z)$ 的极点而且具有同样的阶数.

乘积 $G_1(z) = f(z) \cdot G(z)$ 构成一个整函数 $G_1(z)$,只要我们规定在函数 $f(z)$ 的每个极点 a,有

$$G_1(a) = \lim_{z \to a} G_1(z)$$

因此,我们有

$$f(z) = \frac{G_1(z)}{G(z)}$$

换句话说,半纯函数 $f(z)$ 可以表示成两个整函数之比的形式.

注意:在上一段中得到的函数 $G(z)$ 和 $G_1(z)$ 没有公共的零点,因为对于函数 $G(z)$ 的零点,乘积 $G_1(z) = f(z)G(z)$ 有非零的有限值.

例 半纯函数 $\tan z$ 和 $\cot z$ 可以表示成两个整函数之比.

例如,可以取

$$\tan z = \frac{\sin z}{\cos z}, \quad \cot z = \frac{\cos z}{\sin z}$$

243

4. 米塔－列夫勒问题

假设给定了一个未知函数 $f(z)$ 的奇异点（极点或本性孤立奇异点）

$$a_1, a_2, \cdots, a_n, \cdots (\lim_{n \to \infty} a_n = \infty)$$

与对应于每个奇异点 a_n 的主要部分 $G_n\left(\dfrac{1}{z-a_n}\right)$ $(G_n(\zeta)$ 是 ζ 的整函数$)$. 现在要求构造出一个整个平面上的单值函数 $f(z)$, 具有奇异点 a_n, 并且使得差

$$f(z) - G_n\left(\frac{1}{z-a_n}\right)$$

在每一点 a_n 都全纯. 这就是由米塔－列夫勒提出并且解决了的问题.

我们不讨论这个问题的一般形式, 只研究它与魏尔斯特拉斯公式直接有联系的特殊情形. 这就是当所有的点 a_n 都是简单极点并且留数等于 1 的情形, 也就是

$$G_n\left(\frac{1}{z-a_n}\right) = \frac{1}{z-a_n}$$

的情形.

按照魏尔斯特拉斯公式, 我们可以构造出一个以 a_n 为零点的整函数 $G(z)$

$$G(z) = \prod_{n=1}^{\infty}\left(1 - \frac{z}{a_n}\right)e^{\frac{z}{a_n} + \frac{1}{2}\left(\frac{z}{a_n}\right)^2 + \cdots + \frac{1}{n-1}\left(\frac{z}{a_n}\right)^{n-1}}$$

取 $G(z)$ 的对数导数, 就得到

$$f(z) = \frac{\mathrm{d}}{\mathrm{d}z}\ln G(z) = \sum_{n=1}^{\infty}\left(\frac{1}{z-a_n} + \frac{1}{a_n} + \frac{z}{a_n^2} + \cdots + \frac{z^{n-2}}{a_n^{n-1}}\right)$$

以上这个有理函数项级数表示出一个半纯函数 $f(z)$, 它以 a_n 为它的简单极点, 并且对应的留数是 1.

*§3　解析函数唯一性定理的推广

1. 解析函数唯一性定理可能的推广

在唯一性定理的证明中（第五章, §2, 第 4 段）, 我们事先假定了区域 G 内的全纯函数 $f(z)$ 与 $\varphi(z)$ 具有全同的值的那个（区域 G 的）点集合 E 至少有一个极限点在 G 内. 很自然我们会产生下列疑问: 假如无穷集合 E 在 G 内没有极限点, 这个基本定理是否还对呢? 不难看到, 在这样的情形下, 一般说来, 这个命题是不对的. 事实上, 函数 $f(z) = \sin\dfrac{1}{1-z}$ 在以原点为圆心、1 为半径的圆内

是全纯的,并且在无穷多个点 $z_k = 1 - \dfrac{1}{k\pi}$ 上等于零 $(k = 1, 2, 3, \cdots)$,而这些点又

都在这个圆内.但是 $\sin \dfrac{1}{1 - z}$ 并不恒等于零.因此,如果我们要想推广唯一性定

理到无穷集合 E 在 G 内没有极限点的情形,我们就应该缩小范围,只是去讨论
这一族或那一族的全纯函数.区域 G 内最重要的几族全纯函数是:

(1)区域 G 内的一致有界函数族(对模来说).

(2)更一般的一族函数是那些函数,它们在区域 G 内取不到的值包含一条
曲线.

(3)给出区域 G 的双方单值映射的函数族.

不过,我们永远可以造出属于族(1)的两个不同的函数,使它们在区域 G
内的一个无穷集合 E 上有相等的值.所以,要想推广唯一性定理,我们应当在限
于讨论上述各族函数之一的同时,对集合 E 在区域 G 内的分布还要加以限制,
例如,在 G 是一个圆的情形,要求集合 E 的点到这个圆的圆周的距离组成一个
发散级数就可以作为这种限制.

已经有人证明[1],假如在圆 $|z| < 1$ 内全纯,并且属于上述函数族之一的两
个函数在点集合 $E(z_n)$ 上有相等的值,则只要它们到圆周 $|z| = 1$ 的距离所组

成的级数 $\displaystyle\sum_{k=1}^{\infty}(1 - |z_k|)$ 是发散的,这两个函数就彼此恒等.

在本节的第 3 段,我们将证明,对于函数族(1)来说这个定理是正确的.在

上述的例子 $\sin \dfrac{1}{1 - z}$ 中,表达式 $\displaystyle\sum_{k=1}^{\infty}(1 - |z_k|)$ 变成 $\displaystyle\sum_{k=1}^{\infty} \dfrac{1}{\pi k}$,它是一个发散级数,

但是对于这个函数唯一性定理并不对,这是因为 $\sin \dfrac{1}{1 - z}$ 在圆 $|z| < 1$ 内不是

有界的,或者更一般地说,它不属于上述三族中的任何一族.

2. 雅可比与琴生公式

为了证明在上段中叙述的唯一性定理,我们必须利用一个著名的,由雅可
比与琴生发现的公式.我们要根据下列已知的全纯函数的性质来导出这个公式
(第五章,§2,第 5 段):全纯函数在一个圆的圆心的值等于它在边界上的值的
算术平均值,换句话说

$$f(0) = \frac{1}{2\pi} \int_0^{2\pi} f(\rho e^{\theta i}) \, d\theta \tag{25}$$

---

[1]　Blaschke,Leipz. Berichte,1915,194 页;Priwalow,Math Ann,1924,149 页.

这里 $f(z)$ 是在圆 $|z| \leqslant \rho$ 上全纯的一个函数.

在公式(25)中,令

$$f(\rho e^{\theta i}) = u(\rho, \theta) + i v(\rho, \theta)$$

就得到

$$u(0,0) = \frac{1}{2\pi} \int_0^{2\pi} u(\rho, \theta) d\theta \tag{25'}$$

这就是说,上述性质对全纯函数的实数部分(称为一个调和函数)仍然是对的.

假定 $F(z)$ 是圆 $|z| \leqslant \rho$ 上的一个全纯函数,在圆周 $|z| = \rho$ 上不等于零.用 $z_1, z_2, \cdots, z_n$ 表示这个函数在圆域 $|z| < \rho$ 内的零点[①],并假定 $F(0) \neq 0$. 在这些条件下,下列雅可比 — 琴生公式成立

$$\frac{1}{2\pi} \int_0^{2\pi} \ln|F(\rho e^{\theta i})| d\theta = \ln\left(|F(0)| \cdot \prod_{k=1}^n \left|\frac{\rho}{z_k}\right|\right) \tag{II}$$

证明   显然,函数

$$\Phi(z) = \frac{F(z)}{(z-z_1)(z-z_2)\cdots(z-z_n)} \tag{26}$$

(其中 $\Phi(z_k) = \lim\limits_{z \to z_k} \Phi(z)$)是圆 $|z| \leqslant \rho$ 上的一个全纯函数,并且到处都不等于零.因此,函数 $f(z) = \ln \Phi(z)$ 在圆 $|z| \leqslant \rho$ 上到处都是全纯的.应用公式(25′)到函数 $f(z)$ 的实数部分,得到

$$\ln|\Phi(0)| = \frac{1}{2\pi} \int_0^{2\pi} \ln|\Phi(\rho e^{\theta i})| d\theta \tag{27}$$

将 $\Phi(z)$ 的值(26)代入公式(27)中,就有

$$\ln\frac{|F(0)|}{|z_1||z_2|\cdots|z_n|} = \frac{1}{2\pi} \int_0^{2\pi} \ln|F(\rho e^{\theta i})| d\theta - \sum_{k=1}^n \frac{1}{2\pi} \int_0^{2\pi} \ln|\zeta - z_k| d\theta$$

$$\tag{27'}$$

这里我们设 $\zeta = \rho e^{\theta i}$. 剩下的问题是要计算以下的每一个积分

$$\frac{1}{2\pi} \int_0^{2\pi} \ln|\zeta - z_k| d\theta \quad (k = 1, 2, \cdots, n)$$

为此,我们用 $z_k' = \dfrac{\rho^2}{z_k}$ 表示 z_k 关于圆周 $|\zeta| = \rho$ 的对称点(第一章,§2,第5段).当点 ζ 沿圆周 $|\zeta| = \rho$ 移动时,它到点 z_k, z_k' 的距离的比值保持不变.事实上

$$\frac{|\zeta - z_k|}{|\zeta - z_k'|} = \frac{|\zeta - z_k|}{\left|\zeta - \dfrac{\rho^2}{z_k}\right|} = |z_k| \cdot \frac{|\zeta - z_k|}{|\zeta z_k - \rho^2|} = |z_k| \cdot \frac{|\zeta - z_k|}{|\zeta z_k - \zeta \bar{\zeta}|}$$

———————————

[①]   多重的零点重复它的级数那么多次.

因为 $\zeta\bar\zeta=\rho^2$. 由此就得到

$$\frac{|\zeta-z_k|}{|\zeta-z'_k|}=\frac{|z_k|}{|\zeta|}\cdot\frac{|\zeta-z_k|}{|z_k-\zeta|}=\frac{|z_k|}{\rho} \tag{28}$$

这个等式的右端就是一个不随 ζ 运动而改变的常量.

取等式(28) 的对数,得到

$$\ln|\zeta-z_k|=\ln|\zeta-z'_k|+\ln\frac{|z_k|}{\rho} \tag{28'}$$

根据(28′) 我们可以得出

$$\frac{1}{2\pi}\int_0^{2\pi}\ln|\zeta-z_k|\,\mathrm{d}\theta=\frac{1}{2\pi}\int_0^{2\pi}\ln|\zeta-z'_k|\,\mathrm{d}\theta+\ln\frac{|z_k|}{\rho} \tag{29}$$

等式(29) 右端的积分立刻可以计算出来,只要我们注意到函数 $\ln(\zeta-z'_k)$ 在圆 $|\zeta|\leqslant\rho$ 上是一个全纯函数,因为点 z'_k 在圆 $|\zeta|\leqslant\rho$ 之外. 应用公式(25),我们得出

$$\frac{1}{2\pi}\int_0^{2\pi}\ln|\zeta-z'_k|\,\mathrm{d}\theta=\ln|0-z'_k|=\ln\frac{\rho^2}{|z_k|}$$

再由等式(29),我们得到所求的积分的值

$$\frac{1}{2\pi}\int_0^{2\pi}\ln|\zeta-z_k|\,\mathrm{d}\theta=\ln\frac{\rho^2}{|z_k|}+\ln\frac{|z_k|}{\rho}=\ln\rho$$

回到式(27′),我们就可以把它改写成

$$\ln\frac{|F(0)|}{|z_1||z_2|\cdots|z_n|}=\frac{1}{2\pi}\int_0^{2\pi}\ln|F(\rho\mathrm{e}^{\theta\mathrm{i}})|\,\mathrm{d}\theta-n\ln\rho$$

因此,最后得到

$$\frac{1}{2\pi}\int_0^{2\pi}\ln|F(\rho\mathrm{e}^{\theta\mathrm{i}})|\,\mathrm{d}\theta=\ln\Big(|F(0)|\prod_{k=1}^n\frac{\rho}{|z_k|}\Big)$$

3. 唯一性定理的证明

假定函数 $f(z)$ 与 $\varphi(z)$ 在圆 $|z|<1$ 内是全纯的,并且在这个圆内一致有界,即 $|f(z)|<M$, $|\varphi(z)|<M$,只要 $|z|<1$.

我们来考虑这样一个点集合 $E\{z_k\}$, $|z_k|<1$,这些点到圆周 $|z|=1$ 的距离所构成的级数

$$\sum_{k=1}^\infty(1-|z_k|) \tag{30}$$

是发散的,我们假定在所有集合 E 的点上,函数 $f(z)$ 与 $\varphi(z)$ 都有相等的值. 我们要证明函数 $f(z)$ 与 $\varphi(z)$ 恒等.

令 $F(z)=f(z)-\varphi(z)$,我们得到在圆 $|z|<1$ 内全纯的一个函数 $F(z)$,它

在这个圆内一致有界,即 $|F(z)|<2M$,只要 $|z|<1$,并且在点集合 E 上它等于零,如果我们能证明 $F(z)$ 恒等于零,我们的定理就得到了证明.

我们假定不是这样,换句话说,我们假定函数 $F(z)$ 不恒等于零.众所周知(第五章 §2,第6段)它在圆 $|z|<1$ 内的零点的集合可以按照它们的模逐渐增大的次序用自然数来编号.我们不妨算作点列 $E\{z_k\}$ 就是函数 $F(z)$ 的所有的零点的集合,因为集合 E 增加新的元素,级数(30)仍然发散.

这样一来,$z_1,z_2,\cdots,z_k,\cdots$ 就是函数 $F(z)$ 按照它们的模逐渐增大的次序排列后的全部可能的零点,并且每一个多重的零点在这个序列中都出现它的级数那样多次.在不失去定理的一般性的条件下,我们不妨假定 $F(0)\neq0$,因为如果不然,我们可以考虑函数 $\Phi(z)=\dfrac{F(z)}{z^\lambda}$,其中 λ 是零根的级数.(对于 $|z|<1$ 我们有:$|\Phi(z)|\leqslant2M,\Phi(z)=0$ 只要 $z=z_1,z_2,\cdots$,又 $\Phi(0)\neq0$)

我们来考虑一个有任意半径 $\rho<1$ 的圆周,它不经过 $z_1,z_2,\cdots,z_k,\cdots$ 的任何一点.我们用 n 表示在它里面的零点的个数.按照雅可比－琴生公式(第2段)就有

$$\frac{1}{2\pi}\int_0^{2\pi}\ln|F(\rho e^{\theta i})|\,\mathrm{d}\theta=\ln\left(|F(0)|\prod_{k=1}^n\frac{\rho}{|z_k|}\right)\quad(0<\rho<1)\quad(\text{Ⅱ})$$

因为根据假设,$|F(z)|<2M$,只要 $|z|<1$,所以由公式(Ⅱ)可以推出下列不等式

$$|F(0)|\prod_{k=1}^n\frac{\rho}{|z_k|}<2M$$

或即

$$|F(0)|\frac{\rho^n}{|z_1|\cdot|z_2|\cdot\cdots\cdot|z_n|}<2M\tag{31}$$

不等式(31)对于任何一个 $\rho<1$ 以及对应于这个 ρ 的 n 都是正确的.我们要指出,如果我们把 n 算作常数,而让 ρ 任意接近1,这个不等式将还是正确的,换句话说,我们要证明不等式

$$|F(0)|\cdot\frac{\rho'^n}{|z_1|\cdot|z_2|\cdot\cdots\cdot|z_{n'}|}<2M\tag{31'}$$

的正确性,其中 $1>\rho'\geqslant\rho$.

事实上,用 n' 表示在圆周 $|z|=\rho'$ 内零点的个数,(31)可以改写成

$$|F(0)|\cdot\frac{\rho'^{n'}}{|z_1|\cdot|z_2|\cdot\cdots\cdot|z_{n'}|}<2M\tag{32}$$

由(32)就可以推出所求的不等式(31')

$$|F(0)|\cdot\frac{\rho'^n}{|z_1|\cdot|z_2|\cdot\cdots\cdot|z_n|}=|F(0)|\frac{\rho'^{n'}}{|z_1|\cdot|z_2|\cdot\cdots\cdot|z_{n'}|}\times$$

$$\frac{|z_{n+1}|\cdot|z_{n+2}|\cdot\cdots\cdot|z_{n'}|}{\rho'^{n'-n}}<2M$$

这是因为我们有

$$\frac{|z_{n+1}|\cdot|z_{n+2}|\cdot\cdots\cdot|z_{n'}|}{\rho'^{n'-n}}=\prod_{k=1}^{n'-n}\left|\frac{z_{n+k}}{\rho}\right|<1$$

把 n 看作常量,在不等式(31')中让 ρ 趋近于 1 取极限.我们就得到

$$\frac{|F(0)|}{|z_1|\cdot|z_2|\cdot\cdots\cdot|z_n|}\leqslant 2M$$

或即

$$|z_1|\cdot|z_2|\cdot\cdots\cdot|z_n|\geqslant\frac{|F(0)|}{2M}\qquad(32')$$

这个不等式对于每一个 n 都是对的.

因此我们有

$$\prod_{k=1}^{\infty}|z_k|\geqslant\frac{|F(0)|}{2M}>0$$

换句话说,我们已经证明了无穷乘积 $\prod_{k=1}^{\infty}|z_k|$ 是收敛的(因为正数 $p_n=(|z_1|\cdot|z_2|\cdot\cdots\cdot|z_n|$ 递减但又始终大于一个正常数))(§1,第 1 段).

由于 $|z_k|=1-(1-|z_k|)$,根据 §1,第 2 段,我们就得到级数 $\sum_{k=1}^{\infty}(1-|z_k|)$ 是收敛的结论.这个矛盾证明了我们的定理的正确性.

4.对有界函数来说唯一性定理再进一步推广的不可能性

在前段中,我们在给集合 $E\{z_k\}$ 加上了级数 $\sum_{k=1}^{\infty}(1-|z_k|)$ 是发散的条件下,证明了有界函数的唯一性定理.这就产生了疑问:是否在级数 $\sum_{k=1}^{\infty}(1-|z_k|)$ 收敛的条件下这个定理对有界函数还是正确的呢? 对于这个问题,我们可以给予否定的回答,只要我们能证明:不管怎样的点列 $z_1,z_2,\cdots,(0<|z_k|<1)$,只要对于它级数 $\sum_{k=1}^{\infty}(1-|z_k|)$ 是收敛的,就有一个不恒等于零的函数 $f(z)$ 存在,在圆 $|z|<1$ 内全纯而且一致有界,并且在给定的序列的每一点上函数都等于零.

这样一个函数可以由公式

$$f(z)=\prod_{k=1}^{\infty}\left(\frac{z_k-z}{1-\bar{z}z_k}\bar{z}_k\right)\qquad(33)$$

来确定.事实上,假定按数 $z_1,z_2,\cdots$ 的模逐渐增大的顺序排列,我们先证明对

于任一个 k 函数 $f(z)$ 当 $|z|<|z_k|$ 时是全纯的,并且在圆 $|z|<|z_k|$ 内仅仅在 $z_1,z_2,\cdots,z_{k-1}$ 才等于零(显然,我们不妨假定 $|z_{k-1}|<|z_k|$).

为此,我们来考虑乘积

$$\prod_{n=k}^{\infty}\left(\frac{z_n-z}{1-\bar{z}z_n}\bar{z}_n\right)\tag{34}$$

它所有的因子在圆 $|z|<|z_k|$ 内都不等于零.根据

$$\left|1-\frac{z_n-z}{1-\bar{z}z_n}\bar{z}_n\right|=\frac{1-|z_n|^2}{|1-\bar{z}z_n|}<\frac{2(1-|z_n|)}{1-|z_k|}$$

再由数项级数 $\dfrac{2}{1-|z_k|}\sum_{n=k}^{\infty}(1-|z_n|)$ 的收敛性,根据 §1 第 2 段我们就可以得出结论:乘积(34)收敛于一个在 $|z|<|z_k|$ 内不等于零的全纯函数.因此,乘积(33)就表示出一个全纯函数 $f(z)$,它在圆 $|z|<|z_k|$ 内的点 $z_1,z_2,\cdots,z_{k-1}$ 等于零.由于当 k 无限增大时,$|z_k|\to 1$,所以 $f(z)$ 是圆 $|z|<1$ 内的一个全纯函数,并且仅仅在点 $z_1,z_2,\cdots$ 才等于零.

剩下要证明的是当 $|z|<1$ 时,$f(z)$ 是有界函数.为此我们来估计乘积(33)的任意一个因子的模当 $|z|=1$ 时的值

$$\left|\frac{z_k-z}{1-\bar{z}z_k}\bar{z}_k\right|=\left|\frac{z_k-z}{\bar{z}z-\bar{z}z_k}\bar{z}_k\right|=\left|\frac{z-z_k}{z-z_k}\right|\cdot\frac{|\bar{z}_k|}{|z|}=|z_k|<1$$

这个不等式在 $|z|<1$ 时仍然有效(第五章,§2,第 5 段),因为函数 $\dfrac{z_k-z}{1-\bar{z}z_k}\bar{z}_k$ 当 $|z|\le 1$ 时是全纯的.因此,我们有 $|f(z)|<1$,只要 $|z|<1$.

习　　题

1.试证明乘积

$$\prod_{n=1}^{\infty}\left(1+\frac{1}{n(n+2)}\right),\ \prod_{n=1}^{\infty}\left(1-\frac{1}{n(n+1)}\right)$$

的收敛性,并求其值.

答:$2,\dfrac{1}{3}$.

2.展开下列各函数

$$e^z-1,\cos z,\sin z-\sin z_0$$

成无穷乘积.

答:$e^{\frac{z}{2}}z\prod_{n=1}^{\infty}\left(1+\dfrac{z^2}{4\pi^2 n^2}\right),\ \prod_{n=1}^{\infty}\left[1-\dfrac{4z^2}{\pi^2(2n-1)^2}\right],$

$$(z-z_0)\prod_{n=1}^{\infty}\left[1-\frac{(z+z_0)^2}{\pi^2(2n-1)^2}\right]\cdot\left(1-\frac{(z-z_0)^2}{\pi^2(2n)^2}\right).$$

提示:利用已知的 $\sin z$ 的展开式 $\sin z=z\prod_{n=1}^{\infty}\left(1-\frac{z^2}{n^2\pi^2}\right).$

3. 试证明

$$\frac{\sin iz}{e^{2z}-1}=e^{h(z)}$$

其中 $h(z)$ 是一个整函数. 问 $h(z)=?$

答: $h(z)=-z-\ln 2+\frac{\pi}{2}i.$

4. 试确定下列各乘积的绝对收敛区域:

(a) $\prod_{n=1}^{\infty}(1-z^n)$; (b) $\prod_{n=0}^{\infty}(1+z^{2n})$; (c) $\prod_{n=0}^{\infty}(1+c_n z)$, 假定 $\sum_{n=0}^{\infty}|c_n|$ 收敛.

答: (a) 和 (b) $|z|<1$; (c) 整个平面.

5. 假定函数 $f_n(z)(n=1,2,\cdots)$ 在圆 $|z|<r$ 内是解析的, 并且级数 $\sum|f_n(z)|$ 在每个圆 $|z|\leqslant\rho<r$ 内都一致收敛, 试证明当 $|z|<r$ 时

$$F(z)=\prod_{n=1}^{\infty}\left[1+f_n(z)\right]$$

是一个全纯函数.

6. 试证明当 $|z|<1$ 时, $\frac{1}{1-z}=(1+z)(1+z^2)(1+z^4)(1+z^8)\cdots.$

7. 试利用第 6 题, 证明当 $|z|<1$ 时

$$\frac{1}{(1-z)(1-z^3)(1-z^5)\cdots}=(1+z)(1+z^2)(1+z^3)\cdots$$

解析开拓

第十章

§1 解析开拓的原理

1. 解析开拓的概念

在第五章中讨论的解析函数的唯一性是它的基本性质之一. 如果两个解析函数在某一点的一个任意小的邻域内互相重合,或者甚至于在一个任意小的线段上互相重合,它们就彼此完全恒等(第五章,§2,第4段). 换句话说,一个区域内的解析函数的值可以用它在一个任意小的线段上的值(或者甚至于在区域内的无穷多个点上的值,只要这无穷多个点至少有一个极限点在这个区域内)来完全确定. 现在我们要更详细地研究解析函数的这个基本性质,以及由此得到的一些推论.

假定我们给定了两个函数 $f_1(z)$ 与 $f_2(z)$,其中第一个在区域 G_1 内是全纯的,第二个在 G_2 内是全纯的. 此外再假定区域 G_1 与 G_2(图95)具有作为其公共部分的某个区域 g,并且在区域 g 内函数 $f_1(z)$ 与 $f_2(z)$ 重合. 显然,在这种情形下,函数 $f_1(z)$ 与 $f_2(z)$ 分别

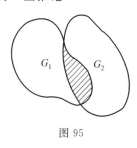

图 95

完全唯一地被对方决定. 事实上,根据唯一性定理,除 $f_2(z)$ 外,

没有另外的函数存在,在区域 G_2 内全纯,并且在区域 g 内取现有的值.因此,函数 $f_2(z)$ 被它自己的在区域 g 内的值所完全决定,也就是说,被函数 $f_1(z)$ 完全决定.同样的理由,函数 $f_1(z)$ 完全为 $f_2(z)$ 所决定.

由此,我们可以说,假如两个区域 G_1 与 G_2 有上述的相关位置,并且 $f_1(z)$ 在 G_1 内全是纯的,那么,或者就没有一个函数存在,在 G_2 内全纯,并且在区域 g 内与 $f_1(z)$ 重合,或者,就仅一个这样的函数存在.

在第二种情形,我们说:函数在区域 G_1 内的值被解析地开拓到了区域 G_2 内.同样地,$f_2(z)$ 称为函数 $f_1(z)$ 在区域 G_2 内的解析开拓.显然,$f_1(z)$ 也同样是函数 $f_2(z)$ 在区域 G_1 内的解析开拓.一般来说,没有什么理由一定要把函数 $f_1(z)$ 与 $f_2(z)$ 看作不同的函数.由于一个被另一个完全唯一的决定,很自然地,我们可以把它们看作同一个函数 $F(z)$ 的组成部分,这个函数 $F(z)$ 在整个由 G_1 与 G_2 所组成的区域 $G = G_1 + G_2$ 内是全纯的.

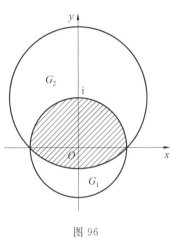

图 96

现在用例子来说明.假设 G_1 是以原点为中心的单位圆:$|z| < 1$,G_2 是以点 i 为圆心、半径为 $\sqrt{2}$ 的圆:$|z - \mathrm{i}| < \sqrt{2}$(图 96).假定在区域 G_1 上给定了函数

$$f_1(z) = \sum_{n=0}^{\infty} z^n \tag{1}$$

要求造一个函数 $f_2(z)$,在区域 G_2 内全纯,并且在区域 g 内的每一点都与 $f_1(z)$ 重合.我们知道,这样的函数如果存在,那一定只有一个.这个函数就是

$$f_2(z) = \frac{1}{1 - \mathrm{i}} \sum_{n=0}^{\infty} \left(\frac{z - \mathrm{i}}{1 - \mathrm{i}} \right)^n \tag{2}$$

因为这个级数当 $\left| \dfrac{z - \mathrm{i}}{1 - \mathrm{i}} \right| < 1$ 时收敛,也就是说,当 $|z - \mathrm{i}| < \sqrt{2}$ 时收敛,并且它的和等于 $\dfrac{1}{1 - z}$.

因此,在区域 g 内的每一点我们都有 $f_1(z) = f_2(z)$.所以,$f_1(z)$ 与 $f_2(z)$ 彼此互为解析开拓,它们是同一个函数 $F(z) = \dfrac{1}{1 - z}$ 的组成部分,而 $F(z)$ 在整个区域 $G = G_1 + G_2$ 内是全纯的.

2. 魏尔斯特拉斯意义上的完全解析函数的概念

假定给定了区域 G_1 内的一个全纯函数 $f_1(z)$.设 z_1 是区域 G_1 内的任意一

点,把给定的函数 $f_1(z)$ 在这一点的邻域内展开成幂级数

$$f_1(z) = \sum_{n=0}^{\infty} C_n^{(1)} (z - z_1)^n \tag{3}$$

有时,这个级数的收敛半径 R_1 可以是无穷大,换句话说,级数(3)可能在复数平面上每一点 z 都收敛.在这种情形下,级数(3)的和表示出一个在整个平面上都是全纯的函数,并且这个函数就是给定的函数 $f_1(z)$ 在区域 G_1 外的解析开拓.因为根据开拓的唯一性,作为 $f_1(z)$ 的开拓不可能得到另外的函数.

现在用例子来说明,假定

$$g(z) = 1 - \frac{z^2}{2!} - \frac{2}{3!} z^3 - \cdots - \frac{n-1}{n!} z^n \cdots$$

这个级数在整个平面上都收敛.再设

$$h(z) = 1 + z + z^2 + \cdots$$

令这个函数的收敛半径 $R = 1$

$$f_1(z) = g(z)h(z) \tag{4}$$

我们得到确定在以原点为圆心,以 1 为半径的圆 G_1:$|z| < 1$ 内的一个函数 $f_1(z)$.

根据公式(4),函数 $f_1(z)$ 仅仅当 $|z| < 1$ 时有定义.假如我们把函数 $f_1(z)$ 在原点($z_1 = 0$)的邻域内展开成幂级数,由级数 $g(z)$ 和 $h(z)$ 相乘得到

$$f_1(z) = 1 + \frac{z}{1} + \frac{z^2}{2!} + \cdots + \frac{z^n}{n!} + \cdots \tag{5}$$

因为显然我们有

$$1 - \frac{1}{2!} - \frac{2}{3!} - \cdots - \frac{n-1}{n!} = \frac{1}{n!} \quad (n = 1, 2, 3, \cdots)$$

这样一来,对于给定的函数我们得到展开式(5),它在整个复变数平面上都是对的.

如果展开式(3)的收敛半径不等于无穷大,那么它就是一个有限的正数.在级数(3)的收敛圆内任意取一个不是圆心的点 z_2,并且在点 z_2 的邻域内把函数展开成

$$\sum_{n=0}^{\infty} C_n^{(2)} (z - z_2)^n \tag{6}$$

其中

$$C_n^{(2)} = \frac{1}{n!} f_1^{(n)}(z_2)$$

这个展开式的收敛半径 R_2 至少等于点 z_2 到原来的圆周的距离,换句话说,$R_2 \geqslant R_1 - |z_2 - z_1|$.假如 $R_2 = R_1 - |z_2 - z_1|$,级数(6)就仅仅给出函数在那些点的值,在这些点函数值已经为级数(3)所确定(图97).在这种情形,级数(3)

与(6)的收敛圆圆周的切点是 $f_1(z)$ 的奇异点. 但是如果 $R_2 > R_1 - |z_2 - z_1|$,那么新的收敛圆就超出原来的圆外,于是我们就有了函数 $f_1(z)$ 在半径(z_1,z_2) 方向上向旧的收敛圆外的开拓(图 98). 因此,如果在一个确定的方向上有可能进行开拓时,这个开拓可以借助这个级数来实现.

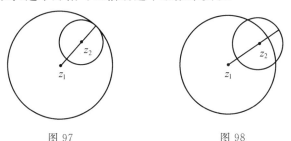

图 97 图 98

现在设想我们已经把函数的原来的组成部分(3)向一切可能的方向进行了开拓;同样,假定新的组成部分也向一切可能的方向进行开拓,如此继续进行. 用这种方法,一般来说,我们会得到一个在更大的区域上全纯的函数. 当然幂级数(3)在任何方向上都不能开拓的情形还是可能发生的. 这时,在一个比原来的收敛圆更大的区域上全纯的函数就不存在. 在这种情形,我们就说函数是不能开拓的,而收敛圆的圆周就是它的自然边界.

例

$$f(z) = \sum_{n=1}^{\infty} z^{n!} = z + z^2 + z^6 + \cdots + z^{n!} + \cdots \tag{7}$$

级数 7 的收敛半径 R 等于 1. 假如函数 $f(z)$ 可以向级数(7)的收敛圆外开拓,那么收敛圆周上就有某段弧是完全由函数 $f(z)$ 的正则点所组成的. 这段弧上有无穷多个 $z_0 = e^{2\pi i \frac{p}{q}}$ 形式的点,其中 p 和 q 是正整数. 假如我们能指出有 z_0 这种形式的点不可能是函数 $f(z)$ 的正则点,那么这个事实本身就证明了函数 $f(z)$ 是不能开拓的.

令 $z = \rho z_0$,其中 $0 < \rho < 1$

$$f(z) = \sum_{n=1}^{q-1} z^{n!} + \sum_{n=q}^{\infty} \rho^{n!} \tag{7'}$$

因为当 $n \geqslant q$ 时,我们有 $z^{n!} = (\rho z_0)^{n!} = \rho^{n!}$.

这样,设 $M = 2q + N$,其中 N 是一个任意大的正整数,就有

$$|f(z)| > \sum_{n=q}^{M} \rho^{n!} - \sum_{n=1}^{q-1} |z|^{n!} > (M - q + 1)\rho^{M!} - (q - 1) \tag{8}$$

当 ρ 趋向 1 时,不等式(8)的右端趋向数值 $M - 2q + 2 = N + 2$. 因此,适当地选择 ρ_0,对于所有 ρ 值($\rho_0 < \rho < 1$),就必然有 $|f(z)| > N$. 但是,因为 N 表示一个可以任意大的数,所以我们得到结论:当 z 沿着半径趋向点 z_0 时,函数 $f(z)$ 的模趋向无穷大. 由此可见,z_0 不能是函数 $f(z)$ 的正则点.

另一个极端的情形,即幂级数沿一切方向都可以开拓到收敛圆外的情形是不可能发生的.事实上,我们知道在收敛圆周上至少有一个奇异点(第五章,§2,第 2 段),它是永远不会进入任何新的收敛圆内的,但是,如果幂级数沿所有的方向都可以开拓的话,这个不可能的事件就要发生.

运用上述开拓的方法,我们在平面上挑出了一个点集合 M,M 中的每一点都包含在某个收敛圆之内.因此,在每个这样的点的一个足够小的邻域内,函数都是全纯的.

有时,在开拓中,我们也会遇到,从新的圆开拓出去又重新回到了原来最初的圆内,例如,在图 99 中,最初的收敛圆是以原点为圆心的单位圆域,在它的圆周上有一个唯一的奇异点 $z=1$.顺次开拓这个最初的组成部分,到第五个圆就和它有了公共部分;在最初的收敛圆内而又属于上述公共部分的点,新的幂级数的值可能与最初那个幂级数的值一样,但也可能不一样.在第一种情形,函数数在开拓出来的区域内是单值的,而在第二种情形,它就是多值的.

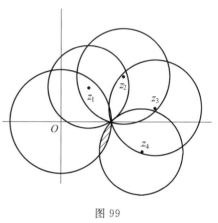

图 99

为简单起见,我们经常假定函数是单值的,我们可以指出来,这种函数的全部正则点的集合 W 具有以下两个性质:

(1) 以集合 W 的任一点为圆心的足够小的圆内的点都属于此集合,或者简单地说,就是集合 W 的每一点都是内点.

(2) 集合 W 的任意两点都可以用连续曲线联结起来,并且所有在这条线上的点都属于这个集合,或者简单说,W 是一个连通集合.

函数的这个全部正则点的集合 W 称为函数的存在区域.显然,对于每一个正则点函数都有确定的函数值和它对应.

按照定义,我们把魏尔斯特拉斯意义上的完全解析函数了解为按照上述方式对应于全部正则点的函数值的全体.

3. 按照解析开拓原理在复数域上扩充实变函数

在第一段中阐明的解析开拓原理是建基于这样一个事实,即解析函数为它的在区域内的任意一小部分上的值所唯一决定.然而大家知道,对于完全决定一个解析函数来说,只要知道它在任意一小段曲线上的值就足够了.假定在 z 平面上有一个曲线段 L,并且对应于它的每一点 z 有一个函数值 $\varphi(z)$.如果我

们来讨论包含 L 的一个任意区域 G,我们只能够遇到两种可能性:或者不存在这种函数,它在区域 G 内全纯,并且在 L 上和 $\varphi(z)$ 一样,或者只有一个这种函数存在. 在后一种情形,这个函数被它在 L 上的值所唯一决定. 于是我们可以说:已知的在 L 上的函数 $\varphi(z)$ 被解析地开拓到了区域 G 内. 在特别情形,如果取 L 为实轴上的线段,$x_0 \leqslant x \leqslant x_1$,并且用 $\varphi(x)$ 表示对应于这些点的函数值(可以是实数也可以是虚数),我们就可以谈到所谓实变数 x 的函数的解析开拓. 如果这样的开拓做成功了,我们就说函数 $\varphi(x)$ 被开拓到了复数域. 根据以前的结果,我们还知道,如果实变数 x 的函数在复数域中可以开拓,这个开拓只能有唯一的方式.

§2 例

1. 单值函数的例

指数函数 e^x,三角函数 $\sin x$ 与 $\cos x$,对于实数值 x,可以展开成级数

$$\mathrm{e}^x = \sum_{n=0}^{\infty} \frac{x^n}{n!}, \sin x = \sum_{n=0}^{\infty} (-1)^n \frac{x^{2n+1}}{(2n+1)!}, \cos x = \sum_{n=0}^{\infty} (-1)^n \frac{x^{2n}}{(2n)!}$$

在这些级数中,形式地用复变数 z 代替 x,我们得到幂级数

$$f_1(z) = \sum_{n=0}^{\infty} \frac{z^n}{n!}, f_2(z) = \sum_{n=0}^{\infty} (-1)^n \frac{z^{2n+1}}{(2n+1)!}, f_3(z) = \sum_{n=0}^{\infty} (-1)^n \frac{z^{2n}}{(2n)!}$$

它们在整个平面上都收敛(第二章,§3,第5段). 这些级数表示的函数在 z 平面上每一点都是全纯的. 因为当 $z = x$ 时,函数 $f_1(z), f_2(z), f_3(z)$ 分别与 e^x,$\sin x, \cos x$ 重合,所以,它们就是后面三个函数在复数域中的解析开拓. 正是这个缘故我们称 $f_1(z)$ 为指数函数,并且用 e^z 表示,$f_2(z)$ 与 $f_3(z)$ 用 $\sin z$ 与 $\cos z$ 表示. 这样一来,函数 $\mathrm{e}^z, \sin z, \cos z$ 的纯粹形式的定义就变得非常自然:如果我们还要求它们在复数平面上有可导性的话,它们简直就是唯一可能的定义.

2. 多值函数的例

在 §1,第2段中阐明的,建立在利用幂级数的基础之上的,魏尔斯特拉斯的解析开拓方法是一般性的,并且具有极大的理论意义. 不过,在许多具体的问题上,我们可以利用其他的解析工具,更简单得多地来达到同样的目的.

例如,在第四章,§2,第6段中,我们曾经利用积分来定义 $\ln z$,令 $\ln z = \int_1^z \frac{\mathrm{d}\zeta}{\zeta}$,并且看出了这个函数在每一个不包含原点的有界的单连通域内都是全纯

257

的. 因为对于正数 x, 自然对数可以确定为 $\ln x = \int_1^x \dfrac{\mathrm{d}\zeta}{\zeta}$, 所以我们知道, $\ln z$ 是 $\ln x$ 在复数域中的解析开拓. 众所周知, 函数 $\ln z$ 是无穷多值的, 而且这无穷多个值都可以由它的某一个值加上 $2\pi \mathrm{i}$ 的倍数来得到. 这无穷多个值的每一个都构成一个在不含原点的任一个有界单连通区域内的单值全纯函数, 称为多值函数的一支. 例如, 在点 $z=1$ 的邻域内, 这些支之一展开成幂级数就是

$$\ln z = (z-1) - \frac{1}{2}(z-1)^2 + \frac{1}{3}(z-1)^3 - \cdots$$

其收敛半径为 1. 我们自然可以采用 §1, 第 2 段中的一般方法, 把这个幂级数当作要去确定的函数的组成部分, 由此出发得到对数函数的全部性质; 但是, 这个方法在实践上是相当复杂的.

作为第二个例, 我们来讨论函数 $f(z) = \sqrt[n]{z}$. 这个函数是正实变数 $x(x > 0)$ 的正实函数 $\sqrt[n]{x}$ 在复数域内的开拓. 事实上, $f(z) = \mathrm{e}^{\frac{1}{n}\ln z}$ 在不为零的任一点 z 上是全纯的, 而在 $z=0$ 的邻域内是多值的. 任取一个不包含零点的单连通区域 G(例如把负实数轴$(x \leqslant 0)$ 除外的整个平面), 我们知道, $\ln z$ 的任一支在这个区域内都是单值函数. 特别说来, 如果我们取当 $z=1$ 时函数值为零的那一支, 用 $\ln z$ 表示, 于是, 对于所有的实数 $x(x > 0)$, 函数值就等于实值 $\ln x$, 因而, 我们就得到区域 G 内的一个全纯函数

$$f_0(z) = \mathrm{e}^{\frac{1}{n}\ln z}$$

而且它就是函数 $\sqrt[n]{x}$ 的解析开拓, 因为 $f_0(x) = \mathrm{e}^{\frac{1}{n}\ln z} = x^{\frac{1}{n}} = \sqrt[n]{x}$.

所以, 我们用 $\sqrt[n]{z}$ 来表示 $f(z)$, 而 $f_0(z)$ 不过是它的一支. 按照这个定义, 函数 $\sqrt[n]{z}$ 是有 n 个值的. 事实上, $\ln z$ 的所有的值都包含在公式

$$\ln z = \mathrm{Ln}\, z = 2k\pi \mathrm{i} \quad (k = 0, \pm 1, \pm 2, \cdots)$$

中, 因而我们有

$$f(z) = \sqrt[n]{z} = \mathrm{e}^{\frac{1}{n}\ln z} \cdot \mathrm{e}^{\frac{2k\pi \mathrm{i}}{n}} = \mathrm{e}^{\frac{2k\pi \mathrm{i}}{n}} f_0(z) \tag{9}$$

在公式(9)中, $f_0(z)$ 前面的因子只有 n 个不同的值, 因为对于 k 的两个值, 如果它们相差只是一个 n 的倍数时, 因子有同样的值. 所以函数 $\sqrt[n]{z}$ 的 n 个支可以由基本的一支 $f_0(z)$ 乘上常数因子来得到. 要想得到函数 $f(z) = \sqrt[n]{z}$ 的 n 个分支, 只需给 k 以数值 $0, 1, 2, \cdots, n-1$ 就行了. 因此, 由公式(9)就得到

$$f_k(z) = \mathrm{e}^{\frac{2k\pi \mathrm{i}}{n}} f_0(z) = \mathrm{e}^{\frac{2k\pi \mathrm{i}}{n}} \mathrm{e}^{\frac{1}{n}\ln z} \quad (k = 0, 1, 2, \cdots, n-1)$$

这样一来, 我们就看到: 正实函数 $\sqrt[n]{x}\ (x > 0)$ 在复数域中是可以开拓的, 并且得到的函数 $\sqrt[n]{z}$ 是一个 n 值函数.

在每一个不包含原点的有界单连通区域内, $\sqrt[n]{z}$ 的每一支都是一个全纯函

数.最后根据 $\sqrt[n]{z}$ 的定义,我们显然还有

$$(\sqrt[n]{z})^n = z$$

附注 对于任何常数 m,我们也可以定义 z^m 为 $z^m = e^{m\ln z}$.和上面所讲的一样,读者最好自己去研究一下这个函数的性质.

习　　题

1.试求出实变数函数:$\arctan x$,$\arcsin x$ 在复数域中的解析开拓.

2.试证明幂级数

$$\sum_{n=0}^{\infty} z^{2n},\ \sum_{n=0}^{\infty} \frac{z^{2^n+2}}{(2^n+2)(2^n+1)}$$

不能开拓到收敛圆外去.

3.试问确定于区间 $-\infty < x < \infty$ 上的实函数 $F(x) = \sqrt{x^2}$ 能否开拓到复数平面上去?

答:不能.

4.试问由等式

$$f(x) = e^{-\frac{1}{x^2}},\quad x \neq 0$$

与

$$f(x) = 0,\quad x = 0$$

确定在区间 $-1 < x < 1$ 上的实函数 $f(x)$ 能否开拓到复数平面上去?

答:不能.

5.假定函数 $f(z)$ 在原点是解析的,并且在原点的邻域内适合方程

$$f(2z) = 2f(z) \cdot f'(z)$$

试证明 $f(z)$ 可以开拓到整个平面上去.

6.试问公式:

(a) $\sqrt{e^z}$;(b) $\sqrt{\cos z}$;(c) $\sqrt{1-\sin^2 z}$;(d)$\ln e^z$;(e)$\ln \sin z$;(f) $\frac{\sin\sqrt{z}}{\sqrt{z}}$ 确定

的函数中哪些是单值函数? 哪些是多值函数?

答:(a) 两个单值函数 $e^{\frac{z}{2}}$ 与 $e^{-\frac{z}{2}}$.

(b) 双值函数,支点是 $z = (2k+1)\frac{\pi}{2}$.

(c) 两个单值函数 $\cos z$ 与 $-\cos z$.

(d) 无穷多个单值函数 $z + 2k\pi i$.

（e）无穷多值函数，支点是 $0, \pm \pi, \pm 2\pi, \cdots$.

（f）单值函数.

7. 试证明如果 $f(z)$ 在区域 G 内是连续的，并且除去 G 的一个直线段上的点外，在区域 G 内的每一点都有导数，那么 $f(z)$ 在整个区域 G 内是解析的.

8. 假定 G_1 与 G_2 是沿一个直线段连接起来的两个相邻的区域，函数 $f_1(z)$ 在区域 G_1 内是解析的，$f_2(z)$ 在 G_2 内是解析的. 试证明如果 f_1 与 f_2 在直线段上取同样的边界值，那么它们每一个都是对方的解析开拓.

椭圆函数理论初步

第十一章

§1　椭圆函数的一般性质

1.椭圆函数的定义

所谓椭圆函数,是指一个半纯函数,它的周期总可以由比值是虚数

$$\tau = \omega' : \omega$$

的两个基本周期 2ω 与 $2\omega'$ 用相加与相减的方法来得到.

简单地说,一个半纯函数称为椭圆函数,就是说它是一个周期为 $2\omega, 2\omega'$ 的双周期函数,而这两个周期的比值 τ 是一个虚数.这样的函数 $f(z)$ 适合以下关系

$$f(z + 2\omega) = f(z), \quad f(z + 2\omega') = f(z) \tag{1}$$

由此推出

$$f(z + 2m\omega + 2n\omega') = f(z) \tag{2}$$

其中 m 与 n 表示任何整数,正的、负的或是零都可以.

我们的问题之一是要想用这个或那个解析工具来构成一些基元,使得利用这些基元,一切椭圆函数就都可以用有限形式表示出来.换句话说,我们提出的问题是要从上述描绘性的定义出发来给任何椭圆函数以解析的表示方法.对于有理函数,

我们有两种解析表示法.在第一种方法中起主要作用的,是有理函数的极点与对应于它们的主要部分,这种方法使我们能把有理函数展开成部分分式.有理函数的第二种解析表示法,是利用零点与极点的性质,这就给我们以用线性因子的乘积之比来表示有理函数的可能性.

类似地,为了解决上面所提起的关于椭圆函数的问题,我们要来建立两个公式,其中之一是要把它展开成一些简单的基元之和,清楚地指出函数的极点与主要部分,另一个是要把椭圆函数表示成初等因子的乘积之比,清楚地指出函数的零点与极点.在开始进行这个工作之前,我们要先讨论椭圆函数的一系列的一般性质.

附注 在椭圆函数的定义中,我们假定了它的基本周期的比值 $\tau = \dfrac{\omega'}{\omega}$ 是一个虚数.

可以证明,假如这个比值是实数,那么函数就是单周期函数或者是常数.此外,今后我们将认为比值 $\tau = \dfrac{\omega'}{\omega}$ 的虚数部分的系数是正的,这总是可以办得到的,只要我们改变基本周期之一的符号就行.

2. 周期平行四边形

要想给双周期性以几何解释,我们来考虑复数平面上的四个点

$$z_0, \quad z_0 + 2\omega, \quad z_0 + 2\omega + 2\omega', \quad z_0 + 2\omega'$$

其中 z_0 是任意一个复数.

因为比值 $\tau = \dfrac{\omega'}{\omega}$ 是虚数,所以这四点代表一个平行四边形的顶点.令

$$z_0' = z_0 + 2m\omega + 2n\omega'$$

(m,n 都是整数),于是,下列四点

$$z_0', \quad z_0' + 2\omega, \quad z_0' + 2\omega + 2\omega', \quad z_0' + 2\omega'$$

是一个平行四边形 P_{mn} 的顶点,这个平行四边形 P_{mn} 可以由基本平行四边形 $P = P_{00}$ 经过一个平移来得到.

给 m 与 n 以一切可能的整数值,我们得到一组平行四边形 P_{mn},它们彼此全等,并且盖住了整个平面(图 100).

要想使得组内任何两个平行四边形都没有公共点,我们算作每一个平行四边形 P_{mn} 只有一部分边界,即边线

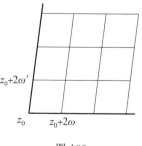

图 100

$$\overline{z_0', z_0' + 2\omega}, \quad \overline{z_0', z_0' + 2\omega'}$$

端点 $z_0' + 2\omega$ 与 $z_0' + 2\omega'$ 也都除外.

至于平行四边形 P_{mn} 的另外两边,我们把它们看作是属于与 P_{mn} 紧邻的平行四边形. 这样一来,平面上任何一点就属于一个而且仅只属于一个平行四边形,例如 $P_{m'n'}$.

下列形式的点

$$z + 2\mu\omega + 2\nu\omega'$$

(其中 μ 与 ν 是任何整数)称为与点 z 是同余的或等价的,它们在平行四边形 $P_{m'+\mu, n'+\nu}$ 中所占的位置与点 z 在 $P_{m'n'}$ 中所占的位置完全一样.

在这些等价点中有一个属于基本平行四边形 P 的点(这个点是 $z - 2m'\omega - 2n'\omega'$).

因此,我们可以说,平面上的每一点只与基本平行四边形上唯一的一个点等价. 我们称平行四边形 P_{mn} 为周期平行四边形;从这些周期平行四边形中来选定一个基本平行四边形 P,显然是完全任意的. 现在我们可以几何地来说明关系(2)了. 关系式(2)表明:函数 $f(z)$ 在所有的等价点上都取同一个值. 因此,在一个平行四边形上来研究椭圆函数就足够知道它在整个平面上的性质.

3. 基本定理

定理 1　椭圆函数的导函数也是椭圆函数. 事实上,由微分关系式(1)我们得到

$$f'(z + 2\omega) = f'(z), \quad f'(z + 2\omega') = f'(z)$$

所以,导函数 $f'(z)$ 与原函数有同样的周期 2ω 与 $2\omega'$. 另一方面,和 $f(z)$ 一样,作为一个单值函数,$f'(z)$ 在有限范围内除极点外,不能有另外的奇异点,因为如果 $f(z)$ 在某一点是全纯的,那么导函数 $f'(z)$ 在这一点也同样是全纯的,而如果 $f(z)$ 在某一点并非全纯,而是有一个极点,那么在这一点 $f'(z)$ 也同样只能有一个极点. 因此 $f'(z)$ 是一个半纯函数,具有周期 2ω 与 $2\omega'$. 按照定义,它是一个椭圆函数,其周期就是原函数的周期.

定理 2　不是常数的椭圆函数,在周期平行四边形上至少有一个极点.

事实上,假如不然,我们就有了不是常量的整函数. 它的周期平行四边形是平面的一个有限部分,在连它的边界在内的这个区域上,函数是全纯的. 当然,函数更是连续的,因而也就是有界的. 因此,一定有这样一个正数 M 存在,使得在整个基本平行四边形上都有

$$|f(z)| < M$$

因为对于其他的平行四边形来说,函数 $f(z)$ 的值是重复的,所以不等式 $|f(z)| < M$ 对 z 平面上所有的点 z 都是对的. 这就是说,我们的整函数 $f(z)$ 在整个平面上都是有界的. 按照刘维尔定理,$f(z)$ 就必然是一个常数. 这个矛盾说明了定理的正确性.

263

推论 1 如果周期相同的两个椭圆函数在周期平行四边形上具有同样的极点并且有相等的主要部分,那么它们仅仅相差一个常数.

事实上,设 $f_1(z)$ 与 $f_2(z)$ 是具有相同的周期 2ω 与 $2\omega'$ 的两个椭圆函数,在周期平行四边形上具有同样的极点并且有相等的主要部分.于是,它们的差 $f_1(z)-f_2(z)$ 就是一个没有极点,周期为 2ω 与 $2\omega'$ 的双周期函数.按照刚才证明的定理,这个差恒等于一个常数.

推论 2 如果两个周期相同的椭圆函数在周期平行四边形上具有相同的,而且是同级的零点与极点,那么它们仅仅相差一个常数因子.

事实上,设 $f_1(z)$ 与 $f_2(z)$ 是两个椭圆函数,具有相同的周期 2ω 与 $2\omega'$,并且在周期平行四边形上有相同的而且是同级的零点与极点.

于是,它们的比值 $\dfrac{f_1(z)}{f_2(z)}$ 是一个双周期函数,周期是 2ω 与 $2\omega'$,并且,这个比值没有极点.因此,按照上面证明的定理,这个比值是一个常数.

定理 3 椭圆函数关于周期平行四边形上所有的极点的留数之和等于零.

首先我们要注意:如果周期平行四边形的边界上有椭圆函数的极点,我们总可以稍微移动一下这个平行四边形,使得在原来的平行四边形的边界上的极点变成在移动后的平行四边形的内部,我们用

$$z_0, \quad z_0+2\omega, \quad z_0+2\omega+2\omega', \quad z_0+2\omega'$$

表示这个新的平行四边形的顶点,在这个新平行四边形的边界上就再没有函数 $f(z)$ 的极点.按照关于留数的一般定理,只要沿着这个平行四边形的周界按照正方向计算积分 $\dfrac{1}{2\pi\mathrm{i}}\displaystyle\int f(z)\mathrm{d}z$,我们就可以得到关于平行四边形内全部极点的留数之和 S.因此,我们有

$$S=\frac{1}{2\pi\mathrm{i}}\int_{z_0}^{z_0+2\omega}f(z)\mathrm{d}z+\frac{1}{2\pi\mathrm{i}}\int_{z_0+2\omega}^{z_0+2\omega+2\omega'}f(z)\mathrm{d}z+$$

$$\frac{1}{2\pi\mathrm{i}}\int_{z_0+2\omega+2\omega'}^{z_0+2\omega'}f(z)\mathrm{d}z+\frac{1}{2\pi\mathrm{i}}\int_{z_0+2\omega'}^{z_0}f(z)\mathrm{d}z \qquad (3)$$

其中每个积分都是沿着在积分中所指出的两点的连线计算的.在第三个积分中作替换

$$z=z'+2\omega'$$

利用周期性,就得到

$$\frac{1}{2\pi\mathrm{i}}\int_{z_0+2\omega+2\omega'}^{z_0+2\omega'}f(z)\mathrm{d}z=\frac{1}{2\pi\mathrm{i}}\int_{z_0+2\omega}^{z_0}f(z'+2\omega')\mathrm{d}z'=\frac{1}{2\pi\mathrm{i}}\int_{z_0+2\omega}^{z_0}f(z')\mathrm{d}z'$$

因此,式(3)中第一个积分与第三个积分之和等于

$$\frac{1}{2\pi i}\int_{z_0}^{z_0+2\omega}f(z)\mathrm{d}z+\frac{1}{2\pi i}\int_{z_0+2\omega}^{z_0}f(z')\mathrm{d}z'$$

换句话说,等于零,因为这两个积分是沿着同一个线段的两个正好相反的方向计算的.

同理,我们可以断定第二个积分与第四个积分之和也是零,这只要在前一个积分中引用替换 $z=z'+2\omega$ 就行了.再回到公式(3),我们就得到 $S=0$.

定理 4 在周期平行四边形上,椭圆函数所取的每一个(有限的或无穷的)值的次数都一样.假定 α 是任意一个复数.我们来证明,方程 $f(z)=\alpha$ 在周期平行四边形上的根的数目与函数 $f(z)$ 在这个周期平行四边形上的极点的数目一样.自然,我们总是这样了解,计算函数 $f(z)-\alpha$ 的零点或它的极点的数目时,每一个零点或极点是几级的我们就算它几次.为了证明我们的论断,我们首先指出,如果在周期平行四边形的边界上有函数 $f(z)-\alpha$ 的零点或极点,我们总可以稍微移动下这个平行四边形,使得在它的边界上的零点和极点都变成在移动后的平行四边形的内部.

我们用

$$z_0,\quad z_0+2\omega',\quad z_0+2\omega+2\omega',\quad z_0+2\omega'$$

来表示这个移动后的平行四边形的顶点;在它的边界上再没有函数 $f(z)-\alpha$ 的零点和极点.

造一个辅助函数

$$F(z)=\frac{f'(z)}{f(z)-\alpha}$$

它是一个周期为 2ω 与 $2\omega'$ 的椭圆函数,并且在所讨论的周期平行四边形的边界上没有极点.对于这个函数利用定理 3 就有

$$\frac{1}{2\pi i}\int F(z)\mathrm{d}z=\frac{1}{2\pi i}\int\frac{f'(z)}{f(z)-\alpha}\mathrm{d}z=0 \tag{4}$$

这里积分路线是取正方向的平行四边形的边界.另一方面,我们都知道,积分

$$\frac{1}{2\pi i}\int\frac{f'(z)}{f(z)-\alpha}\mathrm{d}z$$

表示函数 $f(z)-\alpha$ 在积分闭路的内部的零点和极点的个数之差(第七章,§1,第 5 段).

因为按照公式(4),这个积分等于零,从而方程式 $f(z)=\alpha$ 在周期平行四边形内部的根的数目与函数 $f(z)$ 在这同一个平行四边形内部极点的数目相等.定理于是得到了证明.

如果 $f(z)$ 在周期平行四边形上每个值都取 s 次,我们就说它是一个 s 级的椭圆函数.

根据定理 3,在周期平行四边形上只有一个简单极点的椭圆函数不可能存在.因此,总是 $s \geqslant 2$,换句话说,没有一级的椭圆函数.下面,我们要具体地去构造出一个二级的椭圆函数来.当然更高级的椭圆函数也存在.

定理 5 椭圆函数在周期平行四边形上所有的零点之和与所有的极点之和之差等于它的某个周期,即

$$\sum_{k=1}^{s} \alpha_k - \sum_{k=1}^{s} \beta_k = 2\mu\omega + 2\nu\omega'$$

其中 α_k 是零点,β_k 是极点,都在周期平行四边形上,自然,在零点之和与极点之和的计算中,每个零点或极点是几级的就应该计算几次.为了证明,我们首先注意:如果在周期平行四边形的边界上有椭圆函数的零点或极点,稍微移动一下这个平行四边形,我们就可以使在原来的周期平行四边形的边界上的零点或极点都移入移动后的平行四边形的内部.用

$$z_0, \quad z_0 + 2\omega, \quad z_0 + 2\omega + 2\omega', \quad z_0 + 2\omega'$$

表示这个移动后的平行四边形的顶点;在它的边界上函数 $f(z)$ 再没有零点或极点.于是,众所周知(第七章,§1,第5段),所求的零点和与极点和之差可以表示成下列积分的形式

$$\frac{1}{2\pi i} \int z \frac{f'(z)}{f(z)} dz$$

其中积分是沿着平行四边形周界的正方向取的.因此,我们有

$$\sum_{k=1}^{s} \alpha_k - \sum_{k=1}^{s} \beta_k = \frac{1}{2\pi i} \int z \frac{f'(z)}{f(z)} dz \tag{5}$$

在沿着平行四边形周界的积分中,我们先考虑和数

$$\frac{1}{2\pi i} \left[\int_{z_0}^{z_0 + 2\omega} z \frac{f'(z)}{f(z)} dz + \int_{z_0 + 2\omega + 2\omega'}^{z_0 + 2\omega'} z \frac{f'(z)}{f(z)} dz \right]$$

在第二个积分中用 $z + 2\omega'$ 替换 z,再利用周期性,这个和就变成表达式

$$-\frac{2\omega'}{2\pi i} \int_{z_0}^{z_0 + 2\omega} \frac{f'(z)}{f(z)} dz = -\frac{2\omega'}{2\pi i} [\ln f(z_0 + 2\omega) - \ln f(z_0)]$$

因为 $f(z_0 + 2\omega) = f(z_0)$,所以,括弧内的数等于零或 $2\pi\nu i$,其中 ν 是整数;因此,这两个积分之和总是等于 $2\nu\omega'$.同样地,其余两个积分之和

$$\frac{1}{2\pi i} \left[\int_{z_0 + 2\omega}^{z_0 + 2\omega + 2\omega'} z \frac{f'(z)}{f(z)} dz + \int_{z_0 + 2\omega'}^{z_0} z \frac{f'(z)}{f(z)} dz \right]$$

根据同样的论证知道,也总是等于 $2\mu\omega$,其中 μ 是整数.把这些结果代入公式(5)中,就成为

$$\sum_{k=1}^{s} \alpha_k - \sum_{k=1}^{s} \beta_k = 2\mu\omega + 2\nu\omega'$$

这就是我们所要证明的.

附注 把上述定理应用到函数 $f(z)-a$ 上,其中 a 是任意一个复数,我们就知道:在周期平行四边形上,方程 $f(z)=a$ 的根之和与函数 $f(z)$ 在这个平行四边形上的极点之和,对 $f(z)$ 的基本周期 2ω 与 $2\omega'$ 来说是同余的.

4. 二级椭圆函数

我们先提出两个需要注意之点:

(a) 假如周期为 2ω 与 $2\omega'$ 的椭圆函数 $f(z)$ 满足关系式

$$f(z)=-f(K-z) \tag{6}$$

其中 K 是一个常数,则

$$\frac{1}{2}K,\frac{1}{2}K+\omega,\frac{1}{2}K+\omega' \text{ 与 } \frac{1}{2}K+\omega+\omega'$$

都是函数 $f(z)$ 的零点或极点.事实上,在关系式(6)中令 $z=\frac{1}{2}K$,就得到

$$f\left(\frac{1}{2}K\right)=-f\left(\frac{1}{2}K\right)$$

由此可见,$\frac{1}{2}K$ 是函数 $f(z)$ 的零点或极点.

令 $z=\frac{1}{2}K+\omega$,得到

$$f\left(\frac{1}{2}K+\omega\right)=-f\left(\frac{1}{2}K-\omega\right)=-f\left(\frac{1}{2}K+\omega\right)$$

由此推出 $\frac{1}{2}K+\omega$,同理 $\frac{1}{2}K+\omega'$ 与 $\frac{1}{2}K+\omega+\omega'$ 都是函数 $f(z)$ 的零点或极点.数值 $\omega,\omega',\omega+\omega'$ 与它们的一切同余数都称为半周期.

设 $K=0$,即 $f(z)$ 满足关系式 $f(z)=-f(-z)$,我们就得到所谓的奇椭圆函数.

根据以上所证明的,对于这种函数来说,点 $z=0$,从而所有的周期,都如同半周期一样,是函数的零点或极点.

(b) 假如周期为 2ω 与 $2\omega'$ 的椭圆函数 $f(z)$ 满足关系式

$$f(z)=f(K-z) \tag{7}$$

其中 K 是一个常数,则

$$\frac{1}{2}K,\quad \frac{1}{2}K+\omega,\quad \frac{1}{2}K+\omega',\quad \frac{1}{2}K+\omega+\omega'$$

都是导函数 $f'(z)$ 的零点或极点.事实上,由微分关系式(7)就可以看到,导函数 $f'(z)$ 是满足关系式(6)的,于是根据(a)就得出我们的论断.

特殊情形,如果 $K=0$,换句话说,如果 $f(z)$ 是一个偶函数$[f(z)=f(-z)]$

267

时,它的导函数是一个奇函数,而且以代表它的周期和半周期的点作为零点或极点.

现在我们把以上所述的两个结果应用到二级椭圆函数上去.

令 β_1,β_2 表示此函数在周期平行四边形上的极点. 先假定 $\beta_1 \neq \beta_2$,换句话说,假定它们都是简单极点. 根据定理 5,如果 $f(z)=f(z_1)$,就有 $z+z_1 \equiv \beta_1+\beta_2$,由此推出下列形如式(7)的关系式

$$f(z)=f(\beta_1+\beta_2-z)$$

因此,根据上述的提示(b)

$$b_1=\frac{\beta_1+\beta_2}{2}, \quad b_2=\frac{\beta_1+\beta_2}{2}+\omega,$$

$$b_3=\frac{\beta_1+\beta_2'}{2}+\omega',b_4=\frac{\beta_1+\beta_2}{2}+\omega+\omega' \tag{8}$$

就是导函数 $f'(z)$ 的零点或极点. 另一方面,我们知道导函数 $f'(z)$ 的极点;β_1 与 β_2 是它的二级极点. 因为点 β_1 与 β_2 显然不与式(8)中的点同余,所以,在式(8)中的四个点上,$f'(z)$ 都应该为零. 现在我们来构造一个函数

$$F(z)=[f(z)-f(b_1)][f(z)-f(b_2)][f(z)-f(b_3)][f(z)-f(b_4)]$$

它是一个八级的椭圆函数,与 $f(z)$ 有同样的周期,点 β_1 与 β_2 是这个函数的四级的极点,并且式(8)中的四点都是它的二级零点.

上面的后一个论断之所以成立,是因为在式(8)中的四个点上,函数 $F(z)$ 与它的导函数都等于零. 由于 $f'^2(z)$ 是一个与 $F(z)$ 具有同样周期,并且具有同级的零点与极点的椭圆函数,根据定理 2(推论 2),我们就有

$$f'^2(z)=CF(z)$$

由此

$$f'(z)=\sqrt{CF(z)} \tag{9}$$

令

$$f(z)=w, \quad CF(z)=R(w)$$

就得到

$$z=\int \frac{\mathrm{d}w}{\sqrt{R(w)}} \tag{10}$$

其中 $R(w)$ 是 w 的一个四次多项式. 因此,二级的椭圆函数 $w=f(z)$ 可以看作一个第一种类型的椭圆积分(10)的反函数.

现在假定 $\beta_1=\beta_2$,换句话说,二级椭圆函数 $f(z)$ 在点 β_1 有一个二级极点. 在这种情形,$f(z)$ 满足关系式

$$f(z)=f(2\beta_1-z)$$

点 β_1 就是 $f'(z)$ 的一个三级极点,它的零点是

$$\alpha_1=\beta_1+\omega,\alpha_2=\beta_1+\omega',\alpha_3=\beta_1+\omega+\omega'$$

我们构造一个函数
$$\Phi(z) = [f(z) - f(\alpha_1)][f(z) - f(\alpha_2)][f(z) - f(\alpha_3)]$$
它是一个与 $f(z)$ 有同样周期的六级椭圆函数;点 β_1 是它的六级极点,点 α_1,α_2,α_3 是它的二级零点.这里,后一个论断之所以成立,是因为函数 $\Phi(z)$ 与它的导函数在点 α_1,α_2,α_3 都等于零.

由于 $f'^2(z)$ 是一个与 $\Phi(z)$ 有同样周期的椭圆函数,并且有同级的零点与极点,根据定理 2(推论 2),就得出
$$(f'(z))^2 = C\Phi(z)$$
从而
$$f'(z) = \sqrt{C\Phi(z)} \tag{11}$$
令
$$f(z) = w, \quad C\Phi(z) = R_1(w)$$
就得到
$$z = \int \frac{\mathrm{d}w}{\sqrt{R_1(w)}} \tag{12}$$
其中 $R_1(w)$ 是 w 的一个三次多项式.因此,在二级极点的情形,椭圆函数可以看作一个第一种类型的椭圆积分(12)的反函数.

§2 魏尔斯特拉斯函数

在第九章,§2,第 2 段,我们建立了一个把整函数 $\sin z$ 表示成无穷乘积的公式,在这个公式中,清楚地指出了这个函数的简单零点 $k\pi$.跟这个公式密切联系着的,是它的对数导数 $\frac{(\sin z)'}{\sin z} = \cot z$ 的一个表达式,它把在点 $k\pi$ 有简单极点的半纯函数 $\cot z$ 表示成一个简单分式的无穷级数,清楚地指出这个函数的一切极点与他们的主要部分(第七章,§2,第 4 段).最后,把 $\cot z$ 的展开式加以微分,我们还可以得到 $\frac{1}{\sin^2 z} = -(\cot z)'$ 的一个表达式,它把在点 $k\pi$ 有二级极点的半纯函数 $\frac{1}{\sin^2 z}$ 表示成一个简单分数的无穷级数,清楚地指出这个函数的一切极点与它们的主要部分.

我们目前的问题是要仿照刚才所讲的,引进三个函数来加以考察,这些函数都以在下列各点
$$w = 2m\omega + 2n\omega' \quad (m,n \text{ 整数})$$
具有一级零点的简单的整函数作为基元,并且

$$I\left(\frac{\omega'}{\omega}\right) > 0$$

要构造这些函数,我们要用到无穷乘积的魏尔斯特拉斯公式.

1. 预备定理

对于每一个大于 2 的正数 α,级数

$$\sum{}' \frac{1}{w^\alpha} \qquad (13)$$

都是绝对收敛的.

符号 $\sum{}'$ 与 $\prod{}'$ 分别表示除 $w=0 (m=0, n=0)$ 以外,经过所有 w 的其他值的级数与乘积.

要证明这个预备定理,我们来考察一串平行四边形 $P_1, P_2, \cdots, P_n, \cdots$,这些平行四边形以点 $z=0$ 为公共中心,它们的边平行于矢量 $\boldsymbol{\omega}$ 与 $\boldsymbol{\omega}'$,并且各以下面一点为一个顶点

$$2\omega + 2\omega', 4\omega + 4\omega', \cdots, 2n(\omega + \omega'), \cdots$$

在平行四边形 P_1 的周界上有八个点 w,在 P_2 的周界上可以找到十六个这样的点,并且一般地说,在 P_n 的周界上有 $8n$ 个点 w.用 δ 表示从原点到平行四边形 P_1 的周界的最短距离,于是,从 $z=0$ 到 P_n 的周界的距离就是 $n\delta$.因此

$$\sum{}' \frac{1}{|w|^\alpha} < \sum_{n=1}^{\infty} \frac{8n}{n^\alpha \delta^\alpha} = \frac{8}{\delta^\alpha} \sum_{n=1}^{\infty} \frac{1}{n^{\alpha-1}}$$

这表明了当 $\alpha > 2$ 时,上面不等式左边的级数是收敛的,也就是说,级数(13)是绝对收敛的.

2. 函数 σ, ζ 与 F

现在我们可以来构造出以点 w 为一级零点的整函数了.因为根据预备定理,级数 $\sum{}' \frac{1}{|w|^3}$ 收敛,所以根据无穷乘积的魏尔斯特拉斯公式(第九章,§2,第 1 段)

$$z \prod{}' \left(1 - \frac{z}{w}\right) e^{\frac{z}{w} + \frac{z^2}{2w^2}}$$

表示一个以 $w = 2m\omega + 2n\omega'$ 各点为简单零点的整函数.依照魏尔斯特拉斯定理,我们把这个函数记作 $\sigma(z)$.

于是

$$\sigma(z) = z \prod{}' \left(1 - \frac{z}{w}\right) e^{\frac{z}{w} + \frac{z^2}{2w^2}} \qquad (14)$$

如果我们愿意明显地指出 $\sigma(z)$ 是依赖于 2ω 与 $2\omega'$ 这两个常数的,我们可以把它写成 $\sigma(z;2\omega,2\omega')$ 的形式.

在乘积(14)内把对应于 w 与 $-w$ 的两个因子合在一起,(14)可以改写成

$$\sigma(z) = z \prod{}' \left(1 - \frac{z^2}{w^2}\right) \mathrm{e}^{\frac{z}{w^2}} \tag{14$'$}$$

其中,乘积经过一切对应于满足条件

$$m > 0, n \text{ 任意}; m = 0, n > 0$$

的整数 m 与 n 的 $w = 2m\omega + 2n\omega'$ 的值.

从公式(14$'$)我们看出 $\sigma(z)$ 是奇函数,即

$$\sigma(-z) = -\sigma(z)$$

并且 $\sigma(z)$ 是关于 z, ω 与 ω' 的一次齐次函数,即

$$\sigma(kz;2k\omega',2k\omega) = k\sigma(z;2\omega',2\omega)$$

从公式(14$'$),我们不难得到函数 $\sigma(z)$ 的幂级数展开式,它在整个平面上收敛

$$\sigma(z) = z - c_5 z^5 - c_7 z^7 - \cdots \tag{15}$$

由此我们看出

$$\sigma(0) = 0, \sigma'(0) = 1, \sigma''(0) = \sigma'''(0) = \sigma^{\mathrm{IV}}(0) = 0$$

因为由公式(14)取对数得到的级数,在平面上任何有限部分内都一致收敛,只要把对应于这个部分内的点 w 的开初有限项略去不计.所以,根据魏尔斯特拉斯定理,我们可以构造出函数 $\sigma(z)$ 的对数导函数的展开式,记作 $\zeta(z)$.

于是我们得

$$\frac{\sigma'(z)}{\sigma(z)} = \zeta(z) = \frac{1}{z} + \sum{}' \left(\frac{1}{z-w} + \frac{1}{w} + \frac{z}{w^2}\right) \tag{16}$$

函数 $\zeta(z)$ 是半纯的,它所有的一级极点就在 w 各点,在每一个极点上,留数都等于1.从公式(16)我们看到,如果用 k 乘 z, ω, ω',函数 ζ 就乘上了 $\frac{1}{k}$,换句话说,$\zeta(kz;2k\omega,2k\omega') = \frac{1}{k}\zeta(z;2\omega,2\omega')$.因此,$\zeta(z;2\omega,2\omega')$ 是 z, ω, ω' 的 -1 次的齐次函数.

从式(16),我们不难得到函数 $\zeta(z) - \frac{1}{z}$ 的幂级数展开式,它的收敛半径等于从原点到最近的点 w 的距离.如果留意到,当 α 是奇整数时,级数 $\sum' \frac{1}{w^\alpha}$ 等于零,那么,令 $\sum' \frac{1}{w^{2n}} = \frac{a_n}{2n-1}$,我们就得到

$$\zeta(z) = \frac{1}{z} - \frac{a_2 z^3}{3} - \frac{a_3 z^5}{5} - \cdots - \frac{a_n z^{2n-1}}{2n-1} - \cdots \tag{17}$$

由此可见，$\zeta(z)$ 是一个奇函数.

展开式(16) 在平面上任何有限部分内都是一致收敛的，只要把对应于这个部分内的点 w 的开初有限项略去不计. 因此，这个展开式可以逐项微分，用 $F(z)$ 记函数 $\zeta(z)$ 的带上负号的导函数，我们就得到

$$F(z) = -\zeta'(z) = \frac{1}{z^2} + \sum{}' \left(\frac{1}{(z-w)^2} - \frac{1}{w^2} \right) \tag{18}$$

函数 $F(z)$ 是一个以各点 w 为二级极点的半纯函数；并且在这些点上，留数都等于零. 显然，根据(18)，这个函数还是一个偶函数，即

$$F(-z) = F(z)$$

根据微分级数(17)，我们得到

$$F(z) = \frac{1}{z^2} + a_2 z^2 + a_3 z^4 + \cdots + a_n z^{2n-2} + \cdots \tag{19}$$

同时知道，代表 $F(z) - \dfrac{1}{z^2}$ 的幂级数(19)与代表 $\zeta(z) - \dfrac{1}{z}$ 的幂级数(17)有相同的收敛圆.

根据微分公式(18)，我们先算出

$$F'(z) = -\frac{2}{z^3} - 2\sum{}' \frac{1}{(z-w)^3}$$

这可以改写成

$$F'(z) = -2\sum \frac{1}{(z-w)^3}$$

其中求和无例外地经过 w 的一切值.

由此，容易推出

$$F'(z+2w) = F'(z), \quad F'(z+2\omega') = F'(z)$$

积分得

$$F(z+2\omega) = F(z) + C_1, \quad F(z+2\omega') = F(z) + C_2$$

最后分别令 $z = -\omega, z = -\omega'$，并应用函数 $F(z)$ 是偶函数的性质，我们得到

$$C_1 = 0, \quad C_2 = 0$$

这就表明

$$F(z+2\omega) = F(z), \quad F(z+2\omega') = F(z) \tag{20}$$

因此，总结起来说，函数 $F(z)$ 是一个二级的椭圆函数；以 2ω 及 $2\omega'$ 为基本周期，并且以点 $z=0$ 与其一切等价点 w 为它的二级极点.

如果我们想要明显地表示出函数 $F(z)$ 对于周期的依赖关系，可以用 $F(z; 2\omega, 2\omega')$ 记它.

从公式(18)得出

$$F(kz; 2k\omega, 2k\omega') = \frac{1}{k^2} F(z; 2\omega, 2\omega')$$

这个关系式表明 $F(z;2\omega,2\omega')$ 是 z,ω,ω' 的一个 -2 次的齐次函数.

函数 $F(z)$ 的导函数 $F'(z)$ 是一个三级的椭圆函数,也以 2ω 与 $2\omega'$ 为周期,并且以与 $z=0$ 等价的各点为它的三级极点;根据 §1,第 4 段,它在周期平行四边形上有三个简单零点;这三点与 ω,ω' 以及 $\omega+\omega'$ 同余,也就是说,它们都是半周期的. 从第 4 段,我们还知道,具有二重极点的二级椭圆函数 $F(z)$ 与它的导函数之间应该有下面的关系.

$$F'^2(z) = C[F(z) - F(\omega)][F(z) - F(\omega+\omega')][F(z) - F(\omega')] \quad (21)$$

另一方面,我们可以直接从级数(19)出发来建立 $F(z)$ 与 $F'(z)$ 之间的关系.事实上

$$F'(z) = -\frac{2}{z^3} + 2a_2 z + 4a_3 z^3 + \cdots$$

由此

$$F'^2(z) = \frac{4}{z^6} - \frac{8a_2}{z^2} - 16a_3 + P_1$$

其中,P_1 是 z 的一个正幂级数的和.仿此可得

$$F^3(z) = \frac{1}{z^6} + \frac{3a_2}{z^2} + 3a_3 + P_2$$

其中,P_2 也是一个 z 的正幂级数的和.

总结起来,可以写成

$$F'^2(z) - 4F^3(z) + 20a_2 F(z) = -28a_3 + P_3$$

其中 P_3 是 z 的一个正幂级数的和.

上式左边是一个周期为 2ω 与 $2\omega'$ 的椭圆函数,并且,这个式子的右边指出,这个椭圆函数没有极点. 因此,它应该是一个常数,这只有当 $P_3 \equiv 0$ 才可以.

因此,我们有

$$F'^2(z) = 4F^3(z) - 20a_2 F(z) - 28a_3$$

或者引用另外的符号写成

$$F'^2(z) = 4F^3(z) - g_2 F(z) - g_3 \quad (22)$$

其中我们设

$$g_2 = 20a_2 = 60\sum{}' \frac{1}{w^4}, \quad g_3 = 28a_3 = 140\sum{}' \frac{1}{w^6} \quad (23)$$

公式(22)是公式(21)展开了的形式.

令 $F(z) = u$,从公式(22)可以看出:$u = F(z)$ 是一个魏尔斯特拉斯式的第一种类型的椭圆积分

$$z = \int_u^\infty \frac{\mathrm{d}u}{\sqrt{4u^3 - g_2 u - g_3}} \quad (24)$$

273

的反函数.

显然,这里根号下的多项式不能有重根,因为否则积分(24)就可以表成初等函数了. 反过来,我们可以证明,任意选定 g_2 与 g_3 使得根号下的多项式没有重根,则积分(24)的反函数就是一个函数 $F(z)$. 我们用 e_1,e_2,e_3 表示(22)右边多项式的根,则式(22)成为

$$F'^2(z) = 4F^3(z) - g_2 F(z) - g_3 = 4(F(z)-e_1)(F(z)-e_2)(F(z)-e_3)$$
$$(25)$$

把这个公式与(21)比较,即得

$$e_1 = F(\omega), \quad e_2 = F(\omega+\omega'), \quad e_3 = F(\omega') \qquad (26)$$

前面已经提到,e_1,e_2,e_3 三个数彼此都不相同. 比较公式(25)的两边,我们得到下面的关系

$$e_1 + e_2 + e_3 = 0, \quad e_1 e_2 + e_2 e_3 + e_3 e_1 = -\frac{g_2}{4}, \quad e_1 e_2 e_3 = \frac{g_3}{4} \qquad (26')$$

函数 $\zeta(z)$ 与 $\sigma(z)$ 不可能以 2ω 与 $2\omega'$ 为周期,因为第一个函数在周期平行四边形上只有一个简单极点,而第二个没有极点. 但是从函数 $F(z) = -F'(z)$ 的周期性可以推出 ζ 的一个类似周期性的性质,即

$$\zeta(z+2\omega) = \zeta(z) + 2\eta, \quad \zeta(z+2\omega') = \zeta(z) + 2\eta' \qquad (27)$$

其中 η 与 η' 是某两个常数,或者,一般说来,当 m 与 n 是任何整数时,都有

$$\zeta(z+2m\omega+2n\omega') = \zeta(z) + 2m\eta + 2n\eta' \qquad (28)$$

数 η 与 η' 可以看作函数 ζ 的特殊值. 要确定这个特殊值,我们在公式(27)内,分别令 $z=-\omega$ 与 $z=-\omega'$,就得到

$$\zeta(\omega) = \zeta(-\omega) + 2\eta, \quad \zeta(\omega') = \zeta(-\omega') + 2\eta'$$

再利用 ζ 是一个奇函数的性质,就得到

$$\eta = \zeta(\omega), \quad \eta' = \zeta(\omega') \qquad (29)$$

这个公式表明,η 与 η' 是 ω 与 ω' 的 -1 次齐函数(从函数 ζ 的齐次性推出). 数 η,η' 与半周期 ω,ω' 之间有一个值得注意的关系,我们用下面的方法引出这个关系.

首先我们把周期平行四边形稍微移动一下,使得极点 $z=0$ 在移动后的平行四边形内.

我们用

$$z_0, \quad z_0+2\omega, \quad z_0+2\omega+2\omega', \quad z_0+2\omega'$$

代表这个平行四边形的四个顶点;在这个平行四边形的边上,没有函数 $\zeta(z)$ 的极点.

因为函数 ζ 对于极点 $z=0$ 的留数是 1,所以把函数 $\zeta(z)$ 沿上面这个平行四边形的周界积分,就得到

$$\int\limits_{z_0}^{z_0+2\omega}\zeta(z)\mathrm{d}z+\int\limits_{z_0+2\omega}^{z_0+2\omega+2\omega'}\zeta(z)\mathrm{d}z+$$

$$\int\limits_{z_0+2\omega+2\omega'}^{z_0+2\omega'}\zeta(z)\mathrm{d}z+\int\limits_{z_0+2\omega'}^{z_0}\zeta(z)\mathrm{d}z=2\pi\mathrm{i} \qquad (30)$$

式中所有的积分,都是沿着连接所示各点的直线段计算的.把第一个与第三个积分合并起来,在后一个积分中使用替换

$$z=u+2\omega'$$

并利用(27),就得到

$$\int\limits_{z_0}^{z_0+2\omega}\zeta(z)\mathrm{d}z+\int\limits_{z_0+2\omega+2\omega'}^{z_0+2\omega'}\zeta(z)\mathrm{d}z=$$

$$\int\limits_{z_0}^{z_0+2\omega}\zeta(z)\mathrm{d}z+\int\limits_{z_0+2\omega}^{z_0}\zeta(u+2\omega')\mathrm{d}u=$$

$$-\int\limits_{z_0}^{z_0+2\omega}\left[\zeta(u+2\omega')-\zeta(u)\right]\mathrm{d}u=$$

$$-2\eta'\cdot2\omega$$

仿此,把关系式(30)中第二与第四个积分合并起来,得到它们之和等于

$$2\eta\cdot2\omega'$$

代入关系式(30)即得

$$2\eta\cdot2\omega'-2\eta'\cdot2\omega=2\pi\mathrm{i}$$

或即

$$\eta\omega'-\eta'\omega=\frac{\pi\mathrm{i}}{2} \qquad (31)$$

这就是所谓勒让得关系式.关系式(27)可以改写成

$$\frac{\sigma'(z+2\omega)}{\sigma(z+2\omega)}=\frac{\sigma'(z)}{\sigma(z)}+2\eta$$

$$\frac{\sigma'(z+2\omega')}{\sigma(z+2\omega')}=\frac{\sigma'(z)}{\sigma(z)}+2\eta'$$

积分后就得到

$$\ln\sigma(z+2\omega)=\ln\sigma(z)+2\eta z+\ln C$$

$$\ln\sigma(z+2\omega')=\ln\sigma(z)+2\eta'z+\ln C'$$

或即

$$\sigma(z+2\omega)=C\mathrm{e}^{2\eta z}\sigma(z),\quad \sigma(z+2\omega')=C'\mathrm{e}^{2\eta'z}\sigma(z)$$

现在剩下来确定常数 C 与 C'.为此,在上面恒等式中,令 $z=-\omega$ 与 $z=-\omega'$,就得到

$$\sigma(\omega) = Ce^{-2\eta\omega}\sigma(-\omega), \quad \sigma(\omega') = C'e^{-2\eta'\omega'}\sigma(-\omega')$$

利用 $\sigma(z)$ 是一个奇函数,从上式即得

$$C = -e^{2\eta\omega}, \quad C' = -e^{2\eta'\omega'}$$

因此,最后得到

$$\left.\begin{array}{c} \sigma(z+2\omega) = -e^{2\eta(z+\omega)}\sigma(z) \\ \sigma(z+2\omega') = -e^{2\eta'(z+\omega')}\sigma(z) \end{array}\right\} \tag{32}$$

由此,根据(31),就有

$$\sigma(z+2\omega+2\omega') = -e^{(2\eta+2\eta')(z+\omega+\omega')}\sigma(z)$$

按照公式(32),把数 2ω 与 $2\omega'$ 加到变数上时,函数 $\sigma(z)$ 就获得一个指数形式的因子.函数 $\sigma(z),\zeta(z)$ 与 $F(z)$ 是首先由魏尔斯特拉斯引进的.我们可以证明一切以 2ω 及 $2\omega'$ 作周期的椭圆函数,都是 $F(z)$ 与 $F'(z)$ 的有理函数.因此,$F(z)$ 与 $F'(z)$ 的有理函数的全体,也就是以 2ω 及 $2\omega'$ 为周期的椭圆函数的全体.

§3 任意椭圆函数的简单分析表示法

1.把椭圆函数表示成一些简单基元之和

假设 $f(z)$ 是一个 s 级的椭圆函数,以位于一个周期平行四边形上的 β_1,$\beta_2,\cdots,\beta_k$ 为简单极点.用 B_k 表示函数对于极点 β_k 的留数,我们有 $\sum\limits_{k=1}^{s}B_k = 0$(§1,第3段,定理3).

现在作出下列表达式

$$F(z) = \sum_{k=1}^{s}B_k\zeta(z-\beta_k)$$

根据关系式(27)所表示的函数 ζ 的性质,我们得到

$$F(z+2\omega) = F(z) + 2\eta\sum_{k=1}^{s}B_k$$

$$F(z+2\omega') = F(z) + 2\eta'\sum_{k=1}^{s}B_k$$

因为 $\sum\limits_{k=1}^{s}B_k = 0$,所以上式可以写成

$$F(z+2\omega) = F(z), \quad F(z+2\omega') = F(z)$$

故 $F(z)$ 是以 2ω 与 $2\omega'$ 为基本周期的一个椭圆函数.另一方面,不难看出函数 $F(z)$ 以 β_k 为它的简单极点,相当的留数是 B_k.因此,给定的椭圆函数 $f(z)$ 只能与 $F(z)$ 相差一个常数项(§1,第3段),换句话说

$$f(z) = C + \sum_{k=1}^{s} B_k \zeta(z - \beta_k) \tag{33}$$

其中常数 C 可以由函数 $f(z)$ 在异于极点的一点的值来决定.

反过来,从以上的结论,我们还可以看出:每一个像(33)那样形式的表达式,其中 β_k 是在周期平行四边形上的任意 s 个不同的点,而 B_k 是满足条件 $\sum_{k=1}^{s} B_k = 0$ 的任意 s 个数,都代表一个 s 级的椭圆函数,以 $\beta_1, \beta_2, \cdots, \beta_s$ 为它的极点,并以

$$\frac{B_1}{z - \beta_1}, \frac{B_2}{z - \beta_2}, \cdots, \frac{B_s}{z - \beta_s}$$

为对应的主要部分. 以下我们来把公式(33)推广到多重极点的情形. 设 $f(z)$ 是一个 s 级的椭圆函数,以在周期平行四边形上的 $\beta_1, \beta_2, \cdots, \beta_q$ 为极点,我们用

$$\frac{B_{k_1}}{z - \beta_k} + \frac{B_{k_2}}{(z - \beta_k)^2} + \cdots + \frac{B_{k_{s_k}}}{(z - \beta_k)^{s_k}} \tag{34}$$

表示这个函数对于极点 β_k 的主要部分,β_k 的级假定是 $s_k(s_1 + s_2 + \cdots + s_q = s)$.

现在构造下列表达式

$$F(z) = \sum_{k=1}^{q} \left[B_{k1} \zeta(z - \beta_k) + B_{k2} F(z - \beta_k) - \frac{B_{k3}}{2!} F'(z - \beta_k) + \cdots + \right.$$
$$\left. (-1)^{s_k} \frac{Bk_{s_k}}{(s_k - 1)!} F(s_k - 2)(z - \beta_k) \right]$$

因为 $\sum_{k=1}^{q} B_{k1} = 0$,所以根据上面的分析,又由于函数 F 与它的各个导函数的周期性,可以推出 $F(z)$ 是一个以 2ω 及 $2\omega'$ 为周期的椭圆函数. 另一方面,从函数 $F(z)$ 的表达式,我们看到它在点 β_k 有 s_k 级的极点,而以(34)为其主要部分. 因此,给定的函数 $f(z)$ 只能与 $F(z)$ 相差一个常数项(§1,第3段),换句话说

$$F(z) = C + \sum_{k=1}^{q} \left[B_{k1} \zeta(z - \beta_k) + B_{k2} F(z - \beta_k) - \frac{B_{k3}}{2!} F'(z - \beta_k) + \cdots + \right.$$
$$\left. (-1)^{s_k} \frac{B_{k_{s_k}}}{(s_k - 1)!} F(s_k - 2)(z - \beta_k) \right] \tag{35}$$

其中,常数 C 可以用函数 $f(z)$ 在异于极点的一点上的值来决定.

反之,如果常量 B_{k1} 满足条件 $\sum_{k=1}^{q} B_{k1} = 0$ 而 β_k 是在一个周期平行四边形上的任意 q 个点,那么一切像(35)那样的表达式永远代表一个 s 级的椭圆函数,以 β_k 为极点,而且对应的主要部分是(34).

2. 把椭圆函数表示成基本因子的乘积之比

在上段中,我们得到了把椭圆函数表示成一些简单基元之和的公式,这种

公式与把有理函数分成部分分式的方法,可以看成是互相对照的.现在我们引进另外一个可以表示出一切椭圆函数的公式;这个公式将要把有理函数表示成分子、分母都是一次因子之积的方法互相对照.

假定 $f(z)$ 是一个椭圆函数,在周期平行四边形上,有零点 $\alpha_1,\alpha_2,\cdots,\alpha_s$,极点 $\beta_1,\beta_2,\cdots,\beta_s$,又这些点可以互相不同,也可以部分地互相重合(在有多重零点或多重极点的情形).

根据 §1,第 3 段,我们有

$$\sum_{k=1}^{s} \alpha_k = \sum_{k=1}^{s} \beta_k + 2\gamma\omega + 2\gamma'\omega'$$

取 $\beta'_s = \beta_s + 2\gamma\omega + 2\gamma'\omega'$ 来代替 β_s,即得

$$\alpha_1 + \alpha_2 + \cdots + \alpha_s = \beta_1 + \beta_2 + \cdots + \beta_{s-1} + \beta'_s \tag{36}$$

现在构造下列表达式

$$F(z) = \frac{\sigma(z-\alpha_1)\sigma(z-\alpha_2)\cdots\sigma(z-\alpha_s)}{\sigma(z-\beta_1)\sigma(z-\beta_2)\cdots\sigma(z-\beta'_s)}$$

它代表一个半纯函数,以点 α_k 及其等价点为零点,并且以点 β_k 及其等价点为极点.

我们要证明,$F(z)$ 是一个以 2ω 及 $2\omega'$ 为基本周期的椭圆函数.事实上,利用式(32) 所表达的函数 σ 的性质,我们有

$$F(z+2\omega) = e^{2\eta A} F(z), \quad F(z+2\omega') = e^{2\eta' A} F(z)$$

其中

$$-A = \alpha_1 + \alpha_2 + \cdots + \alpha_s - \beta_1 - \beta_2 - \cdots - \beta'_s = 0$$

这就表明

$$F(z+2\omega) = F(z), \quad F(z+2\omega') = F(z)$$

这样,两个椭圆函数 $f(z)$ 与 $F(z)$ 有相同的周期,而在周期平行四边形上又有同样的零点与极点,并且对应的级都相等,因此,它们彼此只能相差一个常数因子(§1,第 3 段).所以我们有

$$f(z) = C\frac{\sigma(z-\alpha_1)\sigma(z-\alpha_2)\cdots\sigma(z-\alpha_s)}{\sigma(z-\beta_1)\sigma(z-\beta_2)\cdots\sigma(z-\beta'_s)} \tag{37}$$

常数 C 可以用两种方法确定,或者给出函数 $f(z)$ 在一个非零点也非极点的点上的值,或者把左右两边展成级数然后比较对应的项.

显然,从上面的证明,反过来还可以推出,只要 $\alpha_1,\alpha_2,\cdots,\alpha_s,\beta_1,\beta_2,\cdots,\beta_{s-1}$ 是在周期平行四边形上(部分重合或全体不同),而且

$$\beta'_s = \alpha_1 + \alpha_2 + \cdots + \alpha_s - \beta_1 - \beta_2 - \cdots - \beta_{s-1}$$

则表达式(37)就代表一个 s 级的椭圆函数,以 $\alpha_1,\alpha_2,\cdots,\alpha_s$ 为零点,而以 $\beta_1,\beta_2,\cdots,\beta'_s$ 为极点.

作为所导出的公式(37) 的一个应用,我们来考虑函数 $F(z)-F(u)$,这个

函数在 $z=0$ 有一个二级的极点而在 $z=\pm u$ 有零点. 因此, 按照公式 (37), 我们有

$$F(z)-F(u)=C\frac{\sigma(z+u)\sigma(z-u)}{\sigma^2(z)}$$

要确定常数 C, 我们把两边展成 z 的幂级数, 再比较 $\frac{1}{z^2}$ 的系数.

我们有

$$\sigma(z+u)=\sigma(u)+z\sigma'(u)+\cdots$$
$$\sigma(z-u)=\sigma(-u)+z\sigma'(-u)=\cdots$$
$$\sigma^2(z)=z^2+\cdots$$
$$\sigma(-u)=-\sigma(u)$$

因此, 在右边, $\frac{1}{z^2}$ 的系数等于 $-C\sigma^2(u)$, 而左边则等于 1. 由此可见

$$1=-C\sigma^2(u)$$

即

$$C=-\frac{1}{\sigma^2(u)}$$

这就是说

$$F(z)-F(u)=-\frac{\sigma(z+u)\sigma(z-u)}{\sigma^2(z)\sigma^2(u)} \tag{38}$$

§4　函　数　σ_k

在 §2, 第 2 段中, 我们曾经引进了公式 (25), 它把 $F'^2(z)$ 表示成三个因子的乘积, 按照这个公式, 右边的乘积是一个单值解析函数的平方. 其实, 我们可以证明, 这三个因子 $F(z)-e_k (k=1,2,3)$ 也都是单值解析函数的平方. 要想说明这一点, 我们首先在公式 (38) 中令 $u=\omega$, 即得

$$F(z)-e_1=F(z)-F(\omega)=-\frac{\sigma(z+\omega)\sigma(z-\omega)}{\sigma^2(z)\sigma^2(\omega)} \tag{39}$$

根据公式 (32), 我们可以写

$$\sigma(z+\omega)=\sigma(z-\omega+2\omega)=-e^{2\eta(z-\omega+\omega)}\sigma(z-\omega)$$

换句话说

$$\sigma(z+\omega)=-e^{2\overline{\eta z}}\sigma(z-\omega) \tag{40}$$

因此, 式 (39) 可以改写成

$$F(z)-e_1=e^{2\overline{\eta z}}\frac{\sigma^2(z-\omega)}{\sigma^2(\omega)\sigma^2(z)}=\left[\frac{e^{\overline{\eta z}}\sigma(z-\omega)}{\sigma(\omega)\sigma(z)}\right]^2$$

279

只要在公式(38)中令 $u=\omega+\omega'$ 及 $u=\omega'$，跟上面同样做法，我们就可以把其他两个差同样表示成两个整函数的商的平方. 这样，我们有

$$F(z)-e_k=\left[\frac{\sigma_k(z)}{\sigma(z)}\right]^2 \tag{41}$$

或即

$$\sqrt{F(z)-e_k}=\frac{\sigma_k(z)}{\sigma(z)} \tag{41'}$$

其中我们取

$$\sigma_1(z)=\mathrm{e}^{\eta z}\frac{\sigma(\omega-z)}{\sigma(\omega)},\quad \sigma_2(z)=\mathrm{e}^{(\eta+\eta')z}\frac{\sigma(\omega+\omega'-z)}{\sigma(\omega+\omega')},$$

$$\sigma_3(z)=\mathrm{e}^{\eta'z}\frac{\sigma(\omega'-z)}{\sigma(\omega')} \tag{42}$$

方程式(41′)确定了三个二次根式是 z 的单值函数. 我们要来研究一下函数 $\sigma_k(z)$ 的某些性质.

显然三个函数 $\sigma_k(z)$ 都是整函数，并且在公式(42)中令 $z=0$ 就得到

$$\sigma_k(0)=1 \quad (k=1,2,3)$$

在公式(40)中用 $-z$ 代替 z，并利用函数 $\sigma(z)$ 是一个奇函数的性质，我们可以把(40)改写成

$$\sigma(\omega-z)=\mathrm{e}^{-2\eta z}\sigma(\omega+z)$$

这就是说

$$\sigma_1(z)=\mathrm{e}^{-\eta z}\frac{\sigma(\omega+z)}{\sigma(\omega)}=\sigma_1(-z)$$

同样的结果对于函数 $\sigma_2(z)$ 与 $\sigma_3(z)$ 也都成立，换句话说，函数 $\sigma_k(z)$ 都是偶函数. 把 z,ω,ω' 换成 $kz,k\omega,k\omega'$，并利用 $\sigma(z;2\omega,2\omega')$ 与 $\eta(2\omega,2\omega')$ 的齐次性，我们可以断定：函数 $\sigma_k(z;2\omega,2\omega')$ 都是 z,ω,ω' 的 0 次的齐次函数.

把式(41)代入式(25)，再开平方，即得

$$F'(z)=\pm 2\frac{\sigma_1(z)\sigma_2(z)\sigma_3(z)}{\sigma^3(z)}$$

剩下只要去确定上面公式里的正负号. 为此，用 z^3 乘公式的两边，再使 z 趋近于零. 因为

$$z^3F'(z)\to-2,\sigma_k(0)=1,\sigma(0)=0,\sigma'(0)=1$$

所以我们可以断定，在上面这个公式中，必须取"$-$"号，换句话说

$$F'(z)=-2\frac{\sigma_1(z)\sigma_2(z)\sigma_3(z)}{\sigma^3(z)} \tag{43}$$

最后，我们要看一看，当变数增加一个周期时，函数 $\sigma_k(z)$ 是怎样变化的. 为了要把所得到的公式化成同样的形式，我们引进下面的记号

$$\omega_1=\omega,\quad \omega_2=\omega+\omega',\quad \omega_3=\omega'$$

并且,对应地
$$\eta_1 = \eta, \quad \eta_2 = \eta + \eta', \quad \eta_3 = \eta'$$
用这些记号,式(42)就成为
$$\sigma_k(z) = -e^{\eta_k z}\frac{\sigma(z-\omega_k)}{\sigma(\omega_k)} \quad (k=1,2,3) \tag{44}$$
同时,式(32)变成
$$\sigma(z+2\omega_k) = -e^{2\eta_k(z+\omega_k)}\sigma(z) \tag{32'}$$
从式(44)出发,利用(32′)与勒让得恒等式(31),则不难算出
$$\sigma_k(z+2\omega_k) = -e^{2\eta_k(z+\omega_k)}\sigma_k(z) \quad (k=1,2,3) \tag{45}$$
以及
$$\sigma_k(z+2\omega_h) = e^{2\eta_h(z+\omega_h)}\sigma_k(z) \quad \begin{pmatrix} k \neq h \\ k=1,2,3 \\ h=1,2,3 \end{pmatrix} \tag{46}$$

作为公式(32′),(45)与(46)的推论,我们得到
$$\frac{\sigma_k(z+2\omega_k)}{\sigma(z+2\omega_k)} = \frac{\sigma_k(z)}{\sigma(z)}, \quad \frac{\sigma_k(z+2\omega_h)}{\sigma(z+2\omega_h)} = -\frac{\sigma_k(z)}{\sigma(z)} \quad (k \neq h) \tag{47}$$
及
$$\frac{\sigma_k(z+2\omega_l)}{\sigma_h(z+2\omega_l)} = \frac{\sigma_k(z)}{\sigma_h(z)}, \quad \frac{\sigma_k(z+2\omega_h)}{\sigma_h(z+2\omega_h)} = -\frac{\sigma_k(z)}{\sigma_h(z)} \tag{48}$$
其中 k,h 与 l 可以取互相不同的数值 $1,2,3$.

§5 雅可比椭圆函数

由下面公式所确定的三个函数称为雅可比椭圆函数
$$\text{sn }u = \sqrt{e_1-e_3}\,\frac{\sigma(z)}{\sigma_3(z)}, \quad \text{cn }u = \frac{\sigma_1(z)}{\sigma_3(z)}, \quad \delta\text{n }u = \frac{\sigma_2(z)}{\sigma_3(z)} \tag{49}$$
其中 $u = z\sqrt{e_1-e_3}$[①].

利用式(47)与(48),我们可以看到这些函数都是椭圆函数:sn u 以 $4\omega\sqrt{e_1-e_3},2\omega'\sqrt{e_1-e_3}$ 为基本周期;cn u 以 $4\omega\sqrt{e_1-e_3}$, $(2\omega+2\omega')\sqrt{e_1-e_3}$ 为基本周期,而 δn u 以 $2\omega\sqrt{e_1-e_3},4\omega'\sqrt{e_1-e_3}$ 为基本周期.

知道了函数 $\sigma(z)$ 与 $\sigma_k(z)$ 的零点,我们就可以写出雅可比函数的零点与极

[①] 对于 $\sqrt{e_1-e_3}$ 我们可以了解为它的两个可能值的任何一个,因为根据 σ 是奇函数,σ_k 是偶函数,公式(49)并不随着根式 $\sqrt{e_1-e_3}$ 前的符号不同而有所改变.

点,列成表 1 如下：

表 1

	零　　点	极　　点
sn u	$(2m\omega + 2n\omega')\sqrt{e_1 - e_3}$	$[2m\omega + (2n+1)\omega']\sqrt{e_1 - e_3}$
cn u	$[(2m+1)\omega + 2n\omega']\sqrt{e_1 - e_3}$	$[2m\omega + (2n+1)\omega']\sqrt{e_1 - e_3}$
δn u	$[(2m+1)\omega + (2n+1)\omega']\sqrt{e_1 - e_3}$	$[2m\omega + (2n+1)\omega']\sqrt{e_1 - e_3}$

　　显然,每一个雅可比函数,在基本周期平行四边形上都有两个简单零点与两个简单极点.因此,它们都是二级椭圆函数.因为 σ 是奇函数,而 σ_k 是偶函数,所以 sn u 是奇函数而 cn u 与 δn u 是偶函数.又 sn $0 = 0$,cn $0 = 1$,δn $0 = 1$.

　　我们用任意数 k 乘 ω 与 ω',但不改变 u 的数量,则因为在这时 $\sqrt{e_1 - e_3}$ 被 k 除(e_1 与 e_3 是 ω 与 ω' 的 -2 次的齐次函数),于是 z 就要用 k 乘.

　　由此,我们从函数 $\sigma(z)$ 与 $\sigma_k(z)$ 对于 z, ω, ω' 的齐次性可以推出下面的结论:用任意数乘 ω 与 ω',雅可比函数 sn u,cn u,δn u 都不变.换句话说,这些函数对于 ω 与 ω' 都是零次的,也就是说,它们只依赖于 u 与比值 $\tau = \dfrac{\omega'}{\omega}$.

　　因此,如果我们想把雅可比函数对于周期的依赖性明显地表示出来,就可以把它们记作

$$\text{sn}(u; \tau), \quad \text{cn}(u; \tau), \quad \text{δn}(u; \tau)$$

　　从已知的诸公式 $F(z) - e_k = \left(\dfrac{\sigma_k(z)}{\sigma(z)}\right)^2$ 中消去函数 $F(z)$,我们得到联系三个雅可比函数的两个关系式

$$\text{sn}^2 u + \text{cn}^2 u = 1, \quad \frac{e_2 - e_3}{e_1 - e_3}\text{sn}^2 u + \text{δn}^2 u = 1$$

或者,令

$$k^2 = \frac{e_2 - e_3}{e_1 - e_3}$$

(k 称为我们的函数的模数),我们就得到

$$\text{cn}^2 u = 1 - \text{sn}^2 u, \quad \text{δn}^2 u = 1 - k^2 \text{sn}^2 u \tag{50}$$

利用雅可比函数(49),我们可以把已知的关系式(43)

$$F'(z) = -2\frac{\sigma_1(z)\sigma_2(z)\sigma_3(z)}{\sigma^3(z)}$$

改写成

$$F'(z) = -2(e_1 - e_3)\frac{\dfrac{3}{2}\text{cn }u\,\text{δn }u}{\text{sn}^3 u} \tag{51}$$

另一方面,把关系式

$$F(z) - e_3 = \left(\frac{\sigma_3(z)}{\sigma(z)}\right)^2 = \frac{e_1 - e_3}{\text{sn}^2 u}$$

对于 u 求导数, 即得

$$F'(z) = -2(e_1 - e_3)^{\frac{3}{2}} \frac{(\text{sn } u)'}{\text{sn}^3 u} \tag{52}$$

比较(52)与(51), 我们得到

$$(\text{sn } u)' = \text{cn } u \delta \text{n } u \tag{53}$$

现在把恒等式(50)微分一下, 并利用(53), 我们就得到另外两个雅可比函数的导数公式

$$(\text{cn } u)' = -\text{sn } u \delta \text{n } u, (\delta \text{n } u)' = -k^2 \text{sn } u \text{cn } u \tag{54}$$

要想得到函数 $\text{sn } u$ 所适合的微分方程, 我们把关系式(53)平方起来, 再利用公式(50), 就得到

$$\left(\frac{\text{dsn } u}{\text{d}u}\right)^2 = (1 - \text{sn}^2 u)(1 - k^2 \text{sn}^2 u)$$

或者令 $x = \text{sn } u$, 即得

$$\frac{\text{d}x}{\text{d}u} = \sqrt{(1 - x^2)(1 - k^2 x^2)}$$

并且当 $u = 0$ 时可以算作 $x = 0$ 而且右边的根式等于 1, 因为根据(53)$\text{sn}'(0) = 1$.

分离变数并积分, 就得到

$$u = \int_0^x \frac{\text{d}x}{\sqrt{(1 - x^2)(1 - k^2 x^2)}} \tag{55}$$

由此可见, 函数 $\text{sn } u$ 是一个勒让德的第一种类型的椭圆积分的反函数.

反过来可以证明, 只要复数 k^2 不等于 0 与 1, 积分(55)的反函数就是一个雅可比函数 $\text{sn } u$. 这表明我们可以用 k 这个数来代替 τ 作为构造雅可比函数的基本元素. 以后我们要用保角映射的观点来详细地讨论积分(55)的一个特殊情形, 就是当 k 是实数, 而且在 0 与 1 之间的情形.

我们可以看到, 在这种情形下, 一个周期是实数而另一个是纯虚数. 由于, 当 $z = \omega$ 时, 即当 $u = \omega \sqrt{e_1 - e_3}$ 时, 函数 $\text{cn } u$ 等于零, 也就是说 $\text{sn } u$ 等于 1, 所以

$$\omega \sqrt{e_1 - e_3} = \int_0^1 \frac{\text{d}x}{\sqrt{(1 - x^2)(1 - k^2 x^2)}} \tag{56}$$

因此, 式(56)右边的积分值等于函数 $\text{sn } u$ 的一个周期的四分之一.

283

*§6 西塔函数

1. 整周期函数的展开式

我们已经把雅可比椭圆函数表示成整函数 σ 与 σ_k 之比. 这些函数 σ 与 σ_k 是没有周期的. 但是我们将要看到, 如果把某些指数因子结合到它们上面, 就可以从它们得到具有周期的整函数来.

由于函数 σ 与 σ_k 的这种改变, 雅可比椭圆函数就可以表示成新的整周期函数之比.

和以前的表示法相比, 这种新表示法的优点就在于: 引进来代替 σ 与 σ_k 的整周期函数可以展开成收敛很快的傅里叶级数.

作为本段的准备, 我们先讨论有周期的整函数的一般情形, 并且导出这种函数的傅里叶展开式. 设整函数 $\varphi(z)$ 有基本周期 2ω, 换句话说, 设

$$\varphi(z+2\omega) = \varphi(z) \tag{57}$$

从原点作矢量 2ω, 再分别通过这个矢量的起点与终点, 作两条直线 AB 与 CD, 使垂直于这个矢量, 于是我们得到函数 $\varphi(z)$ 的周期性的一个带形区域(图 101). 边 CD 可以用变换 $z' = z + 2\omega$ 从 AB 得出来.

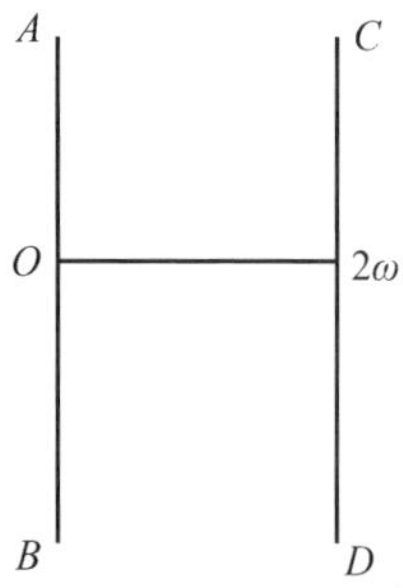

在 z 平面上, 施行变换 $t = \dfrac{2\pi i}{\omega}$, 代替上面提到的带形, 我们就得到 t 面上一个宽度是 2π 的带形区域, 它的边界是实轴和一条与实轴平行的直线.

图 101

现在令 $z = e^t$, 我们知道(第三章, §3, 第 2 段), 在 z 平面上, 对应于我们的带形的, 是沿着正实轴剪开的整个平面, 并且剪口的两个边缘就是带形的两个边界的映射象. 因此, 由 AB 与 CD 所围成的 z 平面上的带形被映射成沿正实轴剪开的 z 平面, 并且在剪口上有同一个附标的两点, 就是 z 平面上由 $z' = z + 2\omega$ 这个关系联系起来的点的映射象. 由于我们的函数 $\varphi(z)$ 的周期性, 如果把它看成 z 的函数, 它就在剪口的两个边缘有同一的值, 换句话说, 它在整个 z 平面上, 除开 $z = 0$ 与 $z = \infty$ 两点外, 是一个单值的解析函数. 因此, 我们可以写出它的洛朗展开式(此展开式对于 z 平面上一切有限点 $z \neq 0$ 都是收敛的), 即

$$\varphi(z) = \sum_{n=-\infty}^{+\infty} c_n z^n = \sum_{n=-\infty}^{+\infty} c_n e^{\frac{\pi i z}{\omega} n}$$

因为函数 $z=\mathrm{e}^{\frac{\pi\mathrm{i}z}{\omega}}$ 不取 $z=0$ 这个值,所以这个级数对于任何一个 z 都是绝对收敛的,并且在 z 平面上的每一个有限部分内,还都是一致收敛的.

这样,我们已经证明了以下的定理:每一个以 2ω 为周期的整函数,在整个复变数 z 的平面上,都可以表示成下列级数的形式

$$\varphi(z)=\sum_{n=-\infty}^{+\infty} c_n \mathrm{e}^{\frac{\pi\mathrm{i}z}{\omega}n} \tag{58}$$

这个展开式还可以写成另外一种形式,只要我们利用欧拉公式,把对应于绝对相等而符号相反的 n 的项归并起来.

这样,我们就得到

$$\varphi(z)=c_0+\sum_{n=1}^{\infty}\left(a_n\cos\frac{n\pi z}{\omega}+b_n\sin\frac{n\pi z}{\omega}\right) \tag{59}$$

其中

$$a_n=c_n+c_{-n},\quad b_n=\mathrm{i}(c_n-c_{-n})\quad(n=1,2,\cdots)$$

2. 函数 θ

我们要做的事,是要引进一个以 2ω 为周期的整函数 $\theta\left(\dfrac{z}{2\omega}\right)$ 来代替函数 $\sigma(z)$,并加以讨论. 为了这个目的,我们把一个指数因子附加到函数 $\sigma(z)$ 上去,得

$$\varphi(z)=\mathrm{e}^{az^2+bz}\sigma(z)$$

并利用式(32)来挑选 a 与 b,使得新函数 $\varphi(z)$ 以 2ω 为周期.

根据(32),我们有

$$\varphi(z+2\omega)=-\mathrm{e}^{a(z+2\omega)^2+b(z+2\omega)+2\eta(z+\omega)}\sigma(z)=$$
$$-\mathrm{e}^{4a\omega z+4a\omega^2+2b\omega+2\eta(z+\omega)}\mathrm{e}^{az^2+bz}\sigma(z)$$

$$\frac{\varphi(z+2\omega)}{\varphi(z)}=-\mathrm{e}^{2(2a\omega+\eta)(z+\omega)+2b\omega} \tag{60}$$

又仿此,我们得到

$$\frac{\varphi(z+2\omega')}{\varphi(z)}=-\mathrm{e}^{2(2a\omega'+\eta')(z+\omega')+2b\omega'} \tag{61}$$

为了使式(60)的右边等于 1,我们取

$$a=-\frac{\eta}{2\omega},\quad b=\frac{\pi\mathrm{i}}{2\omega}$$

于是,利用勒让德关系式(31),式(61)可以化成下面的形式

$$\frac{\varphi(z+2\omega')}{\varphi(z)}=-\mathrm{e}^{-\frac{\pi\mathrm{i}}{\omega}(z+\omega')+\pi\mathrm{i}\frac{\omega'}{\omega}}=-\mathrm{e}^{-\frac{\pi\mathrm{i}z}{\omega}}=-x^{-2}$$

其中已设

$$\frac{z}{2\omega} = v, \quad e^{i\pi v} = e^{\frac{i\pi z}{2\omega}} = x \tag{62}$$

这样,对于函数

$$\varphi(z) = e^{-\frac{\eta z^2}{2\omega} + \frac{i\pi z}{2\omega}} \sigma(z) = e^{-\frac{\eta z^2}{2\omega}} x \sigma(z) \tag{63}$$

以下两个等式成立

$$\varphi(z + 2\omega) = \varphi(z), \quad \varphi(z + 2\omega') = -x^{-2} \varphi(z) \tag{64}$$

因为 $\varphi(z)$ 是一个以 2ω 为周期的整函数,所以根据前一段中的结果,它就有下列形式的展开式

$$\varphi(z) = \sum_{n=-\infty}^{\infty} c_n e^{\frac{\pi i z}{\omega}} = \sum_{n=-\infty}^{\infty} c_n x^{2n}$$

另一方面,把 $2\omega'$ 加到 z 上,就等于把 $\tau = \dfrac{\omega'}{\omega}$ 加到 v 上,或者用

$$q = e^{i\pi\tau} \tag{65}$$

去乘 x,所以

$$\varphi(z + 2\omega') = \sum_{n=-\infty}^{\infty} c_n q^{2n} x^{2n}$$

并且从式(64)的第二个等式得到

$$\sum_{n=-\infty}^{\infty} c_n q^{2n} x^{2n} = -\sum_{n=-\infty}^{\infty} c_n x^{2n\ 2} = -\sum_{n=-\infty}^{\infty} c_{n+1} x^{2n}$$

比较 x 的同次项的系数,即得

$$c_{n+1} = -q^{2n} c_n = -q^{(n+\frac{1}{2})^2 - (n-\frac{1}{2})^2} c_n$$

或

$$(-1)^{n+1} q^{-(n+\frac{1}{2})^2} c_{n+1} = (-1)^n q^{-(n-\frac{1}{2})^2} c_n$$

由此可见,表达式

$$(-1)^n q^{-(n-\frac{1}{2})^2} c_n$$

对于一切整数 n,都应当保有同一个数值,令

$$(-1)^n q^{-(n-\frac{1}{2})^2} c_n = Ci$$

其中 C 是某一个常数,我们就有

$$c_n = (-1)^n q^{-(n-\frac{1}{2})^2} Ci$$

所以

$$\varphi(z) = Ci \sum_{n=-\infty}^{\infty} (-1)^n q^{-(n-\frac{1}{2})^2} x^{2n} \tag{66}$$

根据式(63),函数 $\sigma(z)$ 可以写成

$$\sigma(z) = e^{\frac{\eta z^2}{2\omega}} x^{-1} \varphi(z)$$

比较最后这两个公式,我们很自然地引出了一个新函数

$$\theta(v) = i \sum_{n=-\infty}^{\infty} (-1)^n q^{(n-\frac{1}{2})^2} x^{2n-1} \tag{67}$$

它与 $\sigma(z)$ 有下面的关系

$$\sigma(z) = e^{\frac{\eta z^2}{2\omega}} C \theta(v) \tag{68}$$

剩下的事就是去确定常数 C. 为此,我们要注意到 $z = 2\omega v$,故由上面的公式 $\theta(0) = 0$,这就说明,当 $v \to 0$,$\dfrac{\theta(v)}{v}$ 趋于 $\theta'(0)$.

用 z 除式(68)的两边,然后令 z 趋近于零,得到

$$1 = \frac{1}{2\omega} C \theta'(0)$$

由此 $C = \dfrac{2\omega}{\theta'(0)}$,这就是说

$$\sigma(z) = e^{\frac{\eta z^2}{2\omega}} \frac{2\omega}{\theta'(0)} \theta(v) \tag{69}$$

现在来把函数 $\theta(v)$ 的幂级数展开式(67)变换成三角级数. 为此目的,我们用 v 表示正奇数,先假定

$$v = 2n - 1 \quad (n = 1, 2, 3, \cdots)$$

于是,$n = \dfrac{v+1}{2}$,然后设

$$v = -2n + 1 \quad (n = 0, -1, -2, \cdots)$$

由此得 $n = \dfrac{-v+1}{2}$,于是式(67)可以改写成

$$\theta(v) = i \left[\sum_{v}^{1,3,5\cdots} (-1)^{\frac{v+1}{2}} q^{\frac{v^2}{4}} x^v + \sum_{v}^{1,3,5\cdots} (-1)^{\frac{-v+1}{2}} q^{\frac{v^2}{4}} x^{-v} \right]$$

上式中每一项都是按正奇数值 v 来求和的. 由于

$$(-1)^{\frac{v+1}{2}} = (-1)^v (-1)^{\frac{-v+1}{2}} = -(-1)^{\frac{-v+1}{2}} = -(-1)^{\frac{v-1}{2}}$$

与

$$x^v - x^{-v} = e^{i\pi\nu v} - e^{-i\pi\nu v} = 2i\sin \nu\pi v$$

我们可把上面 $\theta(v)$ 的表达式写成

$$\theta(v) = i \sum_{v}^{1,3,5\cdots} (-1)^{\frac{v-1}{2}} q^{\frac{v^2}{4}} (x^{-v} - x^v)$$

或即

$$\theta(x) = 2 \sum_{v}^{1,3,5\cdots} (-1)^{\frac{v-1}{2}} q^{\frac{v^2}{4}} \sin \nu\pi v = \tag{70}$$

$$2(q^{\frac{1}{4}} \sin \pi v - q^{\frac{9}{4}} \sin 3\pi v + q^{\frac{25}{4}} \sin 5\pi v + \cdots)$$

这个函数 $\theta(v)$ 是一个奇整函数,在它的构造中,要用到位于上半平面的数 $\tau = \dfrac{\omega'}{\omega} (q = \mathrm{e}^{\mathrm{i}\pi\tau})$,因此,它有时也记作 $\theta(v;\tau)$. 显然,当 $|q| < 1$ 时级数(70)收敛得很快.

3. 函数 θ_k

在雅可比椭圆函数的表达式中,除函数 σ 外还包含三个函数 σ_k. 要想把雅可比椭圆函数表示成整函数之比,而每一个整函数又可以表示成收敛很快的级数,除 θ 之外我们应该还要考虑另外三个函数 θ_k. 这些整函数 θ_k 是对应于整函数 σ_k 的,正像前段中所讨论的函数 θ 是对应于函数 σ 的一样. 我们都知道

$$\sigma_1(z) = \mathrm{e}^{\eta z} \frac{\sigma(\omega - z)}{\sigma(\omega)}$$

换句话说,根据公式(68)

$$\sigma_1(z) = \frac{C}{\sigma(\omega)} \mathrm{e}^{\eta z + \frac{\eta}{2\omega}(\omega - z)^2} \theta\left(\frac{\omega - z}{2\omega}\right)$$

或

$$\sigma_1(z) = C_1 \mathrm{e}^{\frac{\eta z^2}{2\omega}} \theta\left(\frac{1}{2} - v\right) \tag{71}$$

其中 C_1 是一个新的常数.

现在我们要求出函数 $\theta\left(\dfrac{1}{2} - v\right)$ 的三角级数展开式. 因为 $\theta(v)$ 是奇函数,我们有

$$\theta\left(\frac{1}{2} - v\right) = -\theta\left(v - \frac{1}{2}\right)$$

由于从 v 减去 $\dfrac{1}{2}$ 等于用 $-\mathrm{i}$ 乘 $x = \mathrm{e}^{\mathrm{i}\pi v}$,根据(67)我们得到

$$\theta\left(\frac{1}{2} - v\right) = -\mathrm{i} \sum_{n=-\infty}^{\infty} (-1)^n q^{\left(n - \frac{1}{2}\right)^2} (-\mathrm{i}x)^{2n-1} = \sum_{n=-\infty}^{\infty} q^{\left(n - \frac{1}{2}\right)^2} x^{2n-1}$$

由此,我们令

$$\theta_1(v) = \sum_{n=-\infty}^{\infty} q^{\left(n - \frac{1}{2}\right)^2} x^{2n-1} \tag{72}$$

于是公式(71)成为

$$\sigma_1(z) = C_1 \mathrm{e}^{\frac{\eta z^2}{2\omega}} \theta_1(v) \tag{73}$$

要确定常数 C_1,我们令 $v = 0$. 于是 $z = 0, \sigma_1(0) = 1$,所以

$$1 = C_1 \theta_1(0) \quad \text{或即} \quad C_1 = \frac{1}{\theta_1(0)}$$

因此,最后得到

$$\sigma_1(z) = e^{\frac{\eta z^2}{2\omega}} \frac{\theta_1(v)}{\theta_1(0)} \tag{74}$$

剩下来要把函数 $\theta_1(v)$ 的幂级数(72)变换成三角级数的形式,这可以像对于 $\theta(v)$ 一样的做法.

做了这样的变换之后,我们就得到

$$\theta_1(v) = 2(q^{\frac{1}{4}}\cos\pi v + q^{\frac{9}{4}}\cos 3\pi v + q^{\frac{25}{4}}\cos 5\pi v - \cdots) \tag{75}$$

以后为了简单起见,当 $v=0$ 时我们就总不写出变数来,所以

$$\theta_1 = q^{\frac{1}{4}} + q^{\frac{9}{4}} + q^{\frac{25}{4}} + \cdots, \quad \theta' = 2\pi(q^{\frac{1}{4}} - 3q^{\frac{9}{4}} + 5q^{\frac{25}{4}} - \cdots) \tag{76}$$

这些级数收敛得很快,因为 $|q|<1$,此外,这些级数的和都是确定在上半平面的 τ 的全纯函数. 由于

$$\sigma_2(z) = e^{\eta_2 z \frac{\sigma(\omega_2-z)}{\sigma(\omega_2)}}$$

其中 $\eta_2 = \eta + \eta'$, $\omega_2 = \omega + \omega'$,根据公式(68)就得到

$$\sigma_2(z) = \frac{C}{\sigma(\omega_2)} e^{\eta_2 z + \eta\frac{(\omega_2-z)^2}{2\omega}} \theta\left(\frac{\omega_2-z}{2\omega}\right)$$

或

$$\sigma_2(z) = C_2 e^{\frac{\eta z^2}{2\omega}} e^{(\eta'-\eta\frac{\omega'}{\omega})z} \theta\left(\frac{1}{2} + \frac{\tau}{2} - v\right)$$

再由勒让德关系式,成为下列形式

$$\sigma_2(z) = C_2 e^{\frac{\eta z^2}{2\omega}} x^{-1} \theta\left(\frac{1}{2} + \frac{\tau}{2} - v\right) \tag{77}$$

同样做法,我们可以得到

$$\sigma_3(z) = C_3 e^{\frac{\eta z^2}{2\omega}} x^{-1} \theta\left(\frac{\tau}{2} - v\right) \tag{78}$$

现在我们来把函数 $\theta\left(\frac{1}{2} + \frac{\tau}{2} - v\right)$ 与 $\theta\left(\frac{\tau}{2} - v\right)$ 也展开成三角级数. 由于函数 $\theta(v)$ 是奇函数,我们有

$$\theta\left(\frac{1}{2} + \frac{\tau}{2} - v\right) = -\theta\left(v - \frac{1}{2} - \frac{\tau}{2}\right)$$

因为 v 减去 $\frac{1}{2} + \frac{\tau}{2}$,等于用 $-iq^{-\frac{1}{2}}$ 去乘 $x = e^{\pi i v}$,所以根据(67),有

$$\theta\left(\frac{1}{2} + \frac{\tau}{2} - v\right) =$$

$$-i\sum_{n=-\infty}^{\infty} (-1)^n q^{\left(n-\frac{1}{2}\right)^2} (-iq^{-\frac{1}{2}}x)^{2n-1} = q^{-\frac{1}{4}} x \sum_{n=-\infty}^{\infty} q^{(n-1)^2} x^{2n-2}$$

或者把求和的变数 n 换成 $n+1$,就得到

$$\theta\left(\frac{1}{2} + \frac{\tau}{2} - v\right) = q^{-\frac{1}{4}} x \sum_{n=-\infty}^{\infty} q^{n^2} x^{2n} \tag{79}$$

289

完全一样的办法,得出

$$\theta\left(\frac{\tau}{2}-v\right)=q^{-\frac{1}{4}}\mathrm{i}x\sum_{n=-\infty}^{\infty}(-1)^{n}q^{n^{2}}x^{2n} \tag{80}$$

比较最后这两个公式与(77),(78)两个表达式,我们引进新函数 $\theta_{2}(v)$ 与 $\theta_{3}(v)$

$$\theta_{2}(v)=\sum_{n=-\infty}^{\infty}q^{n^{2}}x^{2n} \tag{81}$$

$$\theta_{3}(v)=\sum_{n=-\infty}^{\infty}(-1)^{n}q^{n^{2}}x^{2n} \tag{82}$$

然后把表示 $\sigma_{2}(z)$ 及 $\sigma_{3}(z)$ 的公式改写成下面的形式

$$\sigma_{2}(z)=\overline{C}_{2}\mathrm{e}^{\frac{\eta z^{2}}{2\omega}}\theta_{2}(v) \tag{83}$$

$$\sigma_{3}(z)=\overline{C}_{3}\mathrm{e}^{\frac{\eta z^{2}}{2\omega}}\theta_{3}(v) \tag{84}$$

其中 $\overline{C}_{2}$ 与 $\overline{C}_{3}$ 是两个新的常数. 要确定它们,可以令 $z=0$,也就是 $v=0$,于是得到

$$1=\overline{C}_{2}\theta_{2}(0), \quad 1=\overline{C}_{3}\theta_{3}(0)$$

即

$$\overline{C}_{2}=\frac{1}{\theta_{2}}, \quad \overline{C}_{3}=\frac{1}{\theta_{3}}$$

因此,最后有

$$\sigma_{2}(z)=\mathrm{e}^{\frac{\eta z^{2}}{2\omega}}\frac{\theta_{2}(v)}{\theta_{2}(0)}, \quad \sigma_{3}(z)=\mathrm{e}^{\frac{\eta z^{2}}{2\omega}}\frac{\theta_{3}(v)}{\theta_{3}(0)} \tag{85}$$

函数 $\theta_{2}(v)$ 与 $\theta_{3}(v)$ 的幂级数(81)与(82),可以很容易地变换成三角级数,方法和我们已经对函数 $\theta(v)$ 与 $\theta_{1}(v)$ 所做的一样.

我们由此得到的结果如下

$$\left.\begin{array}{l}\theta_{2}(v)=1+2q\cos 2\pi v+2q^{4}\cos 4\pi v+2q^{9}\cos 6\pi v+\cdots\\\theta_{3}(v)=1-2q\cos 2\pi v+2q^{4}\cos 4\pi v-2q^{9}\cos 6\pi v+\cdots\end{array}\right\} \tag{86}$$

特别情形,当 $v=0$ 时,我们得

$$\left.\begin{array}{l}\theta_{2}=1+2q+2q^{4}+2q^{9}+\cdots\\\theta_{3}=1-2q+2q^{4}-2q^{9}+\cdots\end{array}\right\} \tag{87}$$

因为按照假定 $|q|<1$,所以这些级数都收敛得很快,此外,这些级数的和都是确定在上半面的 τ 的全纯函数.

4. 西塔函数的性质

上段中引进的四个西塔函数都是自变数 v 的整函数,并且其中每一个都依赖于一个参变数 τ(τ 是在上半平面的一个复数),因此,当我们想把这些函数对

于 τ 的依赖关系明白地表示出来时,我们可以把它们记作

$$\theta(v;\tau), \theta_k(v;\tau) \quad (k=1,2,3)$$

从西塔函数的三角展开式可以看出,它们中间的第一个 $\theta(v)$ 是奇函数,而其余的 $\theta_k(v)$ 则全都是偶函数.我们从西塔函数的三角展开式出发,立刻就可以知道,当变数 v 增加了 $\frac{1}{2}$ 时,这些函数是怎样变化的

$$\theta\left(v+\frac{1}{2}\right)=\theta_1(v); \quad \theta_1\left(v+\frac{1}{2}\right)=-\theta(v)$$

$$\theta_2\left(v+\frac{1}{2}\right)=\theta_3(v); \quad \theta_3\left(v+\frac{1}{2}\right)=\theta_2(v)$$

要想知道当变数 v 增加上 $\frac{\tau}{2}$ 时,这些函数的改变情形,就需要从它们的幂级数表达式出发,这是因为把 $\frac{\tau}{2}$ 加到变数 v 上,等于用 $q^{\frac{1}{2}}$ 去乘 x.因此,据 (67) 得

$$\theta\left(v+\frac{\tau}{2}\right)=\mathrm{i}\sum_{n=-\infty}^{\infty}(-1)^n q^{\left(n-\frac{1}{2}\right)^2} q^{\frac{2n-1}{2}} x^{2n-1}=$$

$$\mathrm{i}q^{-\frac{1}{4}} x^{-1}\sum_{n=-\infty}^{\infty}(-1)^n q^{n^2} x^{2n}$$

根据(82),这就是

$$\theta\left(v+\frac{\tau}{2}\right)=\mathrm{i}l\theta_3(v)$$

其中

$$l=q^{-\frac{1}{4}} x^{-1}=q^{-\frac{1}{4}}\mathrm{e}^{-\mathrm{i}\pi v} \tag{88}$$

用相似的方法,我们可以证明

$$\theta_1\left(v+\frac{\tau}{2}\right)=l\theta_2(v); \theta_2\left(v+\frac{\tau}{2}\right)=l\theta_1(v); \theta_3\left(v+\frac{\tau}{2}\right)=\mathrm{i}l\theta(v)$$

由此可以得到另外一些变换公式.例如

$$\theta_1(v+\tau)=\theta_1\left(v+\frac{\tau}{2}+\frac{\tau}{2}\right)=q^{-\frac{1}{4}}\mathrm{e}^{-\mathrm{i}\pi\left(v+\frac{\tau}{2}\right)}\theta_2\left(v+\frac{\tau}{2}\right)=$$

$$q^{-\frac{1}{4}}\mathrm{e}^{-\mathrm{i}\pi\left(v+\frac{\tau}{2}\right)} q^{-\frac{1}{4}}\mathrm{e}^{-\mathrm{i}\pi v}\theta_1(v)=q^{-1} x^{-2}\theta_1(v)$$

换句话说

$$\theta_1(v+\tau)=p\theta_1(v)$$

其中

$$p=q^{-1} x^{-2} \tag{89}$$

以上所得到的结果可以列成表 2 如下:

表 2

	$v+\dfrac{1}{2}$	$v+\dfrac{\tau}{2}$	$v+\dfrac{1}{2}+\dfrac{\tau}{2}$	$v+1$	$v+\tau$	$v+1+\tau$
θ	θ_1	$il\theta_3$	$l\theta_2$	$-\theta$	$-p\theta$	$p\theta$
θ_1	$-\theta$	$l\theta_2$	$-il\theta_3$	$-\theta_1$	$p\theta_1$	$-p\theta_1$
θ_2	θ_3	$l\theta_1$	$il\theta$	θ_2	$p\theta_2$	$p\theta_2$
θ_3	θ_2	$il\theta$	$l\theta_1$	θ_3	$-p\theta_3$	$-p\theta_3$

要想确定西塔函数的零点,我们要首先找出函数 $\sigma(z)$ 的零点. 记住函数 $\theta(v)$ 与函数 $\sigma(z)$ 相差只有一个指数形式的因子,这个因子是永远不等于零的,而函数 $\sigma(z)$ 的零点是 $z=2m\omega+2n\omega'$,我们只要用 2ω 除它就得到函数 $\theta(v)$ 的零点

$$v=m+n\tau$$

这里 m,n 是任意两个整数,利用前面表上的第一横行,我们就可以得到其余的西塔函数的零点. 例如

$$\theta_3(v)=-il^{-1}\theta\left(v+\frac{\tau}{2}\right)$$

由此,函数 $\theta_3(v)$ 的零点可以由下列等式确定

$$v+\frac{\tau}{2}=m+n\tau$$

换句话说

$$v=m+\left(n-\frac{1}{2}\right)\tau$$

其中 m,n 是任意整数.

西塔函数的零点可以列成表 3 如下:

表 3

θ	$m+n\tau$	θ_2	$m+n\tau+\dfrac{1}{2}+\dfrac{\tau}{2}$
θ_1	$m+n\tau+\dfrac{1}{2}$	θ_3	$m+n\tau+\dfrac{\tau}{2}$

表 3 指出,不同的西塔函数没有相同的零点,而由表 2 第五个竖行可以看到,函数 $\theta_2(v)$ 与 $\theta_3(v)$ 以 1 为周期,而函数 $\theta(v)$ 与 $\theta_1(v)$ 则以 2 为周期. 以下我们来考虑把魏尔斯特拉斯函数与西塔函数联系起来的公式. 大家都知道(§4)

$$\sqrt{F(z)-e_k}=\frac{\sigma_k(z)}{\sigma(z)}$$

在这里,我们要用西塔函数来代替西格玛函数,根据公式(69),(74)与

复变函数引论

(85),我们就有

$$\sqrt{F(z)-e_k}=\frac{1}{2\omega}\frac{\theta'}{\theta_k}\frac{\theta_k(v)}{\theta(v)} \quad (k=1,2,3) \tag{90}$$

在这些公式中,令 $z=\omega\left(\text{即 } v=\frac{1}{2}\right)$,再令 $z=\omega+\omega'\left(\text{即 } v=\frac{1}{2}+\frac{\tau}{2}\right)$,就得到

$$\sqrt{e_1-e_k}=\frac{1}{2\omega}\frac{\theta'}{\theta_k}\frac{\theta_k\left(\frac{1}{2}\right)}{\theta\left(\frac{1}{2}\right)}$$

$$\sqrt{e_2-e_k}=\frac{1}{2\omega}\frac{\theta'}{\theta_k}\frac{\theta_k\left(\frac{1}{2}+\frac{\tau}{2}\right)}{\theta\left(\frac{1}{2}+\frac{\tau}{2}\right)}$$

利用表 1 中所列的西塔函数的变换公式,我们得到

$$\sqrt{e_1-e_2}=\frac{1}{2\omega}\frac{\theta'\theta_3}{\theta_1\theta_2}; \quad \sqrt{e_1-e_3}=\frac{1}{2\omega}\frac{\theta'\theta_2}{\theta_1\theta_3}; \quad \sqrt{e_2-e_3}=\frac{1}{2\omega}\frac{\theta'\theta_1}{\theta_2\theta_3}$$

这些公式还可以写成更简单的形式,只要我们利用下列恒等式

$$\theta'=\pi\theta_1\theta_2\theta_3 \tag{91}$$

关于这个恒等式的成立,我们在下面马上就要证明.

在利用了这个恒等式之后,上面的公式就更加化简成下列形式:

$$\sqrt{e_1-e_2}=\frac{\pi}{2\omega}\theta_3^2; \quad \sqrt{e_1-e_3}=\frac{\pi}{2\omega}\theta_2^2; \quad \sqrt{e_2-e_3}=\frac{\pi}{2\omega}\theta_1^2 \tag{92}$$

要证明恒等式(91),我们先要引进一个微分方程,它是当我们把西塔函数都看成 v 与 τ 两个变数的函数时所共同适合的方程.

对于任一个给定的上半平面的数 τ,每一个西塔函数都是 v 的整函数;又对于任何一个给定的复数 v 而言,每一个西塔函数都是在上半平面的 τ 的全纯函数,因为在 $|q|\leqslant\rho<1$ 的条件下,级数(70),(75)或(86)都是一致收敛的.

现在来证明,作为 v 与 τ 两个变数的函数来说,四个西塔函数满足同一个二级微分方程

$$\frac{\partial^2\theta(v;\tau)}{\partial v^2}=4\pi\mathrm{i}\frac{\partial\theta(v;\tau)}{\partial\tau} \tag{93}$$

我们以函数 $\theta_3(v)$ 为例来验证这个方程.定义函数 $\theta_3(v)$ 的级数(86)的一般项是

$$2(-1)^n q^{n^2}\cos 2n\pi v=2(-1)^n\mathrm{e}^{\mathrm{i}\pi n^2\tau}\cos 2n\pi v$$

把上式对 v 微分两次,即得

$$-8(-1)^n n^2\pi^2\mathrm{e}^{\mathrm{i}\pi n^2\tau}\cos 2n\pi v$$

这个结果和把一般项对 τ 微分一次再乘上 $4\pi\mathrm{i}$ 所得到的结果

$$4\pi\mathrm{i}[2(-1)^n\mathrm{i}\pi n^2\mathrm{e}^{\mathrm{i}\pi n^2\tau}\cos 2n\pi v]=-8(-1)^n n^2\pi^2\mathrm{e}^{\mathrm{i}\pi n^2\tau}\cos 2n\pi v$$

是完全相同的.

级数(86)是可以逐项微分的,因为根据魏尔斯特拉斯定理,这个级数是一致收敛的.同样地,我们也可以验证这个方程对于其余的西塔函数也都是成立的.现在回头来证明恒等式(91),我们要从关系式(90)

$$F(2\omega v) - e_k = \left[\frac{1}{2\omega}\frac{\theta'}{\theta_k}\frac{\theta_k(v)}{\theta(v)}\right]^2$$

出发,在这个关系式中,把西塔函数展开成麦克劳林级数,再根据 $\theta(v)$ 是奇函数与 $\theta_k(v)$ 是偶函数,就得到

$$F(2\omega v) - e_k = \left(\frac{1}{2\omega}\frac{1 + \frac{\theta''_k}{\theta_k}\frac{v^2}{2} + \cdots}{v + \frac{\theta'''_k}{\theta'}\frac{v^3}{6} + \cdots}\right)^2$$

或即

$$F(2\omega v) - e_k = \frac{1}{4\omega^2 v^2}\left[1 + \left(\frac{\theta''_k}{\theta_k} - \frac{1}{3}\frac{\theta'''}{\theta'}\right)\frac{v^2}{2} + \cdots\right]^2$$

因为 $F(z)$ 的展开式在 $z=0$ 的邻域内不含常数项,所以由上式得出

$$e_k = \frac{1}{4\omega^2}\left(\frac{1}{3}\frac{\theta'''}{\theta'} - \frac{\theta''_k}{\theta_k}\right)$$

又因 $e_1 + e_2 + e_3 = 0$,所以有

$$\frac{\theta''}{\theta'} = \frac{\theta''_1}{\theta_1} + \frac{\theta''_2}{\theta_2} + \frac{\theta''_3}{\theta_3} \tag{94}$$

另一方面,当 $v=0$ 时方程(93)给出

$$\theta''_k = 4\pi\mathrm{i}\frac{\partial\theta_k}{\partial\tau} \quad (k=1,2,3)$$

把方程(93)对 v 微分,再令 $v=0$,即得

$$\theta''' = 4\pi\mathrm{i}\frac{\partial\theta_k}{\partial\tau}$$

利用以上两个关系式,公式(94)就可以改写成

$$\frac{1}{\theta'}\frac{\partial\theta'}{\partial\tau} = \frac{1}{\theta_1}\frac{\partial\theta_1}{\partial\tau} + \frac{1}{\theta_2}\frac{\partial\theta_2}{\partial\tau} + \frac{1}{\theta_3}\frac{\partial\theta_3}{\partial\tau}$$

由此,对 τ 积分,就得到

$$\theta' = C\theta_1\theta_2\theta_3$$

其中 C 是与 τ 无关,也就是与 q 无关的一个常数.要确定这个常数,我们把展开式(76)与(87)代入恒等式的两边有

$$2\pi(q^{\frac{1}{4}} - \cdots) = C(2q^{\frac{1}{4}} + \cdots)(1 + \cdots)(1 - \cdots)$$

比较最低次项,即含 $q^{\frac{1}{4}}$ 的项的系数,我们得到 $C = \pi$,这就证明了恒等式(91).

*§7 用西塔函数表示雅可比椭圆函数

在 §5 中,我们曾经用下面的公式确定了三个雅可比椭圆函数

$$\text{sn } u = \sqrt{e_1 - e_3}\,\frac{\sigma(z)}{\sigma_3(z)}, \quad \text{cn } u = \frac{\sigma_1(z)}{\sigma_3(z)}, \quad \delta\text{n } u = \frac{\sigma_2(z)}{\sigma_3(z)}$$

式中

$$u = z\sqrt{e_1 - e_3}$$

根据公式(69),(74) 与(85),把这些西格玛函数用西塔函数去代替,并用关系式(94) 表 $\sqrt{e_1 - e_3}$,我们就得到

$$\text{sn } u = \pi\theta_2^2\,\frac{\theta_3\theta(v)}{\theta'\theta_3(v)}, \quad \text{cn } u = \frac{\theta_3\theta_1(v)}{\theta_1\theta_3(v)}$$

$$\delta\text{n } u = \frac{\theta_3\theta_2(v)}{\theta_2\theta_3(v)} \tag{95}$$

其中

$$u = \pi\theta_2^2 v \tag{96}$$

在 §5 中,我们曾经把由条件 $k^2 = \dfrac{e_2 - e_3}{e_1 - e_3}$ 确定的数 k 称为雅可比椭圆函数的模数. 根据公式(94),这个等式可以写成

$$k^2 = \frac{\theta_1^4}{\theta_2^4} \tag{97}$$

我们还要引进所谓的补充模数,它由下列等式来定义:

$$k'^2 = \frac{\theta_3^4}{\theta_2^4} \tag{98}$$

把(94) 内第一与第三两式平方相加,再利用第二个式子,就得到

$$\theta_1^4 + \theta_3^4 = \theta_2^4$$

这就表明

$$k^2 + k'^2 = 1 \tag{99}$$

公式(99) 与(100) 把 k^2 与 k'^2 确定为 τ 的某些单值函数的平方,我们可以取

$$k = \frac{\theta_1^2}{\theta_2^2}; \quad k' = \frac{\theta_3^2}{\theta_2^2} \tag{100}$$

再由于 θ_1 与 θ_2 是 τ 的单值函数,我们应该跟上面一样地考虑 $\sqrt{k}$ 与 $\sqrt{k'}$,所以可以取

$$\sqrt{k} = \frac{\theta_1}{\theta_2}; \quad \sqrt{k'} = \frac{\theta_3}{\theta_2}; \quad \sqrt{\frac{k'}{k}} = \frac{\theta_3}{\theta_1}$$

由此，根据 $\theta' = \pi\theta_1\theta_2\theta_3$ 得

$$\pi\theta_2^2\frac{\theta_3}{\theta'} = \frac{\theta_2}{\theta_1} = \frac{1}{\sqrt{k}}$$

这样一来，公式(97)可以写成

$$\operatorname{sn} u = \frac{1}{\sqrt{k}}\frac{\theta(v)}{\theta_3(v)}, \quad \operatorname{cn} u = \sqrt{\frac{k'}{k}}\frac{\theta_1(v)}{\theta_3(v)}$$

$$\delta\mathrm{n}\, u = \sqrt{k'}\frac{\theta_2(v)}{\theta_3(v)} \tag{101}$$

在 §5 中，我们曾经指出了雅可比椭圆函数的周期、零点与极点. 利用西塔函数的变换公式表 2，我们可以构造出雅可比函数的相当的表. 为了这个目的，我们要留意到，把 $\frac{1}{2}$ 或 $\frac{\tau}{2}$ 加到 v 上等于把下式加到 u 上

$$\omega\sqrt{e_1-e_3} = \frac{\pi}{2}\theta_2^2 \quad \text{或} \quad \omega'\sqrt{e_1-e_3} = \frac{\pi}{2}\tau\theta_2^2$$

由此，利用基本关系式(103)，我们就可以从西塔函数的表 2 得出雅可比椭圆函数的变换公式表 4：

表 4

	$u+\omega\sqrt{e_1-e_3}$	$u+\omega'\sqrt{e_1-e_3}$	$u+(\omega+\omega')\cdot$ $\sqrt{e_1-e_3}$	$u+2\omega\cdot$ $\sqrt{e_1-e_3}$	$u+2\omega'\cdot$ $\sqrt{e_1-e_3}$	$u+(2\omega+$ $2\omega')\sqrt{e_1-e_3}$
sn	$\dfrac{\operatorname{sn} u}{\delta\mathrm{n}\, u}$	$\dfrac{1}{k}\dfrac{1}{\operatorname{sn} u}$	$\dfrac{1}{k}\dfrac{\delta\mathrm{n}\, u}{\operatorname{cn} u}$	$-\operatorname{sn} u$	$\operatorname{sn} u$	$-\operatorname{sn} u$
cn	$-k'\dfrac{\operatorname{sn} u}{\delta\mathrm{n}\, u}$	$-\dfrac{\mathrm{i}}{k}\dfrac{\delta\mathrm{n}\, u}{\operatorname{sn} u}$	$-\mathrm{i}\dfrac{k'}{k}\dfrac{1}{\operatorname{cn} u}$	$-\operatorname{cn} u$	$-\operatorname{cn} u$	$\operatorname{cn} u$
δn	$k'\dfrac{1}{\delta\mathrm{n}\, u}$	$-\mathrm{i}\dfrac{\operatorname{cn} u}{\delta\mathrm{n}\, u}$	$\mathrm{i}k'\dfrac{\operatorname{sn} u}{\operatorname{cn} u}$	$\delta\mathrm{n}\, u$	$-\delta\mathrm{n}\, u$	$-\delta\mathrm{n}\, u$

*§8 雅可比椭圆函数的加法公式

我们把 v 看作一个任意的参变数，来考虑变数 u 的三个函数

$$f_1(u) = \operatorname{sn} u\operatorname{sn}(u+v); \quad f_2(u) = \operatorname{cn} u\operatorname{cn}(u+v); \quad f_3(u) = \delta\mathrm{n}\, u\delta\mathrm{n}(u+v)$$

从表 4，我们看到所有这些函数都以 $2\omega\sqrt{e_1-e_3}$ 与 $2\omega'\sqrt{e_1-e_3}$ 为周期. 椭圆函数 $f_1(u)$ 有简单极点的地方就是 $\operatorname{sn} u$ 或 $\operatorname{sn}(u+v)$ 有简单极点的地方.

从 §5 中表 1 上，我们可以看出，这些极点就是附标与 $\omega'\sqrt{e_1-e_3}$ 或 $-v+$

$\omega'\sqrt{e_1 - e_3}$ 相差一个周期的那些点,也就是相差一个下列形式的数的那些点

$$(2m\omega + 2n\omega')\sqrt{e_1 - e_3}$$

其中 m, n 是任意整数. 因此,在利用两个矢量 $2\omega\sqrt{e_1 - e_3}$ 与 $2\omega'\sqrt{e_1 - e_3}$ 作成的基本周期平行四边形上,上述这种点只有两个. 同样的结论可以适用于函数 $f_2(u)$ 与 $f_3(u)$. 因此,我们的函数 $f_k(u)$ 都是二级的椭圆函数,具有相同的周期,并且在周期平行四边形上有相同的一对简单极点.

显然,我们总可以选择常数 A 与 B,使得函数

$$F_1(u) = f_2(u) + Af_1(u) \quad \text{与} \quad F_2(u) = f_3(u) + Bf_1(u)$$

都没有极点 $u = \omega'\sqrt{e_1 - e_3}$. 对于这样选择的常数 A 与 B,函数 $F_1(u)$ 与 $F_2(u)$ 就是一级椭圆函数,换句话说,都是常数. 因此,对于常数 A 与 B 的某种确定的选择,下面的关系式成立

$$\left.\begin{array}{l} \operatorname{cn} u\operatorname{cn}(u+v) + A\operatorname{sn} u\operatorname{sn}(u+v) = C \\ \delta\operatorname{n} u\delta\operatorname{n}(u+v) + B\operatorname{sn} u\operatorname{sn}(u+v) = D \end{array}\right\} \tag{102}$$

这里,A, B, C, D 对于 u 都是常数,只依赖于 v. 要决定这些常数,我们在公式 (102) 中令 $u = 0$,于是得到

$$C = \operatorname{cn} v, \quad D = \delta\operatorname{n} v$$

把关系 (102) 对 u 微分,再令 $u = 0$,则由 (53) 与 (54) 得到

$$(\operatorname{cn} v)' + A\operatorname{sn} v = 0, \quad (\delta\operatorname{n} v)' + B\operatorname{sn} v = 0$$

由此,根据 (54) 得到

$$A = \delta\operatorname{n} v, \quad B = k^2\operatorname{cn} v$$

把这些求得的常数值代入关系式 (102),它就变成

$$\left.\begin{array}{l} \operatorname{cn} u\operatorname{cn}(u+v) + \delta\operatorname{n} v\operatorname{sn} u\operatorname{sn}(u+v) = \operatorname{cn} v \\ \delta\operatorname{n} u\delta\operatorname{n}(u+v) + k^2\operatorname{cn} v\operatorname{sn} u\operatorname{sn}(u+v) = \delta\operatorname{n} v \end{array}\right\} \tag{103}$$

这些关系式是关于 u 与 v 的恒等式. 把 u 换成 $-u$,把 v 换成 $u+v$,我们就从这些式子得到

$$\operatorname{cn} u\operatorname{cn} v - \delta\operatorname{n}(u+v)\operatorname{sn} u\operatorname{sn} v = \operatorname{cn}(u+v)$$

$$\delta\operatorname{n} u\delta\operatorname{n} v - k^2\operatorname{cn}(u+v)\operatorname{sn} u\operatorname{sn} v = \delta\operatorname{n}(u+v)$$

从这两个恒等式我们可以计算 $\operatorname{cn}(u+v)$ 及 $\delta\operatorname{n}(u+v)$,因此我们得到了雅可比函数 cn 与 $\delta\operatorname{n}$ 的加法公式. 把 $\operatorname{cn}(u+v)$ 的值代入等式 (106) 的第一个等式,就求出 $\operatorname{sn}(u+v)$,换句话说,得到了 sn 的加法公式.

这样,根据上述简单计算的结果,我们有

$$\operatorname{sn}(u+v)=\frac{\operatorname{sn} u\operatorname{cn} v\delta\operatorname{n} v+\operatorname{sn} v\operatorname{cn} u\delta\operatorname{n} u}{1-k^2\operatorname{sn}^2 u\operatorname{sn}^2 v}$$

$$\operatorname{cn}(u+v)=\frac{\operatorname{cn} u\operatorname{cn} v-\operatorname{sn} u\operatorname{sn} v\delta\operatorname{n} u\delta\operatorname{n} v}{1-k^2\operatorname{sn}^2 u\operatorname{sn}^2 v} \qquad (104)$$

$$\delta\operatorname{n}(u+v)=\frac{\delta\operatorname{n} u\delta\operatorname{n} v-k^2\operatorname{sn} u\operatorname{sn} v\operatorname{cn} u\operatorname{cn} v}{1-k^2\operatorname{sn}^2 u\operatorname{sn}^2 v}$$

我们知道,$\operatorname{sn} u$ 可以看成一个第一种类型的椭圆积分的反函数,从此我们看出,当 $k=0$ 时函数 $\operatorname{sn} u$ 退化成 $\sin u$. 另一方面,从公式(50)我们看到,当 $k=0$ 时函数 $\operatorname{cn} u$ 与 $\delta\operatorname{n} u$ 分别变成 $\cos u$ 与 1. 因此,如果在公式(107)中让 $k=0$,那么这些等式中的前两个就是 $\sin$ 与 $\cos$ 的和角公式,而后一个退化成恒等式 $1=1$,这一点可以用三角函数中没有对应于 $\delta\operatorname{n} u$ 的函数这件事实来说明.

习　　题[①]

1.假定 $\omega'\to\infty$,ω 是异于零的有限数,试证明下面的公式

$$F(z)=\left(\frac{\pi}{2\omega}\right)^2\frac{1}{\sin^2\left(\frac{z\pi}{2\omega}\right)}-\frac{1}{3}\left(\frac{\pi}{2\omega}\right)^2=\frac{\frac{9g_3}{2g_2}}{\sin^2\left(\sqrt{\frac{9g_3 z}{2g_2}}\right)}-\frac{3g_3}{2g_2}$$

$$\left(\frac{\pi}{2\omega}\right)^2=\frac{9g_3}{2g_2},e_1=\frac{3g_3}{g_2},e_2=e_3=\frac{3g_3}{2g_2},g_2^3-27g_3^2=0$$

$$\frac{\sigma'(z)}{\sigma(z)}=\frac{\pi}{2\omega}\tan\frac{z\pi}{2\omega}+\frac{1}{3}\left(\frac{\pi}{2\omega}\right)^2 z,2\eta\omega=\frac{\pi^2}{6}$$

$$\sigma(z)=\mathrm{e}^{\frac{1}{6}\left(\frac{z\pi}{2\omega}\right)^2}\frac{2\omega}{k}\sin\frac{z\pi}{2\omega},\sigma_1(z)=\mathrm{e}^{\frac{1}{6}\left(\frac{z\pi}{2\omega}\right)^2}\cos\frac{z\pi}{2\omega},\sigma_2(z)=\sigma_3(z)=\mathrm{e}^{\frac{1}{6}\left(\frac{z\pi}{2\omega}\right)^2}$$

2.设行列式

$$\Delta=\begin{vmatrix}F(u) & F'(u)\\ F(v) & F'(v)\\ F(w) & F'(w)\end{vmatrix}$$

中,u,v,w 是三个独立变数,试证明这个行列式的值是

$$\frac{2\sigma(v-w)\sigma(w-u)\sigma(u-v)\sigma(u+v+w)}{[\sigma(u)\sigma(v)\sigma(w)]^3}$$

提示　把行列式 Δ 看成 u 的函数,它是一个三级的椭圆函数,在点 $u=0$ 及

---

① 下面所出的习题是从 Appel et Lacour 所著 *Principes de la théorie des fonctions elliptiques et applications* 一书中取出来的.

其等价点有三级极点. 这个函数的零点在 $v, w, -(v+w)$ 以及它们的等价点上.

因此,我们得到

$$\Delta = C \frac{\sigma(u-v)\sigma(u-w)\sigma(u+v+w)}{\sigma^3(u)}$$

其中 C 不依赖于 u. 其次,我们可以用 u^3 乘等式的两边,再取当 $u \to 0$ 时的极限来确定 C.

从得到的公式可以推知,当 $u+v+w=0$ 时行列式 Δ 恒等于零. 这就给出函数 $F(u)$ 的加法公式.

3. 方程

$$\sqrt{F(z)-e_1} = \frac{\sigma_1(z)}{\sigma(z)}, \sqrt{F(z)-e_2} = \frac{\sigma_2(z)}{\sigma(z)}, \sqrt{F(z)-e_3} = \frac{\sigma_3(z)}{\sigma(z)}$$

把三个三次根式确定为 z 的三个单值函数.

顺次给 z 以 $\omega, \omega+\omega'$ 与 ω' 各值,我们得到等式

$$\sqrt{e_1-e_2} = \frac{\sigma_2(\omega)}{\sigma(\omega)} = \frac{\mathrm{e}^{(\eta+\eta')\omega}\sigma(\omega')}{\sigma(\omega)\sigma(\omega+\omega')}$$

$$\sqrt{e_1-e_3} = \frac{\sigma_3(\omega)}{\sigma(\omega)} = \frac{\mathrm{e}^{-\eta'\omega}\sigma(\omega+\omega')}{\sigma(\omega)\cdot\sigma(\omega')}$$

$$\sqrt{e_2-e_1} = \frac{\sigma_1(\omega+\omega')}{\sigma(\omega+\omega')} = -\frac{\mathrm{e}^{\eta(\omega+\omega')}\sigma(\omega')}{\sigma(\omega)\sigma(\omega+\omega')}$$

$$\sqrt{e_2-e_3} = \frac{\sigma_3(\omega+\omega')}{\sigma(\omega+\omega')} = -\frac{\mathrm{e}^{\eta'(\omega+\omega')}\sigma(\omega)}{\sigma(\omega')\sigma(\omega+\omega')}$$

$$\sqrt{e_3-e_1} = \frac{\sigma_1(\omega')}{\sigma(\omega')} = \frac{\mathrm{e}^{-\eta\omega'}\sigma(\omega+\omega')}{\sigma(\omega)\sigma(\omega')}$$

$$\sqrt{e_3-e_2} = \frac{\sigma_2(\omega')}{\sigma(\omega')} = \frac{\mathrm{e}^{(\eta+\eta')\omega'}\sigma(\omega)}{\sigma(\omega')\sigma(\omega+\omega')}$$

根据这些等式二次根式的六个值就可以唯一的决定. 在这些根式之间,有下面的关系成立

$$\sqrt{e_3-e_2} - \mathrm{i}\sqrt{e_2-e_3}, \quad \sqrt{e_3-e_1} = -\mathrm{i}\sqrt{e_1-e_3},$$

$$\sqrt{e_2-e_1} = -\mathrm{i}\sqrt{e_1-e_2}$$

4. 试从关系式

$$F(z)-e_\lambda = \frac{\sigma_\lambda^2(z)}{\sigma^2(z)} \quad (\lambda=1,2,3)$$

中消去 $F(z)$,来建立下列诸公式

$$\sigma_2^2(z) - \sigma_3^2(z) + (e_2-e_3)\sigma^2(z) = 0$$

$$\sigma_3^2(z) - \sigma_1^2(z) + (e_3-e_1)\sigma^2(z) = 0$$

$$\sigma_1^2(z) - \sigma_2^2(z) + (e_1-e_2)\sigma^2(z) = 0$$

$$(e_2 - e_3)\sigma_1^2(z) + (e_3 - e_1)\sigma_2^2(z) + (e_1 - e_2)\sigma_3^2(z) = 0$$

5.试证明公式

$$F'(z) = -2\,\frac{\sigma_\lambda(z)\sigma_\mu(z)\sigma_v(z)}{\sigma(z)\sigma(z)\sigma(z)}$$

可以得出函数

$$\frac{\sigma(z)}{\sigma_\lambda(z)}, \qquad \frac{\sigma_\mu(z)}{\sigma_v(z)}, \qquad \frac{\sigma_\lambda(z)}{\sigma(z)}$$

的下列的微分方程

$$\frac{\mathrm{d}}{\mathrm{d}z}\frac{\sigma(z)}{\sigma_\lambda(z)} = \frac{\sigma_\mu(z)}{\sigma_\lambda(z)}\frac{\sigma_v(z)}{\sigma_\lambda(z)}, \qquad \frac{\mathrm{d}}{\mathrm{d}z}\frac{\sigma_\mu(z)}{\sigma_v(z)} = -(e_\mu - e_v)\frac{\sigma_\lambda(z)}{\sigma_v(z)}\frac{\sigma(z)}{\sigma_v(z)}$$

$$\frac{\mathrm{d}}{\mathrm{d}z}\frac{\sigma_\lambda(z)}{\sigma(z)} = -\frac{\sigma_\mu(z)}{\sigma(z)}\frac{\sigma_v(z)}{\sigma(z)}$$

6.试证明下列诸公式

$$\frac{1}{2}\frac{F'(z)}{F(z) - e_\lambda} = \frac{\sigma_\lambda'(z)}{\sigma_\lambda(z)} - \frac{\sigma'(z)}{\sigma(z)} = \frac{\mathrm{d}}{\mathrm{d}z}\ln\frac{\sigma_\lambda(z)}{\sigma(z)}$$

$$\frac{1}{2}\frac{(e_\mu - e_v)F'(z)}{[F(z) - e_\mu][F(z) - e_v]} = \frac{\sigma_\mu'(z)}{\sigma_\mu(z)} - \frac{\sigma_v'(z)}{\sigma_v(z)} = \frac{\mathrm{d}}{\mathrm{d}z}\ln\frac{\sigma_\mu(z)}{\sigma(z)}$$

$$-\frac{(e_\lambda - e_\mu)(e_\lambda - e_v)}{F(z) - e_\lambda} - e_\lambda = \frac{\mathrm{d}}{\mathrm{d}z}\frac{\sigma_\lambda'(z)}{\sigma_\lambda(z)} = \frac{\mathrm{d}^2}{\mathrm{d}z^2}\ln\sigma_\lambda(z)$$

7.试证明:在函数

$$\sigma(z+a)\sigma(z-a), \quad \sigma(z+b)\sigma(z-b), \quad \sigma(z+c)\sigma(z-c)$$

之间有一个齐次的线性关系.

提示 函数

$$\frac{A\sigma(z+b)\sigma(z-b) + B\sigma(z+c)\sigma(z-c)}{\sigma(z+a)\sigma(z-a)}$$

是一个在周期平行四边形上有两个简单极点的椭圆函数.只要确定常数 A 与 B 的比值,使分子当 $z = a$ 时为零,则我们的函数恒等于一个常数.

保角映射理论的一般原则

第 十 二 章

§1　确定保角映射的条件

1. 把单位圆变成它自己的映射

在第三章，§1，第4段中，我们已经证明了每一个线性变换具有把圆周映射成圆周的性质. 现在我们要证明这个性质刻画了线性变换. 换句话说，假定 $w = f(z)$ 是把一个圆变成另一个圆的一个双方单值的保角映射，我们要证明，它一定是线性的.

首先，假定 L 是把 z 平面上给定的圆变成 τ 平面上的单位圆的一个线性变换，又 L_1 是一个把 w 平面上给定的圆同样变成 τ 平面上的单位圆的一个线性变换. 于是变换 $S = L_1 w L^{-1}$ 就是一个把 τ 平面上的单位圆变成它自己的映射；假如我证明了它的线性性质，我们也就可以断定变换

$$w = L_1^{-1} S L$$

也是线性的.

因此，问题归结到要去研究把单位圆变成它自己的双方单值的保角映射的性质.

把单位圆变成它自己的线性变换,如第三章,§1,第9段中所已知的,有下面的形式

$$w = e^{i\theta} \frac{z - \alpha}{1 - \bar{\alpha}z} \tag{1}$$

其中 $|\alpha| < 1$,而 θ 是任意的实数.这个线性变换包含着三个任意的实参变数,因此它可以由三个条件唯一的决定.

让我们把一个点与从这个点引出的一个方向一起合称为一个元素.假如由点 α 与从 α 引出的方向 θ 所组成的元素已经给定,那么把这个元素变成由坐标原点与 x 轴正方向所组成的元素的线性变换就唯一的由式(1)所确定.就分析的意义来说,这个给定的条件可以写作

$$w(\alpha) = 0, \quad \arg w'(\alpha) = 0 \tag{2}$$

要想证明变换(1)是唯一的一个满足原始条件(2)的,把单位圆变成它自己的双方单值的保角映射,只要我们能证明把单位圆变成它自己的双方单值的保角映射 $w = f(z)$ 在

$$f(0) = 0, \quad f'(0) > 0 \tag{3}$$

的原始条件下一定是恒等变换就行了.

事实上,假定 $w = F(z)$ 是把单位圆变成自己,并且满足原始条件(2)的一个双方单值的保角映射.如果用 L 来记线性变换(1),那么辅助变换 FL^{-1} 显然满足条件(3)并且把单位圆变成它自己.假如证明了这个变换是恒等变换,那么由此就可以看出 $F(z) = L(z)$,而这就是所需要的.

所以剩下来只要证明在条件(3)之下,把单位圆变成它自己的双方单值的保角映射 $w = f(z)$ 一定是恒等变换.

我们要证明下面更一般的定理:假如一个满足条件 $f(\alpha) = \alpha, f'(\alpha) > 0$ 的函数 $f(z)$ 把包含点 α 的一个在平面有限部分上的区域 G 双方单值而且保角地映射成它自己,则 $f(z) \equiv z$.

在证明这个定理时,我们不妨算作 $\alpha = 0$(关于这一点,总可以用变换 $\zeta = z - \alpha, \varphi(\zeta) = f(\zeta + \alpha) - \alpha$ 来得到,我们假定已经这样做过);除此之外,还可以假定 $f'(0) \geqslant 1$,因为当 $f'(0) < 1$ 时,代替 $f(z)$ 我们可以考虑它的反函数.再则,我们还要注意到,与 $f(z) = f_1(z)$ 一样,所有它的累次复合函数 $f_2(z) = f[f(z)], f_3(z) = f[f_2(z)], \cdots$ 都把区域 G 映射成它自己,并且永远满足

$$f_n(0) = 0, \quad f'_n(0) \geqslant 1$$

函数 $f(z)$ 在原点的邻域内有展开式

$$f(z) = az + bz^v + \cdots$$

其中 $v \geqslant 2, a \geqslant 1$.显然,函数 $f_n(z)$ 的幂级数展开式有下列形式

$$f_n(z) = a^n z + \cdots$$

我们暂且先假定 $a>1$. 这就是说, 对于足够大的 n, 导数 $f'_n(0)=a^n$ 可以大于任何预先给定的数 A. 我们用 M 来记一个以坐标原点为圆心并包含整个区域 G 的圆的半径; 于是在区域 G 内 $|f_n(z)|<M$; 再假定 ρ 是一个以坐标原点为圆心而连它的周界都包含在区域 G 内的圆的半径; 则我们有(根据第五章, §2, 第 8 段)

$$a^n=f'_n(0)\leqslant \frac{M}{\rho}$$

因为这个不等式应当对于 n 的每一个值都成立, 而 $a>1$, 所以它是不可能的. 因此, 只有一个可能 $\alpha=1$.

于是从展开式

$$f(z)=z+bz^v+\cdots$$

得到

$$f_2(z)=z+2bz^v+\cdots$$

一般说来

$$f_n(z)=z+nbz^v+\cdots$$

由于 $n|b|\leqslant \dfrac{M}{\rho^v}$ (第五章, §2, 第 8 段), 而这个不等式的右边是一个与 n 无关的数, 所以 $b=0$. 因此 $f(z)$ 不可能与 z 不同, 而这就是所需要证明的.

2. 确定保角映射的唯一性的条件

假定已经给定 z 平面上某一个单连通区域 G. 试问是否存在这样一个在区域 G 内全纯的函数 $w=f(z)$, 把区域 G 双方单值地变换成 w 平面上的一个事先给定的圆?

这个保角映射理论的基本问题是黎曼提出的, 而且后来(对于边界含有多于一点的区域)得到了肯定的完全的解决.

如果有这样一个函数 $w=f(z)$ 存在, 我们容易看到, 这种函数就会有无穷多个. 实际上, 众所周知, 我们可以用无穷多个不同的线性函数把圆变换成它自己. 例如, 如果 $w=f(z)$ 是一个把区域 G 映射成圆 $|w|<1$ 的函数, 那么, 函数 $w_1=we^{i\theta}$ 对于任何的 θ 也都把 G 映射成圆 $|w|<1$.

假如给定了两个对应的元素: 一个在区域 G 内而另一个在圆 $|w|<1$ 内, 那么就只能有一个函数 $w=f(z)$, 把区域 G 双方单值而且保角地映射成圆 $|w|<1$, 并且在这个映射下给定的元素从一个变成另一个(图102).

假定函数 $w=f(z)$ 与 $w=F(z)$ 把区域 G 保角地映射到圆上, 并使得这个区域的某个元素在这两个变换下都变成圆的同一个元素. 于是函数 $\varphi(w)=fF^{-1}(w)$ 把圆变换成它自己, 并且把圆的某一个元素也变换成它自己. 用 α 来记这个元素中点的附标, 就有

303

$$\varphi(\alpha) = \alpha \quad \text{或} \quad \varphi'(\alpha) > 0$$

于是根据第 1 段的定理，$\varphi(w) = f\,F^{-1}(w) \equiv w$. 把 $w = F(z)$ 代入这个恒等式，我们得到

$$f(z) \equiv F(z)$$

而这就是我们所要证明的.

所有这里谈到的把单连通区域 G 变成圆的映射的一切，都适用于把区域 G 变成另一个单连通区域 Δ 的映射（图 103）. 事实上，我们可以取圆来作为一个过渡环节：先把区域 G 映射成圆，然后再把圆映射成 Δ.

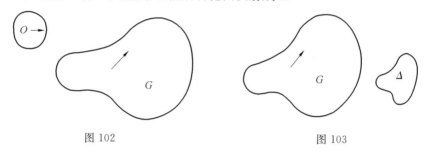

图 102　　　　　　　　　　　　　图 103

§2　保角映射理论的基本原则

1. 保存区域的原则

在第二章，§4，第 8 段里我们已经看到：在 z 平面上某一个区域 G 内单叶的解析函数 $w = f(z)$ 永远把 G 映射成 w 平面上的一个区域 E，并且在这两个区域的点之间构成一个一对一的对应. 要想把这个定理扩充到任意的解析函数，就需要推广区域的概念. 至于这扩充的必要性我们在第二章，§4 里，当考虑到函数 z^n, e^z 与 $\sin z$ 时已经遇到过了. 在那里我们用沿着实轴的对应部分黏合半平面的方法，造成多叶的黎曼曲面来作为在这些函数构成的变换下的 z 平面的象. 这个用半平面来造成解析函数的变化区域的方法并不适用于一般情形，而需要改变成从单叶的或多叶的小区域来组成函数的变化区域. 为简单起见，我们限于讨论单值函数，考虑在某一个区域 G 内解析的函数 $f(z)$，并且假定 a 是这区域的某一个有限点. 假如 $f'(a) \neq 0$，则我们可以选取点 a 的一个足够小的邻域使得函数 $f(z)$ 在它内部是单叶的. 事实上，设 $f(z) = a_0 + a_1(z - a) + a_2(z-a)^2 + \cdots (a_1 \neq 0)$，取 ρ 充分小使 $|a_1| - 2\,|a_2|\,\rho - 3\,|a_3|\,\rho^2 - \cdots > 0$. 于是对于圆 $|z - a| < \rho$ 内的任意两点 z_1 与 z_2，$z_1 \neq z_2$，如果令 $z_1 - a = \zeta_1, z_2 - a = \zeta_2$，就有

$$| f(z_1) - f(z_2) | = | z_1 - z_2 | | a_1 + a_2(\zeta_1 + \zeta_2) + a_3(\zeta_1^2 + \zeta_1\zeta_2 + \zeta_2^2) + \cdots | >$$
$$| z_1 - z_2 | (| a_1 | - 2 | a_2 | \rho - 3 | a_3 | \rho^2 - \cdots) > 0$$

这就是所要证明的.

所以,函数 $w = f(z)$ 双方单值地把圆 $| z - a | < \rho$ 映射成 w 平面的某一个把点 a_0 包含在它内部的区域.假如我们现在以 a_0 为圆心画一个圆,使它全部在这个区域内,那么在 z 平面上就有某一个区域对应于这个圆,这个区域包含点 a 同时全部在圆 $| z - a | < \rho$ 的内部.因此,对于每一个使 $f'(a) \neq 0$ 的点 a,我们可以找到这样一个包含它的区域 g_a,使得函数 $w = f(z)$ 把这个区域双方单值地变换成 w 平面上以 $f(a) = a_0$ 为圆心的某一个圆 c_a.现在我们假定 $f'(a) = 0$.于是在这一点的某一个邻域内函数 $f(z)$ 可以表示成

$$f(z) = a_0 + a_k(z - a)^k + a_{k+1}(z - a)^{k+1} + \cdots \quad (a_k \neq 0, k \geqslant 2)$$

令 $\varphi(z) = 1 + \dfrac{a_{k+1}}{a_k}(z - a) + \dfrac{a_{k+2}}{a_k}(z - a)^2 + \cdots$,我们取点 a 的一个足够小的邻域 $| z - a | < \rho$ 使得在它内部: $| \varphi(z) - 1 | < \dfrac{1}{2}$.于是在这邻域内 $| \varphi(z) | > \dfrac{1}{2}$,

$-\dfrac{\pi}{6} < \arg \varphi(z) < \dfrac{\pi}{6}$,从而 $\psi(z) = (z - a)^k \sqrt{\varphi(z)} = (z - a)^k \sqrt{| \varphi(z) |} \, \mathrm{e}^{i\frac{\arg\varphi(z)}{k}}$

是一个单值的解析函数,而它的导函数

$$\psi'(z) = \sqrt[k]{\varphi(z)} + (z - a) \frac{\varphi'(z)}{k[\sqrt[k]{\varphi(z)}]^{k-1}}$$

因为 $\psi(a) = 0$ 与 $\psi'(a) = 1$,所以 $\psi(z) = (z - a) + a_2(z - a)^2 + a_3(z - a)^3 + \cdots$.根据前面所证明的,我们可以找到一个包含点 a 的区域 g_a,而函数 $\zeta = \psi(z)$ 把这个区域双方单值地映射成某一个以 $\zeta = 0$ 为圆心, r' 为半径的圆 c'_a.当点 ζ 描画这个圆时,点 ζ^k 就描画与这个圆同心的而半径为 r'^k 的圆.这时,对应于新圆的每一个(不同于圆心的)点的,将是圆 c'_a 的,分布于一个以坐标原点为圆心的正 k 角形的顶点上的 k 个不同的点.当点 ζ 描画圆 c'_a 的任一个张开角度 $\dfrac{2\pi}{k}$ 的扇形时,点 ζ^k 就描画出整个的圆,所以对应于整个圆 c'_a 的是一个 k 重圆.我们将设想这个 k 重圆是 k 个同样的圆彼此重叠起来并沿着半径向正轴的方向切开,而在切口处像下面所说的方法接连起来的:把位于下面的圆的切口的下沿与紧接着在它上面的圆的切口的上沿接连起来,而把最上面的圆的切口的下沿与最下面的圆的切口的上沿接连起来.

由于 $w = f(z) = a_0 + a_k[\psi(z)]^k = a_0 + a_k\zeta^k$,我们现在可以做如下结论:对于使 $f'(a) = 0$ 的点 a,存在着一个包含点 a 的区域 g_a,使得变换 $w = f(z)$ 把这个区域变到一个以点 $a_0 = f(a)$ 为圆心的 k 重(或 k 叶)圆 c_a.区域 g_a 的点与 c_a 的点之间的对应是一对一的.(对于除 a 之外的 g_a 中的任一点还可以指出这区

域的 $k-1$ 个点,在这些点 $w=f(z)$ 取同一个数值.不过,对应的点将位于 k 叶圆 c_a 的不同的(彼此重叠的)叶上,所以还是应该看作不同的.)

现在我们要来说明必须如何连接这些不同的单叶的与多叶的圆 c_a 来得到函数 $w=f(z)$ 的多叶的变化区域(黎曼曲面).为了在这些圆的接连过程中建立一定的顺序,我们设想一个包含在 G 内的区域 $G_n(G_n \subset G)$ 的无穷序列,这些区域一个包含着一个 $(G_n \subset G_{n+1})$ 并且在下述的意义下逼近区域 G:区域 G 的每一个点 a 从某一个 n 开始以后属于所有的 G_n 的内部.这样的序列,举例来说,是可以用下面的方法得到的:分 z 平面为边长无限制减小的正方形,把第 n 次分割中不但自己属于 G 的而且与它们直接毗连着的正方形也属于 G 的内部的那些正方形合并成一个区域 G_n.

因为闭区域 $\overline{G_1}$ 的每一个点 a 都属于区域 G,所以对于这个点可以找到一个完全在 G 内部并且包含点 a 的区域 g_a,使得函数 $w=f(z)$ 把它变到以点 $f(a)=a_0$ 为圆心的一个单叶的或多叶的圆 c_a.根据海涅-波莱尔预备定理可以选出有限多个区域 g_a 就整个覆盖了 $\overline{G_1}$.假如它们不能完全覆盖区域 G_2,那么可以应用同样的方法到闭区域 $\overline{G_2-G_1}$,把新得到的有限个区域加入到已经取定的那些区域,这样一来,扩充后的区域 g_a 的集合依旧是有限的而且覆盖了整个区域 $\overline{G_2}$.继续进行这个步骤,我们得到可数无穷多个区域 g_a,使任一个区域 g_n 为有限多个区域 g_a 所覆盖.为了简化以后的研究,我们不妨假定对应于多叶圆的任何两个区域 g_a 都没有公共点.这总是可以办到的,首先,由于解析函数的唯一性,在每一个区域 G_n 内部只含有有限多个点 a 使 $f'(a)=0$;其次,区域 g_a 可以获得任意小.现在我们把区域 g_a 编号使号码邻接的两个区域有公共部分,并且给予对应于它们的单叶或多叶圆 c_a 以同样的号码.假如我们依次地取区域 g_a,从它们中间彼此有公共部分的就沿着公共部分黏合起来(不管号码是否邻接),那么我们就得到一个位于 G 内部的区域,而当所取的区域 g_a 的数目充分大时,这个区域可以包含任意的区域 G_n.换句话说,用这样黏合的方法所得到的区域将逼近区域 G.整个区域 G 可以看作(可数)无穷多个区域 g_a 黏合起来所构成的.同样地,可以在 w 平面上构造出函数 $w=f(z)$ 的变化区域.就是说,依号码的次序来取圆 c_a,在它们中间我们会碰到这样一些圆,它们对应的区域 g_a 有公共部分(对于那些有相邻号码的圆当然如此,但是不仅对于这些).由于函数 $w=f(z)$ 的单值性,对应于这些公共部分的将是两个这样的圆上的同样的(合同的)区域.把这些圆一个安放在另一个之上使那些合同的区域彼此重合,然后我们沿这些区域把这些圆黏合起来.对应的区域 g_a 无公共部分的两个圆自然不能直接黏合.不过,任何两个区域 $g^{(m)}$ 与 $g^{(n)}(n>m)$ 都可以由一串区域:$g^{(m)},g^{(m+1)},\cdots,g^{(n)}$,把它们连接起来,其中每相邻的两个区域都有公共部分,所以任何两个圆 $c^{(m)}$ 与 $c^{(n)}$ 也都可以由一串圆:$c^{(m)},c^{(m+1)},\cdots,$

$c^{(n)}$,把它们联系起来,其中每相邻的两个圆都黏在一起.增加圆的数目,我们就得到一个个新的广义的(多叶的)区域,它们永远都包含在函数 $w=f(z)$ 的经推广后的变化区域内,并且在下述的意义下逼近这个变化区域:即当圆的数目充分多时我们可以得到变化区域的任一个预先指定的点.我们这里用黏合的方法来得到的点集,实际上可以称为一个区域(广义的),因为它们具有普通单叶区域的两个特性.第一,这个集合的每一个点都有一个邻域属于这个集合,这里所谓邻域应该了解为,或者是单叶圆(对应的点于是称为寻常点),或者是 k 叶圆(对应的点就称为 $k-1$ 级的支点).第二,这个集合的任意两个点都可以用一条每一个点都属于这个集合的连续曲线连接起来.这第二个性质可以直接从任意两个圆都有连接它们的一串有限个圆存在这一事实推出来.直到现在为止,我们所已经说过的一切都可以毫无变更地扩充到无穷远点的情形.就是说,当 $a=\infty$ 时,以前的展开式当 $f(\infty)=a_0$ 是有限数时可以写成形式:$f(z)=a_0+a_k z^{-k}+a_{k-1}z^{-k-1}+\cdots$,而当 $f(\infty)=\infty$ 时可以写成 $f(z)=a_k z^k+a_{k-1}z^{k-1}+\cdots(k\geqslant 1)$.总结前面的结果,我们可以说出下面的保存区域的原则:单值解析函数把自己的定义区域仍旧映射成一个(单叶的或多叶的)区域.

作为区域保存原则的一个直接应用我们考虑关于最大模的定理(第五章,§2,第5段).

假定 $w=f(z)$ 是一个不恒等于常数并在区域 G 内全纯的函数.当 z 描画出环绕区域 G 的点 z_0 的一个足够小的邻域 δ 时,$w=f(z)$ 描画出以 $w_0=f(z_0)$ 为中心的黎曼曲面的一个元素 Δ(单叶的或者多叶的圆),并且这两个区域的对应是一对一的(图 104).因此,函数 $|f(z)|$ 不可能在点 z_0 达到它的最大值,因为在 Δ 中有比 $f(z_0)$ 距离坐标原点更远的点存在.所以在区域 G 中全纯的函数 $f(z)$ 的最大模不可能在区域的内点达到.

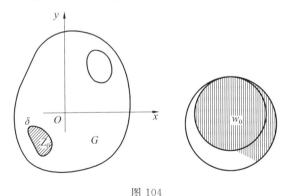

图 104

附注 证明并不限于 z_0 是有限距离的点,z_0 可以是无穷远点,但当然它应该是区域的内点.

在上面的结论中我们预先假定了 $f(z)$ 不是一个常数. 因此,如果在区域 G 内全纯的函数 $f(z)$ 的模,在 G 的一个内点达到它自己的最大值时,这个函数就一定是一个常数.

最后,我们指出,函数 $f(z)$ 在区域 G 内适合下面较广的条件时,证明仍然有效:

(1) $f(z)$ 在区域 G 的每一点的邻域内是全纯的.

(2) $|f(z)|$ 是区域 G 内的单值函数.

2. 双方单值对应的原则

假定闭路 $\varGamma$ 是光滑的或者至少是逐段光滑的,又函数 $w=f(z)$ 在 $\varGamma$ 内以及 $\varGamma$ 上都是全纯的. 再假定函数 $w=f(z)$ 把闭路 $\varGamma$ 双方单值地映射成某一条闭路 $\varGamma'$. 换句话说,闭路 $\varGamma$ 上不同的点对应于闭路 $\varGamma$ 上不同的点. 在这些条件下我们要证明: $w=f(z)$ 也把闭路 $\varGamma$ 所围成的区域双方单值地映射成闭路 $\varGamma'$ 所包围的区域.

证明 我们用 G 来记闭路 $\varGamma$ 所包围的区域. 根据条件闭路 $\varGamma$ 对应于闭路 $\varGamma'$,而 $\varGamma'$ 把 w 平面分成两部分:内部与外部.

我们要指出,在 $\varGamma'$ 的外部没有一个点可以表示函数 $f(z)$ 在 $\varGamma$ 内部所取的值;而另一方面,$\varGamma'$ 内部的每一点都代表函数 $f(z)$ 在 $\varGamma$ 内部的一个点 z,而且仅在这个点 z 所取的值. 因此,问题归结到要来证明:当 w_0 在 $\varGamma'$ 外部时,方程 $f(z)-w_0=0$ 在 $\varGamma$ 内部没有根,而当 w_0 在 $\varGamma'$ 内部时,这同一个方程在 $\varGamma$ 内部有唯一的根. 根据关于对数留数的定理(第七章,§1,第 5 段)所求的方程 $f(z)-w_0=0$ 的根的数目等于积分

$$\frac{1}{2\pi\mathrm{i}}\oint_{\varGamma}\frac{f'(z)}{f(z)-w_0}\mathrm{d}z \tag{4}$$

这里积分是沿闭路 $\varGamma$ 的正方向取的. 令 $f(z)=w$,这个积分就变成

$$\frac{1}{2\pi\mathrm{i}}\oint_{\varGamma'}\frac{\mathrm{d}w}{w-w_0} \tag{4'}$$

假如 w_0 在 $\varGamma'$ 外部,上面的积分等于 0,假如 w_0 在 $\varGamma'$ 内部,它就等于 ±1(正负号依赖于沿 $\varGamma'$ 积分的方向). 但根据等于 (4') 的积分 (4) 本身的意义,值 -1 应该除外(我们记住 $f(z)$ 在 $\varGamma$ 内部是全纯的). 于是积分 (4) 当 w_0 在 $\varGamma'$ 外部时等于 0,当 w_0 在 $\varGamma'$ 内部时等于 1.

定理已经证明了. 从证明中我们还特别可以看出,当点 z 沿正方向绕闭路 $\varGamma$ 移动时,点 $w=f(z)$ 也沿着正方向绕闭路 $\varGamma'$ 移动(否则积分 (4') 将取值 -1). 换句话说,$\varGamma$ 内部的一个全纯函数所构成的 $\varGamma$ 与 $\varGamma'$ 之间的对应必然保持环绕的方向.

因为利用双方单值的初等变换可以把无界的区域变成有界区域,所以对于无界区域,上面证明的定理仍然成立.

3.黎曼－许瓦兹对称原则

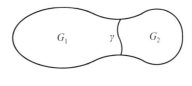

图 105

假定给定了两个沿着它们的边界的公共部分 γ 彼此邻接的区域 G_1 与 G_2,并设区域 G_2 整个在区域 G_1 之外(图 105).我们假定 $f(z)$ 是区域 G_1 内的一个全纯函数.假如在由区域 G_1,G_2 与开弧 γ 的点所组成的区域 $G=G_1+G_2+\gamma$ 内,存在一个全纯函数 $f(z)$,它在区域 G_1 内所有的点都与给定的函数 $f(z)$ 一致,那么我们就说 $F(z)$ 是 $f(z)$ 越过弧 γ 的一个解析开拓.我们都知道(第十章,§1,第 1 段),如果函数 $f(z)$ 的这样一个开拓是可能的话,那么它一定是唯一的.这里所产生的基本问题是:要想根据给定的函数 $f(z)$ 知道它是否可以越过区域 G_1 的边界的某一段来进行开拓,并且假如可能的话,那么,怎样来实现这个开拓.如果所考虑的区域 G_1 的一段边界 γ 是某个圆周的一段弧,又假如在这圆弧上函数 $f(z)$ 的数值都是实数的话,那么我们的函数就可以解析地越过弧 γ 开拓出去(这里所谓函数 $f(z)$ 在弧 γ 上的值是指 $f(z)$ 的值从区域 G_1 的内部所取的(在 γ 上连续的)极限值).当证明这个定理时,我们将同时指出一个非常简单的步骤去构造给定的函数的解析开拓.

首先让我们假定弧 γ 是一段平行于实轴的直线 AB(图 106).

函数 $f(z)$ 在 AB 的一边以及 AB 线段的内部都有定义,并且在 AB 内函数取实数值.

我们取一段位于内域 G_1 内的弧 $A_1M_1B_1$,$f(z)$ 在它上面当然已经有定义,再取一段与 $A_1M_1B_1$ 关于 AB 对称的位于区域 G_1 外的弧 $A_1M_2B_1$(图 107).在闭路 $A_1M_2B_1A_1$ 所包围的区域内,我们定义一个函数 $\varphi(z)$ 如下:在这个区域的每一点 z_2,如果它关于 AB 与点 z_1 对称,我们就定义

$$\varphi(z_2)=\overline{f(z_1)} \tag{5}$$

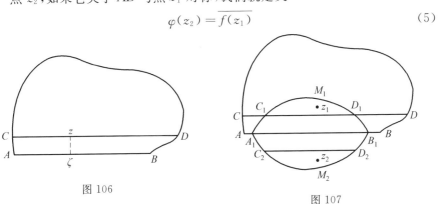

图 106

图 107

这个函数 $\varphi(z)$ 在闭路 $A_1M_2B_1A_1$ 所包围的区域内是全纯的. 事实上, 如果用 δ 表示同时产生的改变量, 并注意到 δz_1 与 δz_2 彼此共轭(因为 AB 平行于实轴), 我们有

$$\frac{\delta\varphi(z_2)}{\delta z_2} = \frac{\delta\overline{[f(z_1)]}}{\delta z_2} = \overline{\frac{\delta f(z_1)}{\delta z_1}} = \overline{\left(\frac{\delta f(z_1)}{\delta z_1}\right)} \tag{6}$$

当 δz_1(也就是 δz_2)趋近于零时取等式(6)的极限, 我们就得到

$$\lim_{\delta z_2 \to 0} \frac{\delta\varphi(z_2)}{\delta z_2} = \overline{f'(z_1)} \quad \text{或} \quad \varphi'(z_2) = \overline{f'(z_1)}$$

所以, 函数 $\varphi(z)$ 在由闭路 $A_1M_2B_1A_1$ 所包围的区域内的每一点都有有限导数, 因而, 它在这个区域内是一个全纯函数.

现在假定 C_1D_1 与 C_2D_2 是两条彼此平行而且关于 AB 对称的弦, 它们之间的距离可以任意小. 用 z' 来记闭路 $C_1D_1M_1C_1$ 所包围的区域内的任意一点, 由柯西公式我们就有

$$\left.\begin{aligned}
2\pi \mathrm{i} f(z') &= \int_{C_1D_1} \frac{f(z)\mathrm{d}z}{z-z'} + \int_{D_1M_1C_1} \frac{f(z)}{z-z'}\mathrm{d}z \\
0 &= \int_{D_2C_2} \frac{\varphi(z)\mathrm{d}z}{z-z'} + \int_{C_2M_2D_2} \frac{\varphi(z)}{z-z'}\mathrm{d}z
\end{aligned}\right\} \tag{7}$$

让弦 C_1D_1 与 C_2D_2 都趋向 A_1B_1. 式(7)的第一个等式中的第一个积分趋近于 $\int_{A_1B_1} \frac{f(\zeta)\mathrm{d}\zeta}{\zeta-z'}$. 事实上, 如果用 ζ 来表示位于 C_1D_1 上的点 z 在 AB 上的投影, 我们就有

$$\frac{f(z)}{z-z'} - \frac{f(\zeta)}{\zeta-z'} = \frac{1}{z-z'}[f(z)-f(\zeta)] + f(\zeta)\left(\frac{1}{z-z'} - \frac{1}{\zeta-z'}\right) =$$
$$\frac{f(z)-f(\zeta)}{z-z'} + \frac{f(\zeta)(\zeta-z)}{(z-z')(\zeta-z')} \tag{8}$$

把 z' 算作是固定的, 我们知道 $|z-z'|$ 与 $|\zeta-z'|$ 都保持大于某一个正常数; 在另一方面, 函数 $f(z)$ 是有界的. 因此, 我们可以使表达式(8)任意小; 同样地也可以使它沿 C_1D_1 的积分任意小. 所以, 我们有

$$\lim \int_{C_1D_1} \frac{f(z)\mathrm{d}z}{z-z'} = \int_{A_1B_1} \frac{f(\zeta)\mathrm{d}\zeta}{\zeta-z'} \tag{9}$$

同样, 可以证明

$$\lim \int_{D_2C_2} \frac{\varphi(z)\mathrm{d}z}{z-z'} = \int_{B_1A_1} \frac{\varphi(\zeta)\mathrm{d}\zeta}{\zeta-z'} \tag{9'}$$

回想到 $f(\zeta)$ 在 AB 上取实数值, 所以可以断言: 在 A_1B_1 上 $f(\zeta)=\varphi(\zeta)$. 因此, 等式(7)在极限情形就成为下列形式

$$2\pi \mathrm{i} f(z') = \int_{A_1B_1} \frac{f(\zeta)\mathrm{d}\zeta}{\zeta - z'} + \int_{B_1M_1A_1} \frac{f(z)\mathrm{d}z}{z - z'} \left.\vphantom{\int}\right\}$$

$$0 = \int_{B_1A_1} \frac{f(\zeta)\mathrm{d}\zeta}{\zeta - z'} + \int_{A_1M_2B_1} \frac{\varphi(z)}{z - z'}\mathrm{d}z \quad\quad (7')$$

把上两式相加，我们得到

$$2\pi \mathrm{i} f(z') = \int_{B_1M_1A_1} \frac{f(z)\mathrm{d}z}{z - z'} + \int_{A_1M_2B_1} \frac{\varphi(z)}{z - z'}\mathrm{d}z \quad\quad (10)$$

如果用 $F(z)$ 来记一个定义在整个闭路 $\Gamma = B_1M_1A_1 + A_1M_2B_1$ 上的函数，它在弧 $A_1M_1B_1$ 上等于 $f(z)$ 而在 $A_1M_2B_1$ 上则等于 $\varphi(z)$，我们就可以把（10）改写成

$$f(z') = \frac{1}{2\pi \mathrm{i}} \int_{\Gamma} \frac{F(z)\mathrm{d}z}{z - z'} \quad\quad (10')$$

显然，如果我们取闭路 $A_1M_2B_1A_1$ 所包围的区域中的点来作为 z' 时，我们将得到

$$\varphi(z') = \frac{1}{2\pi \mathrm{i}} \int_{\Gamma} \frac{F(z)\mathrm{d}z}{z - z'} \quad\quad (10'')$$

因为柯西型积分

$$\frac{1}{2\pi \mathrm{i}} \int_{\Gamma} \frac{F(z)\mathrm{d}z}{z - z'}$$

所代表的函数在 Γ 内部到处是全纯的，所以从等式（$10'$）我们断定这个函数是给定的函数 $f(z)$ 的解析开拓. 在另一方面，等式（$10''$）指出这个解析开拓是这样得到的，就是让它在关于 AB 对称的点上取彼此共轭的数值.

最后，因为 A_1B_1 是 AB 内的任意一个线段，这就证明了我们的原则的正确性.

同样的结论，也可以不用柯西型积分而另外根据摩尔定律（第四章，§3，第 5 段）来得到.

实际上，如果用 $F(z)$ 来代表这样一个函数，它在闭路 $A_1B_1M_1A_1$ 内部等于 $f(z)$，在闭路 $A_1M_2B_1A_1$ 内部等于 $\varphi(z)$，而在 A_1B_1 线段上的任一点则等于 f 与 φ 的公共极限值，显然我们就得到一个在闭路 $A_1M_2B_1M_1A_1$ 内部连续的函数. 要想证明这个函数 $F(z)$ 是解析的，根据摩尔定律，我们只需证明 $F(z)$ 沿上述区域内部的任一三角形周界所取的积分等于零就行了.

如果三角形 $\alpha\beta\gamma$ 不与 A_1B_1 相交，那么它整个位于函数 $F(z)$ 在那里全纯的一个区域的内部，从而，根据柯西定理，积分 $\int_{\alpha\beta\gamma} F(z)\mathrm{d}z$ 等于零.

假如 $\alpha\beta\gamma$ 与 A_1B_1 相交，那么，只要沿 A_1B_1 的两边引两条直线 C_1D_1 与 C_2D_2 平行于 A_1B_1（图 108），我们就得到

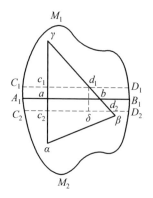

图 108

$$\int\limits_{\alpha\beta\gamma} F(z)\mathrm{d}z = \int\limits_{c_1 d_1 \gamma c_1} F(z)\mathrm{d}z + \int\limits_{c_2 d_2 d_1 c_1 c_2} F(z)\mathrm{d}z + \int\limits_{\alpha\beta d_2 c_2 \alpha} F(z)\mathrm{d}z \tag{11}$$

根据柯西定理,这些积分中的第一个与最后一个都等于零,因此

$$\int\limits_{\alpha\beta\gamma} F(z)\mathrm{d}z = \int\limits_{c_2 d_2 d_1 c_1 c_2} F(z)\mathrm{d}z \tag{12}$$

由于在闭路 $\alpha\beta\gamma$ 上以及它的内部,模 $|F(z)|$ 始终小于某一个数 M,只要我们取直线 $C_1 D_1$ 与 $C_2 D_2$ 是这样靠近 $A_1 B_1$,使得分别位于 $C_1 D_1$ 与 $C_2 D_2$ 上的任意一对点 ζ 与 ζ_1($\zeta\zeta_1$ 线段平行于 $\alpha\gamma$),能够满足不等式 $|F(\zeta) - F(\zeta_1)| < \varepsilon$,我们就有

$$\left| \int\limits_{c_2 d_2 d_1 c_1 c_2} F(z)\mathrm{d}z \right| = \left| \left(\int\limits_{c_2 \delta} F(z)\mathrm{d}z - \int\limits_{c_1 d_1} F(z)\mathrm{d}z \right) + \int\limits_{c_1 c_2} F(z)\mathrm{d}z + \right.$$
$$\left. \int\limits_{\delta d_2} F(z)\mathrm{d}z + \int\limits_{d_2 d_1} F(z)\mathrm{d}z \right| < \varepsilon \cdot ab +$$
$$M(c_1 c_2 + \delta d_2 + d_2 d_1)$$

这个不等式的右边可以任意小,因为 ε 是任意小,并且,当 $C_1 D_1$ 与 $C_2 D_2$ 充分靠近 $A_1 B_1$ 时,线段 $c_1 c_2$,δd_2 与 $d_2 d_1$ 的长度之和也可以任意小. 于是,因为根据(12),数值

$$\left| \int\limits_{c_2 d_2 d_1 c_1 c_2} F(z)\mathrm{d}z \right| = \left| \int\limits_{\alpha\beta\gamma} F(z)\mathrm{d}z \right|$$

不依赖于直线 $C_1 D_1$ 与 $C_2 D_2$ 的位置,所以它必须等于零,这就完成了我们的证明.

如果利用在第四章,§2,第 8 段中所给的柯西定理的推广,上面的分析就变成多余的了. 因为,事实上

$$\int\limits_{\alpha\beta\gamma} F(z)\mathrm{d}z = \int\limits_{ab\gamma a} F(z)\mathrm{d}z + \int\limits_{a\beta baa} F(z)\mathrm{d}z$$

复变函数引论

312

因为函数 $F(z)$ 在闭路 $ab\gamma a$ 与 $\alpha\beta ba\alpha$ 的内部都是全纯的并且在它上面连续,所以根据柯西定理的推广,上面等式的右边部分的两个积分都是零. 可见

$$\int\limits_{\alpha\beta\gamma} F(z)\,\mathrm{d}z = 0$$

在以上的证明中,我们在实质上假定了直线段 AB 是处在平行于实轴的位置. 现在剩下来要解除这一限制. 假定我们想要越过它来开拓函数 $f(z)$ 的弧 γ 是任意一个直线段 AB. 这种情形立刻可以化为前面所讨论的情形,只要我们用一个旋转 $z' = z e^{\theta i}$,把线段 AB 变成平行于实轴. 很清楚,函数 $f(z)$ 的解析开拓的值将在关于线段 AB 对称的点上彼此共轭.

最后,如果 γ 是某个圆周的一段弧,那么,只要用一个线性变换 $z' = \dfrac{az+b}{cz+d}$ 把弧 γ 变成直线段 AB,这个情形就变成刚才所考虑的情形了. 大家都知道(第三章,§1,第7段)在这样一个线性变换下,对应于关于圆弧 γ 对称的一对点的是关于直线段 AB 对称的一对点. 所以,函数 $f(z)$ 的解析开拓在关于 γ 对称的点上所取的值还是彼此共轭的.

因此,我们可以将对称原理归纳成为下面的形式:在一个它的边界含有一段圆弧 γ(或一个直线段 γ)的区域 G_1 的内部全纯并且在 γ 内的所有的点上取连续(从 G_1 内)的实数值的函数 $f(z)$ 可以越过 γ 来进行解析开拓. 这个函数 $f(z)$ 的解析开拓在区域 G_1 的外部的值与 $f(z)$ 在关于 γ 对称的点所取的值共轭.

这个原则在保角映射的理论方面有许多应用. 事实上,假定给定了这样一个区域 G_1,它的境界会有一段圆弧 γ(特别情形是一条直线段 γ),并且关于 γ 与 G_1 对称的区域 G_2 整个位于 G_1 的外部. 如果函数 $w = f(z)$ 构成一个把区域 G_1 变到上半平面的保角映射,那么根据对称原则,我们只要在关于 γ 彼此对称的两点给函数以相互共轭的数值,就得到函数 $f(z)$ 越过 γ 的解析开拓. 因此,函数 $w = f(z)$ 在越过 γ 进行开拓之后,就构成一个把区域 $G = G_1 + G_2 + \gamma$ 变成(在实轴上除去开弧 γ 的象所成的开区间以外的点的)w 平面的保角映射. 不难看出,如果函数 $w = f(z)$ 给出圆上的一个保角映射时,应该如何来推广黎曼—许瓦兹原则的结果.

在上面引进的对称原则中,函数 $f(z)$ 在圆弧 γ 上所取的值是位于实轴的一个区间上. 不难推广这个原则到 $f(z)$ 所取的值是位于某一个圆 C 的弧上的情形. 事实上,对 $w = f(z)$ 施以线性变换,把 C 变到实轴上,我们就把这个情形化为上面所讨论过的情形了. 因为在这个线性变换之下,对应于关于圆周 C 对称的点的,是关于实轴对称的点,所以可以断言,对应于关于 γ 对称的点 z 的函数值 $f(z)$,关于 C 也是对称的.

313

*4. 对称原则的推广

我们说一段曲线的弧是解析的,是指它的坐标 x,y,作为参变数 t 在区间 $a < t < b$ 内的函数来说,可以在每一点 t 的附近展开成幂级数. 我们称一段解析(的)弧是正则的,假如它没有重点并且 x' 与 y' 不同时为零.

假定 $f(z)$ 是区域 G 内的一个全纯函数,又 G 的边界含有一段正则的解析弧 γ. 我们说函数 $f(z)$ 在弧 γ 上的值,意即指 $f(z)$ 从区域 G 的内部取极限所得到的(在 γ 上连续的)极限值,这些值我们假设其存在. 在第 3 段里,我们曾经看到,如果区域 G 的边界上有一小段 γ 是某一个圆周的弧,又函数 $f(z)$ 在这弧上的点所取的值在一条直线或一个圆周上时,函数 $f(z)$ 就可以越过弧 γ 解析地进行开拓,并且可以给出这个开拓的一个非常简单的规则.

本段的任务是要给出这个定理的一个推广,要证明:假如区域的边界上有一小段 γ 是一段正则的解析弧,又函数 $f(z)$ 在这段弧上的点所取的值在一条直线或一个圆周上时,则函数 $f(z)$ 就可以越过弧 γ 解析地进行开拓.

实际上,从弧 γ 的参变数方程出发,我们可以把 $z = x + iy$ 定义为参变数 t 在实轴的区间 (a,b) 的一个相当狭窄的邻域内的一个全纯函数,使得反函数 t 在对应的弧的邻域内,对于 z 来说是全纯的(这不难从下述事实推出:$\dfrac{dz}{dt}$ 在 (a,b) 上不等于零而且弧没有重点(参看第 2 段)).

函数 $\varphi(t) = f[z(t)]$ 在区间 (a,b) 的一边是全纯的,并且在这个区间的点上,与 $f(z)$ 在弧 γ 的对应点上取相同的值. 因此,函数 $\varphi(t)$ 在实轴的区间 (a,b) 上的值是在直线或者圆 Γ 上. 根据黎曼－许瓦兹对称原则(第 3 段),函数 $\varphi(t)$ 有越过区间 (a,b) 的解析开拓,并且这个解析开拓在实轴附近关于 (a,b) 对称的点上所取的值是关于 Γ 对称的.

在上面所确定的弧 γ 的邻域内,我们说两个点 z 关于这段弧是对称的,只要它们是对应于关于实轴对称的两个点 t. 这个定义是完全自然的,因为两个点在于正则解析弧 γ 对称的性质,对于每一个保持实轴不变(因而提供正则解析弧 γ 的另一个参变数表示)的全纯的参数变换 $\theta = \lambda(t)$,$\lambda'(t) \neq 0$ 是不变的.

注意到这一点之后,我们现在来考虑从 γ 上一点出发,关于弧 γ 对称的两条路线与它们在 t 平面上的对应路线. 从函数 $\varphi(t)$ 可以越过区间 (a,b) 进行解析开拓的事实以及上面所提到的它的性质可以得到,第一,函数 $f(z)$ 可以越过弧 γ 进行解析开拓,第二,这个开拓具有下述性质:在关于弧 γ 对称的两个点上,函数 $f(z)$ 的解析开拓所取的值是关于 Γ 对称的两个点的附标.

所以,在函数 $f(z)$ 越过弧 γ 进行解析开拓时,对于对称于弧 γ 的两个点 z,我们得到两个对称于 Γ 的对应点 $f(z)$.

*5. 解析开拓的许瓦兹原则

跟前段中一样,我们假定 $f(z)$ 是区域 G 内的一个全纯函数, G 的边界含有一段正则的(开的)解析弧 γ

$$z = z(t) \quad (a < t < b)$$

所谓函数 $f(z)$ 在弧 γ 上的值,是指 $f(z)$ 从区域 G 的内部取极限所得到的极限值 $F(t)$,按照假设,这些值存在.

本段的目标是要证明:如果函数 $f(z)$ 在弧 γ 上的边界值 $F(t)$ 是参变数 t 的解析函数时,那么函数 $f(z)$ 可以越过弧 γ 进行解析开拓.这就是复变函数的解析开拓的许瓦兹原则的一般的形式.

我们先证明这个定理的一个特殊情形,假定弧 γ 是实轴上的一个区间 $\alpha < x < \beta$. 因为我们的函数的边界值 $F(x)$ 在区间 $\alpha < x < \beta$ 上每一点 x_0 的邻域内都是解析的,所以在点 x_0 附近,有下列展开式

$$F(x) = c_0 + c_1(x - x_0) + c_2(x - x_0)^2 + \cdots$$

令 $z = x + \mathrm{i}y$ 而且用复数 z 来代替这个展开式中的实变数 x,我们就得到一个在点 x_0 的邻域内全纯的函数 $\Phi(z)$

$$\Phi(z) = c_0 + c_1(z - x_0) + c_2(z - x_0)^2 + \cdots$$

差 $\Phi(z) - f(z)$ 在 x_0 的邻域属于区域 G 的那一部分内是全纯的;在这个邻域的位于实轴上的直径上,它有极限值,并且这些极限值等于零.因此,根据黎曼－许瓦兹对称原则(第 3 段),这个差 $\Phi(z) - f(z)$ 可以解析地开拓到上述点 x_0 的整个邻域内,并且作为这个邻域内的一个全纯函数来说,它在包含在这个邻域内的一个区间上等于零,所以它应当在整个邻域内恒等于零(第五章,§2,第 4 段).因此,在点 x_0 的邻域内我们就有 $f(z) \equiv \Phi(z)$,这就证明了函数 $f(z)$ 在点 x_0 附近可以越过区间 $\alpha < x < \beta$ 进行解析开拓.由于 x_0 是区间 $\alpha < x < \beta$ 的任意一点,我们就肯定了函数 $f(z)$ 越过区间 $\alpha < x < \beta$ 进行解析开拓的可能性.

现在回到许瓦兹定理的一般情形,我们把函数 $f(z)$ 的边界值 $F(t)$ 表示成下列形式

$$F(t) = c_0 + c_1(t - t_0) + c_2(t - t_0)^2 + \cdots$$

其中 t_0 是区间 (a, b) 的任意一点,又 $t_0 - \rho < t < t_0 + \rho$, ρ 是一个充分小的正数.因为 $z'(t_0) \neq 0$,我们可以选取一个充分小的 ρ 使得函数 $z(t)$ 把圆 $|t - t_0| < \rho$ 双方单值地映射成一个以 $z_0 = z(t_0)$ 为内点的区域 g. 我们把弧 γ 属于 g 的部分记作 γ_1. 函数 $\varphi(t) = f[z(t)]$ 在区间 $(t_0 - \rho, t_0 + \rho)$ 的一边是全纯的,并且在这个区间的点上所取的值与 $f(z)$ 在弧 γ_1 上的对应点上的取的值相同;因此,函数 $\varphi(t)$ 在实轴的区间 $(t_0 - p, t_0 + p)$ 上的值代表一个解析函数 $F(t)$. 根据本段

开始时所证明的,可以利用函数 $F(t)$ 把函数 $\varphi(t)$ 解析地开拓到圆 $|t-t_0|<\rho$ 内.由于在对应的点上 $\varphi(t)=f(z)$,我们由此可以断定,函数 $f(z)$ 可以解析地开拓到区域 g 内,换句话说,可以越过弧 γ_1 进行开拓.因为 t_0 是区间 $a<t<b$ 内的任意一点,也就是说,$z_0=z(t_0)$ 是弧 γ 上的任意一点,所以 $f(z)$ 可以越过整个弧 γ 进行解析开拓.

*6. 调和函数的对称原则

大家都知道,一个函数 $V(x,y)$ 称为在一个区域内是调和的,是指它在这个区域内是单值的,具有直到第二级的连续导函数并且满足拉普拉斯方程

$$\Delta V=\frac{\partial^2 V}{\partial x^2}+\frac{\partial^2 V}{\partial y^2}=0$$

我们也知道(第二章,§4,第5段),假如已知函数 V 在一个单连通区域内是调和的,则除去一个附属的常数之外,可以确定一个在这个区域内全纯的关于复变数 $z=x+\mathrm{i}y$ 的函数 $U+\mathrm{i}V$;函数 U 同样也是调和的.

所谓一个定义在区域 G 内的调和函数的解析开拓是指一个定义在包含 G 的一个区域 G_1 内的调和函数,只要这个函数在区域 G 内与给定的函数重合[①].

现在我们考虑一个函数 $V(x,y)$,它在一段(开的)正则解析弧 γ 的邻域内是调和的,并且在这段弧上等于零.在这个区域内可以作一个关于 $z=x+\mathrm{i}y$ 的全纯函数 $U+\mathrm{i}V$.当点 z 描画弧 γ 时,这个函数 $U+\mathrm{i}V$ 总是取实数值,也就是说当 z 在 γ 上时点 $U+\mathrm{i}V$ 停留在实轴上.根据第4段的结果,我们可以断定,在关于弧对称的点上,函数 $U+\mathrm{i}V$ 的值,对实轴来说,也是对称的,换句话说,函数 V 的值取相反的符号.

很自然地,现在可以叙述调和函数的解析开拓原则如下:

假如 V 是区域 G 内的一个调和函数,G 的边界含有一段(开的)正则的解析弧 γ,又,V 在集合 $G+\gamma$ 上连续并且在 γ 上等于零,那么,函数 V 总可以越过 γ 进行解析开拓并且只需在关于 γ 对称的点上使它的值具有相反的符号就行.

要想证明这个定理,前面几段中所建立的结果还不够用,所以必须用特别的证明.我们可以把上述原理的证明化简成,当弧 γ 是实轴上的一个区间的特殊情形.为此,我们做如下的措施:设 $z=z(t)$ $(a<t<b)$ 是弧 γ 的方程.把 t 看作一个复变数,于是,一定有一个函数 $z(t)$ 存在,它在实轴上的区间 (a,b) 的邻

---

① 显然,如果一个调和函数有解析开拓的话,那么它一定是唯一的.事实上,假定 V 与 V_1 都是某一个区域内的调和函数,并且在这个区域的一部分上彼此重合.差 $v=V-V_1$ 就成为该区域内的一个调和函数并在这个区域的一部分上等于零.造一个复变数 $z=x+\mathrm{i}y$ 的(在给定的区域的每一点的邻域内都是解析的)函数 $u+\mathrm{i}v$,我们可以断定这个函数在给定区域的一部分上等于一个实常数.由此可见,$v\equiv 0$,即 $V\equiv V_1$.

复变函数引论

域内是全纯的,并且构成这个邻域与弧 γ 的邻域间的一个双方单值的对应;当 t 描画区间 (a,b) 时,点 z 就描画弧 γ.作函数 $U+\mathrm{i}V$,它在弧 γ 的邻域之属于 G 的那一部分内是关于 z 的全纯函数,于是作为 t 的函数来看,它就在实轴的区间 (a,b) 的某一边是全纯的.因此,在区间 (a,b) 的一边,V 是关于点 t 的坐标的一个调和函数,并且它在区间 (a,b) 上等于零.如果我们假定定理在这种特殊情形下成立,那么当我们使 V 的值在关于区间 (a,b) 对称的点上具有相反的符号时,它就有了越过 (a,b) 的解析开拓.这样一来,V 成为在区间 (a,b) 的整个邻域内的调和函数,换句话说,$U+\mathrm{i}V$ 在这整个邻域内关于 t 都是全纯的.回到变数 z 来,我们就可以断定,对 z 来说,$U+\mathrm{i}V$ 在弧 γ 的邻域内是全纯的,因而,在这个邻域内 V 是点 z 的坐标的调和函数.

因此,我们只要证明下面的定理就够了,假如 V 在一个以实轴上线段 ab 为直径的半圆内部是调和的,在这个半圆以及它的边界上是连续的并且在直径 ab 上等于零,那么,它必然与一个在整个圆内调和的函数重合(图 109).

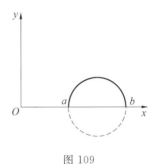

图 109

利用下述条件,我们在圆 C 以及它的边界上,定义一个函数 $u(x,y)$:

(1) $u(x,y)=V(x,y)$,在第一个半圆(例如上半圆)上.

(2) $u(x,y)=-V(x,-y)$,在第二个半圆上.

我们要证明 $u(x,y)$ 是在这个半径为 R 的圆 C 内的一个调和函数.

事实上,第一,$u(x,y)$ 显然在圆 C 的内部是连续的,因为它的值在直径 ab 上等于零,与从上半圆或者从下半圆的极限值相一致,而在圆 C 的其余的点上,它又或者是 $V(x,y)$,或者是 $-V(x,y)$.第二,不难看出,在圆 C 内部的每一点,它的值等于它在以该点为圆心,一个适当小的数为半径的圆周上的值算术平均值.实际上,这对于位于直径以上的点是不成问题的,因为在这个区域内 $u(x,y)=V(x,y)$,而 V 是一个调和函数(第四章,§3,第 9 段).同样地,对于那些位于直径以下的点也是对的,因为在这里 $u(x,y)=-V(x,-y)$,这就表示 u 也是调和函数.最后,在直径上的点 (x_0,y_0) 上,u 等于零,容易证明

$$0=u(x_0,y_0)=\frac{1}{2\pi}\int_0^{2\pi}u(x_0+\rho\cos\varphi,y_0+\rho\sin\varphi)\mathrm{d}\varphi$$

因为被积函数在积分限 $(\pi,2\pi)$ 内所取的值与在积分限 $(0,\pi)$ 内所取的值刚好差一个符号.所以,函数 $u(x,y)$ 在圆 C 内部是连续的,并且在它的每一点上都满足条件

$$u(x_0, y_0) = \frac{1}{2\pi} \int_0^{2\pi} u(x_0 + \rho\cos\varphi, y_0 + \rho\sin\varphi)\mathrm{d}\varphi$$

这就足够来断定 $u(x, y)$ 是 C 内部的一个调和函数[①].

最后，我们还可以把上面所证明的关于调和函数 V 越过一段正则解析弧的解析开拓的性质推广到函数 V 并非在弧上为零，而是具有下述条件的情形. 这个条件是：确定在弧的一边的函数 V 在弧上（保持着连续性）所取的值，构成（弧的方程中的）参变数 t 的一个解析函数.

事实上，我们可以确定弧 γ 的一个足够小的邻域与区间 (a, b) 的一个足够小的邻域，使它们在函数 $z = z(t)$ 的映射下是一一对应的. 假定 $\varphi(t)$ 是给定的那个解析函数；很明显，当我们把上面提到的区间 (a, b) 的邻域取得足够狭小时，它可以看作是这个邻域内的关于 t 的全纯函数. 作 $g(z) \equiv \varphi(t(z))$，我们得到一个在弧 γ 的邻域内全纯的函数 $g(z)$，它在弧 γ 上取条件中所给定的实数值 $\varphi(t)$.

假如 $g(z) = P(x, y) + \mathrm{i}Q(x, y)$，那么 P, Q 在弧 γ 的邻域内都是调和的并且在弧 γ 上函数 P 取值 $\varphi(t)$. 从而，差 $V(x, y) - P(x, y)$ 是在弧 γ 的一边调和的函数，并且（保持着它的连续性）在这段弧上等于零；根据前面所证明的，它可以越过弧 γ 进行开拓，因此，对于 $V(x, y)$ 也就可以做出同样的结论.

在第 5 段中所证明的关于复变函数的解析开拓的许瓦兹原则，仅仅是这里所建立的关于调和函数的开拓的定理的特殊情形. 不仅如此，我们还可以说，要想复变函数能够进行解析开拓，只要它的实数部分或虚数部分在弧上所取的值构成一个解析函数就行. 因为，在这种情形，函数的实数部分或虚数部分是一个可以越过这段弧进行开拓的调和函数，而由此我们就可以断定，这个复变函数本身也具有同样的性质.

*7. 对称原则的应用

当我们在 §1 中建立确定唯一的保角映射的条件时，我们已经看到，它的基本根据是下面的定理：每一个把圆 $|z| < 1$ 变成它自己的双方单值的保角映射都是线性的. 这个基本定理我们已经在 §1 的第 1 段中用累次复合函数的方法证明了，并且给出了更一般的形式.

现在我们要利用对称原则给这个定理以另一个证明. 首先我们注意定理中的函数 $f(z)$ 的模 $|f(z)|$ 在圆周上取值 1，换句话说，当点 z 到圆周的距离 $1 - |z|$ 趋近于零时，$|f(z)|$ 趋近于 1.

[①] И. И. Привалов(伊·伊·普里瓦洛夫)Sur les fonctions harmoniques，Математический сборник，т. Ⅹ Ⅹ Ⅹ Ⅱ

因为,假如不然,由于 $|f(z)|$ 在圆 $|z|<1$ 内到处都小于 1,我们可以找到点列 $z_n(|z_n|\to1)$ 使 $|f(z_n)|$ 保持小于 1 而不趋近于 1.于是,点列 $f(z_n)$ 将有一个极限点 λ 在圆的内部.从点列 z_n 中我们可以选出一个点列 z'_n,使得 $f(z'_n)$ 趋近于 λ.现在我们注意:点 λ 对应于圆的某一点 ζ 也就是 $f(\zeta)=\lambda$.由于 $f(z)$ 是双方单值的,这个 ζ 必须是圆的一个内点.根据连续性,当 $f(z'_n)$ 趋向 λ 时,则 z'_n 应当趋近于 ζ,$|\zeta|<1$.这个结果与极限式 $|z'_n|\to1$ 相矛盾,这就证实了我们上面的论断.

我们来考虑圆周的任一段弧,在这段弧的附近,函数 $\ln f(z)$ 是全纯的,并且它的实数部分 $\ln|f(z)|$ 在这段弧上等于 0.因此,根据第 6 段,它可以越过这段弧进行解析开拓.换句话说,$\ln f(z)$,也就是说 $f(z)$,是这段弧上的全纯函数.但由于弧是任意的,所以 $f(z)$ 是圆 $|z|\leqslant1$ 上的全纯函数;在另一方面,当点 z 描画圆周 $|z|=1$ 时,点 $f(z)$ 同样保持在圆周上.应用对称原则(第 4 段),函数 $f(z)$ 关于圆的开拓,在关于单位圆周对称的点上,取关于这同一个圆周对称的值.由此立刻可以推出,函数的开拓在扩大的复平面上只有一个奇异点 —— 简单极点 —— 与一个简单零点.因此,$f(z)$ 是一个具有一个简单极点与一个简单零点的有理函数(第六章,§4,第 2 段),换句话说,是一个线性函数.

*§3 把单位圆变到一个内部区域的一般变换

1.把圆 $|z|<1$ 变到一个内部区域的全纯函数的解析表达式

让我们来研究函数 $w=f(z)$ 的解析表示法,假定这个函数是定义在单位圆内,在其中全纯,并且具有小于 1 的模.我们可以假定原点不是这个函数的零点,因为在相反的情形下,我们可以用 z 的一个适当的方幂去除这个函数.把这个函数所有的零点按照模的递增次序排成一串,如果一个零点是 k 重的,就重复地写 k 次.设 $a_1,a_2,\cdots,a_n$ 是用上法得到的零点的序列,现在暂且假定这个序列是有限的.构造函数

$$g(z)=\prod_{i=1}^{n}\frac{a_i-z}{1-z\overline{a_i}}$$

因为每一个线性函数 $\dfrac{a_i-z}{1-z\overline{a_i}}$ 都把单位圆变成它自己,所以它们满足以下条件:无论正数 ε 是多么小,总可以用一个充分接近于 1 的数为半径画一个圆周 C_ε,使得在这个圆周上

$$\left|\frac{a_i - z}{1 - z\overline{a_i}}\right| > 1 - \frac{\varepsilon}{n} \quad (i = 1, \cdots, n)$$

因此,在圆周 C_ε 上,我们有不等式

$$|g(z)| > \left(1 - \frac{\varepsilon}{n}\right)^n > 1 - \varepsilon$$

但另一方面,我们又有 $|f(z)| < 1$,因此,不等式

$$\left|\frac{f}{g}\right| < \frac{1}{1 - \varepsilon}$$

在圆周 C_ε 上成立,从而,它的圆周内部也成立,因为函数 $\frac{f}{g}$ 在单位圆内部全纯,在以 C_ε 为周界的圆上,函数的模的最大值是在边界上. 令 ε 趋于 0,从上面的不等式可以得到:对所有的点 $z(|z| < 1)$,都有

$$\left|\frac{f}{g}\right| \leqslant 1 \tag{13}$$

上式只有在 $\frac{f}{g}$ 恒等于一个常数时(这个常数既然以 1 为模,因此一定具有 $e^{i\theta}$ 的形式)才成为等式,因为一个全纯函数如果不是常数的话,它就不能在区域的内点达到它的模的最大值.

因此,函数 $\frac{f}{g}$ 在单位圆内是全纯的,没有零点,并且具有不超过 1 的模. 所以,我们可以写成

$$\frac{f(z)}{g(z)} = e^{\gamma(z)} \tag{14}$$

其中 $\gamma(z)$ 是单位圆内的一个全纯函数,并且满足条件:$R[\gamma(z)] \leqslant 0$.

把式(14)中的 $g(z)$ 用它的表示成乘积形式的式子来代替,我们就得到

$$f(z) = e^{\gamma(z)} \prod_{i=1}^{n} \frac{a_i - z}{1 - z\overline{a_i}} \tag{14'}$$

最后,如果原点是函数 $f(z)$ 的 λ 重零点,我们还有更一般的公式

$$f(z) = z^\lambda e^{\gamma(z)} \prod_{i=1}^{n} \frac{a_i - z}{1 - z\overline{a_i}} \tag{14''}$$

现在来考察函数 $f(z)$ 有无穷多个零点 $a_1, a_2, \cdots, a_n, \cdots$ 的情形,我们把零点按模的递增次序来排列,一个零点是几重的就重写几次. 从第九章,§3,第 3 段我们知道,如果级数 $\sum_{n=1}^{\infty} [1 - |a_n|]$ 发散,那么一个以 a_n 诸点为零点并且在圆内有界的函数一定是恒等于零的. 因此在这里就必须假定级数 $\sum_{n=1}^{\infty} (1 - |a_n|)$ 发散.

假定了这一点,我们在第九章,§3,第 4 段就已经指出过,函数

$$F(z) = \prod_{k=1}^{\infty} \frac{a_i - z}{1 - z\,\overline{a_i}}\,\overline{a_k} \tag{15}$$

在单位圆内部是全纯的,而且不恒等于零. 由于 $\overline{a_k} = \dfrac{\mid a_k \mid^2}{a_k}$ 并且 $\prod\limits_{k=1}^{\infty} \mid a_k \mid$ 收敛,

我们可以把(15)改写成

$$F(z) = \prod_{k=1}^{\infty} \frac{a_k - z}{1 - z\,\overline{a_k}}\,\frac{\mid a_k \mid}{a_k} \prod_{k=1}^{\infty} \mid a_k \mid \tag{15'}$$

现在抛开公式(15′)中的常数因子 $\prod\limits_{k=1}^{\infty} \mid a_k \mid$,我们单来考虑函数

$$g(z) = \prod_{k=1}^{\infty} \frac{a_k - z}{1 - z\,\overline{a_k}}\,\frac{\mid a_k \mid}{a_k} \tag{16}$$

这个函数是单位圆内的一个全纯函数,不恒等于零,它的零点就是给定的函数 $f(z)$ 的那些零点. 为了比较 $f(z)$ 与 $g(z)$,我们写下它们的比 $\dfrac{f}{g}$,这个比代表一个在单位圆内没有零点的全纯函数. 我们就要证明,这个比的模也不会超过 1.

事实上是这样:令 $g_n(z) = \prod\limits_{k=1}^{\infty} \dfrac{a_k - z}{1 - z\,\overline{a_k}}\,\dfrac{\mid a_k \mid}{a_k}$,我们可以像本节开始一样,

证明不等式

$$\left| \frac{f}{g_n} \right| \leqslant 1 \tag{17}$$

对一切点 $z(\mid z \mid < 1)$ 都成立. 在这个不等式(17)中,令 $n \to \infty$ 而取极限,我们就得到

$$\left| \frac{f}{g} \right| \leqslant 1 \tag{17'}$$

这里要对一切点 $z(\mid z \mid < 1)$ 都取等号,只有当 $\dfrac{f}{g}$ 恒等于一个常数 $e^{i\theta}$ 时才行.

因此,商 $\dfrac{f}{g}$ 是一个在单位圆内没有零点的全纯函数,并且它具有小于 1 的模. 因此,我们可以写

$$\frac{f(z)}{g(z)} = e^{\Gamma(z)} \tag{18}$$

其中 $\Gamma(z)$ 是一个函数,它在单位圆内全纯,并且满足条件 $R[\Gamma(z)] \leqslant 0$. 把式(18)中的 $g(z)$ 用表示它的无穷乘积(16)来代替,我们就得到

$$f(z) = e^{\Gamma(z)} \prod_{k=1}^{\infty} \frac{a_k - z}{1 - z\,\overline{a_k}}\,\frac{\mid a_k \mid}{a_k} \tag{19}$$

最后,如果原点是函数 $f(z)$ 的 λ 重零点,代替(19)我们有下列更一般的公式

$$f(z) = z^{\lambda} e^{\Gamma(z)} \prod_{k=1}^{\infty} \frac{a_k - z}{1 - z\,a_k} \frac{|a_k|}{a_k} \qquad (20)$$

其中 $\Gamma(z)$ 是一个函数,它当 $|z| < 1$ 时是全纯的,又它的实数部分或者永远是负的,或者永远等于零.

对于那些在单位圆内具有小于 1 的模的全纯函数,这种解析表达式清楚地指出了它们的一切零点. 不仅如此,反过来,如果 a_n 是任意一串适合 $|a_n| < 1$,并且使级数 $\sum_{n=1}^{\infty}(1 - |a_n|)$ 或 $\prod_{n=1}^{\infty} |a_n|$ 收敛的点,那么表达式(20)就表示出一个在单位圆内全纯,并且具有小于 1 的模的函数.

因此,我们已经更进一步知道了要在什么样的条件下,点 a_n 才能、而且也只有这样才能是一个在单位圆 $|z| < 1$ 内有界并且不恒为零的全纯函数的零点,这个充分必要条件就是,级数 $\sum_{n=1}^{\infty}(1 - |a_n|)$ 是收敛的,或者另外一个说法: 抛开原点不计,$\prod_{n=1}^{\infty} |a_n|$ 是收敛的. 不过,这个结果我们在以前已经证明过了(第九章 §3,第 3,4 两段).

2. 许瓦兹预备定理

如果圆 $|z| < 1$ 内的全纯函数 $w = f(z)$ 满足条件:$f(0) = 0$,并且当 $|z| < 1$ 时 $|f(z)| < 1$,那么在圆 $|z| < 1$ 内我们恒有 $|f(z)| \leqslant |z|$;不仅如此,只要对于一个内点,这个不等式的等号成立,它就到处都成立,因而我们就有 $f(z) = e^{\alpha i} z$. 换句话说,许瓦兹预备定理告诉我们,在函数 $w = f(z)$ 所构成的映射下,或者每个点都离原点很近,或者这个映射就是一个环境原点的旋转.

现在我们来证明这个定理,根据条件 $f(0) = 0$,在整个圆 $|z| < 1$ 内,我们都有

$$f(z) = a_1 z + a_2 z^2 + \cdots \qquad (21)$$

如果我们规定

$$\left(\frac{f(z)}{z} \right)_{z=0} = \lim_{z \to 0} \frac{f(z)}{z}$$

那么比式 $\dfrac{f(z)}{z}$ 就成为上述圆内的一个全纯函数,并且有展开式

$$\frac{f(z)}{z} = a_1 + a_2 z + a_3 z^2 + \cdots \qquad (22)$$

我们在单位圆内取一个半径为 $\rho(\rho < 1)$ 的同心圆. 由于闭区域上的全纯函数在区域的边界上达到它的模的最大值(第五章,§2,第 5 段). 因此对于一切在圆 $|z| \leqslant \rho$ 上的点 z,都有不等式

$$\left| \frac{f(z)}{z} \right| < \frac{1}{\rho}$$

令 ρ 趋近于 1 而把 z 固定不动,于是我们看到,对于所有在圆 $|z| < 1$ 内的点 z,都有

$$\left| \frac{f(z)}{z} \right| \leqslant 1$$

或即

$$| f(z) | \leqslant | z |$$

这就证明了许瓦兹预备定理的前一部分.

现在假定至少有一个点 $a(|a| < 1)$,等式 $|f(a)| = a$ 成立. 考虑在点 a 的邻域内的全纯函数 $\frac{f(z)}{z}$. 由假定,在这个点 a 有 $\left| \frac{f(a)}{a} \right| = 1$. 因此,如果 $\frac{f(z)}{z}$ 不是常数就应该找得到一点 $z(|z| < 1)$ 使 $\left| \frac{f(z)}{z} \right| > 1$,根据前一部分的证明,这是不可能的. 因此,在圆 $|z| < 1$ 内一切点都有: $\left| \frac{f(z)}{z} \right| =$ 常数. 但因为在 $z = a$ 函数 $\frac{f(z)}{z}$ 的模等于 1,所以 $\left| \frac{f(z)}{z} \right| = 1$ 恒成立,即该常数为 e^{ai}.

许瓦兹预备定理有很多的推广. 在以上证明的它的古典形式中,我们保留假设的条件不变,先来给出它的两个简单的改进.

第一,如果原点是函数 $f(z)$ 的 λ 重零点,就可以考虑函数 $\frac{f(z)}{z^{\lambda}}$,跟刚才的情形一样,我们由此可以得到

$$| f(z) | \leqslant | z |^{\lambda}$$

并且只有当

$$f(z) = \mathrm{e}^{ai} z^{\lambda} \tag{23}$$

时,等式才成立. 这样,在这个特殊情形之下,函数的模就有了一个比前面公式中的更小的界限.

第二,利用函数一切零点的模,我们还可以得到更精密的界限. 事实上,设 a_i 是函数 f 的零点,已经按照模的递增的次序排列好了,并设原点是 λ 重零点. 在本节第 1 段中曾经得到公式

$$f(z) = z^{\lambda} \mathrm{e}^{\Gamma(z)} \prod_{n=1}^{\infty} \frac{a_n - z}{1 - z\bar{a}_n} \frac{| a_n |}{a_n} \tag{24}$$

用 $H(r)$ 与 $M(r)$ 表示函数 $\mathrm{e}^{\Gamma(z)}$ 与 $f(z)$ 的模在以 r 为半径的圆上(即当 $|z| \leqslant r$ 时)的极大值. 从式(24)我们可以算出

$$M(r) \leqslant r^{\lambda} H(r) \prod_{n=1}^{\infty} \left| \frac{z - a_n}{1 - z\bar{a}_n} \right| \tag{25}$$

323

式中 z 是圆 $|z| \leqslant r$ 上任意一点. 让我们来求出乘积内一般项的最大值. 表达式 $\left| \dfrac{z - a_n}{z - \dfrac{1}{a_n}} \right|$ 代表点 z 分别到点 a_n 与 $\dfrac{1}{a_n}$ 的距离的比, 而这两点对于单位圆周而言是对称的. 显然当 z 是以 r 为半径的圆周上的点 A 时(图110), $\left| \dfrac{z - a_n}{z - \dfrac{1}{a_n}} \right|$ 达到它自己的最大值,

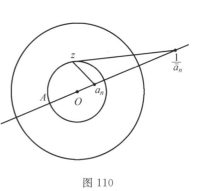

图 110

这里点 A 是与通过 a_n 的半径正相反对的那个半径的端点(图110). 因而, 这个最大值就是 $\dfrac{r + r_n}{r + \dfrac{1}{r_n}}$, 其中 $r_n = |a_n|$, 它显然比 1 小. 因此, 我们有

$$\left| \frac{z - a_n}{1 - \overline{z} a_n} \right| \leqslant \frac{r + r_n}{1 + r r_n}$$

于是, 式(25)可以写成

$$M(r) \leqslant r^\lambda H(r) \prod_{n=1}^{\infty} \frac{r + r_n}{1 + r r_n} \tag{26}$$

这个不等式给出了函数的模在圆 $|z| \leqslant r$ 上的一个比以前更加精密的界限.

如果弃掉不超过 1 的因子 $H(r)$, 并且只取无穷乘积的前 n 项, 就可以从式(26)得到比较不那么精密但利用起来更为方便的一个估计

$$M(r) \leqslant r^\lambda \prod_{k=1}^{n} \frac{r + r_n}{1 + r r_n} \tag{27}$$

注意, 如果弃掉上列乘积中的全部 n 个因子, 那么式(27)就化为式(23).

3. 应用许瓦兹预备定理来估计满足这个定理的条件的那些函数的导函数

我们来考虑函数 $\dfrac{f(z)}{z}$ 的模在圆周 $|z| = r$ 上的最大值. 先假定 $\dfrac{f(z)}{z}$ 不是常数, 用 $q(r)$ 来记这个最大值, 于是就有 $\left| \dfrac{f(z)}{z} \right| \leqslant q(r) < 1$, 因为根据许瓦兹预备定理, 有 $\left| \dfrac{f(z)}{z} \right| < 1$. 另一方面, 函数 $q(r)$ 随 r 增大而增大, 因为它首先是一个不减函数, 同时根据最大模原理它又只能在 $\dfrac{f(z)}{z}$ 是一个常数时(这是已经被除外的情形)才保持不变.

因此, $q(r)(q(r) < 1)$ 随 r 的减小而减小, 所以如果令 r 趋近于零, 那么由不等式 $\left| \dfrac{f(z)}{z} \right| \leqslant q(r) < 1$ 我们就得到

$$| f'(0) | < 1$$

其次,如果 $\dfrac{f(z)}{z}$ 是一个常数 a,那么根据许瓦兹预备定理,有 $| a | \leqslant 1$. 于是很明显,有

$$| f(0) | = | a | \leqslant 1$$

这里等号只有在 $a = \mathrm{e}^{a\mathrm{i}}$,换句话说 $f(z) = \mathrm{e}^{a\mathrm{i}}z$ 时才成立. 因此,在许瓦兹预备定理的条件下,我们永远有不等式

$$| f'(0) | \leqslant 1 \tag{28}$$

并且只有在 $f(z) = \mathrm{e}^{a\mathrm{i}}z$ 时,这个不等式才取等号.

如果原点是 $f(z)$ 的 λ 重零点,那么把前面的推理方法,应用到函数 $\dfrac{f(z)}{z^\lambda}$,我们就可以得到

$$\left| \frac{f^{(\lambda)}(0)}{\lambda!} \right| \leqslant 1 \tag{29}$$

这个不等式只有在 $f(z) = \mathrm{e}^{a\mathrm{i}}z^\lambda$ 时才取等号.

概括以上结果,我们可以说:对于一个满足许瓦兹预备定理的条件的函数来说,它的幂级数展开式中的第一个不等于零的系数的模不会大于 1,并且只有当这个展开式就是它自己的首项时,这个模才等于 1.

要想估计 $| f'(z) |$ 在任意一点 $z_0 (| z_0 | < 1)$ 的值,我们可以在 z 平面与 $w = f(z)$ 平面上施行两个线性变换

$$\zeta = \frac{z - z_0}{z\bar{z}_0 - 1}, \quad \omega = \frac{w - f(z_0)}{w \overline{f(z_0)} - 1}$$

使单位圆保持不变,但分别把 z_0 与 $w_0 = f(z_0)$ 变成新的原点.

然后把许瓦兹预备定理用到函数 $\omega = \varphi(\zeta)$,我们就得出

$$| \varphi(\zeta) | \leqslant | \zeta |$$

或即

$$\left| \frac{f(z) - f(z_0)}{f(z) \overline{f(z_0)} - 1} \right| \leqslant \left| \frac{z - z_0}{z\bar{z}_0 - 1} \right|$$

由此得出

$$\left| \frac{f(z) - f(z_0)}{z - z_0} \right| \leqslant \left| \frac{f(z) \overline{f(z_0)} - 1}{z\bar{z}_0 - 1} \right| \tag{30}$$

由于 $| f(z) \overline{f(z_0)} | < 1$,所以 $| f(z) \overline{f(z_0)} - 1 | < 2$,从不等式(20)就有

$$\left| \frac{f(z) - f(z_0)}{z - z_0} \right| < \frac{2}{| 1 - z\bar{z}_0 |}$$

或者,令 $| z | = r$, $| z_0 | = r_0$,我们得到

$$\left| \frac{f(z) - f(z_0)}{z - z_0} \right| < \frac{2}{1 - rr_0} \tag{31}$$

让 z 趋近于 z_0，从(31)就求出

$$|f'(z_0)| \leqslant \frac{2}{1-r_0^2}$$

其实，从不等式(30)出发，我们可以更好地估计 $|f'(z_0)|$ 的值，事实上，不等式(30)的第二部分当 $z \rightarrow z_0$ 时趋向

$$\frac{1-|f(z_0)|^2}{1-|z_0|^2} \leqslant \frac{1}{1-|z_0|^2}$$

因此我们有

$$|f'(z_0)| \leqslant \frac{1}{1-|z_0|^2} \tag{32}$$

不等式(31)与(32)曾经有效地被卡拉切奥多利用在关于保角映射的问题上.

4. 许瓦兹预备定理的一般形式

在许瓦兹预备定理原来的形式中，我们假定了函数在原点等于零. 要想了解这个定理的真正意义，我们必须解除这个条件.

设 $\varphi(u)$ 是圆 C 内(或半平面上)的一个全纯函数，又它的值在一个圆 Γ 内(或一个半平面上). 于是对于两对对应点 $[u_1, \varphi(u_1)]$ 与 $[u_2, \varphi(u_2)]$，u_1, u_2 关于 C 的非欧距离不会小于 $\varphi(u_1)\varphi(u_2)$ 关于 Γ 的非欧距离

$$D_\Gamma[\varphi(u_1), \varphi(u_2)] \leqslant D_C[u_1, u_2] \tag{33}$$

只有在把 C 变成 Γ 的线性变换的情形，两者才相等. 这就是许瓦兹预备定理的一般形式.

为了证明这个定理，我们用线性变换把 C 与 Γ 都变成单位圆 c，使 u_1 与 $\varphi(u_1)$ 都变成原点. 设这两个线性变换是 $u=l(z)$ 与 $w=l_1(\zeta)$，于是函数 $w=\varphi(u)$ 变成 $\zeta=f(z)=l_1^{-1}\varphi l(z)$，它满足古典的许瓦兹预备定理的一切条件. 要想建立许瓦兹预备定理的一般形式，只需要证明

$$D_c[0, f(z_2)] \leqslant D_c[0, z_2]$$

其中只有当 $f(z)$ 是一个旋转时才取等号，这是因为反调和比是线性变换的不变量，也就是说，$D_c[0, f(z_2)] = D_\Gamma[\varphi(u_1), \varphi(u_2)]$，$D_c[0, z_2] = D_c[u_1, u_2]$ 的缘故.

根据许瓦兹预备定理的原形，我们有 $|f(z)| \leqslant |z|$. 但是从一个点到原点的非欧距离 $k\ln\frac{1+r}{1-r}$ 是它们的欧氏距离 r 的渐增函数，因此从不等式

$$|f(z)| \leqslant |z| \tag{34}$$

就得出

$$k\ln\frac{1+|f(z)|}{1-|f(z)|} \leqslant k\ln\frac{1+|z|}{1-|z|}$$

或即

$$D_c[0, f(z)] \leqslant D_c[0, z] \tag{35}$$

这里(34)与(35)中等号同时成立,换句话说,只有在 $f(z)$ 是一个旋转时,它们才取等号.

如果把 C 与 Γ 都取作单位圆,那么以上所证明的许瓦兹预备定理的一般形式可以几何地叙述如下:

如果当 $|z| < 1$ 时 $w = f(z)$ 永远在圆 $|w| < 1$ 内,同时 z 在以 z_0 为非欧圆心以 ρ 为非欧半径的非欧圆 γ 内,那么 w 必然在以 $w_0 = f(z_0)$ 为非欧圆心有同样的非欧半径 ρ 的非欧圆 γ' 内;又如果 z 趋向非欧圆 γ 的圆周上一点 z_1,那么 w 趋向点 $w_1 = f(z_1)$,这里只有当 $f(z)$ 是 z 的线性函数时,w_1 才在 γ' 的圆周上;变换(z, w) 于是成为单位圆内部的一个非欧位移.

注意,利用许瓦兹预备定理可以很快地得出 §2,第 7 段中的定理.实际上,如果(z, w)是一个把圆的内部(或半平面)变成自己的双方单值的保角映射,那么根据刚才证明的许瓦兹一般命题,应该有

$$D(w_1, w_2) \leqslant D(z_1, z_2)$$

但同时,如果反过来把 z 看作 w 的函数,又有

$$D(z_1, z_2) \leqslant D(w_1, w_2)$$

由此可见 $D(w_1, w_2) = D(z_1, z_2)$,而这只有当我们的变换$(z, w)$是线性变换时才能这样.

5. 变换的重点的存在性

我们来考虑圆 $|z| < 1$ 内的一个全纯函数 $f(z)$,假定这个函数把圆 $|z| < 1$ 的内部区域 D 变换成一个完全在 D 内的(也就是连极限点都在 D 内的)点集合 Δ. 我们要证明,这个变换一定有一个重点 z_0,并且这个重点在 D 内是唯一的,又在这一点还有 $|f'(z_0)| < 1$. 换句话说,我们要证明在区域 D 内函数 $f(z) - z$ 有一个唯一的简单零点,并且变换$[z, f(z)]$的这一个重点是吸引性的(第三章,§1,第 12 段).

首先我们要注意:在假设条件中,我们事先提出了集合 Δ 不但要在 D 内,而且要完全在 D 内,这个条件是绝对必要的. 事实上,例如相似变换 $w = rz(0 < r < 1)$ 把一个圆周通过原点的圆,变成一个包含在它的内部的圆,但后者的边界含有原点,却不在原来这个圆的内部. 这时,这个相似变换只有两个重点:原点与无穷远点,它们都不在原来的圆内. 因此,如果集合 Δ 的边界不在 D 内,那么变换在 D 内可以没有重点.

现在来证明我们的定理,以坐标原点为圆心我们可以画一个半径小于 1 的圆周 γ 使 Δ 包含在它的内部(图 111). 这总是可能的,因为从 Δ 的边界点到圆周

Γ 的距离有一个正的下界. 如果说函数 $f(z)$ $-z$ 有零点, 显然这些零点要属于 Δ, 因而也就必然在 γ 内部.

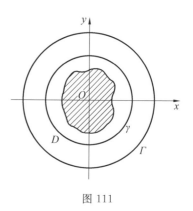

图 111

函数 $f(z)$ 与 $-z$ 在 γ 内以及 γ 上都是全纯的, 并且 $-z$ 在 γ 上不等于零.

因为在 γ 上 $|f(z)|<|-z|$, 所以根据儒歇定理 (第七章, §2, 第 2 段), 这两个函数之和 $f(z)-z$ 在 γ 内与函数 $-z$ 有同样多的零点. 但由于 $-z$ 在 γ 内只有唯一一个简单零点, 所以 $f(z)-z$ 在 γ 内也只有唯一一个简单零点. 这就证明了我们定理的第一部分.

证明了变换 $[z, f(z)]$ 在区域 D 内有唯一的重点 z_0 以备我们来说明此重点的性质.

施行一个线性变换 $\zeta = l(z)$ 把点 z_0 变成原点同时保持单位圆不动; 于是区域 Δ 变成了一个区域 Δ_1, 它以及它的全部边界都在区域 D 内. 设 $z = L(\zeta)$ 是 $\zeta = l(z)$ 的反函数. 于是函数 $l\{f[L(\zeta)]\} = \varphi(\zeta)$ 是一个把区域 D 变成集合 Δ_1 的变换, 并且它的重点就是原点. 由于 $\varphi'(\zeta) = l'(w)f'(z)L'(\zeta)$, 所以令 $\zeta = 0$ (这时 $z = z_0$, $w = f(z_0) = z_0$), 就得到

$$\varphi'(0) = l'(z_0)f'(z)L'(0) = f'(z_0)$$

因为 $l'(z_0)L'(0)$ 是一对互为反函数的函数在相应点的导数之积, 应该等于 1. 因此, 要估计 $f'(z_0)$ 的值, 只要估计 $\varphi'(0)$ 就行了.

用 γ' 表示以坐标原点为圆心, 夹在 γ 与 Γ 之间以 r' 为半径的一个圆周, 然后应用柯西公式, 我们得到

$$f'(z_0) = \varphi'(0) = \frac{1}{2\pi i} \int_{\gamma'} \frac{\varphi(\zeta)\mathrm{d}\zeta}{\zeta^2}$$

当 ζ 描画圆周 γ' 时, $\varphi(\zeta)$ 始终在 Δ_1 上, 因而 $|\varphi(\zeta)|<r$; 但另一方面, $|\zeta| = r'$. 因此, 从上面的等式得出

$$|f'(z_0)| = |\varphi'(0)| < \frac{1}{2\pi} \cdot \frac{r}{r'^2} \cdot 2\pi r' = \frac{r}{r'} < 1$$

这就是我们所要证明的.

*§4 解析函数的唯一性

1. 由边界值来确定解析函数的唯一性

正如我们所知道的 (第五章, §2, 第 4 段), 唯一性是解析函数的基本性质

之一,这个性质说,只要在函数的全纯区域的内部任意给出一小段弧的值,函数的值就唯一地被它在弧上各点的值所决定.现在假定给定了一个函数 $f(z)$,它在区域 G 内全纯,并且在区域 G 的边界的某一段弧 γ 上取确定的(从 G 的内部)连续的值,很自然地会产生下述疑问:这样的函数是否是唯一的呢,还是另外一个函数 $\varphi(z)$,也在区域 G 内全纯,而且在 γ 上取同样的连续值呢?

令 $F(z)=f(z)-\varphi(z)$,我们就得到一个函数,它在 G 内是全纯的而且从 G 的内部一致地在 γ 上取零值,也就是说,这个函数 $F(z)$ 在 γ 上等于零,而且在 γ 上所有的点都是(从 G 的内部)连续的.假如我们能证明 $F(z)$ 恒等于零,上面提出的问题就在肯定的意义上被解决了.当 γ 是一段圆弧时,根据对称原则(§2,第 3 段),这个问题可以立刻得到解决.事实上,在这种情形,根据对称原则,函数 $F(z)$ 可以越过弧 γ 解析地开拓出去,因而在所有 γ 内部的点上都是全纯的,并且在 γ 上等于零.根据唯一性的基本定理,这样的函数一定恒等于零(第五章,§2,第 4 段).在 γ 是任意一段连续曲线的情形,上述的问题也可以肯定地解答,这可以从下面的推理中看出来.

让我们暂时在弧 γ 的内部先取两点 z_0 与 z_1.令 $z'-z_0=(z-z_0)\mathrm{e}^{\alpha\mathrm{i}}$,于是,对应于曲线 γ 与区域 G 我们得到曲线 γ' 与区域 G',这里 γ' 与 G' 是把 γ 与 G 环绕点 z_0 旋转一个角 α 而成的.在区域 G' 内,我们定义一个函数

$$F_1(z)=F[z_0+(z-z_0)\mathrm{e}^{-\alpha\mathrm{i}}]$$

仿此可设

$$z''-z_1=(z-z_1)\mathrm{e}^{\beta\mathrm{i}}$$

于是,对应于曲线 γ 与区域 G 又有 γ'' 与 G''.在区域 G'' 内我们再定义一个函数 $F_2(z)=F[z_1+(z-z_1)\mathrm{e}^{-\beta\mathrm{i}}]$.我们假定点 z_0 与 z_1 是取得充分的接近,这就可以选取角 α 与 β 使得区域 G,G',G'' 有一个由曲线段 γ,γ',γ'' 围成的公共部分 I(图 112)[1].

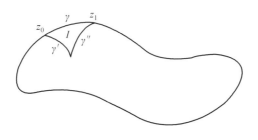

图 112

现在我们来考虑乘积

$$\Phi(z) = F(z)F_1(z)F_2(z) \tag{36}$$

因为 $F(z)$ 在 G 内，$F_1(z)$ 在 G' 内与 $F_2(z)$ 在 G'' 内都是全纯的，所以函数 $\Phi(z)$ 在 I 内是全纯的。不仅如此，这个乘积 $\Phi(z)$ 是闭区域 I 内的一个连续函数，在区域 I 的边界 i 上等于零。因为 $|\Phi(z)|$ 在边界 i 上达到它自己的最大值（第五章，§2，第5段），所以，$\Phi(z)$ 在区域 I 内也恒等于零。由此可见，乘积(36)的三个因子中至少有一个在区域 I 内等于零，因而，乘积的三个因子全部都在区域 I 内等于零。因此，函数 $F(z)$ 在区域 I 内等于零，所以它在 G 内也就恒等于零。

2.唯一性定理的推广

唯一性定理是在下述假定之下建立起来的，即：在某一段弧 γ 的一切点上函数的边界值都存在，而且这些边界值组成一个从区域内部连续的函数。我们很自然会产生下列问题：如果抛弃函数边界值的连续性，而只考虑在某个预先指定了的集合的所有点上函数所取的值，是否唯一性定理仍然成立呢？更明确地说，解析函数唯一性问题的一般形式可以叙述如下：给定了一条光滑曲线 C 与在 C 的一边全纯的一个函数 $F(z)$[1]。如果当 z 沿任何一个不与 C 相切的路线趋向 C 上的一点 z_0 时，函数 $F(z)$ 都趋于一个确定的极限，我们就把这个极限规定作 $F(z)$ 在 z_0 的值。现在假定函数 $F(z)$ 在 C 上的某一个集合 E 的全部点上都等于零。试问集合 E 要满足什么样的条件，才能使得每一个这种函数 $F(z)$ 恒等于零？

因为解答这些问题所用的方法超出了初等教科书的范围，我们将不去解答它们而仅仅指出现在已经得到的若干重要结果[2]。作为例子，我们可以造出这样一个函数 $f(z)$，它在圆 $|z|<1$ 的内部全纯、有界而且不恒等于零，但它的边界值却在一个点集 E 上等于零，这个集合 E 具有连续统的浓度（Мощность），并且在圆周 $|z|=1$ 上到处稠密，此外，这个集合可以是属于第一范畴（Категории）的集合，也可以是属于第二范畴的集合。在所有这一类的例子里面，集合 E 的测度不可避免地等于零。如果 E 是曲线 C 上任意一个具有正测度的点集，那么函数 $F(z)$ 就要恒等于零。换句话说，对于正测度的任意点集 E 而言，唯一性定理仍然是对的。另一方面，作为例子，我们还可以造出另一个函数 $f(z)$，它在圆 $|z|<1$ 内全纯并且不恒等于零。换句话说，对于正测度的任

---

[1] 所谓曲线 C 可以理解为具有有限长度的任意一条约当曲线。这种曲线称为可求长的曲线。

[2] И. И. Привалов，Интеграл Сапсну(Изв. Сар. ун-та,1918)；N. Lusin et I. Priwaloff, Sur l'unicité et la multiplicité des fonctions analytiques, Annales de l'Ecole Normale. 1925. стр. 143. И. И. Привалов，Граничные свойства однозначных Функций. Нздание МГУ，Москва,1941.

意点集合 E 而言,唯一性定理仍然是纯并且不恒等于零,但对于某一集合 $E(E$ 的测度 $=2\pi)$ 的一切点 z_0,当 z 沿半径 $(0,z_0)$ 趋向点 z_0 时,这个函数都趋近于零.因此,如果我们把函数沿半径的极限值取作函数在圆周上一点 z_0 的值,那么一般说来,甚至于就在集合 E 的测度等于圆周长的情形下,唯一性定理也还是可以不成立的.但是,在所有这一类的例子里面,"半径零点"的集合 E 是属于第一范畴的.如果假定函数 $F(z)$ 的"半径零点"集合 E 在圆周的某段弧 σ 上是属于等范围的,且在这段弧的每一部分上测度都是正的,那就可以证明 $F(z)$ 恒等于零.因此,对于有上述构造的集合 E 而言,如果我们把沿半径所取的极限值当作函数在集合 E 的一点 z_0 上的值时,唯一性定理就仍旧是成立的.

特别说来,如果函数 $F(z)$ 在圆 $|z|<1$ 的内部是全纯的,并且当 z 沿半径趋向圆周 $|z|=1$ 的无论多小的一段弧 σ 上的任意一点时,$F(z)$ 总趋近于零,那么函数 $F(z)$ 在圆内恒等于零.

*§5 把二次曲线所包围的区域变成上半平面的保角映射

1. 等轴双曲线

让我们利用对称原则来考虑把二次曲线所包围的区域变成上半平面的保角映射.我们很自然会想到:要考虑这个问题,必须考虑二次多项式.

我们首先考虑函数

$$w=z^2 \tag{37}$$

十分明显,把 z 当作 w 的函数时,是一个双值函数,并且它的支点是 0 与 ∞(第三章,§3,第 1 段).我们引入实变数,令 $z=x+y\mathrm{i}, w=u+v\mathrm{i}$,于是

$$u=x^2-y^2, \quad v=2xy \tag{37'}$$

从关系 $(37')$ 立刻看到,如果我们取直线 $u=c$(图 113(a)),那么在 z 平面上(图 113(b))对应于这条直线的是一个等轴双曲线,它的方程是

$$x^2-y^2=c$$

对应于直线 $v=c$ 的也是等轴双曲线,它们以坐标轴为渐近线并且与前述等轴双曲线相交成直角(因为在保角映射下,角度保持不变(图 113(b))).

位于不同的叶上的两条直线 $u=c$ 被映射成双曲线的两支,它们以 ∞ 为公共点.对于直线 $v=c$ 也有同样情形.由此已经不难看出,利用函数 $w=z^2$,我们可以把等轴双曲线的一支的内部,双方单值并且保角地映射成上半平面.实际上,让我们来考虑一个以实轴 Ox 为轴的双曲线的右支的内部(图 114).正如我们已经知道的,直线 $u=c$ 与双曲线的这一支相对应.试问究竟是哪一个以 $u=c$

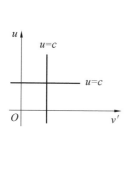

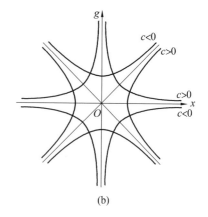

(a)

(b)

图 113

为边界的半平面对应于所讨论的双曲线的内部呢？很明
显,是那个不包含坐标原点的半平面,因为,我们所讨论
的双曲线内部不包含原点.不仅如此,我们所考虑的区域
不包含临界点,所以映射还是双方单值的与保角的.如果
我们取双曲线左支的内部,那么利用函数 $w=z^2$,它还是
双方单值并且保角地映射成同一个半平面,即右支内部
映射成的那个半平面.利用线性函数,我们可以把这个半
平面变换成上半平面.因此,我们可以把等轴双曲线任何
一支的内部映射成上半平面.

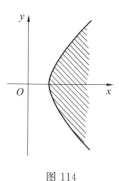

图 114

至于要把等轴双曲线的外部区域变换成上半平面,如果用函数 $w=z^2$,就
不能再是单值而且保角的了,因为在点 O 它不再有保角性.

2. 抛物线

在前段中,我们已经研究了,在 z 平面上什么
曲线对应于 w 平面上与坐标轴平行的直线 $u=c$ 与
$v=c$.现在我们来讨论相反的问题,就是,要研究在
w 面上什么曲线对应于 $x=$ 常数与 $y=$ 常数.

当点 z 沿直线 $x=c$(图 115)移动时,u 与 v 就
只是一个参变数 y 的函数.在这种情形从(37′)的
第二个方程,就得到

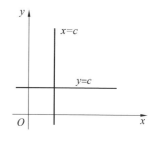

图 115

$$y = \frac{v}{2c}$$

把这个 y 的表达式代入(37′)的第一个方程,我们就得到

$$u = c^2 - \frac{v^2}{4c^2}$$

或者,最后写成

$$v^2 = 4c^2(c^2 - u)$$

这个方程是以 Ou 轴为对称轴的抛物线方程. 抛物线的顶点在点 $(c^2, 0)$;焦点(若 $y^2 = 2px$,则焦点在离顶点的距离是 $\frac{p}{2}$ 的地方) 在原点(图 116). 如果我们考虑直线 $y = c$,它们在 w 平面上的映射象也是一些抛物线. 实际上,从方程 $(37')$ 消去 x,就得到

$$x = \frac{v}{2c}; \quad u = \frac{v^2}{4c^2} - c^2$$

或即

$$v^2 = 4c^2(u + c^2)$$

这些抛物线的焦点是原点,顶点是 $(-c^2, 0)$(图 116).

必须注意,这两种抛物线中的每一个抛物线都是双重的:一个在黎曼曲面的一叶上,另一个在另一叶上. 现在我们来考虑由方程

$$v^2 = 4c^2(u + c^2)$$

所给出的抛物线的外部(图 117). 因为这个抛物线的外部不包含临界点(即零点),所以函数 $z = \sqrt{w}$ 把这抛物线的外部双方单值并且保角地映射成以直线 $y = c$ 为边界的上半平面.

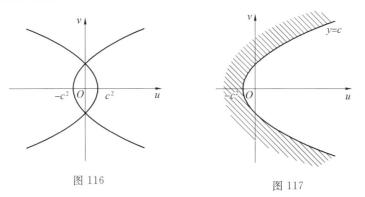

图 116 图 117

让我们来解决这样一个问题:把抛物线的内部映射成上半平面. 很明显,我们在这里要避免临界点 —— 原点. 我们首先来考虑由抛物线的上半与实轴所包围的区域(图 118(a)).

如我们所已知的,所考虑的整个抛物线是对应于直线 $y = c$ 的. 对于抛物线的上半段,我们有 $v \geqslant 0$,因此 $x = \frac{v}{2c} \geqslant 0 (c > 0)$,所以抛物线的上半段对应于从虚轴到无穷远的半直线 $y = c$(图 118(b)).

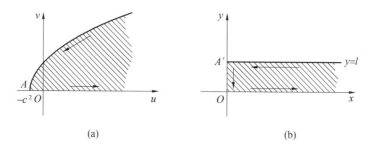

图 118

现在我们来研究:究竟是什么对应于所考虑区域的直线部分的边界(图 118(a)). 首先我们求出:对应于正半实轴 Ou 的是什么(这里 $v=0$ 而 $u \geqslant 0$). 从方程(37′)不难知道:在这种情形下 $y=0$ 而 $u=x^2$. 由此就很清楚,对应于 w 平面的正半实轴的是 z 平面的正半实轴. 那么,又是什么对应于由抛物线顶点到焦点(即当 $v=0$ 而 u 从 0 变到 $-c^2$)的线段呢? 从公式(37′)我们看到,这时 $x=0$ 而 y 从 0 变到 c. 因此,所考虑的区域被变换 $z=\sqrt{w}$ 双方单值并且保角地映射成一个宽度为 c 的半带形区域(图 118(b)).

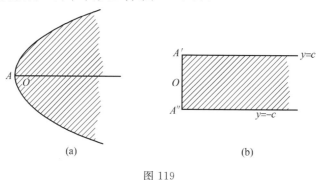

图 119

现在我们从抛物线的顶点 A(图 119(a))到焦点 —— 原点 —— 剪开所考虑的区域,并应用对称原则. 由此就可以推出,对应于用上述方法剪开的抛物线内部的是一个宽度是 $2c$ 的半带形(图 119(b)). 又如果给定的区域是沿正半实轴 Ou 剪开的,也应用对称原则,把函数越过虚轴开拓出去,我们就看到,这样剪开的抛物线内部被函数 $z=\sqrt{w}$ 映射成实轴 Ox 与直线 $y=c$ 所包围的带形区域(图 120(b)). 应该指出,在上面两种情形中,因为临界点 O 是在区域的边界(即剪口)上,所以映射是双方单值的与保角的.

怎么样才能把(未剪开的)抛物线内部双方单值并且保角地映射成上半平面呢? 什么样的函数才能体现这个映射呢? 为此,我们再来考虑上半段抛物线与它的对称轴所包围的区域(图 118(a)). 我们已经知道,利用函数 $z=\sqrt{w}$ 可以把这个区域双方单值并且保角地映射成一个半带形(图 118(b)). 我们可以利

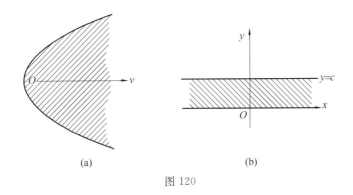

图 120

用替换

$$z' = -e^{-\frac{\pi z}{c}} \quad (第三章, \S 3, 第 2 段) \qquad (38)$$

将此半带形映射成一个半圆. 事实上, 当点 z 沿直线 $y=c$ 移动时, 替换 (38) 取下列形式

$$z' = -e^{-\frac{\pi}{c}(x+yi)} = -e^{-\frac{\pi}{c}(x+ci)} = -e^{-\frac{\pi x}{c}} \cdot e^{-\pi i} = e^{-\frac{\pi x}{c}} \qquad (38')$$

由此可见, 当 x 从 ∞ 变到 0 时, z' 从 0 变到 1. 在线段 OA' (图 118(b)) 上, 我们有 $x=0$ 并且 y 从 0 变到 c, 因此 $\dfrac{y}{c}$ 从 0 变到 1. 替换 (38) 就给出 $z' = -e^{-\pi i \frac{y}{c}}$. 由此可见, 当点 z 沿 $A'O$ 移动时, z' 沿单位半径的半圆 (因 $|z'|=1$) 从点 1 移动到点 -1, 并且由于角的方向保持不变, 所以半圆周位于变数 z' 的上半平面上. 最后, 当点 z 沿实轴从 0 移动到 ∞ 时, 则 $y=0$ 而 x 从 0 变到 ∞; 这时 $z' = -e^{-\frac{\pi}{c}x}$ 就从 -1 变到 0 (图 121).

所以, 我们可以把一个以上半段抛物线以及这个抛物线的对称轴的边界的区域映射成一个半圆. 我们还要把这个半圆映射成上半平面. 为此, 我们选取这样一个函数

$$-\frac{z'+1}{z'-1} \qquad (39)$$

显然, 这个线性函数把从 -1 到 1 的线段变换成正半实轴, 而把半圆周变换成正半虚轴 (第三章, $\S 3$, 第 1 段). 因此, 线性函数 (39) 把半圆变换成第一象限 (图 122).

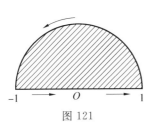

图 121

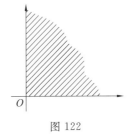

图 122

335

很清楚，变换

$$\zeta = \left(\frac{z'+1}{z'-1}\right)^2$$

（第三章，§3，第 1 段）就把我们的半圆映射成上半平面（图 123）.

注意到所有上面的那些变换，我们知道，抛物线的上半段被映射到 ζ 平面上成为位于正半实轴上从 1 到 ∞ 的半直线（图 123）. 现在我们来应用对称原则. 根据这个原则，整个（没有剪开的）抛物线的内部被映射成沿实轴从 1 到 ∞ 剪开了 ζ 平面，而且切口的上沿对应于抛物线的上半段，下沿对应于下半段. 剩下来要把剪过的平面变换成上半平面. 为此，显然利用公式 $\sqrt{\zeta-1}$ 或公式

$$W = -\frac{1}{\sqrt{\zeta-1}} \tag{40}$$

就成.

由于在这里，整个抛物线被双方单值地映射成 W 平面的实轴，根据 §2，第 2 段，我们可以断定，函数 W 把抛物线的内部双方单值地并且保角地映射成为上半平面.

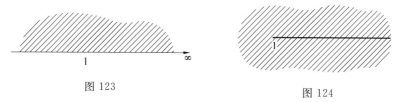

图 123   图 124

因此，问题是解决了，剩下来我们要把函数 W 写成明显的形式

$$z = \sqrt{w}, \quad z' = -e^{-\frac{\pi\sqrt{w}}{c}}$$

$$\zeta = \left(\frac{1-e^{-\frac{\pi\sqrt{w}}{c}}}{1+e^{-\frac{\pi\sqrt{w}}{c}}}\right)^2 = \left(\frac{e^{\frac{\pi\sqrt{w}}{2c}}-e^{-\frac{\pi\sqrt{w}}{2c}}}{e^{\frac{\pi\sqrt{w}}{2c}}+e^{-\frac{\pi\sqrt{w}}{2c}}}\right)^2$$

因为 $\dfrac{e^x-e^{-x}}{2} = \mathrm{sh}\,x, \dfrac{e^x+e^{-x}}{2} = \mathrm{ch}\,x$，所以我们有

$$\zeta = \mathrm{th}^2\frac{\pi\sqrt{w}}{2c}$$

最后，我们得到

$$W = -\frac{1}{\sqrt{\zeta-1}} = \frac{1}{-i\sqrt{1-\zeta}} = \frac{i}{\sqrt{1-\zeta}} = i\,\mathrm{ch}\frac{\pi\sqrt{w}}{2c} \tag{41}$$

这就是把抛物线内部双方单值并且保角地映射成上半平面的函数.

3. 双曲线与椭圆

在本段中，我们要解决关于把双曲线与椭圆所包围的区域映射成上半平面

的问题. 为此我们需要研究

$$w = z + \frac{1}{z} \tag{42}$$

反过来, 就得到

$$z = \frac{w + \sqrt{w^2 - 4}}{2} \tag{42'}$$

因此, 式(42)给出了一个把 z 平面映射成一个双叶黎曼曲面的变换. 我们不难得到临界点, 只要把函数(42)取导数, 并令它等于零, 即

$$1 - \frac{1}{z^2} = 0$$

就得出 $z = \pm 1$.

因此, 临界点是 $w = 2$ 与 $w = -2$. 沿实轴从 -2 到 2 剪开变数 w 的叶片(图 125). 我们要想得到黎曼曲面, 只要连接第一叶的下沿与第二叶的上沿, 同时连接第二叶的下沿与第一叶的上沿.

为了更进一步详细地研究这个变换, 我们引进实变数如下

$$w = u + v\mathrm{i}, \quad z = \rho \mathrm{e}^{\theta \mathrm{i}}$$

注意到式(42), 我们有

$$u + v\mathrm{i} = \rho \mathrm{e}^{\theta \mathrm{i}} + \frac{1}{\rho} \mathrm{e}^{-\theta \mathrm{i}} = \left(\rho + \frac{1}{\rho}\right) \cos\theta + \mathrm{i}\left(\rho - \frac{1}{\rho}\right) \sin\theta$$

由此可见, 式(42)与下面两个关系式等价

$$u = \left(\rho + \frac{1}{\rho}\right) \cos\theta, \quad v = \left(\rho - \frac{1}{\rho}\right) \sin\theta \tag{43}$$

我们要在 z 平面上取两族坐标曲线. 一族取作圆周 $\rho = c$.

我们来看, 是什么对应于这些圆周. 为此, 我们在方程(43)中用常数 c 来代替 ρ. 于是方程(43)成为椭圆的参变方程.

从中消去 θ, 就得到

$$\frac{u^2}{\left(c + \frac{1}{c}\right)^2} + \frac{v^2}{\left(c - \frac{1}{c}\right)^2} = 1 \tag{44}$$

这个椭圆的圆心是在坐标原点. 它的长半轴的长度等于 $c + \frac{1}{c}$, 而短半轴的长度是 $c - \frac{1}{c}$(假定 $c > 1$). 焦点的坐标是 $(-2, 0)$ 与 $(2, 0)$(图 126).

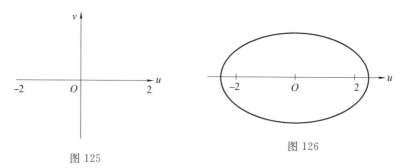

图 125

图 126

因为焦点坐标与 c 无关,所以很清楚,改变 c,我们将得到共焦点的椭圆.再则,容易看到,对应于(z 平面上)以 $\rho=c$ 与 $\rho=\dfrac{1}{c}$(图 127(a))(假定 $c\neq1$)为半径的两个不同的圆周的是同一个椭圆(图 127(b)).这个椭圆是双重的:一个位于黎曼曲面的一叶,另一个位于另一叶.因此,比如说,半径是 c 的圆周对应于一叶上的椭圆,而半径是 $\dfrac{1}{c}$ 的圆周对应于另一叶上的同一个椭圆.不过,这里有一个例外,就是当 $c=1$ 时的情形,也就是说圆周(在 z 平面上)的半径 ρ 等于单位长时的情形.这时,如方程(43)所示,我们的圆周将变换成实轴上从 -2 到 2 的双重线段.

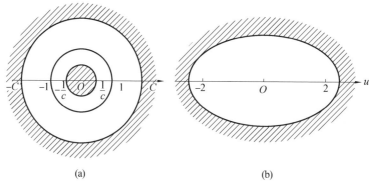

(a)   (b)

图 127

由此我们可以得到以下的结论.让我们来考虑 w 平面上在椭圆外部的区域(图 127(b)).这个区域不包含临界点,因此函数 $z=\dfrac{w+\sqrt{w^2-4}}{2}$ 把它双方单值并且保角地映射成以圆周 $\rho=c$ 为边界,不包含点 -1 与 1 的区域.

所以,椭圆的外部区域映射成以 c 为半径($c>1$)的圆周的外部,只要我们的椭圆对应于这个圆周.但假如椭圆对应于圆周 $\rho=\dfrac{1}{c}$(图 127(a)),那就会映

射成以 $\dfrac{1}{c}$ 为半径的圆周的内部.

现在我们来考虑对应于 z 平面的另一族坐标曲线(半直线)$\theta = a$ 的是什么?

从方程(43)中消去 ρ,我们得到

$$\frac{u^2}{4\cos^2 a} - \frac{v^2}{4\sin^2 a} = 1 \tag{45}$$

这是以 $2 \mid \cos a \mid$ 与 $2 \mid \sin a \mid$ 为半轴长的双曲线的方程. 它的焦点的坐标是 $(-2,0)$ 与 $(2,0)$. 因此,我们知道双曲线对应于与实轴 Ox 成为角度 a 的直线. 进一步考察方程(43),还容易断定,对应于半直线 $\theta = a$ 的是双曲线的右支

$$(u > 0,如果 a < \frac{\pi}{2})$$

而位于同一叶的双曲线的左支则对应于半直线 $\theta = \pi - a$,因为从 $\theta = a$ 到 $\theta = \pi - a$ 转动半直线,我们不会经过临界点. 同样,半直线 $\theta = \pi + a$ 与 $\theta = 2\pi - a$(或即,$\theta = -a$)分别映射成位于另一叶上的双曲线的左右两支.

根据以上这些讨论,可见利用函数 $z = \dfrac{w + \sqrt{w^2 - 4}}{2}$ 可以把双曲线的外部区域(图 128(a))双方单值并且保角地映射成某一个角形区域(图 128(b)). 只要利用线性函数与 z^r 形式的函数(其中 r 是实数),把所得到的角形区域映射成上半平面,我们就解决了把双曲线的外部区域映射成上半平面的问题.

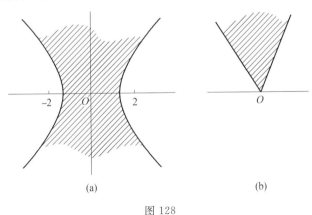

图 128

现在让我们来把双曲线的右支的内部区域双方单值并且保角地映射成上半平面(图 129).

要想避免支点,我们首先考虑双曲线上半支与对称轴所包围的区域的映射. 我们知道,对应于整个这一支双曲线的是一条与实轴相交成角度 a,并且通过 z 平面的坐标原点的半直线. 从方程(43)不难看出,对应于这支双曲线的上

半支的是同一条半直线,不过这里半直线是从离 O
的距离等于单位长的点 A' 开始的(图 130). 其次,
从这同一个方程(43)可以看到,当点 w 沿实轴(因
而,$v=0$)从点 A 起,向点 B 移动时(图 129),对应
的点 z 就描画出一段半径为 1 的,从点 A' 到点 B'
的圆弧(图 130). 最后,当点 w 沿实轴从点 B 移动
到 ∞ 时,则点 z 沿实轴从 1 移动到 ∞. 因此,对应
于双曲线上半支与对称轴所包围的区域的,是一
个角度等于 a 的圆的扇形的外部(图 130).

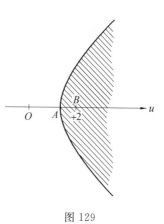

图 129

　　把双曲线的内部沿 AB 剪开. 应用对称原则到
这个剪过的双曲线的内部,我们不难看出,这个沿
AB 剪过的双曲线内部可以映射成单位圆的一个角度为 $2a$ 的扇形的外部区域
(图 131).

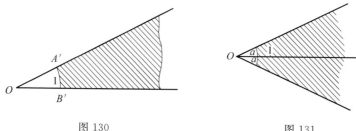

图 130　　　　　　　　　　　　　　　图 131

　　假如把双曲线的内部区域从 B 到 ∞ 剪开并应用对称原则,我们就可以得
到结论,这样剪过的双曲线的内部可以映射成一个角度为 a 的角形区域(图
132). 但是我们的问题是要把整个双曲线的内部区域双方单值并且保角地映射
成一个最简单的区域 —— 上半平面(或圆). 为此,我们再重新考虑这个以上半
支双曲线的对称轴为边界的区域. 我们已经知道,利用我们所研究的函数可以
把这个区域双方单值并且保角地映射成一个角度为 a 的圆扇形的外部(图
130). 作变换

$$z' = z^{\frac{\pi}{a}}$$

后,我们的区域就映射成如图 133 所示的区域. 令 $z'' = z' + \dfrac{1}{z'}$,我们再继续变换
这个区域. 我们前面已经知道,利用这个函数,单位半径的圆周要变成实轴上从
-2 到 2 的线段. 因此,我们所考虑的区域的边界就变到 z'' 平面上的实轴. 除此
之外,很清楚,在我们的区域内函数 $z' + \dfrac{1}{z'}$ 还是全纯的.

　　因此,根据 §2,第 2 段的定理,我们的区域(图 133)被双方单值而且保角
地映射成了上半平面,从而,为双曲线的上半支与对称轴所包围的,原来的那个

区域也就映射成了上半平面. 在另一方面, 考察一下所有我们构造的变换, 就可以看出, 在 z'' 平面上, 双曲线的上半支的象是一条位于实轴上, 从 -2 到 $-\infty$ 的半直线.

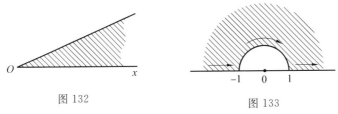

图 132　　　　　　图 133

现在我们应用对称原则. 从它就可以知道, 函数 z'' 把双曲线的整个内部双方单值并且保角地映射成沿实轴从 -2 到 $-\infty$ 剪开的 z'' 平面, 并且剪口的上沿将对应于双曲线的上半支, 下沿对应于下半支.

利用变换 $z''' = z'' + 2$, 我们可以把剪开的 z'' 平面再变换成沿实轴从 0 到 $-\infty$ 剪开的 z''' 平面. 然后, 用变换 $\sqrt{z'''}$, 我们把剪过的 z''' 平面变成右半平面. 剩下来只要再把这个半平面变成上半平面, 这只需利用乘数 $\mathrm{e}^{\frac{\mathrm{i}\pi}{2}} = \mathrm{i}$ 把 z''' 平面转一个直角就行了. 因此, 函数

$$W = \mathrm{i}\sqrt{z'''}$$

就能够把双曲线的内部区域双方单值并且保角地映射成上半平面.

现在, 我们把函数 W 完全写出来, 就是

$$W = \mathrm{i}\sqrt{z''} = \mathrm{i}\sqrt{z'' + 2} = \mathrm{i}\sqrt{z' + \frac{1}{z'} + 2} = \mathrm{i}\sqrt{z^{\frac{\pi}{a}} + \frac{1}{z^{\frac{\pi}{a}}} + 2} =$$

$$\mathrm{i}\sqrt{\left(\frac{w + \sqrt{w^2 - 4}}{2}\right)^{\frac{\pi}{a}} + \left(\frac{2}{w + \sqrt{w^2 - 4}}\right)^{\frac{\pi}{a}} + 2}$$

或者最后写成

$$W = \mathrm{i}\left[\left(\frac{w + \sqrt{w^2 - 4}}{2}\right)^{\frac{\pi}{2a}} + \left(\frac{w - \sqrt{w^2 - 4}}{2}\right)^{\frac{\pi}{2a}} + 2\right] \tag{46}$$

把双曲线右支的内部区域双方单值并且保角地变成上半平面的函数就是这个样子.

4. 把椭圆内部变成半平面的映射

利用同样的方法, 我们可以把椭圆的内部映射成上半平面.

取定一个椭圆, 设它的方程是

$$\frac{u^2}{\left(c + \dfrac{1}{c}\right)^2} + \frac{v^2}{\left(c - \dfrac{1}{c}\right)^2} = 1$$

341

我们在前段中已经知道,有一个半径为 c 的圆周对应于这个椭圆.

我们来考察由上半个椭圆与它的对称轴所包围的区域(图 134). 这时,我们知道,对应于椭圆的上半周的,是 z 平面上的上半圆周(图 135). 事实上,当 $z = \rho e^{\theta i}$ 沿这个半圆周变动时,从方程(43)就可以知道 v 大于零($c > 1$);当点 w 沿 DA(图 134)移动时,点 z 沿实轴从 $-c$ 移到 -1(图 135). 当点 w 沿 -2 到 2 的线段移动时,点 z 沿单位圆的半圆周从 -1 到 1. 最后,当 w 描画出 BE 时,点 z 沿实轴从 1 到 c 移动. 总体来说,我们所考虑的区域被映射成一个曲线四角形,这个四角形是由两个半径各为 1 与 c 的圆周与实轴上的两个线段围成的(图 135). 把我们的椭圆的内部沿实轴从 -2 到 2 剪开(图 136(a)),根据许瓦兹原则,我们可以断定,在函数 $z = \dot{z}(w)$ 构成的变换下,这个剪过的椭圆内部被双方单值并且保角地映射到一个半径分别等于 1 到 c 的两同心圆周所围成的区域(图 136(b)).

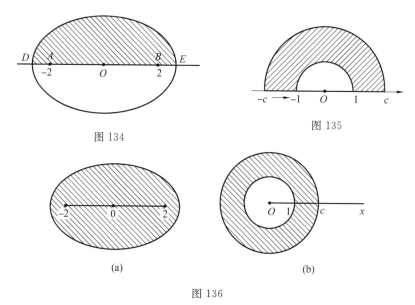

图 134

图 135

(a)   (b)

图 136

假如我们把椭圆沿 DA 与 BE(图 137(a))剪开,那么,这样剪过的椭圆将映射成一个半径分别是 c 与 $\dfrac{1}{c}$ 的圆周以及实轴上的两个线段所围成的曲线四角形(图 137(b)). 不过,对于我们来说,有兴趣的还是整个椭圆内部的映射象.

我们已经知道,这个椭圆内部的上半可以映射成一个曲线四角形(图 135). 在第三章,§3,第 2 段中我们曾经把这样的曲线四角形变成直线的矩形(图 138),这只需要令

$$z' = \ln z = \ln \rho + \theta i$$

所以,我们已经能够把椭圆内部的上半变成一个矩形. 剩下来只需把这个

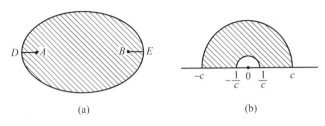

图 137

矩形再变成上半平面. 这个问题我们将在以下的某一
节中解决. 我们在那里将要找出一个函数 f, 它双方
单值并且保角地把矩形映射成上半平面. 于是很明
显, 函数

$$f\left(\ln\frac{w+\sqrt{w^2-4}}{2}\right)$$

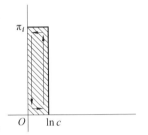

图 138

就把椭圆内部的上半, 双方单值并且保角地映射成上
半平面. 应用对称原则, 我们就会看到, 这个函数把整
个椭圆内部双方单值并且保角地映射成一个沿实轴

上某一个线段剪开的平面. 然后, 要得到一个把整个椭圆内部变换成上半平面
的双方单值并且保角的映射, 就只要再把这一个剪过的平面变成上半平面就
行了.

§6 单连通区域的保角映射

我们已经知道, 由区域 G 内的解析函数 $w=f(z)$ 构成的, 把 z 平面上的区
域 G 变到 w 平面的映射, 在所有导函数 $f'(z)$ 不等于零的点 z 都是保角的. 如
果对应于区域 G 的不同的点 z_1 与 z_2 的, 在 w 平面上总是不同的点 w_1 与 w_2, 那
么这个区域 G 的映射还是双方单值的. 在这个情形, 对应于单连通区域 G 的每
一个点 z, 有 w 平面上某一个单连通区域 T 的一个确定的点 w, 并且, 反过来,
对于区域 T 的一个确定的点 w, 并且, 反过来, 对于区域 T 的每一个点, 区域 G
内也只有唯一一个点和它对应. 换句话说, 对于把区域 G 变成区域 T 的双方单
值的变换来说, 单值解析函数 $w=f(z)$ 的反函数自己, 也是区域 T 内的一个单
值函数. 很自然会产生这样的问题: 能否在双方单值的情形下, 有导数 $f'(z)$ 等
于零, 从而破坏映射的保角性? 关于这个问题我们已经给予了否定的回答, 在
第七章, §2, 第 2 段中, 我们就曾经指出了, 对于区域 G 的双方单值的映射, 导
函数 $f'(z)$ 在区域 G 内任何地方都不能等于零.

因此,对于把区域 G 变成区域 T 的双方单值的映射来说,导函数 $f'(z)$ 在区域内不可能等于零,因而这个映射到处都是保角的.

保角映射理论的基本问题是这样的:分别在平面 z 与 w 上给定了两个单连通区域 G 与 T;要求出一个 G 内的解析函数 $w=f(z)$ 来,使它给出这两个区域彼此之间的一个双方单值的(从而也就是保角的)映射.

对于这个问题的解决,不失去一般性,我们可以假定给定的区域中的一个,比如说 T,是一个以坐标原点为圆心,以 1 为半径的圆.因为,要想求出两个任意的单连通区域间的一个双方单值的保角映射,显然只要能够找到把这两个给定的区域中的每一个变成这个圆的双方单值的保角映射就行了.

于是产生了通常称为黎曼命题的下面这个定理,它是函数理论的最重要的结果之一:除了整个平面或去掉一个点的平面之外,每一个单连通区域 G 都可以用一个解析函数双方单值并且保角地映射成单位圆的内部,并且可以使原点与实轴的正方向对应于 G 内的任意给定的一点与在该点任意给定的一个方向.

对这个定理,我们再补充说明一点,就是在所给的原始条件下,构成所求的映射的函数,还是唯一的(这可以从本章 §1,第 2 段推知).因此从黎曼命题我们得到了一个构成解析函数的一般的几何原则.

1. 黎曼定理提法的化简

设 T 是 w 平面的单位圆.我们知道,经过线性变换,单位圆可以变成它自己,而且可以使两个给定的线性元素(即两个点与通过这两点中每一个点的一个方向)彼此互变.因此,如果我们一般地要把区域 G 映射成单位圆时,我们总可以使得这个映射把区域 G 内的给定的线性元素变成单位圆的圆心与实轴的正方向.现在,这丝毫没有限制其一般性,把区域 G 放在 z 平面上,使得给定的线性元素就是 z 平面的原点与实轴的正方向,这对于构成映射的函数 $w=f(z)$ 来说,等于是下面的要求

$$f(0)=0, \quad f'(0)>0$$

为了着重指出黎曼定理的一般性,我们要证明在其他两个情形,即当 G 是整个平面或去掉一点的平面的情形,区域 G 不可能保角地映射成单位圆的内部区域.我们来考虑函数 $w=f(z)$,假定它能够把整个平面 z 或去掉一点的平面 z,双方单值并且保角地映射成单位圆内部区域.这个去掉的点,我们不妨假定是 z 平面的无穷远点,因为只要应用一个线性变换,这总是可以做到的.显然,这个函数 $f(z)$ 应当是一个整函数;但是,在另一方面,因为这个函数构成的映射把 z 平面变成 w 平面的单位圆的内部,所以它又是有界的.因此,根据刘维尔定理(第五章,§2,第 9 段),$f(z)$ 是一个常数,而这是不可能的.

因此,除去了这两个情形,我们应当可以假定被映射的区域 G 在边界上至

少有两个不同的点(分别为数值 $z=a$ 与 $z=b$),因而,由于单连通性,它就一定具有一个连接这两点的、连通的边界集合.

利用变换

$$z^* = \sqrt{\frac{z-a}{z-b}}$$

我们可以把区域 G 保角地映射成 z^* 平面的一个区域 G^*,并且使得 z^* 平面有一部分在区域 G^* 之外.事实上,我们可以把区域 G 看作位于以 $z=a$ 与 $z=b$ 为支点的双叶黎曼曲面的一叶上的一部分.而这个黎曼曲面,包括它的支点在内,在上面写出的变换下,变成整个 z^* 平面.

现在假定 c 是 z^* 平面上的一个点,它连同它的一个足够小的邻域 $|z^* - c| < \rho$ 一起在区域 G^* 之外.于是利用线性变换 $\zeta = \dfrac{\rho}{z^* - c}$,我们从区域 G^* 可以得到一个新的区域,这个新区域整个地位于一个有限圆的内部.显然,经过这个圆的平行移动与相似变换之后,我们最后可以把我们的区域,变成一个位于单位圆内部并且包含坐标原点在它自己的内部的区域.

因此当证明黎曼定理时,不失去一般性,我们可以假定被映射的区域 G 是在单位圆的内部,并且含有坐标原点.

2. 辅助函数及其基本性质

当证明黎曼定理时,我们要利用一个简单的辅助函数,它把一个在中心外具有一个支点的双叶单位圆保角地映射成单叶的单位圆.

要想定义这个辅助函数,我们可以设想 t 平面的单位圆带有一条从点 P 直到这个圆的边界的剪口,其中点 P 离原点的距离等于 $\mu(\mu<1)$;再假定把两个这种剪过的、彼此重叠的圆片按照习惯的方法彼此沿剪口连接起来(图 139). 我们不妨假定函数

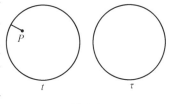

图 139

$$\tau = \varphi(t) = \varphi_\mu(t)$$

把 t 平面上的这个双叶圆保角地映射成 τ 平面的单位圆,并且使得在一个叶片上它满足条件

$$\varphi(0) = 0, \quad \varphi'(0) > 0$$

我们没有必要给出这个函数的明显的解析表达式,只需注意,这样一个函数是一定可以构造出来的,这只要首先利用线性变换把单位圆变成它自己,使得支点 P 变成坐标原点;然后,取这个线性变换的平方根;最后,再利用一个新的线性变换来得到(在原点处)线性元素的给定的对应关系.函数 $\tau = \varphi(t)$ 的反

函数 —— 用 $t = \psi(\tau)$ 来记它 —— 在单位圆内是一个单值的全纯函数.

因为 $\psi(0) = 0$,所以很明显,$\dfrac{\psi(\tau)}{\tau}$ 在圆 $|\tau| \leqslant 1$ 上也同样是一个全纯函数. 由于 $\left| \dfrac{\psi(\tau)}{\tau} \right|$ 在圆周 $|\tau| = 1$ 上总是等于 1,根据解析函数的最大模原理(第五章,§ 2,第 5 段),我们知道下列不等式对于内点 τ,$|\tau| < 1$ 都是成立的

$$\left| \frac{\psi(\tau)}{\tau} \right| < 1$$

其中符号"$<$"的确成立,因为函数 $\dfrac{\psi(\tau)}{\tau}$ 不是一个常数(同样的结论也可以对函数 $\psi(\tau)$ 利用许瓦兹预备定理(§ 3,第 2 段)来得到).

所以,我们已经证明了:在变数 t 与 τ 之间,当 $|t| < 1$ 时不等式 $|\tau| > |t|$ 常成立,或者更精确地说,对于所有适合 $|t| \leqslant \mu$ 的 t,不等式 $|\tau| \geqslant q(\mu) |t|$ 永远成立,其中 $q(\mu)$ 表示一个大于 1 而且只与 μ 有关的数. 不难看到,$q(\mu)$ 是 $\mu(\mu < 1)$ 的一个连续函数,函数值总大于 1.

根据函数 $\tau = \varphi(t)$ 已经证明的性质可以推出:如果区域 G 位于 t 平面的单位圆内,而它又包含一个半径为 ρ 的圆的内部,$\rho \leqslant \mu < 1$,那么我们可以用函数的一支 $\tau = \varphi_\mu(t)$ 把这个区域映射成 τ 平面的单位圆内的一个区域 G^*,并且 G^* 包含一个以 $\rho^* = q(\mu) \cdot \rho > \rho$ 为半径的圆的内部,原点与正实轴方向在这时还保持不变.

3. 基本预备定理

为了黎曼定理的证明,我们需要利用下面的辅助定理:如果一串在区域 G 内解析的单叶函数

$$f_1(z), f_2(z), \cdots, f_n(z), \cdots$$

在区域 G 内的每一个闭区域上都一致收敛于一个不等于常数的极限函数 $f(z)$,那么这个极限函数也是一个单叶函数.

要证明这个定理,让我们反过来假定在区域 G 内有不同的两个点 z_1 与 z_2 存在,使解析函数 $f(z)$ 在这两点等于同一个数值 w_0. 我们在区域 G 内画一条内部包含点 z_1 与 z_2 的闭路 Γ,使得在这条闭路上 $f(z)$ 不等于 w_0,这是可以做到的,因为按照假设,$f(z)$ 不是一个常数. 于是(第七章,§ 1,第 5 段)

$$\frac{1}{2\pi \mathrm{i}} \int_\Gamma \frac{f'(z)\mathrm{d}z}{f(z) - w_0} = v$$

其中 v 是一个不小于 2($v \geqslant 2$)的整数. 因为从函数 $f_n(z)$ 的一致收敛于 $f(z)$,可能推出 $f'_n(z)$ 的一致收敛于 $f'(z)$(第五章,§ 1,第 1 段),所以积分

$$\frac{1}{2\pi \mathrm{i}} \int_\Gamma \frac{f'_n(z)\mathrm{d}z}{f_n(z) - w_0}$$

当 n 无限增加时,收敛于极限 v. 但另一方面,按照假设,每一个方程 $f_n(z)=w_0$ 在区域 G 内要么没有根,要么只有一个单根(在重根的情形,导数 $f'_n(z)$ 要等于零,这与函数 $w=f_n(z)$ 的双方单值性矛盾). 因此,这个积分只能取数值 0 或 1, 不可能当 n 无限增加时收敛于数值 $v \geqslant 2$. 这个矛盾证明了预备定理.

4. 黎曼定理的证明

在证明本节开始时所述的黎曼定理时,根据第 1 段我们可以假定被映射的区域 G 是在圆 $|z|<1$ 内,并且它含有原点. 我们可以使所求的函数 $w=f(z)$ 适合条件

$$f(0)=0, \quad f'(0)>0 \tag{47}$$

我们用 $\rho(H)$ 来记以坐标原点为圆心,而它的内部整个属于区域 H 的最大的圆的半径.

我们来造一串在区域 G 内解析,并且满足条件 $f_n(0)=0, f'_n(0)>0$ 的函数

$$f_1(z), f_2(z), \cdots, f_n(z), \cdots \tag{48}$$

使得每一个函数 $f_n(z)$ 把区域 G 双方单值并且保角地映射成单位圆内的某一个区域 H_n,并且使对应的半径 $\rho(H_n)$ 随 n 一同增加,而且趋近于极限 1. 换句话说,用函数 $f_n(z)$ 可以把区域 G 双方单值并且保角地映射成某一个区域 H_n,而这个 H_n 当 n 充分大时可以任意地逼近单位圆.

我们取函数 $f_1(z)=\varphi_{\rho_0}(z)$(第 2 段) 作为序列(48)的第一项 $w=f(z)$,其中 $\rho_0=\rho(G)$,它把区域 G 双方单值并且保角地映射成单部的双方单一个区域 H_1,并且 $\rho_1=\rho(H_1)$ 大于 $\rho_0 q(\rho_0)$(第 2 段) 于圆周 $|w|=\varphi_{\rho_1}(z)$ 所构成的变换到区域 H_1,我们得到一个区域对应点列 $z_1, z_2, \cdots, z_n>\rho_1 q(\rho_1)>\rho_1$,其中 $\rho_2=\rho(H_2)$. 显然,函数 $f_2(z)=\varphi_{\rho_1}[\varphi_{\rho_2}(z)]$ 将给出一个把区域 G 变成区域 H_2 的双方单值的保角映射. 继续这样作函数 φ_{ρ_n} 的步骤,并用 ρ_n 来记区域 H_n 的半径,我们得到函数 $f_n(z)=\varphi_{\rho_{n-1}}[f_{n-1}(z)]$,它把原来的区域 G 双方单值并且保角地映射成半径为 ρ_n 的区域 H_n,而且有 $\rho_n>\rho_{n-1} q(\rho_{n-1})>\rho_{n-1}$. 我们剩下来只需要证明 $\lim\limits_{n \to \infty} \rho_n=1$.

假定不然,设 $\lim\limits_{n \to \infty} \rho_n=\mu<1$. 在不等式 $\rho_n>\rho_{n-1} q(\rho_{n-1})$ 中取极限,我们得到 $\mu \geqslant \mu q(\mu)$. 但这个不等式是不可能的,因为当 $\mu<1$ 时 $q(\mu)>1$. 另外,很明显,这里所作的函数 $f_n(z)$ 都满足条件:$f_n(0)=0, f'_n(0)>0$,因为函数 φ_{ρ_n} 是满足这些条件的.

现在我们来证明这一串函数 $f_n(z)$ 当 n 无限增加时收敛于所求的映射函数 $f(z)$. 为了这个目的,我们来考虑比式 $\dfrac{f_{n+p}(z)}{f_n(z)}$. 这个函数在区域 G 内是解析的,并且不等于零. 所以在区域 G 内任一点 z,它的模是介于它在边界上的模的

最小值与最大值之间，由此，我们有不等式

$$\rho_{n+p} < \left| \frac{f_{n+p}(z)}{f_n(z)} \right| < \frac{1}{\rho_n} \tag{49}$$

这里，z 是区域 G 的点．从而，在区域 G 内，下列极限一致收敛

$$\lim_{n \to \infty} \left| \frac{f_{n+p}(z)}{f_n(z)} \right| = 1 \tag{50}$$

因为 $\lim\limits_{n \to \infty} \rho_n = 1$．

由于当 $z = 0$ 时，$\dfrac{f_{n+p}(z)}{f_n(z)}$ 有正的实数值，我们来考虑函数

$$F_n(z) = \ln \frac{f_{n+p}(z)}{f_n(z)} = \ln \left| \frac{f_{n+p}(z)}{f_n(z)} \right| + \mathrm{i}\psi$$

根据（50），$F_n(z)$ 的实数部分在整个区域 G 内一致收敛于零，于是在原点，也有

$$\lim_{n \to \infty} F_n(0) = \lim_{n \to \infty} \ln \left| \frac{f_{n+p}(z)}{f_n(z)} \right| = 0$$

应用第四章，§3，第 9 段的定理到函数序列 $F_n(z)$，我们断定这个序列在每一个 G 内的闭区域上都一致收敛于零，也就是说，$\lim \dfrac{f_{n+p}(z)}{f_n(z)} = 1$，由此推出 $\lim\limits_{n \to \infty}[f_{n+p}(z) - f_n(z)] = 0$．因此，函数序列 $f_n(z)$ 在每一个 G 内的闭区域上都一致收敛于一个极限函数 $f(z)$，根据魏尔斯特拉斯定理（第五章，§1，第 1 段），这个函数在区域 G 内是解析的．因为 $f_n(0) = 0$，$f'_n(0) > 0$，所以，极限函数 $f(z)$ 显然满足条件

$$f(0) = 0, \quad f'(0) \geqslant 0$$

在不等式（49）中让 p 无限增加同时把 n 固定，我们得到在极限情形

$$1 \leqslant \left| \frac{f(z)}{f_n(z)} \right| \leqslant \frac{1}{\rho_n}$$

因为 $|f_n(z)|$ 当 n 充分大时，在与区域 G 的边界足够近的地方，可以跟 1 相差任意小，而 $\lim\limits_{n \to \infty} \rho_n = 1$，所以从上面这个不等式可以推出：在与区域 G 的边界足够近的地方，函数 $f(z)$ 的模跟 1 相差可以任意小．因此，函数 $f(z)$ 不是一个常数，因为 $f(0) = 0$．这样一来，根据第 3 段的基本预备定理，这个函数 $f(z)$ 把区域 G 双方单值地映射成某一个区域 T，由此特别可以推出，$f'(0)$ 的确大于零．这个区域 T 整个在单位圆内，因为从不等式 $|f_n(z)| < 1$ 可以得到 $|f(z)| \leqslant 1$．最后，回想到在与 G 的边界足够近的地方，函数 $f(z)$ 的模可以任意接近于 1，我们可以断言，区域 T 与单位圆完全重合．这样，我们就证明了黎曼定理．

§7 在保角映射下边界的对应关系

在证明关于单连通区域 G 变成单位圆内部的保角映射的黎曼定理时,我们没有考虑区域 G 的边界点与单位圆的圆周上的点. 设 $w=f(z)$ 是一个函数,它构成一个把区域 G 变成单位圆 $|w|<1$ 内部的双方单值的保角映射. 我们来考虑单位圆内一个任意的,收敛于圆周 $|w|=1$ 上一点 w_0 的点列 $w_1,w_2,\cdots,$ $w_n,\cdots$. 对于区域 G 内的对应点列 $z_1,z_2,\cdots,z_n,\cdots$ 来说,在一般的情形,我们只能断定它所有的极限点都在 G 的边界上. 事实上,这种极限点不可能在 G 的外部,因为在它的任何邻域内都有属于区域 G 的点 z_n. 另外,它也不能在内部,因为否则它的某一个邻域就要被函数 $w=f(z)$ 映射成某一个整个在单位圆内的区域. 但极限点的邻域内含有无穷多个点 z_n;从而,这个邻域在单位圆内的对应区域将含有无穷多个点 w_n,而这与点列 $w_1,w_2,\cdots,w_n,\cdots$ 收敛于单位圆周上的点这个假设产生矛盾. 所以,点集 $z_1,z_2,\cdots,z_n,\cdots$ 的极限点全部都在区域 G 的边界上. 在特殊情形,点列 $z_1,z_2,\cdots,z_n,\cdots$ 可以只有一个极限点 z_0,换句话说,点列 $z_1,z_2,\cdots,z_n,\cdots$ 收敛于 z_0. 不过,如果我们在单位圆内取另外一个收敛于同一点 w_0 的点列 $w_1',w_2',\cdots,w_n',\cdots$ 来代替点列 $w_1,w_2,\cdots,w_n,\cdots$,那么,这又可能发生,区域 G 内的对应点列 $z_1',z_2',\cdots,z_n',\cdots$ 或者已经不收敛,或者虽然收敛于一个点 z_0',但却不同于 z_0. 我们以后如果说区域 G 的边界上一点 z_0,在保角映射 $w=f(z)$ 的对应下,对应于圆周 $|w|=1$ 上的点 w_0,那就是指对于任意一个收敛于 w_0 的点列 $\{w_n\}$,区域 G 内的对应点列 $\{z_n\}$ 都收敛于 z_0.

我们现在假定,对圆周 $|w|=1$ 上的每一个点这种对应都成立. 于是函数 $w=f(z)$ 的反函数 $z=\varphi(w)$ 可以在圆周上每一点确定,只需令 $\varphi(w_0)=z_0$. 不难看出,这样补充定义之后,函数就在整个闭圆上连续. 关于这一点,我们只要证明函数在圆周 $|w|=1$ 上一个点 w_0 的连续性就够了,也就是说,只要证明,对于任意的 $\varepsilon>0$,我们总可以找到一个 $\delta(\varepsilon,w_0)>0$,使得当 $|w-w_0|<\delta$ 且 $|w|\leqslant 1$ 时,就有 $|\varphi(w)-\varphi(w_0)|<\varepsilon$. 假定不然,设有点列 $w_1,w_2,\cdots,w_n,\cdots$ 存在,它收敛于 w_0,然而却使 $|\varphi(w_n)-\varphi(w_0)|\geqslant\alpha$,其中 α 是一个正数. 显然,点 w_n 可以算作是在圆周 $|w|=1$ 上的,因为对于每一个圆内的点列来说,都有 $\varphi(w_n)\xrightarrow[n\to\infty]{}\varphi(w_0)$. 但是,对圆周上的每一点 w_n,我们都可以在单位圆内部取一点 w_n',使得 $|w_n'-w_n|<\dfrac{1}{n}$,同时,$|\varphi(w_n)-\varphi(w_n')|<\dfrac{\alpha}{2}$. 于是我们就有 $|\varphi(w_n')-\varphi(w_0)|\geqslant\dfrac{\alpha}{2}>0$,而这是不可能的,因为点列 $w_1',w_2',\cdots,w_n',\cdots$ 收

敛于 w_0，而且是由单位圆内的点组成的. 所以函数 $\varphi(w)$ 的确是在闭区域上连续的.

当 w 描画圆周 $|w|=1$ 时，点 $z=\varphi(w)$ 描画出一条由区域 G 的边界点所组成的连续曲线 S. 我们要证明这条曲线就是 G 的整个边界. 假如不然，用 z' 来记 G 的一个不属于 S 的边界点，并且设 $z'_1, z'_2, \cdots, z'_n, \cdots$ 是由区域 G 内的点组成的收敛于 z' 的点列. 在单位圆内对应于它有一个点列 $w'_1, w'_2, \cdots, w'_n, \cdots$，其极限点全部都在圆周上. 如果我们固定这些极限点中之一，比如说 w_0，从点列 $\{w'_n\}$ 中我们可以取出一个点列 $\{w_n\}$ 使它收敛于 w_0，于是在区域 G 内对应的点列 $\{z_n\}$ 应当收敛于曲线 S 上的一点 $z_0=\varphi(w_0)$，但是根据假定，这个点列又应该收敛于点 $z', z' \ne z_0$，这就产生了矛盾. 所以，当圆周上每一点通过保角映射 $z=\varphi(w)$ 都对应于区域 G 的一个边界点时，区域 G 的边界一定是一条连续曲线 S. 曲线 S 一般是可以有重点的，也就是说，曲线 S 上同一点 z 可以对应于圆周 $|w|=1$ 上不同的点 w. 因此，要想由保角映射所建立的圆周与区域边界间的对应是双方单值的，就必须要求区域 G 的边界是一条没有重点的连续曲线，换句话说，是一条约当曲线. 我们现在要证明，以上这个条件还是充分条件，换句话说，以下这个一般定理成立：假定 G 是 z 平面上以一条约当曲线 S 为边界的一个区域；又函数 $w=f(z)$ 使此区域双方单值而且保角地映射成 w 平面上以 Σ 为周界的单位圆的内部. 那么，这同一个函数 $w=f(z)$ 就双方单值而且双方连续地把边界 S 映射成圆周 Σ. 在本节中，我们要给出这个一般定理的证明.

1. 问题的提法

首先我们注意从边界 S 与 Σ 是双方单值地对应的这一事实，已经可以推出函数 $f(z)$ 在区域 G 内的一致连续性以及它的反函数在圆 $|w|<1$ 内的一致连续性，从而也就可以推出这两个边界的对应的双方连续性.

事实上，我们已经知道函数 $z=\varphi(w)$ 在圆 $|w|\leqslant 1$ 上连续，所以它也就在这个圆上一致连续. 另一方面，我们要证明，如果函数 $f(z)$ 在区域 G 内不一致连续，在圆周 $|w|=1$ 上就至少要有两个不同的点 Q'_1 与 Q'_2 对应于区域 G 的同一个边界点 P. 把这个结果用到反函数上去，就可以推出我们上面所求的结论. 因此，现在我们假定 $f(z)$ 在区域 G 内不一致连续. 这时，在区域 G 内就有一对点列 $z'_n, z''_n \, (n=1, 2, \cdots)$ 存在，使 $\lim\limits_{n\to\infty} |z'_n - z''_n|=0$，同时使对应的象点间的距离

$$|w'_n - w''_n| = |f(z'_n) - f(z''_n)|$$

永远大于一个固定的正数 α. 根据极限点的波尔查诺－魏尔斯特拉斯定理（第一章，§3，第 4 段）我们可以（在去掉一些适当的点对之后）算作这些点对有唯一的极限点 P，并且同时它们的象 w'_n, w''_n 有两个极限点 Q' 与 Q''，Q' 与 Q'' 间的距离应不小于 α. 这些极限点 P 与 Q', Q'' 应当分别在边界 S 与 Σ 上，因为函数

$f(z)$ 在区域 G 的每一个内点的充分小的邻域内都是一致连续的.

这样一来,我们已经证明了,函数 $f(z)$ 与它的反函数在各自的区域内都是一致连续的,因此从边界 S 与 Σ 的对应的双方单值性,我们的确可以推得这个对应的双方连续性.反之,如果 $f(z)$ 和它的反函数分别在区域 G 与 $|w|<1$ 内一致连续,那么,很明显,边界 S 与 Σ 的对应就是双方单值而且双方连续的.所以,在本节开始时所提出的关于边界 S 与 Σ 间的双方单值而又双方连续的对应的问题,它的几何提法与下述的分析提法完全一样,那就是:要证明函数 $w=f(z)$ 在区域 G 内一致连续,同时它的反函数在区域 $|w|<1$ 内也一致连续.

2.关于边界对应的定理的证明

在从事证明以前,我们应当提出以闭约当曲线为边界的区域的一个性质,这个性质完全刻画了这种区域.那就是这种区域的任一个边界点都可以用一条约当弧与任一内点或任一外点连接起来,而所用的约当弧,除了所考虑的那个边界点之外,而区域的边界不再有另外的公共点.在这里我们并不证明这个属于点集拓扑学的定理.我们只举出一个不具备这个性质的区域的简单例子(这种区域的边界必定不是约当曲线).这个例子是从正方形 $0<x<1,0<y<1$ 中除去以下这无穷多个线段

$$x=\frac{1}{2},0<y<\frac{2}{3};x=\frac{1}{2^2},\frac{1}{3}<y<1,\cdots$$

$$x=\frac{1}{2^{2k-1}},0<y<\frac{2}{3};x=\frac{1}{2^{2k}},\frac{1}{3}<y<1,\cdots(图140)$$

剩下的点所作成的集点,是一个以正方形的周界 $ABCD$ 与所有上述的线段为边界的区域.显然,线段 AD 上的无论哪一个边界点 M 都不可能用(不再与边界相交的)约当曲线和区域的任何一个内点 N 连接起来.实际上,假如不然的话,我们应当把连接点 N 与 M 的曲线上的点的纵坐标看作一个关于某一个参变数 t 的连续函数,并且当 $t=t_0$ 时取值 y_0,等于点 N 的纵坐标,而当 $t=t_1$ 时取值 y_1,等于点 M 的纵坐标.所以,当 t 趋向 t_1 时,曲线上点的

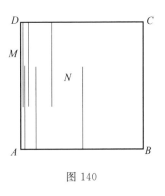

图 140

纵坐标应当趋近于 y_1,而这是不可能的,因为它应当无限多次地取大于 $\frac{2}{3}$ 的值与小于 $\frac{1}{3}$ 的值.

一个区域的边界上的点,如果可以用约当弧与区域的内点连接起来(这个弧与区域的边界,除给定的边界点外,应当没有其他的公共点),那么这个点称

为一个（从内部）可以达到的点；没有这个性质的点称为不能达到的点. 在我们的例子中，线段 AD 上的点是不能达到的，而所有其他的边界点都是可以达到的. 我们前面提到的，关于以约当曲线为边界的区域的性质，可以重新叙述如下：这样区域的每一个边界点都是可以达到的（从内部或从外部）.

要想证明本节开始时所叙述的那个定理，根据第一段的结果，我们应当证实函数 $f(z)$ 在区域 G 内的一致连续性与它的反函数在单位圆内部的一致连续性. 为了这个目的，我们暂且假定 $f(z)$ 在区域 G 内不是一致连续函数，然后我们由此引出一个矛盾来. 从第 1 段我们知道，在现在的假定下，区域 G 的边界（约当曲线 S）上存在一点 P，它对应于圆周 $|w|=1$ 上两个彼此距离不小于 2α 的点 Q' 与 Q''. 在图 141 上，我们画出了这些点，也画出了趋近于点 P 的点，z'_n，z''_n 以及它们的对应点 w'_n 与 w''_n，w'_n 与 w''_n 分别有极限点 Q' 与 Q''. 点 w'_n 与 w''_n 间的距离，无疑地可以算作总是大于 α 的.

取点 P 作为极点，我们要引进极坐标 r 与 θ，并且利用它们来确定一串在 G 内的，属于点 P 而又一个包含在一个里面的单连通区域 K_r 如下：任取区域 G 的一个固定点 P_0（例如点 $z=0$）我们用在 G 内的一条连续曲线 L 把它与点 P 连接起来（根据本段开始的申明，这是可能的，因为区域 G 的边界是约当曲线）. 显然，当曲线 L 从 P_0 走向 P 时，将与以点 P 为圆心、r 为半径的圆周相交，只要我们有 $r < P_0P$. 当我们沿曲线 L 从 P_0 向 P 走去时，一般说来，我们会碰到这个圆周若干次（甚至无限多次）. 我们记下曲线 L 与这个圆周的最后一个交点，然后从这一点出发，沿圆弧 c_r 向两端行进，再记下 c_r 与区域 G 的边界 S 首次相遇的点. 这段（半径为 r 的）圆弧 c_r，与边界 S 的含有点 P 的那一部分，围出区域 G 的一部分来. 我们把区域 G 的这一部分记作 K_r（图 141）.

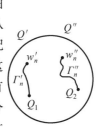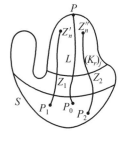

图 141

我们注意，不管 $\varepsilon(\varepsilon < P_0P)$，怎样小，当 n 充分大以后点 z'_n 与 z''_n 总是区域 K_ε 的内点（图 141）. 事实上，假如不然的话，我们就会得出这样的结论：在点列 $\{z'_n\}$ 与 $\{z''_n\}$ 中，有无穷多个点都在区域 G_ε 的内部，这里，G_ε 是从区域 G 中去掉 K_ε 中所有的点以及圆弧 c_ε 所有的内点后剩下的点作成的. 因为 P 是 G 的边界点，而又是 $\{z'_n\}$ 与 $\{z''_n\}$ 的极限点，这就推出点 P 也是 G_ε 的边界点的结论. 这样，点 P 就同时属于 c_ε 的端点分 S 而成的两段弧. 但是因为点 P 不能是这两段弧的端点，所以 P 应当是 S 的重点，而这与约当曲线 S 的定义产生矛盾.

设 Q_1 与 Q_2 是单位圆 T 内部任意选定的两个固定点，又 P_1 与 P_2 是它们在区域 G 内的对应点. 我们用曲线 Γ'_n 和 Γ''_n 分别连接点 Q_1 与 w'_n，点 Q_2 与 w''_n，使

得这两条曲线间的距离不小于 α. 假定 R 是这样一个数, 它使得点 P_1 与 P_2 在区域 K_R 之外; 于是曲线 Γ'_n 和 Γ''_n 的象与区域 K_r 的边界的圆周弧部分相交, 对于每一个 $r < R$, 只要 n 充分大就行, 因为 Γ'_n 与 Γ''_n 的象是分别连接 P_1 与 z'_n, P_2 与 z''_n 的曲线.

因此, 在弧 c_r 上可以找到两个点 z_1 与 z_2, 使得

$$\alpha \leqslant |f(z_2) - f(z_1)| = \left| \int_{z_1}^{z_2} f'(z) \mathrm{d}z \right| \leqslant \int |f'(z)| r \mathrm{d}\theta \tag{51}$$

这里积分展布在弧 c_r 的相应部分 $z_1 z_2$ 上.

在分析中有一个具有极大价值的, 所谓许瓦兹的不等式, 现在我们立刻就要用到它. 这个不等式构成如下: 设 g 与 h 是定义在一个一维或者多维的区域 D 内的两个实函数, 又 $\mathrm{d}\omega$ 是 D 的积分元素. 于是我们有

$$\left(\int gh\, \mathrm{d}\omega \right)^2 \leqslant \int g^2\, \mathrm{d}\omega \cdot \int h^2\, \mathrm{d}\omega$$

这个不等式立刻可以从下面的事实推出来: 关于实参变数 λ 的二次三项式

$$\int (\lambda g + h)^2\, \mathrm{d}\omega = \lambda^2 \int g^2\, \mathrm{d}\omega + 2\lambda \int gh\, \mathrm{d}\omega + \int h^2\, \mathrm{d}\omega$$

永远不取负值.

应用许瓦兹不等式到式 (51) 右面的积分, 取 $g = |f'(z)| r, h = 1$, 我们就得到

$$\alpha^2 \leqslant \left(\int |f'(z)| r \mathrm{d}\theta \right)^2 \leqslant 2\pi \int |f'(z)|^2 r^2 \mathrm{d}\theta$$

或即

$$\frac{\alpha^2}{r} \leqslant 2\pi \int |f'(z)|^2 r \mathrm{d}\theta$$

把这个不等式关于 r 从 $r = \varepsilon$ 到 $r = R$ 积分, 我们有

$$\alpha^2 \ln \frac{R}{s} \leqslant 2\pi \iint |f'(z)|^2 r \mathrm{d}r \mathrm{d}\theta < 2\pi \iint_{K_R} |f'(z)|^2 r \mathrm{d}r \mathrm{d}\theta$$

其中最后的一个积分是展布在整个区域 K_R 上, 它代表 K_R 的象区域的面积, 又因为我们显然有

$$\iint |f'(z)|^2 r \mathrm{d}r \mathrm{d}\theta < \pi$$

(因为 π 是整个单位圆的面积), 所以, 我们最后得到

$$\alpha^2 \ln \frac{R}{\varepsilon} < 2\pi^2$$

这个不等式是不可能的, 因为当 $\varepsilon \to 0$ 时, 它的左边无穷增大而右边则是一个常数. 这个矛盾证明了函数 $f(z)$ 在区域 G 内的一致连续性. 因为同样的考虑对反函数一样有效, 所以反函数也在区域 T 内一致连续.

353

换句话说,根据第 1 段,我们已经证明了:把一个以约当曲线为边界的区域 G 变成单位圆 T 的内部的双方单值的保角映射,同时把 G 的边界 S 双方单值而且双方连续地映射成 T 的周界圆周 Σ.

§8 把矩形与任意多角形变成上半平面的映射

1. 矩形

要想把矩形映射成上半平面,我们必须讨论下列形式的椭圆积分

$$\zeta = \int_0^z \frac{\mathrm{d}t}{\sqrt{(1-t^2)(1-k^2t^2)}} \tag{52}$$

其中 k 是满足条件 $0 < k < 1$ 的一个实数. 我们假定这个椭圆积分的上限 z 是上半平面上的复数.

换句话说,我们假定积分是沿着上半 z 平面上的一条由原点出发的积分路线取的. 所以,这个积分本身就构成复变数 z 的一个函数,我们把它记作 $\zeta(z)$.

显然,被积函数有下列四个奇异点,它们都在实轴上

$$t=1, \quad t=-1, \quad t=\frac{1}{k}, \quad t=-\frac{1}{k}$$

因为我们讨论的 z 在上半平面上,所以无论哪一条积分路线都不会遇到奇异点. 由此可见,积分的结果与路线无关.

因此,只要 z 是在上半平面上,$\zeta(z)$ 就是 z 的全纯函数. 此外,对于上述各奇异点之外的实数值 $z,\zeta(z)$ 也是全纯的. 显然,这些奇异点是被积函数的支点.

现在我们就要看到,当 z 在上半平面上变动时,ζ 是在一个矩形的内部变动. 要想证实这一点,我们很自然地让点 z 去描画实轴,同时来观察点 ζ 会描画出一条什么样的路线. 显然,这里点 z 要四次经过奇异点. 不过我们可以如下来避开这些奇异点:环绕这些奇异点画一个半径为 ρ 的半圆,然后让点 z 沿图 142 所示的路线移动. 这里立刻就可以看出,半圆的半径 ρ 可

图 142

以渐减地趋近于零$(\rho \to 0)$,因为在这种情形下,被积函数是一个 $\frac{1}{2}$ 级的无穷大量.

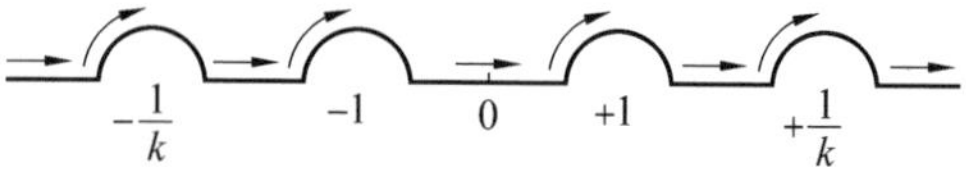

因此,我们让点 z 由原点出发沿着实数轴向右移动. 当 z 通过区间 $0 \leqslant z <$

1 时,被积函数总取正的实数值. 因此,当 z 由零开始渐增地趋向 1 时,ζ 也由零起渐增地趋向值

$$\int_0^1 \frac{\mathrm{d}t}{\sqrt{(1-t^2)(1-k^2t^2)}}$$

我们已经指出过,这个积分有确定的有限值. 我们把它记作 $\frac{\omega_1}{2}$,则

$$\frac{\omega_1}{2} = \int_0^1 \frac{\mathrm{d}t}{\sqrt{(1-t^2)(1-k^2t^2)}} \tag{53}$$

其次,点 z 沿着环绕 1 的半圆移动. 我们来考察相应的 ζ 移动的情形. 在被积函数的根号内有以下这些因子

$$1-t, \quad 1+t, \quad 1-kt, \quad 1+kt$$

我们来看当 z 沿着上述半圆移动时,这些因子的辐角改变的情形. 显然,在这个过程中,后面三个因子的辐角没有变化. 但是第一个因子的辐角减少了 π,这一点只要看图 143 就可明白,因为 $\arg(1-t)$ 从 0 变成了 $-\pi$. 由此可见,根式的辐角减少了 $\frac{\pi}{2}$,而整个被积函数的辐角就增加了 $\frac{\pi}{2}$(图 144). 因此,函数 ζ 在 z 沿着半圆迂回之后就可以写成

$$\zeta = \frac{\omega_1}{2} + \mathrm{i}\int_0^z \frac{\mathrm{d}t}{\sqrt{(1-t^2)(1-k^2t^2)}} \tag{54}$$

其中 z 在区间 $1 \leqslant z < \frac{1}{k}$ 上.

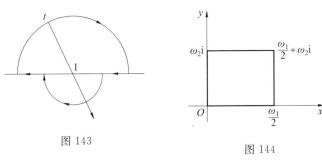

图 143

图 144

当 z 渐增地通过区间 $1 \leqslant z < \frac{1}{k}$ 时,积分(54)也逐渐增大,而且当 $z \to \frac{1}{k}$ 时,它也趋向一个确定的极限,我们把它记作 ω_2. 换句话说,我们令

$$\omega_2 = \int_1^{\frac{1}{k}} \frac{\mathrm{d}t}{\sqrt{(t^2-1)(1-k^2t^2)}} \tag{55}$$

由此可见:当 $z \to \frac{1}{k}$ 时,$\zeta \to \frac{\omega_1}{2} + \mathrm{i}\omega_2$.

然后,再让点 z 沿着环绕 $\frac{1}{k}$ 的半圆移动. 和前面的讨论一样,我们知道矢量 $\zeta - \left(\frac{\omega_1}{2} + \mathrm{i}\omega_2\right)$ 应当旋转一个角度 $\frac{\pi}{2}$(图 144). 因此,当 z 迂回过现在这个半圆之后,函数 ζ 就成为

$$\zeta = \frac{\omega_1}{2} + \mathrm{i}\omega_2 - \int_{\frac{1}{k}}^{z} \frac{\mathrm{d}t}{\sqrt{(t^2 - 1)(k^2 t^2 - 1)}} \tag{56}$$

当 z 由 $\frac{1}{k}$ 变向 ∞ 时,上式中的积分总是增大,所以函数 ζ 的实数部分总是减小. 在极限情形,当 $z = \infty$ 时,这个积分可以写成

$$\int_{\frac{1}{k}}^{\infty} \frac{\mathrm{d}t}{\sqrt{(t^2 - 1)(k^2 t^2 - 1)}}$$

不难知道,这个积分等于 $\frac{\omega_1}{2}$. 事实上,引进新变数 τ,作变换 $t = \frac{1}{k\tau}$,这个积分就成为

$$\int_{0}^{1} \frac{\mathrm{d}\tau}{k\tau^2 \sqrt{\left(\frac{1}{k^2\tau^2} - 1\right)\left(\frac{1}{\tau^2} - 1\right)}}$$

在这个积分的被积函数中把 $k\tau^2$ 移入根号内,就证明了我们上述的论断.

因此,当 $z \to \infty$ 时,$\zeta \to \omega_2\mathrm{i}$(图 144). 当 z 由 $-\infty$ 变到 $-\frac{1}{k}$ 时(图 142),点 ζ 显然由 $\mathrm{i}\omega_2$ 移到 $-\frac{\omega_1}{2} + \mathrm{i}\omega_2$. 当 z 由 $-\frac{1}{k}$ 移动到 -1,ζ 就沿着直线由 $-\frac{\omega_1}{2} + \mathrm{i}\omega_2$ 到 $-\frac{\omega_1}{2}$,最后,当 z 由 -1 变到 0 时,函数 ζ 沿着实数轴由 $-\frac{\omega_1}{2}$ 变到 0(图 145).

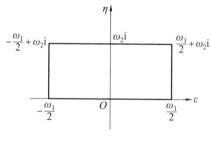

图 145

因此,我们看到了:用椭圆积分,我们可以把上半平面映射成一个边长为 ω_1 与 ω_2 的矩形. 在这里,(根据 §2,第 2 段)这个映射还是一个双方单值的保角映射.

如果我们考虑反函数 $z = s(\zeta)$,这个函数就给出把矩形内部变成上半平面的保角映射.

附注 在这一段中我们已经看到:用椭圆积分 $\zeta = \int_0^z \dfrac{\mathrm{d}t}{\sqrt{(1-t^2)(1-k^2t^2)}}$ 可以把上半平面双方单值并且保角地映射成 ζ 平面上一个矩形,这个矩形的边平行于坐标轴,长度等于 ω_1 与 ω_2,其中

$$\omega_1 = 2\int_0^1 \frac{\mathrm{d}t}{\sqrt{(1-t^2)(1-k^2t^2)}}, \quad \omega_2 = \int_1^{\frac{1}{k}} \frac{\mathrm{d}t}{\sqrt{(t^2-1)(k^2t^2-1)}}$$

很自然地,我们会产生下述疑问:怎么样才能把一个事先就给定了的矩形映射成上半平面呢? 不难看出,这样一个映射一定由 $A\zeta(z) + B$ 形式的函数构成,其中 A 与 B 都是常数.事实上,我们可以选取参变数 k,使得 $\dfrac{\omega_1}{\omega_2}$ 等于给定的矩形的边长之比.于是对应于这样一个值 k 的函数 $\zeta(z)$,就把上半平面映射成某一个矩形,这个矩形的边长 ω_1 与 ω_2 之比等于给定的矩形的边长之比.然后,经过平移与旋转,我们可以使得这两个矩形的中心彼此重合,边互相平行.再根据它们的边长之比相等的性质,只要以它们的公共中心为相似中心作相似变换,就可以最后使这两个矩形完全重合了.只要适当地选择常数 A 与 B 就可以给出上述这些初等变换(平移、旋转与相似变换).

2. 雅可比椭圆函数

要想弄清楚我们在前段中所引进的函数 $s(\zeta)$ 的性质,我们要利用许瓦兹对称原则.

把前段中得到的矩形的边记为 Ⅰ,Ⅱ,Ⅲ 与 Ⅳ(图 146(a)).对应于这些边的是 z 平面的实轴上的一些线段.我们把这些对应的线段也记为对应的罗马数字(图 146(b)).

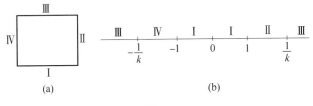

图 146

现在我们把矩形对称于边 Ⅰ 作反射.于是新的(两倍的)矩形的内部就被开拓 $s(\zeta)$ 双方单值并且保角地映射成为沿实轴从 1 到 ∞ 和 $-\infty$ 到 -1 剪开了的 z 平面.但是我们可以对称于任何一边反射我们的矩形(图 147),所以我们还

357

可以得到变成整个 z 平面的其他映射,不过这个平面当然是按照另外的式样来剪开的.继续在 ζ 平面上建立这种新的、更新的对称的矩形,最后我们就可以用这些矩形网覆盖了整个 ζ 平面(图 148),因而,函数 $s(\zeta)$ 在整个平面上都有了定义.

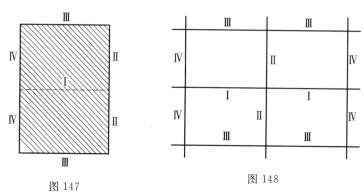

图 147   图 148

要想在整个 ζ 平面与变数 z 之间建立一个双方单值的对应关系,我们须要引用无穷多叶的黎曼曲面来代替 z 平面.这个黎曼曲面要以 $1,\dfrac{1}{k},-\dfrac{1}{k},-1$ 为它的支点.它的叶片要按照对应的矩形的连接关系互相黏合起来.

由上所述,不难看出函数 $s(\zeta)$ 的一个非常重要的性质,它的双周期性质.在 ζ 平面上取一个矩形.先把它对称于边 II 作反射,然后照样把新得到的矩形对称于边 IV 再作反射(图 149).随便在原来的矩形内任取一点 ζ_1.这个点在经过两次按照同一个方向的反射之后变成了点 ζ_2.由图 149 显然有 $\zeta_2=\zeta_1+2\omega_1$,因为边 I 的长度是 ω_1.

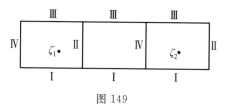

图 149

此外,我们假定 ζ_1 在 z 平面上相应的是点 z_1,即 $z_1=s(\zeta_1)$.经过矩形的第一次反射,点 z_1 变成了和 Ox 轴对称的点 z_1'.经第二次反射,z_1' 再变到和它自己对称的位置,那就是说又再变成了点 z_1.

因此,我们已经证明了 $s(\zeta+2\omega_1)=s(\zeta)$.如果我们是在垂直的方向反射我们的矩形,类似地我们可以得到 $s(\zeta+2\omega_2 i)=s(\zeta)$.一般说来,我们不难看出

$$s(\zeta+2k\omega_1+2h\omega_2 i)=s(\zeta)$$

其中 h 和 k 是任意的整数,因此 $2\omega_1$ 与 $2\omega_2 i$ 就是函数 $s(\zeta)$ 的周期.

在周期矩形上,函数 $s(\zeta)$ 有两个简单极点:$\omega_2 i$ 与 $\omega_1+\omega_2 i$(图 150 中的点 A

与点 B），与两个简单零点 0 与 ω_1. 因此，函数 $s(\zeta)$ 在整个 ζ 平面上是单值的，并且在有限距离内，除极点外，没有其他的奇异点. 换句话说，它是一个半纯函数. 把这里构造的函数 $s(\zeta)$ 与雅可比的第一个椭圆函数（第十一章，§5）加以比较，（如果它们都用同样的周期 $2\omega_1$ 与 $2\omega_2 \mathrm{i}$ 造成）显然我们看出它们完全是一样的，因为它们有同样的零点与极点，并且在原点的导数都等于 1. 因此，把矩形的内部映射成上半平面的函数 $s(\zeta)$ 就是雅可比的第一个椭圆函数：$s(\zeta) \equiv \mathrm{sn}\,\zeta$.

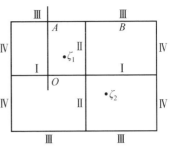

图 150

3. 多角形

我们现在来讨论一个更一般性的问题：如何把一个 n 角形双方单值并且保角地映射成上半平面.

假定 w 平面上有一个 n 角形（图 151(a)），它的内角分别等于 $\alpha_1 \pi, \alpha_2 \pi, \alpha_3 \pi, \cdots, \alpha_n \pi$，其中 $\alpha_1, \alpha_2, \alpha_3, \cdots, \alpha_n$ 都是实数，此外，每一个 α_k 显然都不超过 2，并且 $\alpha_1 + \alpha_2 + \cdots + \alpha_n = n - 2$. 我们要证明：能够保角地把上半平面 $I(z) > 0$ 映射成这个多角形内部的函数 $w = f(z)$ 一定是下列形式

$$w = C \int_0^z (t - a_1)^{\alpha_1 - 1} \cdots (t - a_n)^{\alpha_n - 1}\, \mathrm{d}t + C_1 \tag{57}$$

其中 $a_1, a_2, \cdots, a_n$ 是实轴上对应于多角形的顶点的点，而 C 与 C_1 是某些复常数（特别是，C_1 显然应当代表多角形的边界上相当于 $z = 0$ 的那个点）. 公式 (57) 称为克里斯托弗 — 许瓦兹公式. 第 1 段中所讨论的，把上半平面映射成矩形的函数，是公式 (57) 的特例：事实上，它可表示成

$$w = \frac{1}{k} \int_0^z \left(t + \frac{1}{k}\right)^{\frac{1}{2} - 1} (t + 1)^{\frac{1}{2} - 1} (t - 1)^{\frac{1}{2} - 1} \left(t - \frac{1}{k}\right)^{\frac{1}{2} - 1} \mathrm{d}t$$

这里 $\alpha_1 = \alpha_2 = \alpha_3 = \alpha_4 = \frac{1}{2}, a_1 = -\frac{1}{k}, a_2 = -1, a_3 = 1, a_4 = \frac{1}{k}, C = \frac{1}{k}$，并且 $C_1 = 0$.

为了掌握一般的公式 (57)，我们首先假定 $a_1, a_2, \cdots, a_n$ 是预先给定的排成了一定次序（例如说，渐增的次序：$a_1 < a_2 < \cdots < a_n$）的实数. 假定 $\alpha_1, \alpha_2, \cdots, \alpha_n$ 也同样是预先给好的不大于 2 的实数，并且它们之和等于 $n - 2$，则有

$$\alpha_1 + \alpha_2 + \cdots + \alpha_n = n - 2 \tag{58}$$

我们同意把 $(z - a_k)^{\alpha_k - 1}$ 在上半平面上理解成它所对应的多值函数，在实轴上当 $z = x > a_k$ 时取正实数值的那一个分支，于是公式

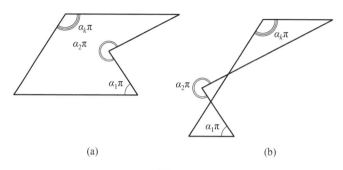

(a)   (b)

图 151

$$\zeta = \int_0^z (t-a_1)^{a_1-1} \cdots (t-a_k)^{a_k-1} \mathrm{d}t \qquad (57')$$

在闭上半平面上定义了一个单值的连续函数,并且当 $I(z) > 0$ 时,它还是解析的. 要想知道这一点,显然只需要证明函数 $(57')$ 在 $z = \infty$ 处是连续的. 但是,被积函数显然可以写成下列形式

$$t^{a_1+\cdots+a_n-n} \left(1-\frac{a_1}{t}\right)^{a_1-1} \cdots \left(1-\frac{a_n}{t}\right)^{a_n-1} =$$

$$\frac{1}{t^2} \left(1-\frac{a_1}{t}\right)^{a_1-1} \cdots \left(1-\frac{a_n}{t}\right)^{a_n-1}$$

由此推出积分

$$\int_0^\infty (t-a_1)^{a_1-1} \cdots (t-a_n)^{a_n-1} \mathrm{d}t$$

是收敛的. 并且,积分的值并不依赖于积分路线,只要这整个路线是在上半平面上,并且是连接点 0 与 ∞ 的. 因此,根据柯西积分定理,我们可以取极限. 而由此我们就知道函数 $(57')$ 在点 $z = \infty$ 是连续的. 现在令点 z 沿实轴的正方向移动. 于是对应地点 ζ 就描画出一条连续的封闭路线来,一般说来,这条曲线可以自己相交,因而也就具有重点(图 151(b)). 但是我们要证明,这条曲线对应于实轴上每一个线段 $a_{k-1}a_k$ 的部分都是一个直线段,并且每一个这种线段都是沿一个方向描画出来的(换句话说,点 ζ 不做来回地移动). 为此,我们只需要证明当 z 在线段 $a_{k-1}a_k$ 上移动时,导函数

$$\frac{\mathrm{d}\zeta}{\mathrm{d}z} = (z-a_1)^{a_1-1} \cdots (z-a_n)^{a_n-1}$$

的辐角不变,并且在线段的内点导函数的值不等于零. 但是,所有这一切都是显然的,直接就可以看出来.

因此,点 ζ 所描画出来的曲线是一个有 n 段的折线,它的顶点是

$$A_k = \int_0^{a_k} (t-a_1)^{a_1-1} \cdots (t-a_n)^{a_n-1} \mathrm{d}t \quad (k=1,2,\cdots,n)$$

我们以下来证实顶点 A_k，线段 A_kA_{k-1} 与 A_kA_{k+1} 的交角是 $\alpha_k\pi$. 事实上，向量 $A_{k-1}A_k$ 与 A_kA_{k+1} 可以用复数

$$\int_{a_{k-1}}^{a_k} (t-a_1)^{a_1-1}\cdots(t-a_n)^{a_n-1}\,\mathrm{d}t$$

与

$$\int_{a_k}^{a_{k+1}} (t-a_1)^{a_1-1}\cdots(t-a_n)^{a_n-1}\,\mathrm{d}t$$

来表示，它们的辐角分别与对应的被积函数的辐角相等（在积分区间上保持不变）. 但是，第一个被积函数的辐角是 $(\alpha_k-1)\pi+\cdots+(\alpha_n-1)\pi$，第二个是 $(\alpha_{k+1}-1)\pi+\cdots+(\alpha_n-1)\pi$. 因此，向量 $A_{k-1}A_k$ 与 A_kA_{k+1} 间的交角是 $-(\alpha_k-1)\pi=\pi-\pi\alpha_k$，换句话说，$A_kA_{k-1}$ 与 A_kA_{k+1} 之间的角度是 $\pi\alpha_k$.

所以，用函数 $(57')$ 可以把实轴映射成一条有 n 段的，内角是 $\alpha_1\pi,\cdots,\alpha_n\pi$ 的闭折线，这条折线的每一段的长度依赖于点 $a_1,\cdots,a_n$ 的选择. 如果这些点是任意选择的，我们已经指出过，折线可以自己相交，因而它不是一个多角形区域的边界（图 151(b)）. 但是，如果这条折线自己不相交，那么函数 $(57')$ 既然在上半平面上是解析的，并且建立了实轴上的点与多角形的边界上的点之间的一个双方单值连续的对应，它就必然把上半平面保角地映射成多角形的内部. 此外，从公式 $(57')$ 过渡到更一般的公式 (57)，在实质上相当于以下的线性变换

$$w=C\zeta+C_1 \tag{59}$$

利用这个线性变换，我们可以达到和利用 $(57')$ 所得到的多角形相似的任何其他多角形，无论它们在 w 平面上的位置怎样. 因此，克里斯托弗－许瓦兹公式的全部基本问题不外乎就是以下的这个问题：对任意给定的 $\alpha_1,\cdots,\alpha_n,0<\alpha_k<2,\alpha_1+\alpha_2+\cdots+\alpha_n=n-2$，是否可能选择公式 $(57')$ 中的实数 $a_1,\cdots,a_n$，使得用这个公式可以把实轴变成一个多角形的周界，这个周界和一个事先给定的（内角是 $\alpha_1\pi,\cdots,\alpha_n\pi$ 的）周界相似？因为边 A_kA_{k+1} 的长度等于

$$\lambda_k=\left|\int_{a_k}^{a_{k+1}} (t-a_1)^{a_1-1}\cdots(t-a_n)^{a_n-1}\,\mathrm{d}t\right|$$

所以全部问题也就是下列这一组 $n-1$ 个方程式

$$\lambda_1:\lambda_2:\cdots:\lambda_n=l_1:l_2:\cdots:l_n \tag{60}$$

是否可解的问题，其中 $l_1,l_2,\cdots,l_n$ 是给定的多角形的边长（$a_1,a_2,\cdots,a_n$ 作为未知数）. 我们不去把这个方程组的解确实求出来，而只是采用立足在黎曼存在定理上的另一个方法来证明其确实可解. 事实上，按照这个定理，确实有这样一个函数 $w=f(z)$ 存在，它把上半平面保角地映射成给定的多角形 P. 并且，根据 §7 的结果，这个函数还建立起实轴与多角形边界上的点间的一个双方单值的

361

对应.特别是,我们还可以说实轴上的点 $a_1,\cdots,a_n$ 对应于多角形顶点(a_k 对应于内角是 $\alpha_k\pi$ 的顶点).因此,我们就只剩下要来证明公式(57)中的 C 与 C_1(对这些 $a_1,\cdots,a_n$ 与 $\alpha_1,\cdots,\alpha_n$ 来说)的确可以这样选择,使得公式(57)刚好就代表这个函数 $w=f(z)$.

我们来考虑函数

$$\zeta=\Psi(z)=\int_0^z (t-a_1)^{a_1-1}(t-a_2)^{a_2-1}\cdots(t-a_n)^{a_n-1}\,\mathrm{d}t$$

它把上半 z 平面变成 ζ 平面上的某一个多角形 P',并且这个多角形对应于点 a_i 的顶角的角度等于 $\alpha_i\pi$.我们现在来构造一个把多角形 P 变成多角形 P' 的映射如下:把 z 平面上同一个点在多角形 P 与 P' 上的象点算作是对应的.就分析上来看,这个对应由函数 $w=F(\zeta)$ 给出,这个函数是由等式 $w=f(z)$ 与 $\zeta=\psi(z)$ 中消去 z 来得到的.我们现在要来证明 $F(\zeta)=C\zeta+C_1$.

为此,我们来研究函数 $w=F(\zeta)$ 在多角形 P' 的顶点附近的情形.我们用 ζ_k 与 $w_k=F(\zeta_k)$ 来代表多角形 P' 与 P 的对应的顶点,然后按照下列等式引进辅助变量 s 与 t 来代替 ζ 和 w

$$\zeta-\zeta_k=t^{a_k},\qquad w-w_k=s^{a_k} \tag{61}$$

显然,运用这两个关系式,顶点 ζ_k 与 w_k 的属于多角形 P' 与 P 的邻域分别被映射到 t 平面与 s 平面上,边界含有通过原点的直线段的两个区域 Q' 与 Q.映射 $w=F(\zeta)$ 与公式(61)决定了一个区域 Q' 到区域 Q 的变换

$$s=(w-w_k)^{1/a_k}=\big[F(\zeta)-F(\zeta_k)\big]^{1/a_k}=\big[F(\zeta_k+t^{a_k})-F(\zeta_k)\big]^{1/a_k}$$

把这个等式的右端用 $g(t)$ 表示,换句话说,令 $s=g(t)$

$$g(t)=\big[F(\zeta_k+t^{a_k})-F(\zeta_k)\big]^{1/a_k}$$

根据对称原则,由函数 $s=g(t)$ 所构成的把区域 Q' 变成区域 Q 的映射可以扩张到 t 平面与 s 平面的原点的整个邻域,因此,我们有 $g(t)=a_1t+a_2t^2+\cdots$,其中 $a_1\neq 0$,因为 t 与 s 之间的对应关系是双方单值的.

利用函数 $g(t)$,ζ 与 w 之间的对应关系可以写成

$$w=w_k+s^{a_k}=w_k+\big[g(t)\big]^{a_k}$$

其中 $t=(\zeta-\zeta_k)^{1-a_k}$.

现在我们不难研究导函数 $\dfrac{\mathrm{d}w}{\mathrm{d}\zeta}$ 在顶点 ζ_k 的邻域内的性质了.事实上

$$\frac{\mathrm{d}w}{\mathrm{d}\zeta}=\frac{\mathrm{d}w}{\mathrm{d}t}\cdot\frac{\mathrm{d}t}{\mathrm{d}\zeta}=a_k\big[g(t)\big]^{a_k-1}g'(t)\frac{1}{a_k}(\zeta-\zeta_k)^{\frac{1}{a_k}-1}$$

或者

$$\frac{\mathrm{d}w}{\mathrm{d}\zeta}=\left(\frac{g(t)}{t}\right)^{a_k-1}g'(t)=(a_1+a_2t+\cdots)^{a_k-1}(a_1+2a_2t+\cdots)$$

这个等式告诉我们,作为 t 的函数来看,$\dfrac{\mathrm{d}w}{\mathrm{d}\zeta}$ 在点 $t=0$ 是连续的,因而,当点 ζ 从多角形 P' 的内部趋向顶点 ζ_k 时,$\dfrac{\mathrm{d}w}{\mathrm{d}\zeta}$ 连续.因此,在多角形 P' 内以及在它的边上(由于对称原理)都是解析的,函数 $\dfrac{\mathrm{d}w}{\mathrm{d}\zeta}$ 在整个闭区域 $\overline{P'}$ 上都是连续的.此外,$\dfrac{\mathrm{d}w}{\mathrm{d}\zeta}$ 到处都不等于零.

我们来考虑函数 $\varphi(\zeta)=\ln\dfrac{\mathrm{d}w}{\mathrm{d}\zeta}=\ln\left|\dfrac{\mathrm{d}w}{\mathrm{d}\zeta}\right|+\mathrm{i}\arg\dfrac{\mathrm{d}w}{\mathrm{d}\zeta}$,它在区域 P' 内解析,在 $\overline{P'}$ 上连续.这个函数的虚数部分在多角形 P' 的周界上固定不变,因为在多角形 P' 的边上的任何一点,$\arg\dfrac{\mathrm{d}w}{\mathrm{d}\zeta}$ 表示在映射成 P 时对应的边旋转的角度(这些角度对于所有的边都是一样的,因为多角形 P' 与 P 的角度两两相等).

因此,调和函数 $\arg\dfrac{\mathrm{d}w}{\mathrm{d}\zeta}$ 既然在周界上等于一个常数,它本身也就是一个常数(参看第五章,§2,第5段).它的共轭函数 $\ln\left|\dfrac{\mathrm{d}w}{\mathrm{d}\zeta}\right|$,根据柯西—黎曼条件,也同样是一个常数,因而 $\varphi(\zeta)=$ 常数,由此就得出

$$\frac{\mathrm{d}w}{\mathrm{d}\zeta}=C$$

或即

$$w=C\zeta+C_1$$

于是证完.

4. 三角形

在最简单的情形,也就是三角形的情形,这个映射问题可以直接加以解决.

假定给定了一个三角形,它的角度是 $\alpha_1\pi,\alpha_2\pi,\alpha_3\pi$.显然 $\alpha_1+\alpha_2+\alpha_3=1$.再假定我们要把这个三角形映射成上半平面.在这个情形,公式(57)有下列形式

$$\zeta=C\int_{z_0}^{z}(t-a_1)^{\alpha_1-1}(t-a_2)^{\alpha_2-1}(t-a_3)^{\alpha_3-1}\mathrm{d}t+C_2 \tag{62}$$

其中 a_1,a_2,a_3 是实数.为了简化公式(62),我们这样来取 a_i 的值:$a_1=0,a_2=1,a_3=\infty$.

要想使得 a_3 变成无穷大,不难看出,我们应当在被积函数中引进一个新变数 τ,使得

$$t=-\frac{1}{\tau}+a_3$$

363

于是公式(62)变成了

$$\zeta = C \int_{z_0}^{z} \left(-\frac{1}{\tau} + a_3 - a_1\right)^{\alpha_1 - 1} \left(-\frac{1}{\tau} + a_3 - a_2\right)^{\alpha_2 - 1} \left(-\frac{1}{\tau}\right)^{\alpha_3 - 1} \frac{\mathrm{d}\tau}{\tau^2} + C_2$$

$$(62')$$

把被积函数中的 $\frac{1}{\tau}$ 提出括弧之外,并且注意到

$$\alpha_1 - 1 + \alpha_2 - 1 + \alpha_3 - 1 = -2$$

我们就得到

$$\zeta = C' \int_{\tau_0}^{z} (\tau - b_1)^{\alpha_1 - 1} (\tau - b_2)^{\alpha_2 - 1} \mathrm{d}\tau + C_2 \qquad (62'')$$

作线性变换:$\tau = a\tau' + b$,其中 a 与 b 的取法如下:当 $\tau = b_1$ 时,$\tau' = 0$;当 $\tau = b_2$ 时,$\tau' = 1$. 于是公式(62'')中的积分可以写成

$$\zeta = C_1 \int_{T_0}^{z} \tau^{\alpha_1 - 1} (1 - \tau)^{\alpha_2 - 1} \mathrm{d}\tau + C_2 \qquad (63)$$

这样我们就引进了公式(62)的标准形式. 毋庸证明,函数(63)给出把上半 z 平面变成任何预先给定的三角形的映射. 事实上,在公式(63)中,如果我们取 $C_1 = 1, C_2 = 0$,对于适当的值 α_1 与 α_2,(63)就给出把上半平面变成和给定的三角形相似的三角形的映射.

因此,要想得到把上半平面变成给定的三角形的映射,剩下就只要把由函数(63)得到的三角形变成给定的三角形. 这当然不难办到,只要把我们所得到的三角形的一个顶点移动到与给定的三角形的对应顶点重合,然后经过一个旋转,最后再作相似变换就行了. 所有这一切相当于我们正确地去选择公式(63)中的因子 C_1 与常数 C_2.

由公式(63)(当 $C_1 = 1, C_2 = 0$ 时)确定的函数 $\zeta(z)$,给出一个把上半 z 平面变成 ζ 平面上的一个三角形的内部的双方单值的保角映射. 当 z 在上半平面上时,它是确定的.

ζ 平面上的直线段 I(图 152(a))相当于 z 平面的实轴上的线段 I(图 152(b)). 因此,我们可以应用对称原则. 例如说,把三角形对称于边 II 作反射,得到一个四角形(图 153(b)). 于是,按照图 153(a)指出的方法来剪开了的 z 平面就映射成 ζ 平面上的这个四角形(图 153(b)).

我们可以继续地应用许瓦兹对称原则,显然,这时每一个三角形都可以对称于它的任何一边进行反射. 结果,整个 ζ 平面就被三角形网所覆盖. 当然,一般来说,这些三角形是会要彼此重叠的. 要想得到 ζ 平面与变数 z 之间的一个双方单值的对应,我们必须取无穷多叶的黎曼曲面来代替 z 平面. 当然,要想真正

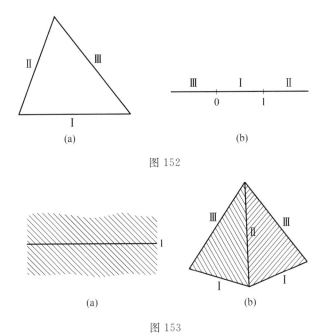

图 152

图 153

得 ζ 平面与 z 平面之间的双方单值对应,那是要在,而且也只有在 ζ 平面上的三角形没有彼此重叠的现象时,才能够谈得到的.

那么,这些三角形不彼此重叠的必要充分条件又是什么呢?

从图 154 就很清楚,例如 $\dfrac{2\pi}{2\alpha_1\pi}$ 就必须是一个整数. 对于另外的角,当然也同样要求有这个性质.

其次,也很显然,这个条件还完全是充分的. 所以,我们所求的充分必要条件就是

$$\frac{1}{\alpha_1}=r_1, \quad \frac{1}{\alpha_2}=r_2, \quad \frac{1}{\alpha_3}=r_3$$

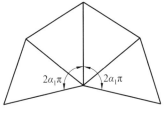

图 154

其中 r_1,r_2,r_3 都是整数.

只有在这个条件下,函数 $\zeta=\zeta(z)$ 才有一个单值的反函数 $z=z(\zeta)$,把 ζ 平面双方单值地映射成以上所说的黎曼曲面. 另外,我们已经知道 $\alpha_1+\alpha_2+\alpha_3=1$. 所以有

$$\frac{1}{r_1}+\frac{1}{r_2}+\frac{1}{r_3}=1 \tag{64}$$

这个关系式是一个不定方程:解它,就可以得到所有可能的 r_1,r_2,r_3 的值. 当然,我们不妨算作

$$r_1 \leqslant r_2 \leqslant r_3$$

365

这样一来,显然 r_1 不能大于3.事实上,不难看出,全部可能的情形都在表1中

表1

r_1	3	2	2	2	1
r_2	3	4	2	3	∞
r_3	3	4	∞	6	∞

相当于 r 的这些值的三角形究竟是什么样子呢? 我们先来看表1中的第五行.在这种情形,三角形的角是 $\pi,0,0$,因此它是一个带形.公式(63)这时成为(为简单起见,我们令 $C_1=1,C_2=0$)

$$\zeta=\int_0^z\tau^{a_1-1}(1-\tau)^{a_2-1}\mathrm{d}\tau=\int_0^z\frac{\mathrm{d}\tau}{1-\tau}=\ln\frac{1}{1-z}$$

这里得到的是我们所熟知的把上半平面映射成带形的函数.

再看表1中的第三行.在这种情形,三角形的角是 $\frac{\pi}{2},\frac{\pi}{2},0$,换句话说,它是一个半带形.这时,公式(63)的形式是

$$\zeta=\int_0^z\tau^{-1/2}(1-\tau)^{-1/2}\mathrm{d}\tau=\int_0^z\frac{\mathrm{d}\tau}{\sqrt{\tau(1-\tau)}}=\arcsin(2z-1)$$

或即 $2z-1=\sin\zeta$.这里又再度得到了那个把半带形映射成上半平面的初等函数.

现在来看表1中剩下的三种情形.显然,它们是:

第一种情形 —— 等边三角形.不难看见,在这种情形,公式(63)是

$$\zeta=\int_0^z\frac{\mathrm{d}\tau}{\sqrt[3]{\tau^2(1-\tau)^2}}$$

第二种情形 —— 等腰直角三角形.这里公式(63)可以写成

$$\zeta=\int_0^z\frac{\mathrm{d}\tau}{\sqrt[4]{\tau^2(1-\tau)^3}}$$

第三种情形 —— 有 $30°$ 与 $60°$ 角的直角三角形.公式(63)是

$$\zeta=\int_0^z\frac{\mathrm{d}\tau}{\sqrt[6]{\tau^3(1-\tau)^4}}$$

现在,我们已经讨论完了所有的可能情形.无论在后三种情形或前两种初等函数的情形,$z=z(\zeta)$ 在整个 ζ 平面上都是确定的而且是单值函数.

我们建议读者用类似第2段中的办法,证明函数 $z(\zeta)$ 在后三种情形都是双周期函数,并且指出它们都属于半纯函数族.

5. 把多角形的外部变成上半平面的映射

在第 3 段中我们已经研究了把一个任意的多角形的内部双方单值并且保角地映射成上半平面的问题.

现在我们来讨论关于（包含无穷远点的）外部区域的双方单值的保角映射的同一问题（图 155）.

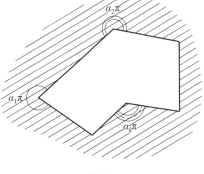

图 155

显然，对于外部区域来说，角度 $\alpha_1\pi,\cdots,\alpha_n\pi$ 之和是 $\alpha_1\pi+\cdots+\alpha_n\pi=(n+2)\pi$，即

$$\alpha_1+\cdots+\alpha_n=n+2$$

数 $\alpha_1,\cdots,\alpha_n$ 当然也是正数而且不超过 2. 仍然采用第 3 段中的符号，不过，另外再用 $\beta(I(\beta)>0)$ 表示上半平面上对应于无穷远点的那个点，于是，把上半平面双方单值并且保角地映射成我们的外部区域的函数 $w=f(z)$ 就是

$$w=C\int_0^z\frac{(t-a_1)^{\alpha_1-1}\cdots(t-a_n)^{\alpha_n-1}}{(t-\beta)^2(t-\overline{\beta})^2}\mathrm{d}t+C_1 \tag{65}$$

对于这个公式的讨论，可以按照第 3 段中的步骤进行. 这一点我们留给读者自己来完成它.

习　　题

1. 讨论由函数

$$w=\int_{z_0}^z(z-a)^{\alpha-1}(z-b)^{\beta-1}(z-c)^{\gamma-1}\mathrm{d}z$$

构成的把上半平面变成三角形的映射在 $\gamma=1$ 的情形.

答：大小等于 $\alpha\pi$ 的一个角.

2. 同上题，假定 $\gamma=1,\alpha=0,\beta=0$.

答：宽度为 $\dfrac{\pi}{b-a}$ 的一个带形.

3. 利用第 2 题的结果，试把宽度为 $\dfrac{\pi}{b-a}$，夹在两条平行于实轴的直线间的带形映射成单位圆.

答：$w=\arctan t+$ 常数.

4. 把多角形映射成单位圆.

提示:利用公式(57),取 $\tau=\dfrac{t-\mathrm{i}}{t+\mathrm{i}}$.

答: $\zeta=C'\displaystyle\int_{\tau_0}^{\tau}(\tau-\theta_1)^{\alpha_1-1}(\tau-\theta_2)^{\alpha_2-1}\cdots(\tau-\theta_n)^{\alpha_n-1}\mathrm{d}\tau+C''$,其中 $|\theta_i|=1$,

$\sum\alpha_i=n-2$.

5. 把多角形的外部映射成单位圆.

提示:利用公式(66),取 $\tau=\dfrac{t-\beta}{t-\bar\beta}$.

答: $\zeta=C_1\displaystyle\int_{\tau_0}^{\tau}(\tau-\theta_1)^{\alpha_1-1}\cdots(\tau-\theta_n)^{\alpha_n-1}\dfrac{\mathrm{d}\tau}{\tau^2}+C_2$,其中 $|\theta_i|=1,\sum\alpha_i=n-2$.

6. 把凸的正多边形映射成单位圆.

提示:在第 4 题的公式中,令 $\alpha_i=1-\dfrac{2}{n}$,θ_i 为 1 的 n 次根.然后再证明对应于圆周上不同的弧 $\theta_i\theta_{i+1}$ 的,正是那些不同的多角形的边.

答: $\zeta=C\displaystyle\int_0^z\dfrac{\mathrm{d}\tau}{(1-t^n)^{2/n}}$(假定圆的圆心与多角形的圆心相对应).

7. 把星形的十角形(图 156)映射成单位圆.

答: $\zeta=C\displaystyle\int_0^z\dfrac{(1+t^5)^{2/5}}{(1-t^5)^{4/5}}\mathrm{d}t$(假定圆心与十角形的中心对应).

图 156

8. 把沿每一个焦点到最近顶点的线段剪开的椭圆映射成上半平面.

提示:先用 $z=\sin u$,把给定的区域映射成矩形,然后再利用 §8,第 1 段.

9. 利用第 8 题,把椭圆的内部映射成上半平面.

10. 把沿焦点到顶点的线段剪开的抛物线 $\rho=\dfrac{2}{1+\cos\omega}$ 的内部映射成上半平面与单位圆.

答: $\zeta=\sin\dfrac{\pi}{2}\sqrt{z}$;$w=\dfrac{\sin\dfrac{\pi}{2}\sqrt{z}-\mathrm{i}}{\sin\dfrac{\pi}{2}\sqrt{z}+\mathrm{i}}$.

11. 利用第 10 题把抛物线 $\rho=\dfrac{2}{1+\cos\omega}$ 的内部映射成上半平面.

答：$w = \mathrm{i}\cos \dfrac{\pi}{2}\sqrt{z}$.

12. 把正方形的内部映射成单位圆.

提示：利用第 5 题，令 θ_i 为 1 的四次方根.

答：$\zeta = C \displaystyle\int_{z_0}^{z} \dfrac{\sqrt{1-z^4}}{z^2} \mathrm{d}z + C_1$.

单叶函数的一般性质

设 $w=f(z)$ 是一个把圆 $|z|<1$ 双方单值并且保角地映射成 w 平面上的一个单连通区域 D 的函数. 在本章中, 我们假定区域 D 不包含无穷远点, 换句话说, 无穷远点不是区域 D 的内点. 也就是说, 我们假定函数 $f(z)$ 在单位圆 $|z|<1$ 内是全纯的.

我们不妨假定 $f(0)=0$, 这不致丧失一般性, 因为否则我们总可以讨论函数 $f(z)-f(0)$, 而这在几何上来说, 只表示把区域 D 平移了一下而已. 因为对于圆 $|z|<1$ 而言, $z=0$ 是一个内点, 所以它的对应点 $w=0$ 也是区域 D 的内点. 显然, 我们可以把函数 $w=f(z)$ 表示成级数的形式

$$w=a_1 z+a_2 z^2+\cdots$$

由于函数 w 在圆 $|z|<1$ 内是全纯的, 这个展开式在整个圆内都是成立的. 另外, 因为 z 与 w 之间的对应关系是双方单值的, 所以 $\dfrac{\mathrm{d}w}{\mathrm{d}z}$ 在圆 $|z|<1$ 内不等于零. 特别是, 我们令 $z=0$, 就知道系数 $a_1=f'(0)$ 不等于零. 因此, 在讨论中可以只考虑函数

$$\frac{w}{a_1}=z+\frac{a_2}{a_1}z^2+\cdots$$

这样得到的结果是可以一般化的, 我们去考虑用 $a_1 f(x)$ 代替 $f(x)$, 也就是说, 只要把区域 D 加以旋转与相似变换就行.

因此,我们要讨论的函数是

$$w = f(z) = z + a_2 z^2 + \cdots \tag{1}$$

它是单位圆 $|z| < 1$ 内的一个全纯的单叶函数,当 $z = 0$ 时它等于零,并且在它的展开式中,z 的系数等于 1.

为简单计,我们把满足条件 $f(0) = 0, f'(0) = 1$ 的函数称为是已经标准化的函数. 这种函数有一个值得特别注意的点是,我们可以找到绝对一般的界限,使得这种函数的模不超出这些界限. 同样地,也可以为 $|f'(z)|$ 与 $|\arg f'(z)|$ 找到这种界限. 在我们下面确定了系数的模的上界之后,我们就可以得到这里所说的结果.

§1 系 数 问 题

对于圆 $|z| < 1$ 内的一个全纯的、单叶的并且已经标准化的函数来说,要想求得它的展开式中系数的模的上界,我们必须建立两个辅助的定理,这两个定理通常称为内部面积定理与外部面积定理.

1. 内部面积定理

假定

$$w = f(z) = z + a_2 z^2 + a_3 z^3 + \cdots \tag{2}$$

是圆 $|z| < 1$ 内的一个全纯函数. 我们来考虑圆 $|z| \leqslant r (r < 1)$ 以及用 $w = f(z)$ 映射这个圆所得到的象区域 $\overline{D}_r$. 一般地说,如果给定的函数不是单叶的,区域 D_r 就是多叶的. 我们的问题就在于要确定这个区域 $\overline{D}_r$ 的面积的大小. 这个面积可以表示成积分

$$\iint\limits_{0\ 0}^{r\ 2\pi} |f'(\zeta)|^2 \rho \mathrm{d}\rho \mathrm{d}\varphi$$

因此问题就归结到要去计算这个积分.

由于 $|f'(\zeta)|^2 = f'(\zeta)\overline{f'(\zeta)}$,我们得到

$$\iint\limits_{0\ 0}^{r\ 2\pi} |f'(\zeta)|^2 \rho \mathrm{d}\rho \mathrm{d}\varphi = \iint\limits_{0\ 0}^{r\ 2\pi} (1 + 2a_2\zeta + 3a_3\zeta^2 + \cdots)(1 + 2\bar{a_2}\bar{\zeta} + 3\bar{a_3}\bar{\zeta}^2 + \cdots)\rho \mathrm{d}\rho \mathrm{d}\varphi =$$

$$\int_0^r 2\pi\rho(1 + 4|a_2|^2\rho^2 + 9|a_3|^2\rho^4 + \cdots + n^2|a_n|^2\rho^{2n-2} + \cdots)\mathrm{d}\rho$$

把这个积分直接算出来,我们得到区域 $\overline{D}_r$ 的面积的值是

$$\pi(r^2 + 2|a_2|^2 r^4 + 3|a_3|^2 r^6 + \cdots + n|a_n|^2 r^{2n} + \cdots) \tag{3}$$

371

由于区域 D 是用函数 $w=f(z)$ 映射圆 $|z|<1$ 所得到的象,按照定义,我们取 $\overline{D}_r$ 的面积,当 r 趋向 1 时,所趋的极限来作为 D 的面积.但因为当 r 增加时,式(3)所表达的 $\overline{D}_r$ 的面积也增加,所以这里只有两种可能的情形:

(1) 区域 $\overline{D}_r$ 的面积,即表达式(3),当 $r\to 1$ 时趋向一个确定的有限值,这就是区域 D 的面积的值.

(2) 区域 $\overline{D}_r$ 的面积,即表达式(3),当 $r\to 1$ 时无穷增大,在这种情形,区域 D 的面积是无穷大.

先来考虑第一种情形,我们要指出,这时级数 $\sum\limits_{n=2}^{\infty} n\,|\,a_n\,|^2$ 是收敛的.实际上,级数 $\sum\limits_{n=2}^{\infty} n\,|\,a_n\,|^2 r^{2n}$ 当 $0<r<1$ 时是有界的,因为根据假设它渐增地趋向一个有限的极限.我们现在假定级数 $\sum\limits_{n=2}^{\infty} n\,|\,a_n\,|^2$ 发散,然后从级数 $\sum\limits_{n=2}^{\infty} n\,|\,a_n\,|^2 r^{2n}$ 的有界性这个条件推出一个矛盾来.

事实上,这两个级数的前 $n-1$ 项之差是
$$\delta_n = 2\,|\,a_2\,|^2(1-r^4) + \cdots + n\,|\,a_n\,|^2(1-r^{2n})$$
取 $1-r=\dfrac{1}{2n^4}$,我们可以证明,不管 n 怎样,δ_n 总是有界的.为此,我们先注意
$$1-r^p = (1-r)(1+r+r^2+\cdots+r^{p-1}) < p(1-r)$$
由此得到
$$\delta_n < (1-r)(2\cdot 4\,|\,a_2\,|^2 + \cdots + n\cdot 2n\,|\,a_n\,|^2)$$
再代入 $1-r=\dfrac{1}{2n^4}$,就得到
$$\delta_n < \frac{|\,a_2\,|^2}{2^2} + \cdots + \frac{|\,a_n\,|^2}{n^2} + \cdots$$
由此可见,δ_n 比后面这个级数的和要小,而这个级数是收敛的,因为根据当 $0<r<1$ 时式(3)是有界的这个条件,全体 $|\,a_n\,|$ 是有界的.

因此,如果 $2\,|\,a_2\,|^2 + \cdots + n\,|\,a_n\,|^2$ 跟随 n 一起无限增大,那么表达式 $2\,|\,a_2\,|^2 r^4 + \cdots + n\,|\,a_n\,|^2 r^{2n}$ 也要如此,其中 $r=1-\dfrac{1}{2n^4}$,这就表明当 $r=1-\dfrac{1}{2n^4}$ 趋向 1 时,级数
$$2\,|\,a_2\,|^2 r^4 + \cdots + n\,|\,a_n\,|^2 r^{2n} + \cdots$$
的和也同样要无限增大,这与假设相矛盾.

因此,在我们所考虑的情形(1)当区域 D 有有限面积时,级数 $\sum\limits_{n=2}^{\infty} n\,|\,a_n\,|^2$ 是收敛的.因此,我们有(第二章,§3,第7段)

$$\lim_{r \to 1} \sum_{n=2}^{\infty} n \mid a_n \mid^2 r^{2n} = \sum_{n=2}^{\infty} n \mid a_n \mid^2 \qquad (4)$$

在表达区域 $\overline{D}_r$ 的面积的式(3)中取极限,令 $r \to 1$,我们就得到区域 D 的面积的值

$$\pi + \pi \sum_{n=2}^{\infty} n \mid a_n \mid^2 \qquad (5)$$

至于情形(2),即当区域 D 的面积是无穷大时,区域 D 的面积公式(5)仍然是有效的,因为这时式中的无穷级数 $\sum\limits_{n=2}^{\infty} n \mid a_n \mid^2$ 发散. 实际上,如果级数 $\sum\limits_{n=2}^{\infty} n \mid a_n \mid^2$ 收敛,那么关系式(4)就要成立,而这就说明当 $r \to 1$ 时式(3)趋于一个有限的极限. 这个极限,根据定义,就是区域 D 的面积,这与区域 D 的面积是无穷大的假设相矛盾.

因此,我们已经完全证明了以下这个称为内部面积定理的命题.

假如 $w = f(z) = z + a_2 z^2 + \cdots$ 是圆 $\mid z \mid < 1$ 内的一个已经标准化的全纯函数,则这个函数把圆 $\mid z \mid < 1$ 保角地映射成一个(一般说来是多叶的)区域 D,面积由公式(5)决定.

特别是由此可以推出,在所有这些满足面积定理的条件的函数 $f(z)$ 中,使面积最小的映射只能由函数 $w = z$ 构成,换句话说,当 D 与原来的区域(即单位圆)重合时,映射成的区域 D 的面积才达到最小值.

2. 外部面积定理

通常称为外部面积定理的命题如下:如果

$$w = \zeta + \frac{a_1}{\zeta} + \frac{a_2}{\zeta^2} + \cdots = \varphi(\zeta)$$

是区域 $\mid \zeta \mid > 1$ 内的一个单叶函数,并且除去在无穷远点有一个极点之外,它在整个区域内都是全纯的,那么我们有

$$\sum_{n=1}^{\infty} n \mid a_n \mid^2 \leqslant 1$$

这个命题之所以称为面积定理,是因为它是下述几何事实的解析表达.

用单叶函数 $w = \varphi(\zeta)$ 映射单位圆的外部 $\mid \zeta \mid > 1$ 所成的象,必然盖不满整个 w 平面而要留下一个面积大于或等于零的集合.

从这个几何解释立刻可以看出证明的方法.

最简单的方法,是这样的:把圆周 $\mid \zeta \mid = r, r > 1$ 映射成一条闭的正则的解析曲线,如果令 $\zeta = re^{i\theta}$,那么这条曲线的方程就是 $w = w(\theta) = \varphi(re^{i\theta})$,然后,我们计算这条曲线所包围的有限区域的面积 A,令 $w = u + iv$,则

$$A = \int_0^{2\pi} uv' \, \mathrm{d}\theta = \int_0^{2\pi} \frac{w(\theta) + \overline{w}(\theta)}{2} \cdot \frac{w'(\theta) - \overline{w}'(\theta)}{2\mathrm{i}} \, \mathrm{d}\theta =$$

$$\int_0^{2\pi} \left(\frac{r\mathrm{e}^{\mathrm{i}\theta} + r\mathrm{e}^{-\mathrm{i}\theta}}{2} - \sum_{n=1}^{\infty} \frac{a_n \mathrm{e}^{-\mathrm{i}n\theta} + \overline{a}_n \mathrm{e}^{\mathrm{i}n\theta}}{2r^n} \right) \cdot$$

$$\left(\frac{r\mathrm{e}^{\mathrm{i}\theta} + r\mathrm{e}^{-\mathrm{i}\theta}}{2} - \sum_{n=1}^{\infty} \frac{na_n \mathrm{e}^{-\mathrm{i}n\theta} + n\overline{a}_n \mathrm{e}^{\mathrm{i}n\theta}}{2r^n} \right) \mathrm{d}\theta$$

实际做完这个计算,则由于所有包含 $\mathrm{e}^{\mathrm{i}\theta}$ 而方幂是异于零的整数的项在积分结果中都得到零,所以我们得到

$$A = \pi r^2 - \pi \sum_{n=1}^{\infty} \frac{n |a_n|^2}{r^{2n}}$$

显然,就几何上来看,有 $A > 0$,换句话说

$$\sum_{n=1}^{\infty} \frac{n |a_n|^2}{r^{2n}} < r^2 \tag{6}$$

跟第一段中一样,我们可以证明级数 $\sum_{n=1}^{\infty} n |a_n|^2$ 是收敛的,于是,令 $r \to 1$,在不等式(6)中取极限,就得到

$$\sum_{n=1}^{\infty} n |a_n|^2 \leqslant 1$$

3. 在单叶函数展开式中含 z^2 项系数的模的上界

设 $w = f(z) = z + a_2 z^2 + \cdots$ 构成圆 $|z| < 1$ 的一个单叶映射,我们不难证明

$$F(z) = \sqrt{f(z^2)} = z + \frac{1}{2} a_2 z^3 + \cdots$$

也同样构成圆 $|z| < 1$ 的一个单叶映射. 为此,我们要证明只有当 $z_1 = z_2$ 时才能有 $f(z_1) = f(z_2)$.

事实上,从等式 $F(z_1) = F(z_2)$ 可知 $[F(z_1)]^2 = [F(z_2)]^2$,或即 $f(z_1^2) = f(z_2^2)$. 因为 $f(z)$ 是一个单叶函数,所以最后这个等式说明: $z_1^2 = z_2^2$,换句话说,不是 $z_1 = z_2$ 就是 $z_1 = -z_2$. 但是这里后一个等式与假设 $F(z_1) = F(z_2)$ 矛盾,因为由于函数 $F(z)$ 是一个奇函数,从 $z_1 = -z_2$ 应该得出 $F(z_1) = -F(z_2)$. 因此,$F(z)$ 在圆 $|z| < 1$ 内的确是一个单叶函数.

这个结论也可以由另外的方法得到. 用函数 z^2 可以把圆 $|z| < 1$ 变成一个以 $z = 0$ 为支点的双叶单位圆,再用 $f(z^2)$ 把这个双叶单位圆映射成一个同样以 $z = 0$ 为支点的区域. 最后,在过渡到 $\sqrt{f(z^2)}$ 时,再去掉这种分支现象.

显然,函数 $\Phi(\zeta) = \dfrac{1}{F\left(\dfrac{1}{\zeta}\right)}$ 单叶地映射单位圆的外部区域 $|\zeta| > 1$,并且当

$|\zeta| > 1$ 时有下列展开式

$$\Phi(\zeta) = \zeta - \frac{1}{2} a_2 \frac{1}{\zeta} + \cdots$$

根据外部面积定理(第 2 段),我们有 $\frac{1}{2} |a_n| \leqslant 1$,因而 $|a_n| \leqslant 2$. 这样,我们已经证明了一个命题:如果 $w = z + a_2 z^2 + \cdots$ 在圆 $|z| < 1$ 内是一个单叶的全纯函数,那么 $|a_2| \leqslant 2$.

一个值得注意的事实是:这个界限不能再缩小了. 实际上,函数

$$\frac{z}{(1-z)^2} = z + 2z^2 + 3z^3 + \cdots$$

已经达到了这个界限,因为这个函数正是单叶地把圆 $|z| < 1$ 映射成一个以实轴上 $-\frac{1}{4}$ 到 $-\infty$ 的那个线段为整个边界的区域.

要证明这一点,可以不必考虑 $f(z) = \dfrac{z}{(1-z)^2}$,而去考虑函数 $\varphi(\zeta) = \dfrac{1}{f\left(\frac{1}{\zeta}\right)} = \dfrac{\left(1 - \frac{1}{\zeta}\right)^2}{\frac{1}{\zeta}} = \zeta + \dfrac{1}{\zeta} - 2$,并且证明这个函数单叶地把 $|\zeta| > 1$ 映射成以实轴上 -4 与 0 之间的那个线段为边界的区域就行了,但是这一点我们在第十二章,§5,第 3 段中已经证明过了.

4. 柯比常数

我们再来考虑在 $|z| < 1$ 内全纯的单叶函数

$$w = f(z) = z + a_2 z^2 + \cdots$$

假定在 $|z| < 1$ 内,$f(z) \neq c$. 于是当 $c \neq 0$ 时函数

$$f_1(z) = \frac{cf(z)}{c - f(z)} = z + \left(a_2 + \frac{1}{c}\right) z^2 + \cdots$$

在圆 $|z| < 1$ 内是单叶的并且也是全纯的. 因此,根据第 3 段,我们有 $\left| a_2 + \dfrac{1}{c} \right| \leqslant 2$,也就是 $|c| > \dfrac{1}{4}$,因为 $|a_2| \leqslant 2$. 由此可见:用 $w = f(z)$ 映射单位圆所成的区域,不会有任何一个边界点离原点的距离小于 $\dfrac{1}{4}$. 换句话说,用 $w = f(z)$ 映射单位圆所成的区域的边界,离坐标原点的距离至少是 $\dfrac{1}{4}$.

以上得到的这个界限 $\dfrac{1}{4}$ 是不能再改善的,因为有这样的函数存在能达到这个界限. 我们可以再用 $\dfrac{z}{(1-z)^2}$ 为例,在第 3 段末曾经看到,用这个函数映射

成的区域的边界,离原点的距离恰好等于 $\frac{1}{4}$. 这个界限 $\frac{1}{4}$ 称为柯比常数.

5. 变形定理

现在我们进而讨论所谓变形定理,再假定

$$f(z) = z + a_2 z^2 + \cdots$$

在圆 $|z| < 1$ 内是全纯而且单叶的. 作表达式 $: f\left(\dfrac{\zeta + z}{1 + \bar{\zeta} z}\right)$,如果看作 ζ 的一个函数,这个表达式也是一个在单位圆 $|\zeta| < 1$ 内全纯的单叶函数,因为线性变换 $\dfrac{\zeta + z}{1 + \bar{\zeta} z}$ 把单位圆双方单值地变成单位圆本身. 我们要把这个表达式标准化,可以考虑函数

$$g(\zeta) = \frac{f\left(\dfrac{\zeta + z}{1 + \bar{\zeta} z}\right) - f(z)}{f'(z)(1 - z\bar{z})}$$

这个函数在圆 $|\zeta| < 1$ 内是全纯的和单叶的,并且具有如下的幂级数展开式

$$g(\zeta) = \zeta + \beta_2 \zeta^2 + \cdots$$

从泰勒公式,可以算出系数 β_2 为

$$\beta_2 = \frac{1}{2} g''(0) = \frac{1}{2}\left[\frac{f''(z)(1 - z\bar{z})}{f(z)} - 2\bar{z}\right]$$

因为根据第 3 段有 $|\beta_2| \leqslant 2$,故 $\left|\dfrac{f''(z)(1 - z\bar{z})}{f'(z)} - 2\bar{z}\right| \leqslant 4$. 用 $1 - z\bar{z}$ 除,再用 $|z|$ 去乘,我们就得到

$$\left|\frac{zf''(z)}{f'(z)} - \frac{2|z|^2}{1 - |z|^2}\right| \leqslant \frac{4|z|}{1 - |z|^2}$$

由此可见

$$-\frac{4|z|}{1 - |z|^2} \leqslant R\left(\frac{zf''(z)}{f'(z)}\right) - \frac{2|z|^2}{1 - |z|^2} \leqslant \frac{4|z|}{1 - |z|^2}$$

或即

$$\frac{2|z|^2 - 4|z|}{1 - |z|^2} \leqslant R\left(\frac{zf''(z)}{f'(z)}\right) \leqslant \frac{2|z|^2 + 4|z|}{1 - |z|^2} \tag{7}$$

由于

$$\frac{zf''(z)}{f'(z)} = \frac{\mathrm{d}\ln f'(z)}{\mathrm{d}\ln z} = \frac{\partial \ln f'(z)}{\partial \ln|z|} = |z|\frac{\partial \ln f'(z)}{\partial |z|}$$

从不等式(7)我们求出

$$\frac{2|z|^2 - 4|z|}{1 - |z|^2} \leqslant |z|\frac{\partial}{\partial |z|} R\ln f'(z) \leqslant \frac{2|z|^2 + 4|z|}{1 - |z|^2}$$

或者消去 $|z|$ 并代入 $R\ln f'(z) = \ln|f'(z)|$,得

$$\frac{2\mid z\mid-4}{1-\mid z_0\mid^2}\leqslant\frac{\partial}{\partial\mid z\mid}\ln\mid f'(z)\mid\leqslant\frac{2\mid z\mid+4}{1-\mid z\mid^2}\tag{8}$$

最后,把不等式(8)从 0 积分到$\mid z\mid$我们得到

$$\frac{1-\mid z\mid}{(1+\mid z\mid)^3}\leqslant\mid f'(z)\mid\leqslant\frac{1+\mid z\mid}{(1-\mid z\mid)^3}\tag{9}$$

这就是$\mid f'(z)\mid$介于其间的上下两个界限.这些界限是最好的界限,因为函数$\dfrac{z}{(1-z)^2}$达到了它们,这个函数的导函数等于$\dfrac{1+z}{(1-z)^3}$.

不等式(9)就是所谓变形定理.这个定理指出不管是哪一个在圆$\mid z\mid<1$内全纯的单叶函数,只要它在原点是已经标准化的,那么,当用这个函数作映射时,在点 z 的伸长度总是界于两个只与$\mid z\mid$有关的有限数之间的.

不用不等式(9),变形定理还可以用其他若干形式表达出来.

因为$f'(z)$在圆$\mid z\mid<r<1$内没有零点,所以对于适合$\mid z\mid\leqslant r$的 z 来说,$f'(z)$的模的最大与最小值都在圆周$\mid z\mid=r$上达到.因此,从不等式(9)得到

$$\frac{1-r}{(1+r)^3}\leqslant\mid f'(z)\mid\leqslant\frac{1+r}{(1-r)^3},只要\mid z\mid\leqslant r\tag{10}$$

最后,如果 z_1 与 z_2 是圆$\mid z\mid\leqslant r$上的两点,那么

$$\frac{1-r}{(1+r)^3}\leqslant\mid f'(z_1)\mid\leqslant\frac{1+r}{(1-r)^3}$$

$$\frac{1-r}{(1+r)^3}\leqslant\mid f'(z_2)\mid\leqslant\frac{1+r}{(1-r)^3}$$

由此得

$$\left(\frac{1-r}{1+r}\right)^4\leqslant\left|\frac{f'(z_1)}{f'(z_2)}\right|\leqslant\left(\frac{1+r}{1-r}\right)^4\tag{11}$$

6. 单叶函数的模的界限

由于$\mid f(z)\mid=\left|\int_0^z f'(z)\mathrm{d}z\right|$,其中积分是沿通过点 z 的半径取的,我们得到

$$\mid f(z)\mid\leqslant\int_0^{\mid z\mid}\mid f'(z)\mid\mathrm{d}\mid z\mid$$

利用不等式(9)的第二部分,我们得到

$$\mid f(z)\mid\leqslant\int_0^{\mid z\mid}\frac{1+\mid z\mid}{(1-\mid z\mid)^3}\mathrm{d}\mid z\mid=\frac{\mid z\mid}{(1-\mid z\mid)^2}\tag{12}$$

要找下界,我们可以以点 0 为圆心通过点 z 作一个圆周 C 并设函数 $f(z)$ 把圆周 C 映射成曲线 Γ.我们用直线连接点 $f(z)$ 与点 $f(0)=0$,并记出这个线段与 Γ 的交点中离原点最近的一个.若 z_1 是 C 上对应的点,则所求出的点的附标

是 $f(z_1)$. 函数 $f(z)$ 把连接点 0 与 z_1 的某一条曲线映射成点 $f(z_1)$ 的矢量半径，我们把这条曲线的方程记作 $t=t(s)$，于是我们得到

$$|f(z)|\geqslant|f(z_1)|=\int_0^{z_1}|f'(t)||\,\mathrm{d}t|$$

其中积分是沿曲线 $t=t(s)$ 取的. 根据不等式(9) $|f'(t)|\geqslant\dfrac{1-|t|}{(1+|t|)^3}$，因此

$$|f(z)|\geqslant\int_0^{z_1}\frac{1-|t|}{(1+|t|)^3}|\,\mathrm{d}t|\geqslant\int_0^{|z_1|}\frac{1-|t|}{(1+|t|)^3}\mathrm{d}|t|=\frac{|z_1|}{(1+|z_1|)^2}$$

由于 $|z_1|=|z|$，我们得到

$$|f(z)|\geqslant\frac{|z|}{(1+|z|)^2}\tag{13}$$

结合(12)与(13)两个不等式，可以把最后结果写成

$$\frac{|z|}{(1+|z|)^2}\leqslant|f(z)|\leqslant\frac{|z|}{(1-|z|)^2}\tag{14}$$

这样得到的 $|f(z)|$ 界限是最好的界限，因为函数 $\dfrac{z}{(1-z)^2}$ 就达到了这两个界限.

不等式(14)左边，包含了第四段中关于边界点位置的已知结果，因为当 $|z|\to1$ 时 $|f(z)|$ 的下界趋于 $\dfrac{1}{4}$. 不等式(14)的右边限制了在单位圆内全纯的单叶函数的变动范围.

当点 z 逼近圆周时，函数的模可以无穷增大，但是不管怎样，它仅仅是到圆周的距离倒数的平方. 现在我们可以来推断以下这一般命题的正确性：设 D 是包含点 $z=0$ 的一个任意的单叶区域，而 $f(z)$ 是区域 D 内的一个全纯函数，它单叶地映射区域 D. 又设 G 是属于区域 D 的任意一个闭集合，在这些条件下，一定有一个仅与 D 及 G 有关而与 $f(z)$ 无关的数 M 存在，使得在整个 G 上都有

$$|f(z)|<|f(0)|+|f'(0)|M$$

要证明这个命题，可以先注意到

$$\varphi(z)=\frac{f(z)-f(0)}{f(0)}$$

是在 D 内全纯的一个单叶函数.

因此，对于一个以 $z=0$ 为中心的充分小的圆，我们就可以利用不等式(14)，明确地说，如果圆 $|z|<R$ 属于区域 D，那么在圆 $|z|\leqslant\theta R(0<\theta<1)$ 内，我们有

$$|\varphi(z)|\leqslant\frac{\theta}{(1-\theta)^2}$$

这就证明

$$| f(z) | < | f(0) | + | f'(0) | \frac{\theta}{(1-\theta)^2} \qquad (15)$$

现在,跟进行解析开拓时一样,从以 $z=0$ 为圆心的圆出发,用一串有限个圆把给定的集合覆盖起来.串内第二个圆的圆心 z_0 是在第一个圆内,在这第二个圆内,我们有

$$\left| \frac{f(z) - f(z_0)}{f'(z_0)} \right| \leqslant \frac{\theta}{(1-\theta)^2}$$

换句话说,就是

$$| f(z) | < | f(z_0) | + | f'(z_0) | \frac{\theta}{(1-\theta)^2}$$

因为

$$| f(z_0) | < | f(0) | + | f'(z_0) | \frac{\theta}{(1-\theta)^2}$$

并且

$$| f'(z_0) | < | f'(0) | \frac{1+\theta}{(1-\theta)^2}$$

所以我们得出

$$| f(z) | < | f(0) | + | f'(0) | \frac{\theta}{(1-\theta)^2} \left[1 + \frac{1+\theta}{(1-\theta)^3} \right] \qquad (16)$$

比较(15)与(16),可以看出,不等式(16)同时在这两个圆内部都成立.把这个步骤继续进行下去,我们就可以断定,对于串内所有的圆而言(对于整个点集 G 来说,当然更是如此),都有不等式

$$| f(z) | < | f(0) | + | f'(0) | M$$

其中数 M 与函数 $f(z)$ 的形式无关.

7. 旋转定理

从第 5 段中建立的不等式

$$\left| \frac{zf''(z)}{f'(z)} - \frac{2 | z |^2}{1 - | z |^2} \right| \leqslant \frac{4 | z |}{1 - | z |^2}$$

(其中 $f(z)$ 是在单位圆 $| z | < 1$ 内已经标准化的一个全纯单叶函数),我们得到

$$-\frac{4 | z |}{1 - | z |^2} \leqslant I \left[\frac{zf''(z)}{f'(z)} \right] \leqslant \frac{4 | z |}{1 - | z |^2}$$

在第 5 段中我们已经指出过

$$\frac{zf''(z)}{f'(z)} = | z | \frac{\partial \ln f'(z)}{\partial | z |}$$

由此我们得

$$I\left[\frac{zf''(z)}{f'(z)}\right] = |z| \frac{\partial}{\partial |z|} \arg f'(z)$$

因为

$$I\ln f'(z) = \arg f'(z)$$

所以,我们有

$$-\frac{4}{1-|z|^2} \leqslant \frac{\partial}{\partial(z)} \arg f'(z) \leqslant \frac{4}{1-|z|^2}$$

把这个不等式对于 $|z|$ 求积分,我们就得到所谓旋转定理

$$|\arg f'(z)| \leqslant 2\ln \frac{1+|z|}{1-|z|} \tag{17}$$

这个命题是变形定理的一个自然的补充,因为它节制着在单叶映射下方向的变化.

8. 单叶函数展开式中系数的模的一般界限

我们再回到在单位圆 $|z| < 1$ 内全纯的单叶函数 $f(z)$,并假定它已经按照条件 $f(0) = 0, f'(0) = 1$ 加以标准化,即

$$f(z) = z + a_2 z^2 + \cdots + a_n z^n + \cdots$$

对于任何一个 $r(r < 1)$,我们都有

$$a_n r^n = \frac{1}{2\pi} \int_0^{2\pi} f(re^{i\varphi}) e^{-in\varphi} \, d\varphi$$

这说明(令 $r = \rho^2$)

$$|a_n| r^n \leqslant \frac{1}{2\pi} \int_0^{2\pi} |f(re^{i\varphi})| \, d\varphi = \frac{1}{2\pi} \int_0^{2\pi} |f(\rho^2 e^{i\varphi})| \, d\varphi$$

或者,更近一步

$$|a_n| r^n \leqslant \frac{1}{2\pi} \int_0^{2\pi} |f(\rho^2 e^{i\varphi})| \, d\varphi = \frac{1}{2\pi} \int_0^{4\pi} |f(\rho^2 e^{i\varphi})| \, \frac{d\varphi}{2} =$$

$$\frac{1}{2\pi} \int_0^{2\pi} |f(\rho^2 e^{2i\varphi})| \, d\Psi =$$

$$\frac{1}{2\pi} \int_0^{2\pi} |\sqrt{f(\rho^2 e^{2i\Psi})}|^2 \, d\Psi \tag{18}$$

令 $F(\zeta) = \sqrt{f(\zeta^2)}$,$\zeta = \rho e^{i\Psi} = \sqrt{r} e^{i\Psi}$,我们可以把式(18)改写成

$$|a_n| r^n \leqslant \frac{1}{2\pi} \int_0^{2\pi} |F(\zeta)|^2 \, d\Psi \tag{19}$$

现在假定

复变函数引论

$$F(\zeta) = \zeta + b_2 \zeta^2 + \cdots \quad (b_1 = 1)$$

于是(19)还可以表示成

$$|a_n| r^n \leqslant \sum_{n=1}^{\infty} |b_n|^2 \rho^{2n} = 2 \int_0^{\rho} \sum_{n=1}^{\infty} n |b_n|^2 \rho^{2n-1} \mathrm{d}\rho$$

这个积分的被积函数显然等于用函数 $F(\zeta)$ 映射圆 $|\zeta| \leqslant \rho$ 所成的区域的面积除以 $\pi\rho$(第 1 段). 由于这个区域的面积自然不会超过以 $|F(\zeta)|$ 在圆 $|\zeta| \leqslant \rho$ 上的最大值为半径的圆面积,所以我们得到

$$|a_n| r^n \leqslant 2 \int_0^{\rho} \frac{1}{\pi\rho} \pi \max_{|\zeta|=\rho} |F(\zeta)|^2 \mathrm{d}\rho \qquad (20)$$

因为 $F(\zeta) = \sqrt{f(\zeta^2)}$,按照第 6 段的定理,就有 $|f(\zeta^2)| \leqslant \dfrac{\rho^2}{(1-\rho^2)^2}$,因而

$$|F(\zeta)| \leqslant \frac{\rho}{1-\rho^2}$$

这样一来,不等式(20)就可以写成

$$|a_n| r^n \leqslant 2 \int_0^{\rho} \frac{1}{\rho} \frac{\rho^2}{(1-\rho^2)^2} \mathrm{d}\rho = \frac{\rho^2}{1-\rho^2}$$

或者再引用等式 $\rho = \sqrt{r}$,得

$$|a_n| r^n \leqslant \frac{r}{1-r}$$

因为 r 是任意一个比 1 小的数,特别可以令

$$r = 1 - \frac{1}{n}$$

于是,我们得到

$$|a_n| < \frac{n}{\left(1-\dfrac{1}{n}\right)^{n-1}} = n \left(1 + \frac{1}{n-1}\right)^{n-1} < en$$

因为对于任何一个 $n (n \geqslant 2)$,都有

$$\left(1 + \frac{1}{n-1}\right)^{n-1} < e$$

以上所得到的不等式 $|a_n| < en$ 表明,只要单叶函数在原点标准化之后,它的展开式中每一个系数的模就都有不随函数的形式改变的固定的上界.

虽然完全有理由假定 $|a_n| \leqslant n$(这个猜想的界限 n 为函数 $\dfrac{z}{(1-z)^2} = \sum_{n=1}^{\infty} nz^n$ 所达到),但这一点到现在为止还没有得到证明. 不过,除第 3 段的结果之外,我们可以证明,只要所有的系数都是实数,就一定有 $|a_n| \leqslant n$.

9. 在单叶函数展开式中实系数的模的共同界限

刚才第 8 段末提到的结果,可以借助下述的预备定理来证明:如果 $f(z)=1+b_1z+b_2z^2+\cdots+b_nz^n+\cdots$ 在单位圆 $|z|<1$ 内是全纯的,并且满足条件 $Rf(z)\geqslant 0$,那么对于任何一个 $n=1,2,\cdots$,都有 $|b_n|<2$. 事实上,条件 $Rf(z)\geqslant 0$ 相当于不等式 $|f(z)-1|\leqslant|f(z)+1|$,从这个不等式可以推知函数

$$g(z)=\frac{f(z)-1}{f(z)+1}=\frac{b_1}{2}z+\cdots$$

在单位圆 $|z|<1$ 内全纯并满足条件 $|g(z)|\leqslant 1$. 因此有 $\left|\dfrac{b_1}{2}\right|=|g'(0)|\leqslant 1$,亦即 $|b_1|\leqslant 2$. 现在用 $\omega_k,k=1,2,\cdots,n$ 来表示 1 的 n 个 n 次根,我们就有

$$R\left(\frac{1}{n}\sum_{k=1}^{n}f(\omega_k z^{\frac{1}{n}})\right)\geqslant 0$$

这说明函数

$$\frac{1}{n}\sum_{k=1}^{n}f(\omega_k z^{\frac{1}{n}})=1+b_nz+\cdots$$

满足预备定理中的一切条件. 根据已经证明的部分(即 $|b_1|\leqslant 2$),就得出 $|b_n|\leqslant 2$,这里 $n=1,2,\cdots$.

现在设 $f(z)=z+a_2z^2+\cdots$ 是一个在单位圆 $|z|<1$ 内全纯的单叶函数并且它所有的系数 a_n 都是实数.

根据函数 $f(z)$ 的单叶性,对于单位圆 $|z|<1$ 内的任意两点 z_1 与 z_2,表达式

$$\frac{f(z_1)-f(z_2)}{z_1-z_2}=1+\sum_{n=2}^{\infty}a_n\frac{z_1^n-z_2^n}{z_1-z_2}\neq 0$$

由此可见,特别地,当 $z_1=re^{i\varphi},z_2=re^{-i\varphi},r<1$ 时,表达式 $F(r,\varphi)=1+\sum_{n=2}^{\infty}a_nr^{n-1}\dfrac{\sin n\varphi}{\sin\varphi}$,是异于零的实数,换句话说,当 $r<1$ 而 φ 取任意值时,它总不变号. 因此,表达式

$$2\sin^2\varphi\cdot F(r,\varphi)=1+a_2r\cos\varphi+(a_3r^2-1)\cos 2\varphi+$$
$$(a_4r^2-a_2)r\cos 3\varphi+\cdots+$$
$$(a_nr^2-a_{n-2})r^{n-3}\cos(n-1)\varphi+\cdots$$

也不变号,又因为当 $r=0$ 时,它等于 1,所以它的符号是正的. 由此我们可以得出结论:函数

$$F(z)=1+a_2rz+(a_3r^2-1)z^2+(a_4r^2-a_2)rz^3+\cdots+$$
$$(a_nr^2-a_{n-2})r^{n-2}z^{n-1}+\cdots$$

在单位圆 $|z|\leqslant 1$ 内是全纯的,并且在圆周 $|z|=1$ 上满足条件 $RF(z)\geqslant 0$. 根

复变函数引论

据调和函数的最小值原则,在圆 $|z|<1$ 内也应该有不等式 $RF(z)\geqslant 0$. 因此根据预备定理,我们得到下列各不等式

$$|a_2|\, r\leqslant 2, \quad |a_3 r^2-1|\leqslant 2, \quad |a_4 r^2-a_2|\, r\leqslant 2, \quad \cdots$$

$$|a_n r^2-a_{n-2}|\, r^{n-3}\leqslant 2, \quad \cdots$$

令 $r\to 1$,即得

$$|a_2|\leqslant 2, \quad |a_3-1|\leqslant 2, \quad |a_4-a_2|\leqslant 2, \quad \cdots, \quad |a_n-a_{n-1}|\leqslant 2, \quad \cdots$$

由此可以用归纳法推出:对于任何一个 n 都有 $|a_n|\leqslant n$.

§2　凸性界限与星性界限

1. 凸性界限

我们回头来研究不等式(7) 的几何解释,这个在 §1,第 5 段中对于在单位圆内全纯的单叶函数所建立的不等式是

$$R\left(\frac{zf''(z)}{f'(z)}\right)\geqslant \frac{2\,|z|^2-4\,|z|}{1-|z|^2} \tag{7}$$

我们要得到它的几何解释,只要来考虑圆周 $|z|=r$ 的映射象. 圆周 $|z|=r$ 上在点 $z=re^{i\varphi}$ 的切线正方向的角是 $\frac{\pi}{2}+\varphi$. 在象点 $f(z)$ 与象曲线相切的方向是 $\tau=\frac{\pi}{2}+\varphi+\arg f'(z)$. 注意曲线的曲率是 $\dfrac{\mathrm{d}\tau}{\mathrm{d}s}=\dfrac{\dfrac{\mathrm{d}\tau}{\mathrm{d}\varphi}}{\dfrac{\mathrm{d}s}{\mathrm{d}\varphi}}$,我们把 τ 对 φ 微分

$$\frac{\mathrm{d}\tau}{\mathrm{d}\varphi}=1+\frac{\partial}{\partial \varphi}\arg f'(z)$$

另一方面

$$\frac{zf''(z)}{f'(z)}=\frac{\mathrm{d}\ln f'(z)}{\mathrm{d}\ln z}=\frac{1}{i}\frac{\partial \ln f'(z)}{\partial \varphi}$$

这就说明

$$R\left(\frac{zf''(z)}{f'(z)}\right)=\frac{\partial}{\partial \varphi}\arg f'(z)$$

(因为 $\ln f'(z)=\ln|f'(z)|+i\arg f'(z)$),因此,我们有

$$\frac{\mathrm{d}\tau}{\mathrm{d}\varphi}=1+R\left(\frac{zf''(z)}{f'(z)}\right)$$

因为 $\dfrac{\mathrm{d}\tau}{\mathrm{d}\varphi}$ 与曲线的曲率只差一个正因子 $\dfrac{\mathrm{d}s}{\mathrm{d}\varphi}$,所以 $\dfrac{\mathrm{d}\tau}{\mathrm{d}\varphi}$ 的符号与象曲线的曲率的符

号相同.因此表达式 $1+R\left(\dfrac{zf''(z)}{f'(z)}\right)$ 与象曲线的曲率的符号相同.

另一方面,根据不等式(7)我们有

$$1+R\left(\frac{zf''(z)}{f'(z)}\right)\geqslant\frac{1-4\mid z\mid+\mid z\mid^2}{1-\mid z\mid^2}$$

今若上式左边的表达式当 $\mid z\mid=r$ 时是正的,则由以上的讨论知道圆周 $\mid z\mid=r$ 的映射象是一条凸的曲线.

由简单计算可以知道,当 $\mid z\mid<2-\sqrt{3}=0.26\cdots$ 时,以上不等式的右边永远是正的,而当 $\mid z\mid>2-\sqrt{3}$ 时永远是负的.因此,对于圆 $\mid z\mid<1$ 的每一个单叶映射 $f(z)$ 来说,圆 $\mid z\mid<2-\sqrt{3}$ 被映射成一个凸区域.另外,有以下这种情形存在,就是:圆 $\mid z\mid<2-\sqrt{3}$ 虽然被映射成凸区域,但再没有一个较大的同心圆也被映射成凸区域.我们很容易由计算验明函数 $\dfrac{z}{(1-z)^2}$ 就是这种情形.因此,对于整个在单位圆内已经标准化的单叶函数族而言,我们找到的数 $2-\sqrt{3}$ 是最好的凸性界限.

2. 星性界限

本段我们要进而讨论所谓星形区域,来代替前段中的凸区域.这是一种单叶区域,它包含点 $z=0$,并且与每一条通过点 $z=0$ 的直线相交成一个线段.

由第 1 段知道,应该有这样一个以 $z=0$ 为圆心的圆存在,它在每一个单叶映射下都变成一个星形区域.我们把这种圆中最大的一个的半径 r 称为星性界限.可以证明 $r=\text{th}\dfrac{\pi}{4}=0.65\cdots$[①].

如果圆 $\mid z\mid<r$ 变成星性区域,那么在从 $w=0$ 出发的每一条半射线上都应该有圆周 $\mid z\mid=r$ 的象曲线上的一个点.因此,当点 z 描画圆周 $\mid z\mid=r$ 时,$\arg f(z)$ 应该永远顺着同一方向变化.在分析上,这可以表示成以下的条件

$$\frac{\partial}{\partial\varphi}\arg f(z)=R\left(\frac{zf'(z)}{f(z)}\right)>0\quad(\mid z\mid\leqslant r)$$

因此,我们得到了一个判别法则:要想用 $f(z)$ 能把圆 $\mid z\mid<r$ 变成星性区域,除非我们有

$$R\left(\frac{zf'(z)}{f(z)}\right)>0$$

或者另外一个完全等价的说法,除非当 $\mid z\mid<r$ 时有

[①]　参考 Г. М. Голузин, Внутренние задачи теории однлистных Функцнй. Успехиматематических наук, вып. Ⅳ.

$$\left| \arg \frac{zf'(z)}{f(z)} \right| < \frac{\pi}{2}$$

这里我们要注意

$$\arg \frac{zf'(z)}{f(z)} = \arg f'(z) - \arg \frac{f(z)}{z}$$

是矢量 $f'(z)$ 与矢量 $\frac{f}{z}$ 所成的角. 矢量 $f'(z)$ 的方向(即 $\arg f'(z)$)告诉我们映射后线性元素方向的变化;而矢量 $\frac{f}{z}$ 的方向(即 $\arg \frac{f}{z}$)又告诉我们映射后辐角的变化. 因此,以上所述的判别法表明在圆 $|z| < r$ 内,方向的变化与辐角的变化之差始终小于 $\frac{\pi}{2}$,这件事实从几何观点来看是显而易见的.

§3　构成把单位圆变成特殊区域的单叶保角映射的函数的性质

1. 星形函数与凸函数

所有在 §1 中第 $4,5,6$ 段对于任意单叶函数所建立的结果,当然也要适用于构成把圆 $|z| < 1$ 变成星形区域的单叶保角映射的函数族(S)

$$w = f(z) = z + a_2 z^2 + \cdots + a_n z^n + \cdots$$

因为这些函数只是一般单叶函数的特殊情形. 另外,我们又已经知道,所求得的界限为函数 $\frac{z}{(1-z)^2}$ 所达到,而这个函数又构成了一个把圆 $|z| < 1$ 变成星形区域的映射. 因此,这个界限对于现在所考虑的函数族而言是最好的界限.

今设 $f(z) = zF'(z)$,由于

$$\frac{zf'(z)}{f(z)} = 1 + \frac{zF''(z)}{F'(z)}$$

我们知道

$$R\left(\frac{zf'(z)}{f(z)} \right) = 1 + R\left(\frac{zF''(z)}{F'(z)} \right) \tag{21}$$

因为上式左边符号为正说明了函数 $f(z)$ 所构成的映射是星形映射,而右边符号为正则表明函数 $F(z)$ 所构成的映射是凸映射,由此可见,函数 $f(z)$ 要把圆 $|z| < 1$ 映射成星形区域,除非这个圆被函数 $F(z)$ 映射成凸区域,这里 $f(z)$ 与 $F(z)$ 的关系是

$$f(z) = zF'(z)$$

385

由此我们立刻可以找到凸函数（K）的变形定理的精确界限. 方法是这样的：由第 6 段我们得到

$$\frac{\mid z\mid}{(1+\mid z\mid)^2}\leqslant\mid zF'(z)\mid\leqslant\frac{\mid z\mid}{(1-\mid z\mid)^2}$$

或即

$$\frac{\mid z\mid}{(1+\mid z\mid)^2}\leqslant\mid F'(z)\mid\leqslant\frac{\mid z\mid}{(1-\mid z\mid)^2} \tag{22}$$

与第 6 段相仿，积分不等式（22）就得到凸函数的模的界限

$$\frac{\mid z\mid}{1+\mid z\mid}\leqslant\mid F(z)\mid\leqslant\frac{\mid z\mid}{1-\mid z\mid} \tag{23}$$

以上得到的界限（22）与（23）是凸函数 $F(z)$ 的最好的界限. 实际上，这些界限都被函数 $w=\frac{z}{1-z}$ 达到，而这个函数构成圆 $\mid z\mid<1$ 的一个凸映射，把圆 $\mid z\mid<1$ 映射成半平面 $Rw>-\frac{1}{2}$. 在不等式（23）的左边令 $\mid z\mid\to1$，我们得到：圆 $\mid z\mid<1$ 的凸映射象的边界距离原点至少等于 $\frac{1}{2}$. 这个常数是最好的，因为它被函数 $w=\frac{z}{1-z}$ 达到.

2. 凸函数与星形函数的展开式中系数的模的上界

我们来考虑函数族（K）

$$w=z+a_2z^2+\cdots$$

它们构成把圆 $\mid z\mid<1$ 变成凸区域的单叶保角映射. 我们要证明：不管 $w(z)$ 是上述族（K）中的哪一个函数，都有

$$\mid a_n\mid\leqslant1 \quad(n=2,3,\cdots)$$

我们先假定 $w(z)$ 把圆 $\mid z\mid<1$ 映射成一个由多边形围成的凸区域，换句话说

$$w(z)=\int_0^z\left(1-\frac{z}{z_1}\right)^{\alpha_1-1}\left(1-\frac{z}{z_2}\right)^{\alpha_2-1}\cdots\left(1-\frac{z}{z_s}\right)^{\alpha_s-1}\mathrm{d}z \tag{24}$$

其中 $0<\alpha_k<1,\sum\limits_{k=1}^{s}\alpha_k=s-2$（第十二章，习题 4）. 我们来证明，在这个情形下 $\mid a_n\mid\leqslant1(n=2,3,\cdots)$. 由于

$$a_n=\frac{w^{(n)}(0)}{n!} \quad\text{与}\quad w'(0)=1$$

我们要在假定

$$\mid w''(0)\mid\leqslant2!, \quad\mid w'''(0)\mid\leqslant3!, \quad\cdots, \quad\mid w^{(n-1)}(0)\mid\leqslant(n-1)!$$

之下,证明

$$| w^{(n)}(0) | \leqslant n!$$

为此,我们微分(24),得到

$$w'(z) = \left(1 - \frac{z}{z_1}\right)^{\alpha_1 - 1} \left(1 - \frac{z}{z_2}\right)^{\alpha_2 - 1} \cdots \left(1 - \frac{z}{z_s}\right)^{\alpha_s - 1}$$

取上式的对数导数,就得到

$$\frac{w''(z)}{w'(z)} = \sum_{k=1}^{s} \frac{\alpha_k - 1}{z - z_k}$$

为简便计,令

$$\omega(z) = \sum_{k=1}^{s} \frac{\alpha_k - 1}{z - z_k}$$

即有

$$w''(z) = \omega(z) w'(z)$$

连续微分上式两端 $n - 2$ 次,利用莱布尼茨法则,得到

$$w^{(n)}(z) = \omega^{(n-2)}(z) w'(z) + (n-2) \omega^{(n-3)}(z) w''(z) +$$

$$\frac{(n-2)(n-3)}{1 \cdot 2} \omega^{(n-4)}(z) w'''(z) + \cdots +$$

$$(n-2) \omega'(z) w^{(n-2)}(z) + \omega(z) w^{(n-1)}(z) \qquad (25)$$

另一方面,显然有

$$\omega^{(p)}(z) = (-1)^{p+1} p! \sum_{k=1}^{s} \frac{\alpha_k - 1}{(z - z_k)^{p+1}}$$

令 $z = 0$ 就得到

$$| \omega^p(0) | \leqslant p! \sum_{k=1}^{s} (1 - \alpha_k) = 2(p!) \qquad (26)$$

根据等式(25)在 $z = 0$ 时的情形,利用不等式(26)与下面的条件

$$w'(0) = 1, \quad | w''(0) | \leqslant 2!, \quad \cdots, \quad | w^{(n-1)}(0) | \leqslant (n-1)!$$

结果就得到

$$| w^{(n)}(0) | \leqslant 2(n-2)! + 2(n-2)! \, 2! + 2 \frac{(n-2)!}{2!} \cdot 3! + \cdots + 2(n-1)! =$$

$$2(n-2)! [1 + 2 + \cdots + (n-1)] = n!$$

这就是所要证明的.

现在,因为任何一个凸区域都可以用凸多边形区域去逼近,所以 K 族中的任一个函数都可以考虑作下面形式的函数的极限

$$C \int_0^z \left(1 - \frac{z}{z_1}\right)^{\alpha_1 - 1} \left(1 - \frac{z}{z_2}\right)^{\alpha_2 - 1} \cdots \left(1 - \frac{z}{z_s}\right)^{\alpha_s - 1} \mathrm{d}z \qquad (27)$$

于是我们可以得到下面的结论:因为根据以上所证明的结果,函数(27)的展开

式中 z^n 的系数的模不大于 C,而 C 由于标准化应该趋于 1,所以在凸函数展开式中 z^n 的系数不大于 1.

从凸函数族 (K) 转到星形函数族 (S),我们可以借助下面的关系

$$f(z) = zF'(z)$$

得到星形函数展开式中系数的对应界限.

实际上,如果

$$f(z) = z + a_2 z^2 + \cdots + a_n z^n + \cdots$$
$$F(z) = z + b_2 z^2 + \cdots + b_n z^n + \cdots$$

那么 $a_n = nb_n$,因而从 $|b_n| \leqslant 1$ 就得到 $|a_n| \leqslant n$.

以上所得到的凸函数与星形函数展开式中系数的模的上界是精确的,因为它们分别为下面两个函数所达到

$$\frac{z}{1-z} = \sum_{n=1}^{\infty} z^n \quad 与 \quad \frac{z}{(1-z)^2} = \sum_{n=1}^{\infty} nz^n$$

本段中所述的方法可以应用到对称凸函数,得出系数的模以及变形定理的精确上界. 在把这个工作留给读者去做之前,我们要指出,这一类函数的控制函数是 $w = \arctan z$,它把单位圆映射成宽度为 $\frac{\pi}{2}$ 并且平行于虚轴的带形. 然后,从对称凸函数转到对称星形函数,我们又可以为后者建立精确的界限. 这时,控制函数是 $w = \dfrac{z}{1+z^2}$,它把单位圆映射成一个区域,其整个界线由实轴的两个线段 $\left(\dfrac{1}{2}, \infty\right)$ 与 $\left(-\dfrac{1}{2}, -\infty\right)$ 组成.

§4 把区域映射成圆的函数的极值问题

1. 预备定理

本段的目的是要证明下述辅助命题:如果 $\varphi(z)$ 是圆 $|z| < \rho$ 内的一个全纯函数,那么对于任何一个 $r, 0 < r < \rho$,令 $z = re^{i\theta}$,都有

$$\frac{1}{2\pi} \int_0^{2\pi} |\varphi(re^{i\theta})|^p d\theta \geqslant |\varphi(0)|^p \quad (p > 0) \tag{28}$$

其中只在 $\varphi(z) =$ 常数的情形才能取到等号.

首先我们考虑 $p = 2$ 的情形. 从 $\varphi(z)$ 在圆 $|z| < \rho$ 内的泰勒展开式

$$\varphi(z) = \alpha_0 + \alpha_1 z + \cdots + \alpha_n z^n + \cdots$$

我们得到

$$\frac{1}{2\pi}\int_0^{2\pi}\mid\varphi(re^{i\theta})\mid^2\mathrm{d}\theta=\mid\alpha_0\mid^2+\mid\alpha_1\mid^2r^2+\cdots+\mid\alpha_n\mid^2r^{2n}+\cdots$$

很明显,这个表达式大于或等于 $\mid\alpha_0\mid^2=\mid\varphi(0)\mid^2$,并且只有在 $\varphi(z)=\alpha_0$ 时等式才成立.

现在假定 p 是任意一个数,我们来考虑函数 $[\varphi(z)]^{\frac{p}{2}}$. 如果 $\varphi(z)$ 在圆内没有零点,那么 $\arg\varphi$ 是单值的,因而函数 $\varphi^{\frac{p}{2}}$ 的不同的分支也是单值的. 任意选定这些分支中的一个,于是函数 $\varphi^{\frac{p}{2}}$ 就成为圆 $\mid z\mid<\rho$ 内的全纯函数. 显然,要想证明我们现在所考虑的情形,只需要再把已经证明了的 $p=2$ 的情形用到函数 $\varphi^{\frac{p}{2}}$ 就行了. 因此,我们已经证明了任意 p 的情形,只要函数 φ 在圆内没有零点.

现在我们再讨论 φ 在圆 $\mid z\mid<\rho$ 内有零点的情形. 我们不妨假定 $\varphi(0)\neq0$,因为如果 $\varphi(0)=0$,预备定理显然是对的. 我们来考虑以 $r(r<\rho)$ 为半径的圆. 如果在这个圆内函数 $\varphi(z)$ 没有零点,那么我们的定理对于这个半径 r 来说是对的,因为我们可以把已经考虑过的情形用到圆 $\mid z\mid<r$ 上去. 如果在圆 $\mid z\mid<r$ 内函数有零点,当然这些零点只有有限多个,我们把它们记作 $a_1,a_2,\cdots,a_n$,这里一个零点是几重的就写了几次. 注意,如果 $a_1',a_2',\cdots,a_n'$ 是关于圆周 $\mid z\mid=r$,与 $a_1,a_2,\cdots,a_n$ 对称的那些点,那么函数

$$\frac{(z-a_1')(z-a_2')\cdots(z-a_n')}{(z-a_1)(z-a_2)\cdots(z-a_n)}$$

在圆周 $\mid z\mid=r$ 上所取的值的模等于

$$\frac{r}{\mid a_1\mid}\frac{r}{\mid a_2\mid}\cdots\frac{r}{\mid a_n\mid}=\frac{r^n}{\mid a_1a_2\cdots a_n\mid}$$

因此,函数

$$\varphi_1(z)=\frac{\mid a_1a_2\cdots a_n\mid}{r^n}\frac{(z-a_1')\cdots(z-a_n')}{(z-a_1)\cdots(z-a_n)}\varphi(z)$$

在圆 $(z)<r$ 是全纯的并且恒不等于零,并且,在圆周 $\mid z\mid=r$ 上这个函数所取的值与 $\varphi(z)$ 的值有完全相同的模.

根据预备定理,对于 $\varphi_1(z)$ 我们已经有

$$\frac{1}{2\pi}\int_0^{2\pi}\mid\varphi_1(re^{i\theta})\mid^p\mathrm{d}\theta\geqslant\mid\varphi_1(0)\mid^p$$

但另一方面

$$\mid\varphi_1(re^{i\theta})\mid=\mid\varphi(re^{i\theta})\mid$$

并且

$$\mid\varphi_1(0)\mid=\frac{\mid a_1a_2\cdots a_n\mid}{r^n}\left|\frac{a_1'a_2'\cdots a_n'}{a_1a_2\cdots a_n}\right|\mid\varphi(0)\mid$$

也就是

$$|\varphi_1(0)| = \frac{|a'_1 a'_2 \cdots a'_n|}{r^n} |\varphi(0)| > |\varphi(0)|$$

因此,我们得到

$$\frac{1}{2\pi}\int_0^{2\pi} |\varphi(re^{i\theta})|^p d\theta \geqslant |\varphi(0)|^p$$

这就完全证明了我们的定理,因为这里在圆 $|z| < r$ 内具有零点的 $\varphi(z)(\varphi(0) \neq 0)$ 不是常数.

2. 第一极值问题

我们来考虑一族函数 $\lambda(z)$,它们在一个有限的单连通区域 D 内全纯,并且在点 z_0 已经标准化,也就是说,它们都满足条件

$$\lambda(z_0) = 0, \quad \lambda'(z_0) = 1 \tag{29}$$

对于这一族函数我们要证明,有唯一一个函数 λ 使积分

$$I_p = \iint_D |\lambda(z)|^p dx dy \quad (p > 0)$$

达到最小值,并且要定出这个函数.

假定函数 $w = f(z)$ 满足条件(29)并构成一个把区域 D 变成圆 $\Delta : |z| < \rho$ 的双方单值的保角映射,又 $z = \varphi(w)$ 是它的反函数,因为

$$\left|\frac{D(x,y)}{D(u,v)}\right| = \left|\frac{dz}{dw}\right|^2 = |\varphi'(w)|^2$$

所以

$$I_p = \iint_\Delta |\lambda[\varphi(w)]|^p |\varphi'(w)|^2 du dv$$

令 $\Lambda(w) = \lambda[\varphi(w)]$,$w = re^{i\theta}$,我们就得到

$$I_p = \int_0^\rho r dr \int_0^{2\pi} |\Lambda(re^{i\theta})|^p |\varphi'(re^{i\theta})|^2 d\theta$$

其中 φ' 不等于零,因而 $\varphi'^{\frac{2}{p}}$ 的不同的分支都是单值的. 我们选定当 $w = 0$ 时它等于1的那一支;于是 $\lambda[\varphi(w)]$ 是一个全纯函数并且在 $w = 0$ 有一个简单零点. 因此,$\Lambda(w)'^{\frac{2}{p}}$ 是全纯函数并在 $w = 0$ 有一个简单零点. 令

$$\Phi(w) = \frac{\Lambda(w)\varphi'^{\frac{2}{p}}(w)}{w}, \quad \Phi(0) \neq 0$$

于是我们有

$$\int_\pi^{2\pi} |\Lambda(re^{i\theta})|^p |\varphi'(re^{i\theta})|^2 d\theta = r^p \int_0^{2\pi} |\Phi(re^{i\theta})|^p d\theta$$

由此根据第1段的预备定理,对于任何一个 $r < \rho$,我们都有

$$\int_0^{2\pi} \mid \Lambda(re^{i\theta}) \mid^p \mid \varphi'(re^{i\theta}) \mid^2 \mathrm{d}\theta \geqslant 2\pi r^p \mid \Phi(0) \mid^p \qquad (30)$$

其次，要想计算 $\Phi(0)$，我们注意

$$\left[\frac{\mathrm{d}\Lambda(w)}{\mathrm{d}w} \right]_{w=0} = \left(\frac{\mathrm{d}\lambda}{\mathrm{d}z} \right)_{z=z_0} = 1, \quad \varphi'(0) = \frac{1}{f'(z_0)} = 1$$

可见

$$\Lambda(w) = w + \cdots, \quad \varphi'^{\frac{2}{p}}(w) = 1 + \cdots$$

这就表明 $\Phi(w) = 1 + \cdots$，换句话说，$\Phi(0) = 1$. 因此，从不等式(30)我们就得到

$$\int_0^{2\pi} \mid \Lambda(re^{i\theta}) \mid^p \mid \varphi'(re^{i\theta}) \mid^2 \mathrm{d}\theta \geqslant 2\pi r^p$$

因而，最后我们有

$$I_p \geqslant 2\pi \int_0^\rho r^{p+1} \mathrm{d}r = \frac{2\pi}{p+2} \rho^{p+2}$$

所以

$$I_p \geqslant \frac{2\pi}{p+2} \rho^{p+2}$$

如果这个不等式中等号成立，这只有在公式(30)对于每一个 r 都取等号时才成立，根据我们的预备定理，这又只有在

$$\Phi(w) = 常数 = 1$$

时才能这样.

以上这个条件意味着 I_p 达到了它的最小界限. 条件 $\Phi(w) = 1$ 事实上可以写作

$$\lambda[\varphi(w)] = w[\varphi'(w)]^{-\frac{2}{p}}$$

或即

$$\lambda(z) = f(z)[f'(z)]^{\frac{2}{p}}$$

这里取作 $[f'(z)]^{\frac{2}{p}}$ 的，是这个函数当 $z = z_0$ 时它等于 1 的那一个单值的分支. 因此，我们已经证明了，仅仅对于函数

$$f_p(z) = f(z)[f'(z)]^{\frac{2}{p}}$$

I_p 才达到它的最小界限. 此外，我们指出，在区域 D 上 $[\lambda(z)]$ 的 p 级的平均值是

$$m_p = \left(\frac{I_p}{d} \right)^{\frac{1}{p}} \quad (d \text{ 是区域 } D \text{ 的面积})$$

因此

$$m_p \geqslant \rho \left[\frac{2\pi \rho^2}{(p+2)d} \right]^{\frac{1}{p}}$$

391

这里只是对于函数 $f_p(z)$ 才有 $m_p = \rho \left[\dfrac{2\pi\rho^2}{(p+2)d} \right]^{\frac{1}{p}}$. 当 p 无限增大时，m_p 趋近于 ρ，而 $f_p(z)$ 则趋近于 $f(z)$.

3. 第二极值问题

我们考虑同样的一族函数 $\lambda(z)$，它们在一个有限的单连通区域 D 内全纯，并且在点 z_c 已经标准化，也就是说，满足条件

$$\lambda(z_0) = 0, \lambda'(z_0) = 1 \tag{29}$$

我们要证明有唯一一个函数 λ 使积分

$$J_p = \iint\limits_D |\lambda'(z)|^p \mathrm{d}x\mathrm{d}y \quad (p > 0)$$

达到最小值，并且要定出这个函数.

跟前面一样，我们假定函数 $w = f(z)$ 满足条件 (29) 并且双方单值而且保角地把区域 D 映射成圆 $\Delta: |z| < \rho$，又 $z = \varphi(w)$ 是它的反函数. 类似第 2 段的作法，我们得到

$$J_p = \iint\limits_\Delta |\lambda[\varphi(w)]|^p |\varphi(w)|^2 \mathrm{d}u\mathrm{d}v$$

或者引入极坐标 $w = re^{i\theta}$，再令

$$\lambda[\varphi(w)] = \Lambda_1(w) = 1 + \cdots$$

我们就有

$$J_p = \int_0^\rho r\mathrm{d}r \int_0^{2\pi} |\Lambda_1(re^{i\theta})|^p |\varphi'(re^{i\theta})|^2 \mathrm{d}\theta$$

令

$$\Phi_1(w) = \Lambda_1(w)\varphi^{\frac{2}{p}}(w), \quad \Phi_1(0) = 1$$

就有

$$\int_0^{2\pi} |\Lambda_1(re^{i\theta})|^p |\varphi(re^{i\theta})|^2 \mathrm{d}\theta = \int_0^{2\pi} \Phi_1(re^{i\theta})p\mathrm{d}\theta$$

于是根据第 1 段的预备定理，我们得到

$$\int_0^{2\pi} |\Lambda_1(re^{i\theta})|^p |\varphi(re^{i\theta})|^2 \mathrm{d}\theta = 2\pi |\Phi_1(0)|^p = 2\pi$$

因而，最后我们有

$$J_p \geqslant 2\pi \int_0^\rho r\mathrm{d}r = \pi\rho^2$$

这里等式只在 $\Phi_1(w) =$ 常数 $= 1$ 时才成立，换句话说，只在

$$\Lambda_1(w)\varphi'^{\frac{2}{p}}(w)=1 \quad \text{或即} \quad \lambda'(z)=\left[f'(z)\right]^{\frac{2}{p}} \quad \left(\left[f'(z_0)\right]^{\frac{2}{p}}=1\right)$$

时才成立,由此可见

$$\lambda(z)=\int_{z_0}^{z}\left[f'(z)\right]^{\frac{2}{p}}\mathrm{d}z$$

这就是使 J_p 达到最小界限 $\pi\rho^2$ 的那个唯一的函数.

$|\lambda'|$ 的 ρ 级的平均值是

$$m'_\rho=\left(\frac{J_p}{d}\right)^{\frac{1}{p}}\geqslant\left(\frac{\pi\rho^2}{d}\right)^{\frac{1}{p}}$$

这个不等式只是对于函数 $\lambda'=\left[f'(z)\right]^{\frac{2}{p}}$ 才取等号: $m'_p=\left(\dfrac{\pi\rho^2}{d}\right)^{\frac{1}{p}}$. 当 p 无限增大

时, m'_p 趋近于 1, 又函数趋近于 $z-z_0$.

当 $p=2$ 时, J_p 有一个简单的几何意义: J_2 是映射区域 D 所得到的黎曼曲面的面积. 由于当 $p=2$ 时, 给出 J_p 的最小值的函数是

$$\lambda(z)=\int_{z_0}^{z}f'(z)\mathrm{d}z=f(z)$$

所以,在全部在点 z_0 已经标准化的 D 内的全纯函数中,有唯一的一个函数,它使得由 D 变成的黎曼曲面的面积达到最小;这个函数把区域 D 双方单值而且保角地映射成一个以坐标原点为圆心的圆.

要想在函数已经标准化的条件下求出最小面积,我们可以根据函数的双方单值性,赋予变换后的面积以相应的条件,然后来求 $|\lambda'(z_0)|$ 的最大值.因此,我们来考虑所有的函数 $\mu(z)$,它们在区域 D 内全纯,满足条件 $\mu(z_0)=0$, $\mu'(z_0)\neq0$,并且把 D 变换成具有给定的面积 A 的黎曼曲面.于是函数 $\dfrac{\mu(z)}{\mu'(z_0)}$

把区域 D 变换成一个黎曼曲面,它的面积等于 $\dfrac{A}{|\mu'(z_0)|^2}$;因为这个函数在点 z_0 已经标准化,所以根据前面所讲的应该有

$$\frac{A}{|\mu'(z_0)|^2}\geqslant\pi\rho^2$$

其中 ρ 是跟点 z_0 与区域 D 对应的半径.因此

$$|\mu'(z_0)|^2\leqslant\frac{A}{\pi\rho^2}$$

因而

$$|\mu'(z_0)|\leqslant\sqrt{\frac{A}{\pi\rho^2}}$$

$|\mu'(z_0)|$ 的最大值只在 $\dfrac{\mu(z)}{\mu'(z_0)}$ 把区域 D 双方单值并且保角地映射成以坐标原

点为圆心的圆时才被达到.

如果在点 z_0 已经标准化的 $f(z)$ 就是构成以上这个映射的函数,那么函数 $\mu(z)$ 给出 $|\mu'(z_0)|$ 的最大值的充分必要条件可以写作

$$\frac{\mu(z)}{\mu'(z_0)} = f(z)$$

由此可见

$$\mu(z) = Cf(z)$$

根据变换后的面积等于 A 的假设,我们有 $|C|^2 \pi \rho^2 = A$,因此

$$|C| = \sqrt{\frac{A}{\pi \rho^2}}$$

这就说明,所求的函数 $\mu(z)$ 是如下的形式

$$\mathrm{e}^{\mathrm{i}\omega} \sqrt{\frac{A}{\pi \rho^2}} f(z)$$

以上这种形式的函数把区域 D 双方单值并且保角地映射成以坐标原点为圆心、面积等于 A 的圆. 由此我们得出:在所有把区域 D 变成面积等于 A 的黎曼曲面并且适合 $\mu(z_0)=0, \mu'(z_0) \neq 0$ 的 D 内的全纯函数 $\mu(z)$ 中,那些使 $|\mu'(z_0)|$ 达到最大值的函数,把区域 D 双方单值并且保角地映射成以坐标原点为圆心、面积等于 A 的圆.